山西省“十四五”职业教育规划立项建设教材

电工与电气

主　编　赵晓娟　袁　媛　韩俊秀

副主编　滑瑞霞　张瑞国　毛蕴娟

蔡　科（企业）　韩尚文（企业）

主　审　郭滨滨（企业）

北京理工大学出版社

BEIJING INSTITUTE OF TECHNOLOGY PRESS

内容简介

全书共包括6个项目，并将每个项目分解为3个学习型任务，按照任务引入、任务要点、知识链接、任务实施、任务考核、巩固提升的步骤，循序渐进，注重学生的实际应用能力，提高学生的上岗就业能力。同时，配套了相应的数字化资源，有效保障和支撑了学生便捷自主学习，突出教材的“可学性”特色；注重“立德树人、德技并修”，将党的二十大精神进行有机转化，思政元素合理融入教材中，以科技成就、科学思维、名人事迹、职业道德、创新思维、大国重器、大国工匠、案例警示等为主题，涵育学生的精神世界。

本书可满足水利工程、水利工程运行与管理、机电排灌工程技术、水泵站机电设备安装与运行、水电站运行与管理等专业的学习者对“电工基本知识、电气设备运行与维护”的要求。

图书在版编目（CIP）数据

电工与电气 / 赵晓娟，袁媛，韩俊秀主编. —北京：北京理工大学出版社，2024.1（2024.10重印）

ISBN 978-7-5763-3712-9

Ⅰ. ①电… Ⅱ. ①赵… ②袁… ③韩… Ⅲ. ①电工技术—教材②电气设备—教材 Ⅳ. ①TM

中国国家版本馆CIP数据核字（2024）第058051号

责任编辑：陈莉华　　**文案编辑**：陈莉华
责任校对：刘亚男　　**责任印制**：李志强

出版发行 / 北京理工大学出版社有限责任公司
社　　址 / 北京市丰台区四合庄路6号
邮　　编 / 100070
电　　话 / （010）68914026（教材售后服务热线）
（010）63726648（课件资源服务热线）
网　　址 / http://www.bitpress.com.cn

版 印 次 / 2024年10月第1版第2次印刷
印　　刷 / 河北盛世彩捷印刷有限公司
开　　本 / 787 mm×1092 mm　1/16
印　　张 / 19
字　　数 / 440千字
定　　价 / 49.90元

前　　言

本书是根据“电工与电气”职业教育在线精品课程及专业教学改革的需求编写的，符合《“十四五”职业教育规划教材建设实施方案》的要求，是山西省“十四五”首批职业教育规划教材立项建设教材，可满足水利工程、水利工程运行与管理、机电排灌工程技术、水泵站机电设备安装与运行、水电站运行与管理等专业的高职高专、成人教育、社会学习者等对“电工基本知识、电气设备运行与维护”的要求。本书在编写中积极贯彻落实党的二十大精神，“浇花浇根，育人育心”，依据学生认知规律，贯通设计学习项目和学习目标，实现教材内容的循序渐进、螺旋上升，激发学生的浓厚兴趣和深度思考，在潜移默化中实现培根铸魂、启智润心。

本书的主要特点有：

（1）根据“电工与电气”课程教学特点及专业职业能力要求，在教学内容的选取上，以应用为目的，以必需、够用为度，加强实用性。全书共包括 6 个项目，分别是三色警示灯电路的安装与测试、日光灯照明电路的安装与测试、变压器的运行与维护、三相异步电动机的运行与维护、电气运行与维护、认知职业健康和安全用电，每个项目均有项目概述，包含项目导读、项目分解、项目目标、教学条件、教学策略等；各个项目又分解为 3 个学习型任务，每个任务均按照任务引入、任务要点、知识链接、任务实施、任务考核、巩固提升的编写步骤，教学内容具有系统性和连贯性，方便教师教学和学生学习，同时也强调“学以致用”，注重学生的实际应用能力，提高学生的上岗就业能力。本书参考学时为 80～100 h，任课教师可根据专业、学生特点灵活取舍有关内容。

（2）本书编写中注重“立德树人、德技并修”，将党的二十大精神进行有机转化，将思政元素融入教材中，主要以科技成就、科学思维、名人事迹、职业道德、创新思维、大国重器、大国工匠、案例警示等为主题，涵育学生的精神世界，为学生打开认识世界、理解中国的大门，使其树立积极探索的科学素养和健康向上的人生态度，培养他们精益求精的工匠精神和团结协作的创新能力。

（3）全书的主要知识点均有数字化资源，主要以二维码的形式呈现，与教材中的平面图有机结合，并配套有教学课件和习题答案，或者通过精品在线开放课程网站获得（电工与电气（xueyinonline. com）），有效保障和支撑了学生便捷自主地学习，教材的“可学性”特色突出。

本书编写人员有山西水利职业技术学院赵晓娟、滑瑞霞、张瑞国，山西电力职业技术学院韩俊秀、毛蕴娟，河北机电职业技术学院袁媛，万家寨水务控股集团有限公司偏关分公司的蔡科、韩尚文。本书由赵晓娟、袁媛、韩俊秀担任主编，负责全书内容规划和统稿；滑瑞霞、张瑞国、毛蕴娟、蔡科、韩尚文担任副主编；万家寨水务控股集团有限公司郭滨滨主审。

本书在编写出版过程中，查阅和参考了众多文献资料，得到了许多教益和启发，同时也得到了作者所在学院领导的重视、北京理工大学出版社的支持与帮助，参加本书编写的人员均为学校骨干，保证了本书的编写能够按计划有序地进行，在此向参考文献的作者和学校一并表示衷心的感谢。

由于时间仓促和编者学识、经验有限，书中纰漏之处在所难免，恳请广大读者提出宝贵意见和建议，以便今后修改提高。

编　者

目　录

项目1　三色警示灯电路的安装与测试

<table>
<tr><td colspan="4">项目概述</td></tr>
<tr><td>项目名称</td><td>三色警示灯电路的安装与测试</td><td>参考学时</td><td>14 h</td></tr>
<tr><td>项目导读</td><td colspan="3">三色警示灯是一种常用的信号灯，根据不同的灯光颜色可以传达不同的信息，通常有红、黄、绿三种颜色，红色表示设备停机或故障，黄色表示设备需要维护或存在一些小问题，绿色表示设备正常运行。
三色警示灯具有灵活、方便、实用的特点，广泛应用于各种设备和场景中，例如：用于警车、消防车等车辆上，以提醒其他车辆和行人，注意避让和安全；用于工业自动化生产线、机床设备等，以指示机器状态，便于操作人员识别和处理设备故障；用于道路交通、行人路口等，以指示交通状态和行人通行时间，确保交通和行人安全。
三色警示灯的应用提高了设备的运行效率和安全保障，为设备的智能化运行提供有力支持，对于现代化社会的建设和发展起到了积极的推动作用。</td></tr>
<tr><td>项目分解</td><td colspan="3">3 个学习型任务：
1-1 警示灯电路图的绘制，通过学习掌握警示灯电路中各个元器件的电气符号，确定三色警示灯的连接方式，规范绘制警示灯电路图；
1-2 元器件的准备与检测，确定警示灯电路所用到的实际元器件的规格和数量等，学会用万用表检测电源、负载等元器件的好坏；
1-3 警示灯电路的安装与测试，将准备好的电路元器件按照电路图进行正确连接，并调试电路。</td></tr>
<tr><td rowspan="2">项目目标</td><td>知识目标</td><td>技能目标</td><td>素质目标</td></tr>
<tr><td>(1) 掌握电路及电路模型的概念；
(2) 掌握电路基本物理量；
(3) 掌握电压源、电流源的特点；
(4) 掌握欧姆定律及串、并联电路的特点；
(5) 掌握基尔霍夫定律、戴维南定理、叠加原理等。</td><td>(1) 能正确建立电路模型，并按规范绘制电路图；
(2) 能利用万用表测量电流、电压、电位、电阻等参数；
(3) 能完成基尔霍夫定律的验证实验；
(4) 能利用电路定律分析实际电路；
(5) 能完成电路的安装与测试。</td><td>(1) 有良好的团队协作精神和沟通交流能力；
(2) 养成勇于克服困难的精神，能及时完成阶段性任务的习惯，言必行，行必果；
(3) 有良好的职业道德修养和环境保护意识；
(4) 能够把握问题发生的关键，利用有效资源，及时提出解决方案。</td></tr>
<tr><td>教学条件</td><td colspan="3">理实一体化教室，包含电脑、投影等多媒体设备，电工实验台，常用电工工具和仪表等。</td></tr>
<tr><td rowspan="2">教学策略</td><td>组织形式</td><td colspan="2">采用班级授课、小组教学、合作学习、自主探索相结合的教学组织形式。</td></tr>
<tr><td>教学流程</td><td colspan="2">自主预习 → 项目分解 → 任务探索 → 知识铺垫 → 任务实施 → 任务考核 → 巩固提升
课前（自主预习）｜课中（项目分解—任务考核）｜课后（巩固提升）</td></tr>
</table>

任务 1-1　警示灯电路图的绘制

任务名称	警示灯电路图的绘制	参考学时	6 h
任务引入	在我们的生活中，大大小小的电路有很多，组成这些电路最基本的部件有哪些？三色警示灯电路中应该包含哪些元器件？这些元器件应如何连接？各自的作用是什么？请尝试绘制三色警示灯电路图，并说明该电路有哪几种工作状态？		
任务要点	知识点：电路的组成、作用和工作状态；电路物理量的概念、参考方向、单位等；电阻的串、并联特点。		
	技能点：正确建立电路模型，规范绘制电路图；判断电路的工作状态；判断元器件在电路中的性质。		
	素质点：具备自觉遵守规章制度的能力、自主获取信息并合理应用的能力、团队协作能力。		

知识链接一　电路概述

电路及电路模型

一、电路及其组成

电路是电流通过的路径，是为实现某种功能而将若干电气设备和元器件按一定方式连接起来的整体。一个完整的电路通常由电源、负载和中间环节组成。

图 1-1-1 为简单的手电筒电路。

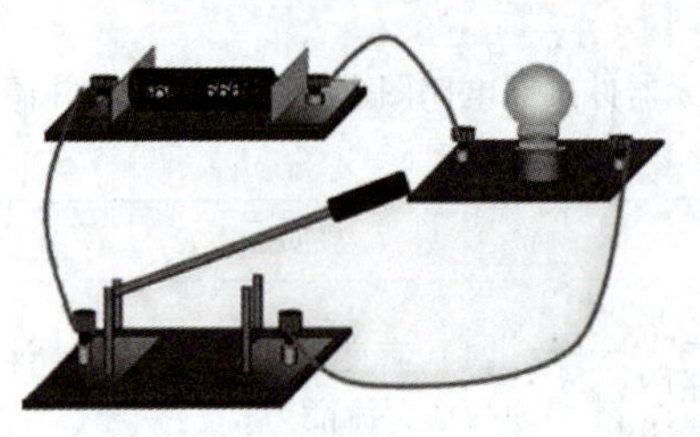

图 1-1-1　简单的手电筒电路

电源：电路中提供电能的设备，是把其他形式的能量转化为电能的装置。例如，电池把化学能转化成电能，发电机把机械能转化成电能。目前实用的电源类型很多，最常用的电源是干电池、蓄电池和发电机等。

负载：电路中使用电能的各种设备，是将电能转化成其他形式能的装置。常见的负载如灯泡、电炉、电动机等，其中灯泡将电能转化成光能和热能，电炉把电能转化为热能，电动机将电能转化成机械能。

中间环节：电路中连接电源和负载的部分，使它们构成电流的通路，并根据需要控制电路的接通和断开。电路中简单的中间环节可以仅由连接导线和开关组成，但复杂的中间环节还包括各种熔断器、继电器、测量仪表等辅助设备，用来实现对电路的控制、分配、保护及测量等。

二、电路图

1. 电路图概述

通常用一些简单却能够表征电路主要电磁性能的理想元件来代替实际部件。这样一个实际电路就可以由多个理想元件的组合来模拟，这样的电路称为电路模型。实际电气设备和器件的种类繁多，但理想电路元件只有几种，因此建立电路模型可以使电路的分析大大简化。

同时值得注意的是，电路模型反映了电路的主要性能，而忽略了它的次要性能，因而电路模型只是实际电路的近似，二者不能等同。

关于实际部件的模型概念还需要强调说明几点：

（1）理想电路元件是具有某种确定的电磁性能的元件，是一种理想的模型，实际中并不存在，但其在电路理论分析与研究中充当着重要角色。

（2）不同的实际电路部件，只要具有相同的主要电磁性能，在一定条件下可用同一模型表示。如只表示消耗电能的理想电阻元件 R（电灯、电阻炉、电烙铁等），只表示存储磁场能量的理想电感元件 L（各种电感线圈），只表示存储电场能量的理想电容元件 C（各种类型的电容器）。这三种最基本的理想元件可以代表种类繁多的各种负载。

（3）同一个实际电路部件在不同的应用条件下，它的模型也可以有不同的形式。如实际电感器应用在低频电路里，可以用理想电感元件 L 代替；应用在较高频率电路中，可以用理想电感元件 L 与理想电阻元件 R 串联代替；应用在更高频率电路中，则可以用理想电感元件 L 与理想电阻元件 R 串联后，再与理想电容元件 C 并联代替。

将实际电路中各个部件用其模型符号来表示，画出的图称为实际电路的电路模型图，也称作电路原理图，简称电路图。图 1-1-2（c）所示就是图 1-1-2（b）所示实际电路的电路原理图。各种电气元件都可以用图形符号或文字符号来表示，常用基本电气元件国标规定符号见表 1-1-1。

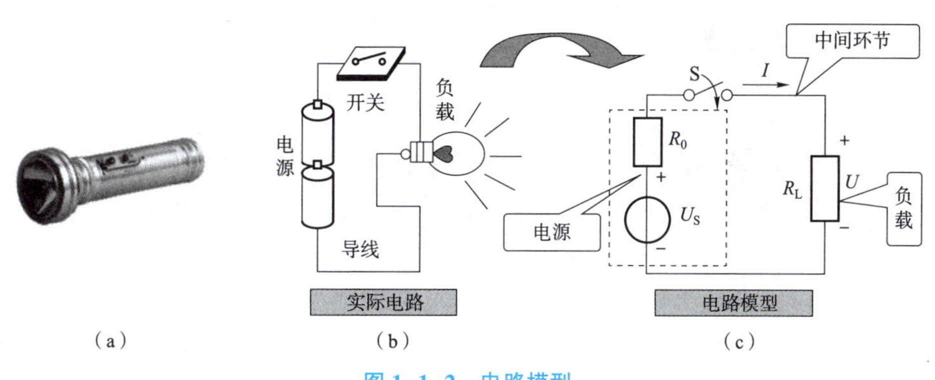

图 1-1-2 电路模型

表 1-1-1 常用基本电路元件的图形符号（选自国家标准 GB/T 6988）

名称	符号	名称	符号	名称	符号
电阻器	R	理想电压源	$+\ U_S\ -$	白炽灯	
电容器	C	理想电流源	I_S	干电池	+
电感器	L	电压表	V	熔断器	
接地		电流表	A	开关	

2. 电路图的绘制规则

电气系统图主要有电气原理图、电器布置图、电器安装接线图等。

电气原理图是根据控制工作原理，使用国家（国际）标准规定的电气符号绘制而成的。这种电路图直接体现了电路的结构和工作原理，主要用于设计、制作和分析电路。

绘制电气原理图的基本规则如下：

(1) 各电气元件应采用国家（国标）标准统一的图形符号和文字符号。

(2) 各电气元件导电部件的位置应根据便于阅读和分析的原则来安排，同一电气元件的不同部分可以不画在一起。

(3) 所有电气元件的触点都按没有通电或没有外力作用时的开闭状态画出。

(4) 有直接电连接的交叉导线的连接点要用黑圆点表示。

(5) 各电气元件一般应按动作的顺序从上到下，从左到右依次排列，可水平或竖直布置。

三、电路的作用

电路的作用可分为两类：一是实现电能的传输、分配和转换，例如电力系统供电电路，如图 1-1-3 所示；二是在信息网络中，用来传递、储存、加工和处理各种电信号，例如扬声器电路、电话电路等，如图 1-1-4 所示。

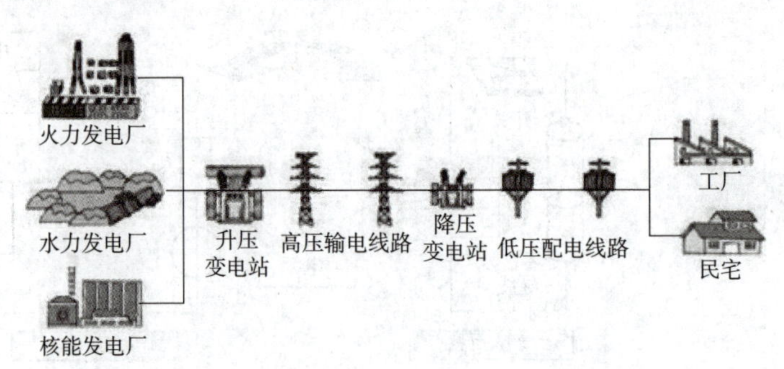

图 1-1-3　电能传输、分配和转换——电力系统供电电路

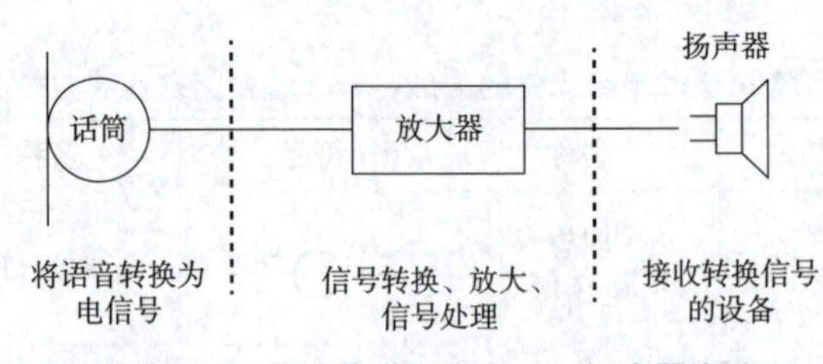

图 1-1-4　信号传递和处理——扬声器电路

四、电路的工作状态

灯泡是否发光显示了电路所处的工作状态，电炉是否发热也显示了电路的状态，还有一些电路没有明显的标志显示其状态，但是我们可以通过对电路工作参数的检测来判断电路的状态，某些场合可以在一些设备上看到诸如“警告”“WARNING”等标志，表示禁止电路

处于某些状态。这里，报警灯电路要显示的就是设备三种不同的工作状态。

电路的工作状态一般有三种：通路（有载状态）、断路（开路状态）和短路（短路状态）。

1）通路

将图 1-1-5 中的开关 S 闭合，电路中就有电流和能量的传输与转换。电源处于有载工作状态，电路形成通路。

电路电流为：　$I=\dfrac{U_S}{R_0+R_L}$

负载电压为：　$U_L=R_LI$

负载消耗功率为：　$P=R_LI^2$

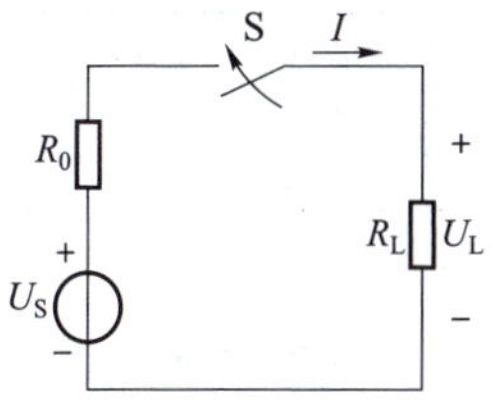

图 1-1-5　电路通路状态

2）断路

将图 1-1-6 中的开关 S 断开，电路中没有电流流通，电源处于空载运行状态，电路形成开路（断路）。此时负载上的电流、电压和功率均为零。

3）短路

当电源的两个输出端由于某种原因直接接触时，电源就被短路，电路处于短路状态，如图 1-1-7 所示。此时电路电流为：

$$I=\frac{U_S}{R_0}$$

电源短路是一种严重事故。因为短路时电流回路中仅有很小的电源内阻，所以短路电流将大大地超过电源的额定电流，可能使电源遭受机械损坏与热损坏。为预防发生短路事故，通常在电路中接入熔断器（FU）或自动断路器，确保短路时能迅速地使故障电路自动切除，使电源、开关等设备得到保护。

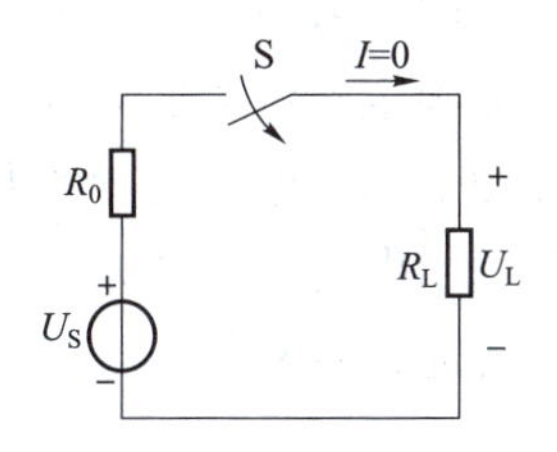

图 1-1-6　电路断路状态

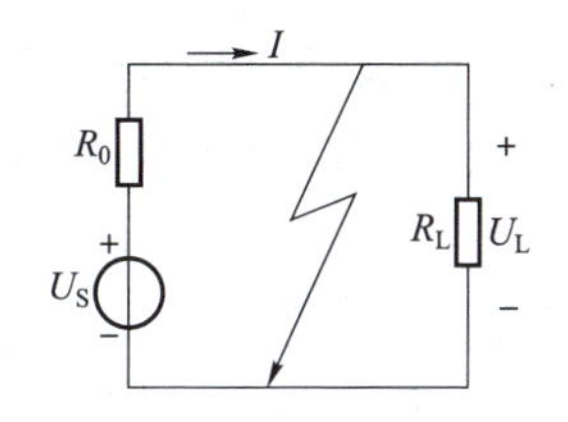

图 1-1-7　电路短路状态

电路基本物理量

知识链接二　电路基本物理量

电路的基本物理量有电流、电压、电位、电功率、电能等，它们的文字符号及单位列于表 1-1-2 中。

表 1-1-2　电路中主要参数符号及单位

电路参数名称	文字符号	单位	电路参数名称	文字符号	单位
电流	I 或 i	A	电功率	P	W
电压	U 或 u	V	电能	W	J 或 kW · h
电位	V	V			

一、电流

1. 电流的形成

电荷进行有规则的定向运动就形成电流，如图 1-1-8 所示，习惯上把正电荷的运动方向规定为电流的实际方向。

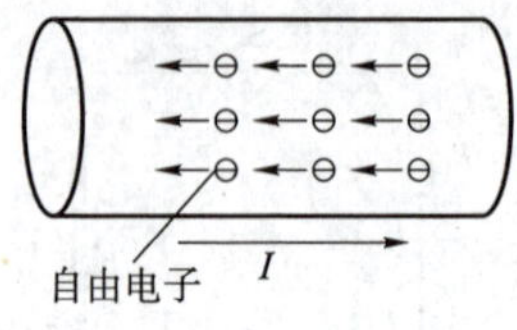

图 1-1-8　电流示意图

物理中把单位时间内通过导体横截面的电量定义为电流强度，用来衡量电流的大小。电流强度简称为电流，它不仅指电路中的一种特定物理现象，而且是描述电路的一个基本物理量（既有大小又有方向）。电流强度用字母 I 或 i 来表示。

我们把电流强度的大小定义为在单位时间内通过某一导体横截面的电荷量，设在 $\mathrm{d}t$ 时间内通过横截面 S 的电荷量为 $\mathrm{d}q$，则通过该截面的电流 $i(t)$ 为：

$$i(t)=\frac{\mathrm{d}q}{\mathrm{d}t} \tag{1-1-1}$$

若电流的大小和方向都不随时间变化，则称为直流电流，用大写的字母 I 表示，且有

$$I=\frac{Q}{t} \tag{1-1-2}$$

式中，Q 是在时间 t 内通过导体横截面的电荷量。

在国际单位制（SI）中，电流的单位是安培，简称安（A）。对于大电流，以千安（kA）为单位，小电流以毫安（mA）、微安（μA）、纳安（nA）为单位，其换算关系为：

$$1\ \mathrm{A}=10^{-3}\ \mathrm{kA}=10^{3}\ \mathrm{mA}=10^{6}\ \mu\mathrm{A}=10^{9}\ \mathrm{nA}$$

2. 电流的参考方向

在分析电路时，不仅要计算电流的大小，还应了解电流的方向。习惯上规定正电荷的移动方向为电流的实际方向。对于比较复杂的直流电路，往往不能确定电流的实际方向；而交流电的方向又是随时间变化的，更难以判断。因此，为分析方便引入了电流的参考方向这一概念，参考方向可以任意设定，在电路中用箭头表示，并规定：当电流的参考方向与实际方向一致时，电流为正值，即 $I>0$，如图 1-1-9（a）所示；当电流的参考方向与实际方向相反时，电流为负值，即 $I<0$，如图 1-1-9（b）所示。

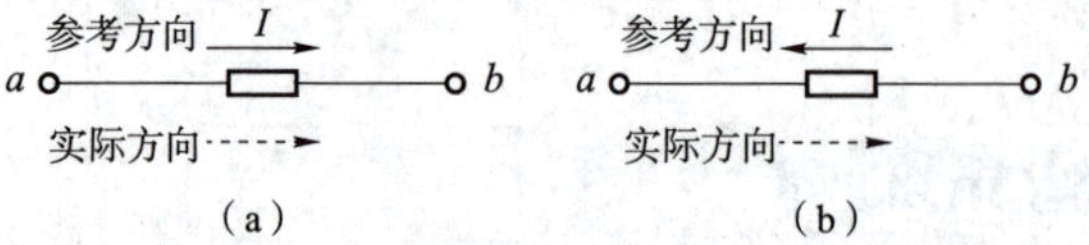

参考方向 I　a　b　实际方向　（a）

参考方向 I　a　b　实际方向　（b）

图 1-1-9　电流的参考方向与实际方向

（a）$I>0$；（b）$I<0$

电流的参考方向在电路中也可以用双下标表示，I_{ab} 表示参考方向由“a”指向“b”，即 $I_{ab}=-I_{ba}$。注意，负号表示与规定的方向相反。参考方向是电路中一个重要的概念，学习时应注意以下两点：

（1）电流的参考方向可以任意设定，但一经设定就不得改变。

（2）不标参考方向的电流没有任何意义，只有在指定电流参考方向的前提下，电流值

的正负才能反映出电流的实际方向。

提示：在分析电路时，首先要假定电流的参考方向，并以此为标准进行分析计算，最后从结果的正、负值来确定电流的实际方向。

【想一想　做一做】

图1-1-10所示为部分电路，图中标出了各电流的参考方向和计算结果，你会判断各电流的实际方向吗？

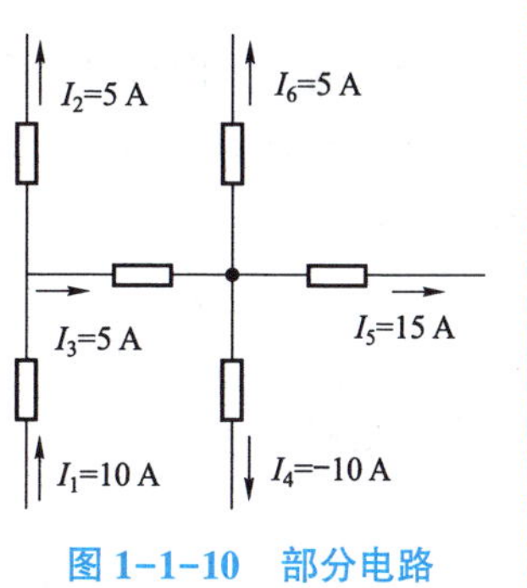

图1-1-10　部分电路

二、电压、电位、电动势

1. 电压

电场力把单位正电荷从 a 点移动到 b 点所做的功称为 a、b 两点间的电压，用 u_{ab} 表示。

$$u_{ab}=\frac{\mathrm{d}W_{ab}}{\mathrm{d}q} \tag{1-1-3}$$

式中，$\mathrm{d}W_{ab}$ 为电场力把正电荷从 a 点移到 b 点所做的功。

在国际单位制（SI）中，电压的标准单位是伏特（V）。常用的电压单位还有千伏（kV）、毫伏（mV）、微伏（μV），它们之间的关系为：

$$1\ \mathrm{V}=10^{-3}\ \mathrm{kV}=10^{3}\ \mathrm{mV}=10^{6}\ \mu\mathrm{V}$$

电路中任意两点间的电压仅与这两点在电路中的相对位置有关，与选取的计算路径无关。

习惯上把电压降低的方向规定为电压的实际方向。但在未知电压实际方向情况下，可预先设定一个方向，称为参考方向，可用“+”“-”标识，也可用双下标字母标识，还可用箭头标识，如图1-1-11所示。当电压的参考方向与实际方向相同时，电压为正值，反之为负值。

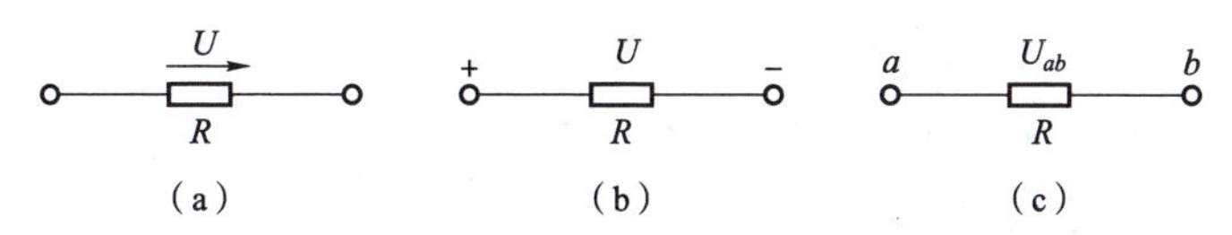

图1-1-11　电压参考方向标识方法

（a）箭头标识；（b）极性标识；（c）双下标标识

一段电路或一个元件上的电压参考方向和电流参考方向可以分别独立地加以设定。当电流、电压参考方向设定一致时，称为关联参考方向，反之称为非关联参考方向，如图1-1-12所示。

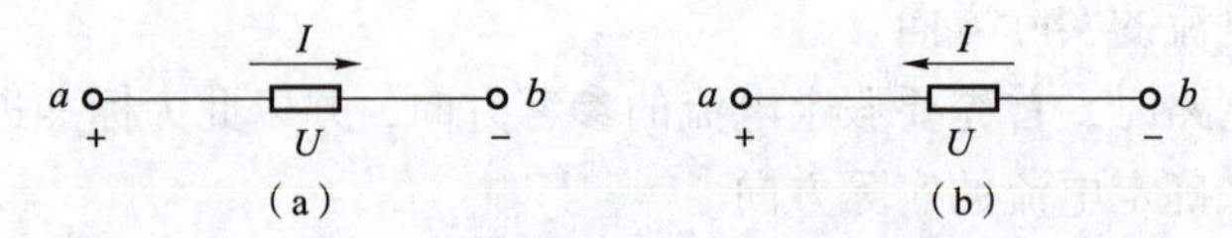

图 1-1-12　关联参考方向和非关联参考方向

(a) 关联参考方向；(b) 非关联参考方向

2. 电位

所谓电位，即在电路中选择某一点为参考点，并设参考点的电位为零，电路中另一点与参考点之间的电压就是该点的电位，也就是说，两点间的电压实际就是两点的电位之差，即：

$$U_{ab}=V_a-V_b \tag{1-1-4}$$

各点的电位是相对于参考点而言的，电路中选定的参考点不同，电路中各点的电位也不同；但是只要电路中两点位置确定，不管其参考点如何改变，两点之间的电压是不变的。

参考点在电路中通常用接地符号“⊥”表示。在电子电路中常以多条支路汇集的公共点作为参考点；在许多电气设备中常把外壳接地，则该外壳就可作为电位参考点。

3. 电动势

电动势是相对电源而言的，是指电源力将单位正电荷从电源的负极移动到电源正极时所做的功，即：

$$E=\frac{W}{q} \tag{1-1-5}$$

电动势与电压具有相同的量纲。值得注意的是，两者虽然单位相同，却有不同的物理概念。

电动势的实际方向规定为电源负极指向电源正极，即由低电位指向高电位的方向。

4. 电压、电位和电动势之间的关系

(1) 电压、电位和电动势的定义式形式相同，因此它们的单位相同，都是伏特。

(2) 三者的区别和联系如下：

①电压等于两点之间的电位差：$U_{ab}=V_a-V_b$，它是一个绝对值，与参考点的选择无关；

②电源的开路电压在数值上等于电源电动势；

③电路中某点电位在数值上等于该点到参考点之间的电压，它是相对概念，电路中某点的电位会随着参考点的不同而不同。

【想一想　做一做】

如图 1-1-13 所示，$E_1=10$ V，$E_2=6$ V，若分别选择 a 点和 b 点作为参考点，求两种情况下 a、b、c 点的电位及 U_{ac}。

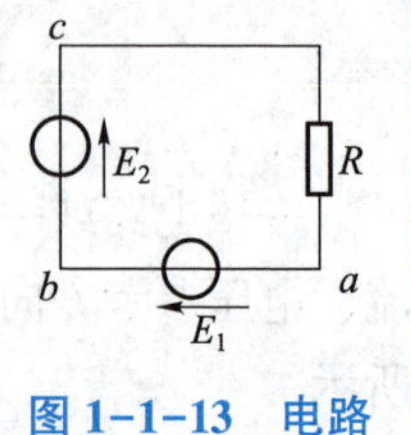

图 1-1-13　电路

三、电功率、电能

电路是电流流过的路径，也是电能流动的路径。电场力做功的过程就是能量转化的过程。

1. 电功率

电功率简称功率，是指单位时间内电场力做的功，即单位时间内电路吸收或释放的电能，通常用 $p(t)$ 表示。在 $\mathrm{d}t$ 时间内，正电荷 $\mathrm{d}q$ 在电场力作用下，从 a 点移动到 b 点所做的功为 $\mathrm{d}W$，则有：

$$p(t)=\frac{\mathrm{d}W}{\mathrm{d}t} \tag{1-1-6}$$

当电流和电压为关联参考方向时则有：

$$p(t)=u(t)i(t) \tag{1-1-7}$$

在直流电路中，电流、电压均为常量，故有：

$$P=UI \tag{1-1-8}$$

式（1-1-7）、式（1-1-8）是按电流和电压为关联参考方向表示的，如图 1-1-14（a）所示。若电流和电压为非关联参考方向，如图 1-1-14（b）所示，电路消耗（或吸收）的功率为：

$$p(t)=-u(t)i(t) \tag{1-1-9}$$

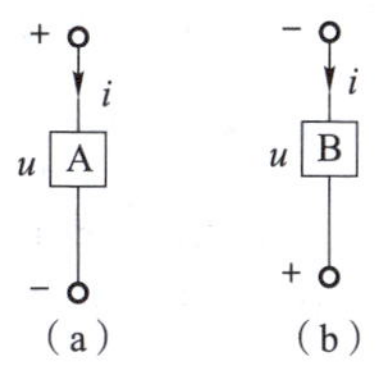

图 1-1-14 功率计算电路

在国际单位制（SI）中，功率的单位是瓦特，简称为瓦（W）。对于大功率，以千瓦（kW）或兆瓦（MW）为单位；对于小功率，以毫瓦（mW）或微瓦（μW）为单位，其换算关系为：

$$1\ \mathrm{W}=10^{-3}\ \mathrm{kW}=10^{-6}\ \mathrm{MW}=10^{3}\ \mathrm{mW}=10^{6}\ \mu\mathrm{W}$$

2. 电能

电流流过负载时，负载将电能转化成其他形式的能。电流所做的功称为电功，用符号 W 表示。在直流电路中，电流、电压均为恒值，在 $0\sim t$ 时间内电路消耗的电能为：

$$W=UIt \tag{1-1-10}$$

电能与电功率的关系表达式为：

$$P=\frac{W_R}{t}=\frac{UIt}{t}=UI=RI^2 \tag{1-1-11}$$

在国际单位制（SI）中，能量的单位为J（焦耳，简称焦），也可以用kW·h（千瓦时，俗称“度”）表示。

$$1\ \mathrm{kW\cdot h}=1\ 度=3.6\times10^{6}\ \mathrm{J}$$

【例 1-1-1】 某房间有“220 V、40 W”的白炽灯 6 盏。(1) 若平均每天使用 4 h，一年（365 天）用电多少千瓦时？(2) 若电价为 0.477 元/(kW·h)，一年应支付多少电费？(3) 如果改用“220 V、11 W”的节能灯，每天还是使用 4 h，一年能节约多少千瓦时的电？少付多少电费？

解：(1) 根据已知条件，$W=Pt=6\times40\times10^{-3}\times365\times4=350.4$（kW·h）；

(2) 一年应支付电费为 $350.4\times0.477=167.14$（元）；

（3）当改用“220 V、11 W”的节能灯时，一年所用电量为：

$$W'=P't=6\times11\times10^{-3}\times365\times4=96.36\ (\mathrm{kW\cdot h})$$

一年节约的电能为 $\Delta W=W-W'=350.4-96.36=254.04$（kW·h）；

一年少付的电费为 254.04×0.477＝121.18（元）。

由此可见，节约电能可以从两方面入手：一是减少用电设备的电功率，尽量少用大功率电器；二是减少用电时间，养成人走灯灭的好习惯。

在完整的电路中，电源提供的能量（功率）应正好等于负载消耗的能量（功率），即所谓的功率平衡。经分析可知：当元件两端的电压与其中的电流实际方向相同时，该元件吸收电功率；当两者实际方向相反时，该元件产生电功率。但在电路中，事先不知道元件电压和电流的实际方向，应根据参考方向来计算该元件的功率，并由计算结果来判断元件在电路中是作电源还是作负载（如蓄电池在电路中可处于充电或放电状态）。具体方法如下：

（1）根据电压与电流的参考方向为关联参考方向还是非关联参考方向，用式（1-1-7）或式（1-1-9）来计算功率 p。

（2）当 $p>0$ 时，说明该段电路吸收（或消耗）功率为 p，该元件为负载性质；当 $p<0$ 时，说明该段电路发出（或提供）功率为 p，该元件为电源性质。

【想一想　做一做】

请根据图 1-1-15 所标的电压和电流的参考方向，判断元件 A、B、C、D 在电路中是作电源用还是作负载用？

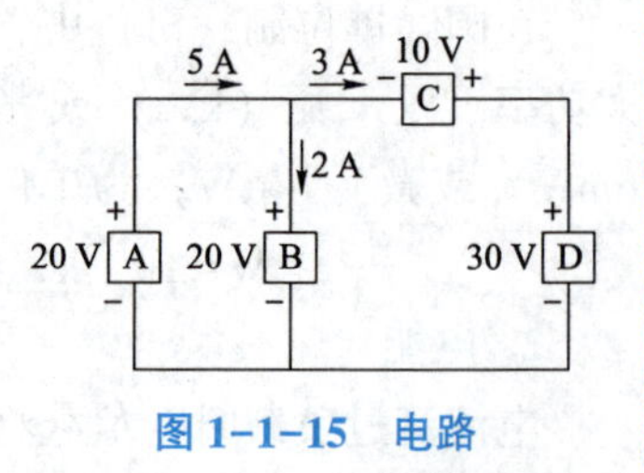

图 1-1-15　电路

知识链接三　电阻的串、并联

简单直流电路的分析计算

无分支电路和能利用电阻串并联简化为无分支电路的有分支电路合称为简单电路。在实际中，我们常常利用电阻的串、并联规律对电路进行等效简化分析。

“等效”的作用是指作用效果相同。例如，一台拖拉机带一辆拖车，使其速度为 10 m/s；五匹马拉相同的一辆拖车，速度也是 10 m/s，我们就说，一台拖拉机和五匹马对这辆拖车的作用是“等效”的。但一台拖拉机绝不意味着就是五匹马，即“等效”仅仅指对等效部分之外的作用效果相同，其内部特性是不同的。电路分析中经常运用的电阻串、并联简化分析电路，就是一种“等效”，用一个较为简单的电路替代原来看似很复杂的电路，显然会给电路的分析和计算带来很大的便利。

一、电阻的串联

两个或两个以上电阻首尾依次相连，中间无分支的连接方式称为电阻的串联。几个串联电阻可用一个等效电阻来表示，等效的条件是在同一电压 U 的作用下电流 I 保持不变；如图1-1-16所示，图1-1-16（a）可以等效为图1-1-16（b）。

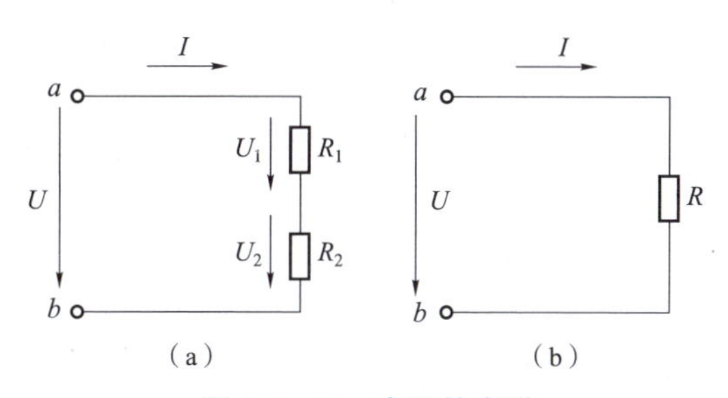

图1-1-16　电阻的串联

（a）原电路；（b）等效电路

1. 串联电路的性质

①串联电路中流过每个电阻的电流都相等，即：

$$I=I_1=I_2=I_3=\cdots=I_n$$

②串联电路两端的总电压等于各电阻两端的电压之和，即：

$$U=U_1+U_2+U_3+\cdots+U_n$$

③串联电路的等效电阻（即总电阻）等于各串联电阻之和，即：

$$R=R_1+R_2+R_3+\cdots+R_n$$

④串联电路的总功率等于各串联电阻功率之和，即：

$$P=P_1+P_2+\cdots+P_n=(R_1+R_2+\cdots+R_n)I^2$$

2. 串联电路的分压作用

当只有两个电阻串联时，U_1 和 U_2 分别为：

$$U_1=U\frac{R_1}{R_1+R_2},\quad U_2=U\frac{R_2}{R_1+R_2} \qquad (1-1-12)$$

从上式中可以看出，电阻串联时，阻值越大，电阻上分配的电压越高，即串联电路电压分配与阻值成正比。

3. 电阻串联的应用

在实际中，利用串联分压的原理，可以扩大电压表的量程，还可以制成电阻分压器。

【例1-1-2】　如图1-1-17所示，有一个表头，其内阻 $R_g=1\ 000\ \Omega$，满偏电流 $I_g=100\ \mu A$，要把它改装成量程是3 V的电压表，应该串联多大的电阻？

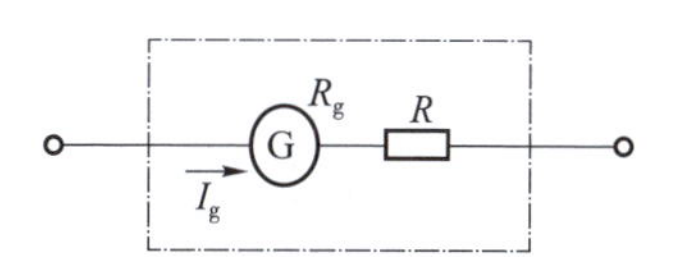

图1-1-17　电压表改装电路

解：电表指针偏转到满刻度时，它两端的电压为：

$$U_g=I_gR_g=100\times10^{-6}\times1\ 000=0.1\ (V)$$

0.1 V是该电压表能承担的最大电压，现要将其量程扩大到3 V，则串联电阻 R 所分担的电压为2.9 V，根据串联电路电流相同的特点有：

$$\frac{U_g}{R_g}=\frac{U_R}{R}$$

$$R=\frac{U_R}{U_g}R_g=\frac{2.9}{0.1}\times1\ 000=29\ (k\Omega)$$

可见，串联 29 kΩ 的分压电阻后，可将原 0.1 V 的电压表改装成量程为 3 V 的电压表。

二、电阻的并联

两个或两个以上的电阻接在电路中相同的两点之间，使各个电阻均承受同一个电压的连接方式称为电阻的并联。几个并联电阻可用一个等效电阻来表示，如图 1-1-18 所示。

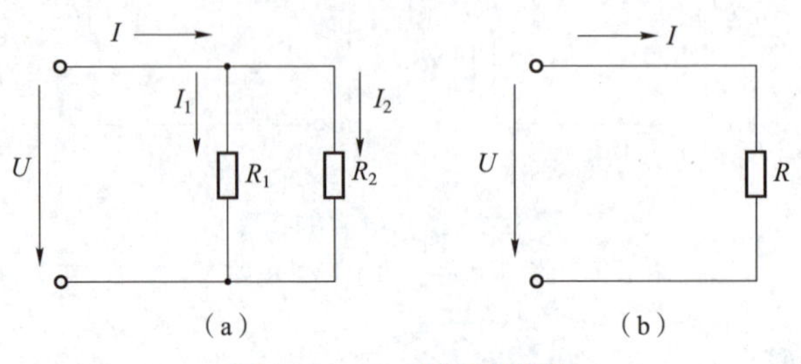

图 1-1-18　电阻的并联

(a) 原电路；(b) 等效电路

1. 并联电路的性质

(1) 并联电路中各电阻两端的电压相等，且等于电路两端的电压，即：

$$U=U_1=U_2=U_3=\cdots=U_n$$

(2) 并联电路中的总电流等于各电阻的电流之和，即：

$$I=I_1+I_2+I_3+\cdots+I_n$$

(3) 并联电路的等效电阻（即总电阻）的倒数等于各并联电阻的倒数之和，即总电阻小于任一并联电阻。

$$\frac{1}{R}=\frac{1}{R_1}+\frac{1}{R_2}+\frac{1}{R_3}+\cdots+\frac{1}{R_n}$$

提示：两个电阻并联的等效电阻为

$$R=\frac{R_1\times R_2}{R_1+R_2}$$

(4) 并联电路消耗功率的总和等于并联各电阻消耗功率之和，即：

$$P=P_1+P_2+P_3+\cdots+P_n=\frac{U^2}{R_1}+\frac{U^2}{R_2}+\frac{U^2}{R_3}+\cdots+\frac{U^2}{R_n}$$

2. 并联电路的分流作用

当两个电阻并联时，I_1 和 I_2 分别为：

$$I_1=I\frac{R_2}{R_1+R_2}\qquad I_2=I\frac{R_1}{R_1+R_2}\tag{1-1-13}$$

在并联电路中，电流的分配与电阻值成反比，即电阻值越大，分配的电流越小，反之电流越大。

3. 电阻并联的应用

利用电阻并联的分流作用，可扩大电流表的量程。在实际应用中，用电器在电路中通常都是并联运行的，这样既可以保证用电器在额定电压下正常工作，又能在断开或闭合某个用电器开关时，不影响其他用电器的正常工作。

三、电阻的混联

某个电路中，既有电阻串联又有电阻并联的电路称为电阻混联电路。对混联电路的分析，就是将不规范的串、并联电路加以规范，使所画电路的串、并联关系更加清晰，电路电阻可以用一个等效电阻来代替，当这种电路只有一个电源作用时，就是我们前面所说的简单电路。

【例 1-1-3】 如图 1-1-19（a）所示电路，可简化为图 1-1-19（b），求等效后的电阻 R。

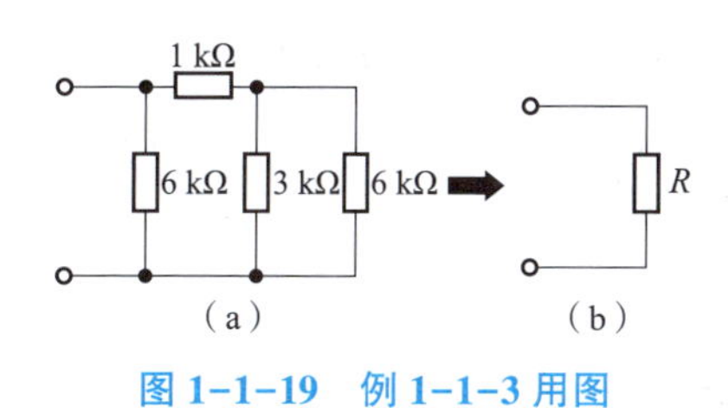

图 1-1-19　例 1-1-3 用图

解：电路的连接关系为：3 kΩ 与 6 kΩ 电阻并联后，与 1 kΩ 电阻串联，最后与 6 kΩ 电阻并联，所以串、并联等效化简后的等效电阻为：

$$R=6 /\!/ (1+3 /\!/ 6)=2\ (\text{k}\Omega)$$

任务实施

（1）分析三色警示灯电路功能，三色警示灯应采用________连接方式。

（2）在表 1-1-3 中画出三色警示灯电路主要元件的电气图形符号。

表 1-1-3　三色警示灯电路主要元件及其电气图形符号

元件	图形符号
DC 24 V 电源	
警示灯	
开关	
其他配套元件	

（3）根据电路功能要求，画出三色警示灯电路原理图。

任务考核

目标	考核题目	配分	得分
知识点	1. 警示灯内部用的是LED灯，它和普通灯珠有什么区别？能否画出它的电气符号？	10	
	2. 三色警示灯的三种颜色分别代表什么？它可以应用在哪些场合中？	10	
	3. DC和AC各代表什么？这两种电分别有什么特点？	10	
	4. 警示灯内部的LED灯珠电压通常为0.7 V，电流为十几毫安，直接将它接在DC 24 V的电源上，很容易造成击穿、烧毁的现象，那么应该如何避免？	10	
技能点	1. 能否正确描述某一实际电路的功能，并建立电路模型？能否正确判断电路中元件的作用？ 评分标准：90%以上问题回答准确、专业，描述清楚、有条理，12分；80%以上问题回答准确、专业，描述清楚、有条理，10分；70%以上问题回答准确、专业，描述清楚、有条理，8分；60%以上问题回答准确、专业，描述清楚、有条理，7分；不到50%问题回答准确的不超过6分，酌情打分。	12	
	2. 能否规范绘制三色警示灯电路元件符号及电路原理图？ 评分标准：规范绘制元件符号，6分；规范且正确绘制电路图，6分。视绘图情况酌情扣分。	12	
	3. 实际应用的警示灯是不允许两种灯同时亮起的，且红色警示灯亮起时还要发出蜂鸣器报警声，能否根据要求画出功能更全面的警示灯电路图呢？	11	
素养点	1. 是否遵守纪律及规程，不旷课、不迟到、不早退？ 评分标准：旷课扣5分/次；迟到、早退扣2分/次；上课做与任务无关的事情扣2分/次；不遵守安全操作规程扣5分/次。	5	
	2. 是否以严谨认真的态度对待学习及工作？ 评分标准：能认真积极参与任务，5分；能主动发现问题并积极解决，3分；能提出创新性建议，2分。	10	
	3. 是否能按时按质完成课前学习和课后作业？ 评分标准：网络课程前置学习完成率达90%以上，5分；课后作业完成度高，5分。	10	
总　分		100	
教师评语			

巩固提升

一、填空题

1. 电路通常由________、________和________三部分组成。

2. 由理想电路元件构成的电路图，称为与其相对应实际电路的________。

3. 电荷有规则的定向运动形成电流，习惯上规定________的方向为电流的实际方向。

4. ________的高低与参考点有关，是相对的量；________的大小与参考点无关，只取决于两点电位的差值，是绝对的量；________只存在于电源内部。

5. 某电阻元件的额定数据为“100 W、25 Ω”，正常使用时允许流过的最大电流为________。

6. 电阻并联分流电路中，阻值越大，流过的电流________；并联的电阻越多，其等效电阻的值越________。

7. 不论用公式 $P=UI$ 还是用 $P=-UI$ 计算元件（或电路）功率，计算结果都有可能为正或为负，其含义是：当 $P>0$ 时，说明该元件________电能；当 $P<0$ 时，说明该元件________电能。

8. 家中有“220 V、40 W”电灯 6 盏，以每天开灯 5 h 计，一个月（以 30 天计算）这些灯要用电________度；若全部换成“220 V、8 W”的节能灯，一个月可节约用电________度。

9. 电路中各点电位 $V_A=10$ V、$V_B=15$ V、$V_C=8$ V，则电压 $U_{AB}=$________V、$U_{BC}=$________V、$U_{CA}=$________V。若将 C 点作为参考点，则各点电位 $V_A=$________V、$V_B=$________V、$V_C=$________V，电压 $U_{AB}=$________V、$U_{BC}=$________V、$U_{CA}=$________V。

10. 电路如图 1-1-20 所示，ab 之间的等效电阻为________Ω。

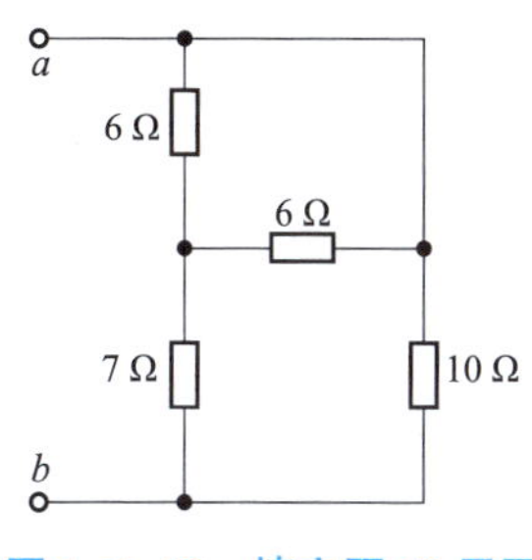

图 1-1-20　填空题 10 用图

二、判断题

1. 电压源处于开路状态时，它两端电压的数值与它内部电动势的数值相等。（　　）

2. 电功率大的用电器，其消耗的电功也一定比电功率小的用电器多。（　　）

3. 电流由元件的低电位端流向高电位端的参考方向称为关联参考方向。（　　）

4. 一个电流在电路分析中为负值，则说明它小于零。（　　）

5. 电路中某两点的电位都很高，则这两点间的电压也一定很高。（　　）

6. 电压和电流都是既有大小又有方向的电量，因此它们都是矢量。（　　）

7. 电阻元件在电路中总是吸收功率，电压源和电流源总是释放功率。（　　）

8. 电压和电流的计算结果为负值，说明它们假设的参考方向反了。 ( )

三、选择题

1. 已知空间有 a、b 两点，电压 $U_{ab}=10$ V，a 点电位为 $V_a=4$ V，则 b 点电位 V_b 为( )。

A. 6 V B. −6 V C. 14 V

2. 某电阻 R 上 U、I 参考方向不一致，令 $U=-10$ V，消耗功率为 0.5 W，则电阻 R 为( )。

A. 200 Ω B. −200 Ω C. ±200 Ω

3. 把其他形式的能转换成电能的装置称为( )。

A. 用电器 B. 电阻 C. 电源

4. A 灯泡“220 V、100 W”与 B 灯泡“220 V、40 W”串联接到 220 V 电源上，则较亮的灯泡是( )。

A. A B. B C. 无法判断

5. 当电路中电流的参考方向与电流的实际方向相反时，该电流( )。

A. 一定为正值 B. 一定为负值 C. 不能确定是正值或负值

四、综合题

1. 在图 1-1-21 所示电路中，已知 $U_1=1$ V，$U_2=-6$ V，$U_3=-4$ V，$U_4=5$ V，$U_5=-10$ V，$I_1=1$ A，$I_2=-3$ A，$I_3=4$ A，$I_4=-1$ A，$I_5=-3$ A。

试求：(1) 各二端元件吸收的功率；(2) 整个电路吸收的功率。

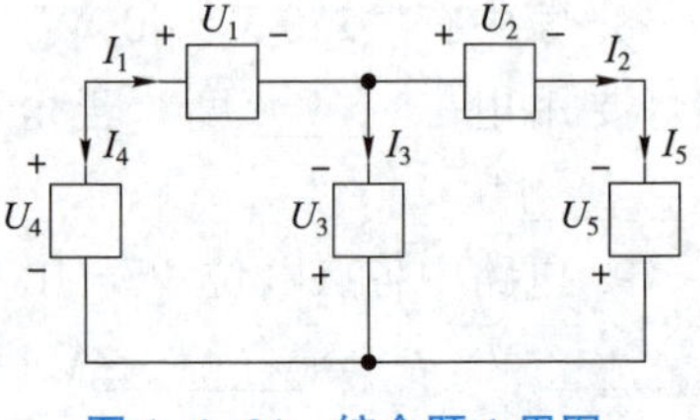

图 1-1-21 综合题 1 用图

2. 求图 1-1-22 所示电路的等效电阻 R_{AB}。

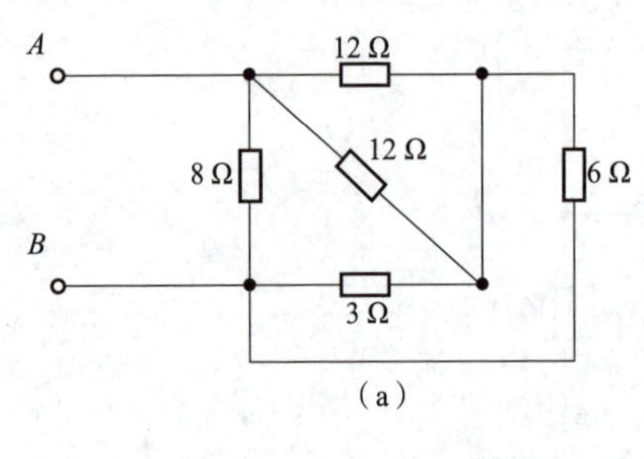

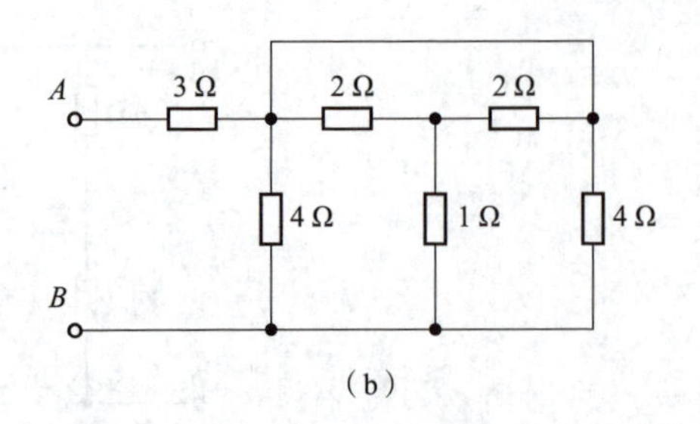

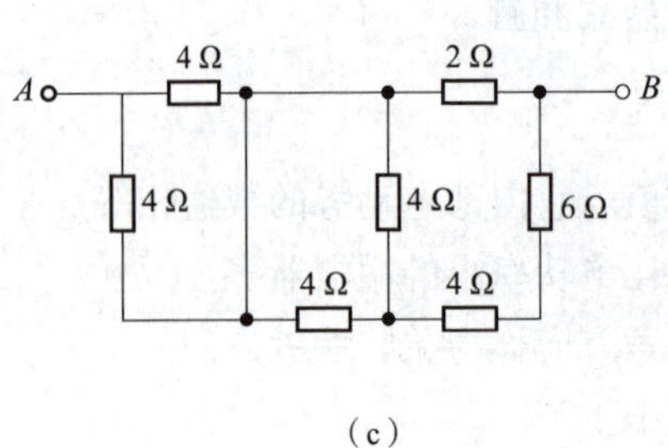

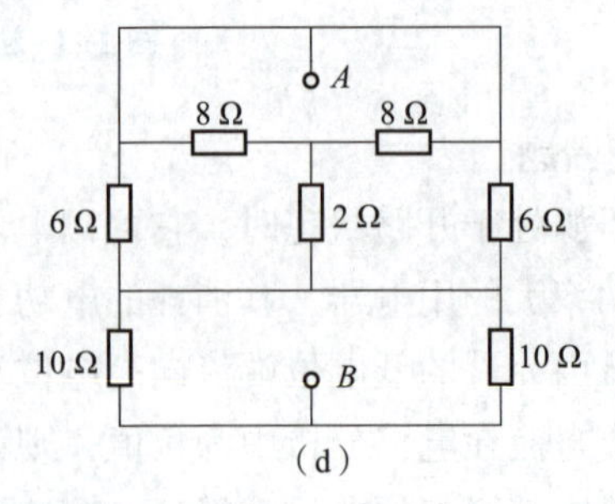

图 1-1-22 综合题 2 用图

【科技成就】

任务1-1　我国电力工业的变迁与成就

任务1-2　元器件的准备与检测

任务名称	元器件的准备与检测	参考学时	4 h
任务引入	实际使用的电源种类有很多，各有优缺点和适用场合，负载也要根据大小、特性等进行合理选择。本任务主要是学习各类电源、负载的特性，用万用表测量其大小，选择合适的元器件应用在警示灯电路中。		
任务要点	知识点：电阻特性；欧姆定律的内容及应用；电压源与电流源的特性、等效变换。		
	技能点：能用等效变换、欧姆定律分析求解电路；能用万用表测量电压、电流、电阻等；根据设备需要选择合适的电源。		
	素质点：具备自觉遵守规章制度的能力、自主获取信息并合理应用的能力、团队协作能力。		

知识链接一　欧姆定律

一、部分电路欧姆定律

把电源看作理想电源时，在闭合电路中当电阻两端加上电压时，电阻中就会有电流通过，如图1-2-1所示。实验证明：在一段没有电压源而只有电阻的电路中，电流I的大小与电阻R两端的电压U成正比，与电阻值R的大小成反比。在电压、电流为关联参考方向时，一段电阻电路的欧姆定律表达式为：

$$U=IR \tag{1-2-1}$$

需要指出的是，电阻元件上电压和电流非关联即两者参考方向相反时，上述欧姆定律数学公式应加“-”号，则

$$U=-IR \tag{1-2-2}$$

欧姆定律成立时，以导体两端电压U为横坐标，导体中的电流I为纵坐标，所画出的曲线，称为伏安特性曲线。它是一条通过坐标原点的直线，斜率为电阻的倒数（也称为电导G）。具有这种性质的电气元件称为线性元件，其电阻称为线性电阻或欧姆电阻，如图1-2-2（a）所示。

欧姆定律不成立时，伏安特性曲线不是过原点的直线，而是不同形状的曲线。把具有这种性质的电气元件，称为非线性电阻，如图1-2-2（b）所示。

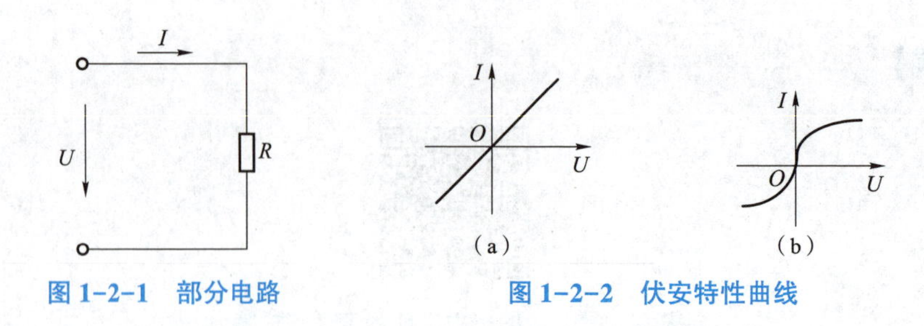

图 1-2-1　部分电路　　　　图 1-2-2　伏安特性曲线

在国际单位制（SI）中，电阻的单位为是 Ω（欧姆），简称欧。常用的电阻单位还有 1 kΩ（千欧）、1 MΩ（兆欧）。

二、全电路欧姆定律

把电源看作实际电源时，如图 1-2-3 所示的闭合电路中，U_S 为电压源的电压，R_0 为电源的内阻，U_S 与 R_0 构成了电源的内电路，如图中虚线框的部分；R 为负载电阻，是电源的外电路，外电路和内电路共同组成了闭合电路。为使电压平衡，有：

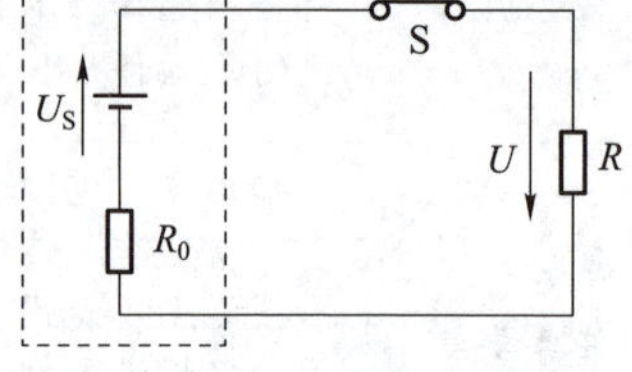

图 1-2-3　单电源闭合电路

$$\begin{cases} U=U_S-IR_0 \\ U_S=U+IR_0=IR+IR_0 \end{cases} \quad (1-2-3)$$

上式经整理得：

$$I=\frac{U_S}{R+R_0} \quad (1-2-4)$$

式（1-2-4）就是全电路欧姆定律，其意义是：电路中流过的电流，其大小与电压源成正比，而与电路的全部电阻之和成反比。

知识链接二　电压源、电流源及其等效变换

电压源、电流源及其等效变换

通过前面的学习，我们知道电源是一种将其他形式的能转换成电能的装置，可以给电路提供某种形式的“输入”或“激励”，我们常用的电源有电压源和电流源两种。

一、电压源

1. 理想电压源

所谓理想电压源，是从实际电源抽象出来的一种模型，其端电压与通过的电流无关。理想电压源具有两个显著的特点：

(1) 它对外输出的电压 U_S 是恒定值（或是一定的时间函数），与流过它的电流无关，即与接入电路的方式无关。

(2) 流过理想电压源的电流由它本身与外电路共同决定，即与它相连接的外电路有关。

图 1-2-4（a）、(b) 所示为理想电压源的符号，图 1-2-4（c）为它的伏安特性，可写为：

$$U=U_S$$

2. 实际电压源

实际电路设备中所用的电压源都是有内阻的，可以用一个理想电压源 U_S 与内阻 R_0 串联的电路模型来表示，如图 1-2-5（a）所示，图 1-2-5（b）所示为实际电压源的外特性曲线，用公式可表示为：

$$U=U_S-IR_0$$

可以看到随着负载电流的增大，电源的端电压在下降，这是因为电流越大，内阻上的压降也越大。

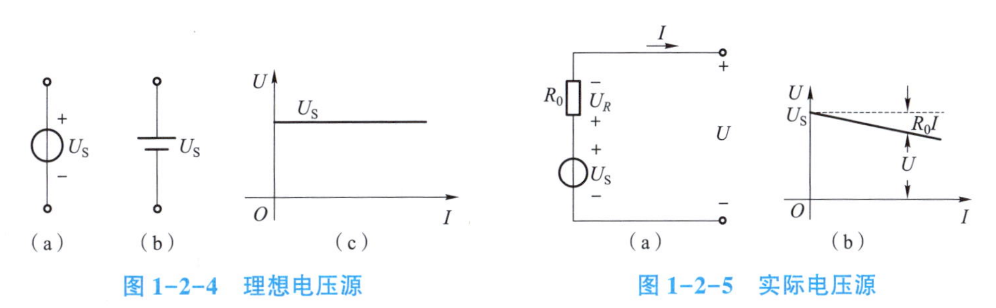

图 1-2-4　理想电压源　　图 1-2-5　实际电压源

对于电压源，尤其是理想电压源来说，是不允许其短路的，因此在电压源的应用电路中通常会加入短路保护，以免电路短路时，造成过大的短路电流而损坏电压源。而当电压源闲置时，应将其开路保存。

电压源可以串联使用，但不能并联使用，n 个电压源串联时如图 1-2-6（a）所示，可以等效为一个电压源，如图 1-2-6（b）所示，这个等效电压源的电压为：

$$U_S=U_{S1}+U_{S2}+U_{S3}+\cdots+U_{Sn}=\sum_{k=1}^{n}U_{Sk} \tag{1-2-5}$$

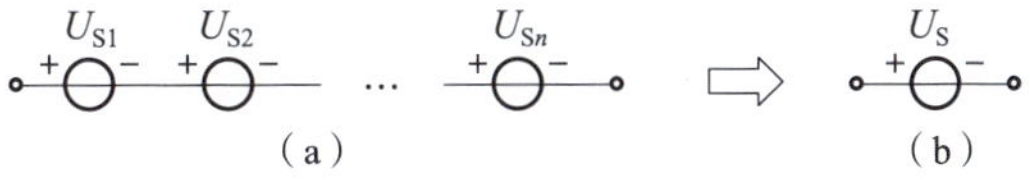

（a）　（b）

图 1-2-6　电压源的串联

如果 U_{Sk} 的参考方向与 U_S 的参考方向一致，则式中的该项应取正号，参考方向不一致时取负号。

二、电流源

1. 理想电流源

实际电路设备中所用的电源，并不是在所有情况下都要求电源的内阻越小越好。在某些特殊场合下，有时要求具有很大的内阻，因为高内阻的电源能够有一个比较稳定的电流输出。当电源内阻为无限大时，输出的电流就是恒定值，这时称它为理想电流源。理想电流源也有两个显著的特点：

（1）它对外输出的电流 I_S 是恒定值（或是一定的时间函数），与它两端的电压无关，即与接入电路的方式无关。

（2）加在理想电流源两端的电压由它本身与外电路共同决定，即与它相连接的外电路有关。

图 1-2-7（a）所示为理想电流源的符号，图 1-2-7（b）为它的伏安特性，可写为：

$$I=I_S$$

2. 实际电流源

实际电流源可以用一个理想电流源 I_S 与内阻 R_0 并联的电路模型来表示，如图 1-2-8（a）所示，图 1-2-8（b）为实际电流源的外特性曲线，用公式可表示为：

$$I=I_S-\frac{U}{R_0}$$

可以看到，负载电流越大，电流源内阻上的电流越小，此时电流源输出的电压越低。

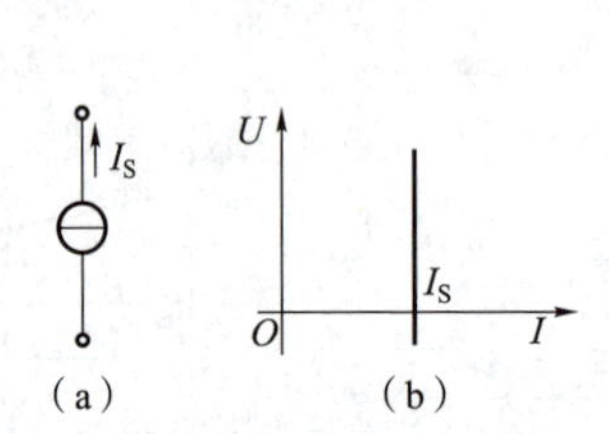

图 1-2-7　理想电流源

（a）理想电流源符号；（b）伏安特性

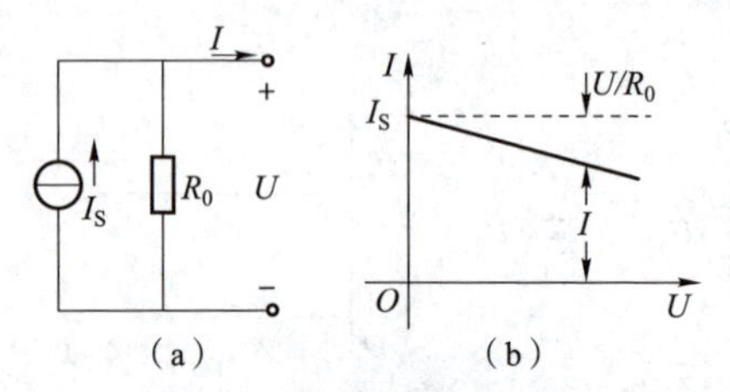

图 1-2-8　实际电流源

（a）实际电流源电路模型；（b）伏安特性

对于电流源，不允许其开路运行，否则这与电流源的特性不相符，因此当电流源闲置时，应将其短路保存。

如图 1-2-9（a）所示，当 n 个电流源并联时可以等效为一个电流源，如图 1-2-9（b）所示。

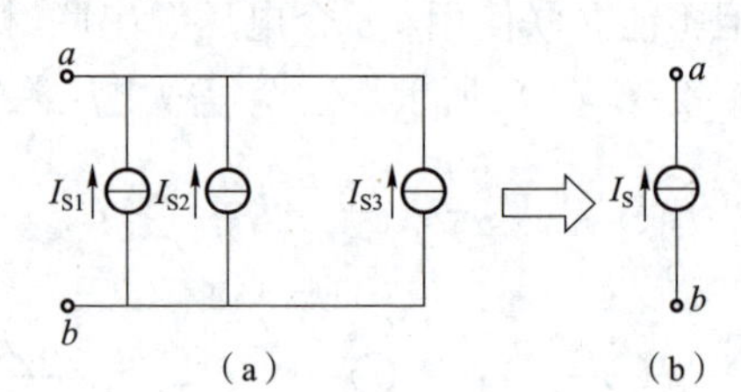

图 1-2-9　理想电流源并联

等效电流源的电流为：

$$I_S=I_{S1}+I_{S2}+I_{S3}+\cdots+I_{Sn}=\sum_{k=1}^{n}I_{Sk} \quad (1-2-6)$$

如果 I_{Sk} 的参考方向与 I_S 一致，则取正值；若不一致，则取负值。

三、实际电源的等效变换

当实际电压源与实际电流源的内电阻 R_0 相同，且电压源的 $U_S=I_SR_0$ 或电流源 $I_S=\frac{U_S}{R_0}$ 时，电压源与电流源的外特性完全相同。由此，我们得到一个结论：电压源和电流源之间存在着等效变换的关系，即可以将电压源模型变换成等效电流源模型或做相反的变换，如图 1-2-10 所示。这种等效变换在进行复杂电路的分析计算时，往往会带来很大的便利。

等效变换的条件为：

$$U_S=I_SR_0 \quad 或 \quad I_S=\frac{U_S}{R_0}$$

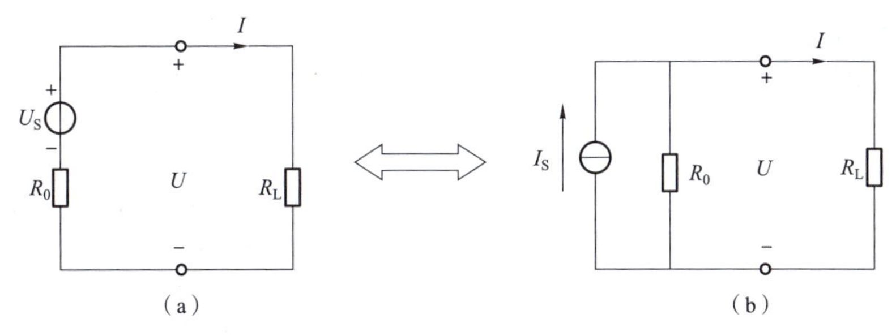

图1-2-10　实际电压源与实际电流源的等效变换

注意：

(1) 电压源和电流源的等效关系是只对外电路而言的，对电源内部则不等效。因为在变换前、后，两种电源内部的电压、电流和功率等都不相同。

(2) 为了保持变换前后输出端的特性一致，电压源 U_S 的方向应与恒流源 I_S 的方向一致，也就是说 I_S 的方向是从 U_S 的"−"端指向"+"端的。

(3) 理想电压源和理想电流源之间不能进行等效变换，因为它们有完全不同的外部特性，故两者之间不存在等效变换的条件。

(4) 理想电压源与电阻并联可视为开路，等效为原电压源，理想电流源与电阻串联可视为短路，等效为原电流源。

【例1-2-1】 请用电路等效变换的方法，求解图1-2-11所示的电流 I。已知 $U_{S1}=10$ V，$I_{S1}=15$ A，$I_{S2}=5$ A，$R=30$ Ω，$R_2=20$ Ω。

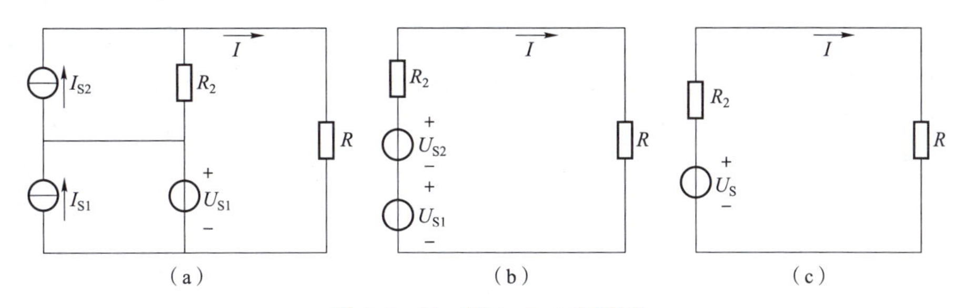

图1-2-11　例1-2-1电路图

解： 在图1-2-11 (a) 所示电路图中，电压源 U_{S1} 与电流源 I_{S1} 并联可等效为电压源 U_{S1}；电流源 I_{S2} 与电阻 R_2 并联可等效变换为电压源 U_{S2} 与电阻 R_2 的串联，电路变换后如图1-2-11 (b) 所示，其中

$$U_{S2}=R_2I_{S2}=20\times5=100\ (\text{V})$$

在图1-2-11 (b) 所示电路中，电压源 U_{S1} 与电压源 U_{S2} 的串联可等效变换为电压源 U_S，电路变换后如图1-2-11 (c) 所示，其中

$$U_S=U_{S2}+U_{S1}=100+10=110\ (\text{V})$$

在图1-2-11 (c) 所示电路中，根据欧姆定律可知

$$I=\frac{U_S}{R+R_2}=\frac{110}{30+20}=2.2\ (\text{A})$$

【想一想 做一做】

请用电路等效变换的方法化简图 1-2-12 所示电路，并计算电流 i。

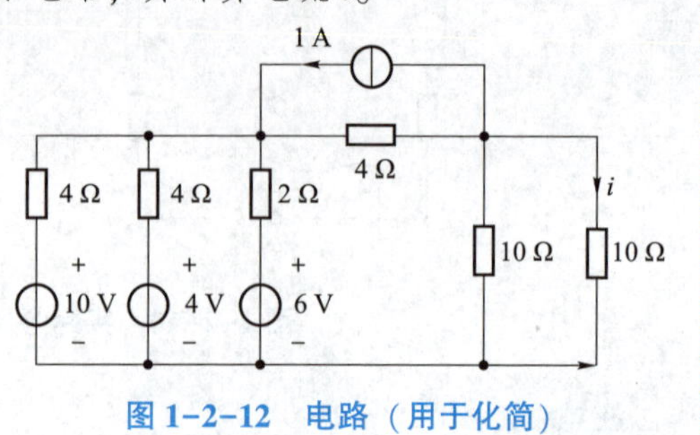

图 1-2-12 电路（用于化简）

知识链接三 电阻元件识别

电阻元件的识别

电阻元件在电路中使用时通常起分压、限流的作用，我们将阻值不能改变的电阻称为固定电阻（器），阻值可变的电阻称为电位器或可变电阻器。电阻元件的电阻值大小一般与温度、材料、长度以及横截面积有关，用公式 $R=\rho\dfrac{l}{S}$来计算电阻值，其阻值越大，表示导体对电流的阻碍作用越大。

电阻元件的标称与识别方法主要有：直标法、文字符号标注法、数码法和色标法。

一、直标法

直标法是一种常见的标注方法，特别是在体积较大（功率大）的电阻器上采用。它将该电阻器的标称值和允许偏差、型号、功率等参数直接标注在电阻器表面，电阻值单位欧姆用“Ω”表示，千欧用“kΩ”表示，兆欧用“MΩ”表示，吉欧用“GΩ”表示；允许偏差直接用百分数或用Ⅰ（±5%）、Ⅱ（±10%）、Ⅲ（±20%）表示，如图 1-2-13 所示。

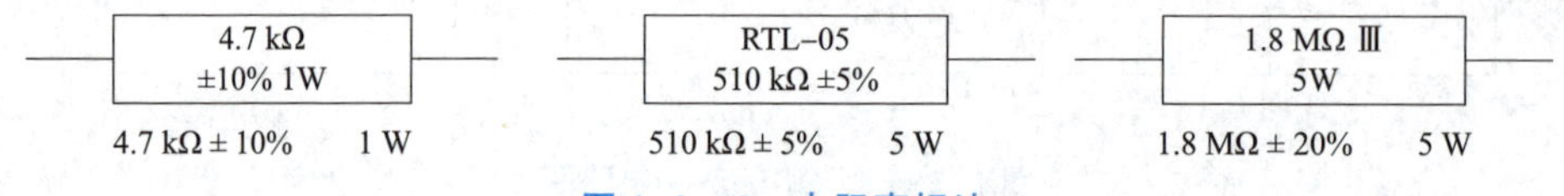

图 1-2-13 电阻直标法

二、文字符号标注法

文字符号标注法用阿拉伯数字和文字符号两者有规律的组合来表示标称电阻值，其允许偏差用文字符号表示：B（±0. 1%）、C（±0. 25%）、D（±0. 5%）、F（±1%）、G（±2%）、J（±5%）、K（±10%）、M（±20%）、N（±30%）。符号前面的数字表示整数阻值，后面的数字依次表示第一位小数阻值和第二位小数阻值，如图 1-2-14 所示。

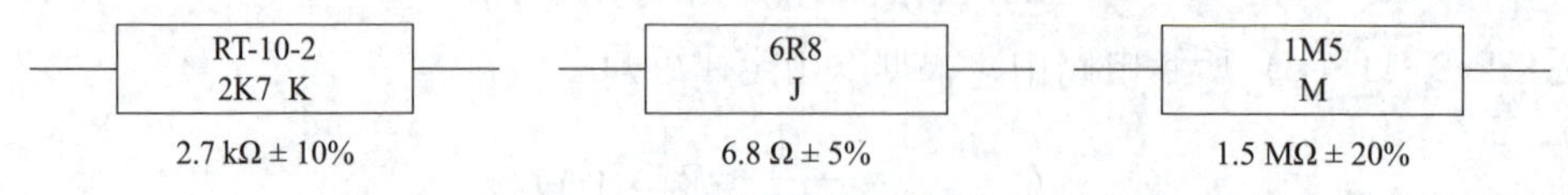

图 1-2-14 文字符号标注法

三、数码法

用三位阿拉伯数字表示，前两位数字表示阻值的有效数，第三位数字表示有效数后面零的个数，偏差通常采用符号表示，与文字符号标注法相同，如图 1-2-15 所示。

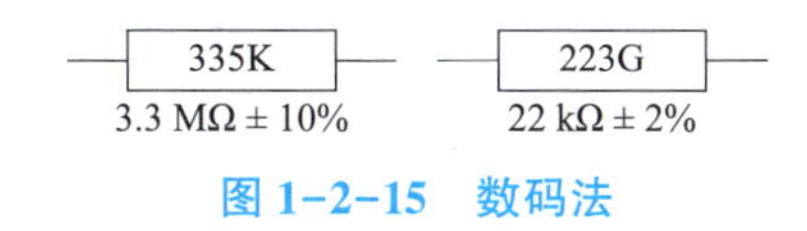

图 1-2-15　数码法

四、色标法

色标法是指在电阻器上用不同的颜色，按照规定的排列顺序分别代表不同的标称值和允许偏差。常用于小功率电阻，特别是 0.5 W 及以下的碳膜电阻和金属膜电阻。色标法可以分为色环法和色点法两种，其中最常用的是色环法。色环电阻的色码定义见表 1-2-1。

表 1-2-1　色环电阻的色码定义

颜色	数字	倍率	允许偏差	备注
黑	0	10^0	—	只做中间环
棕	1	10^1	F（±1%）	可以做五环电阻的最后一环
红	2	10^2	G（±2%）	可以做五环电阻的最后一环
橙	3	10^3	—	不可以做最后一环
黄	4	10^4	—	不可以做最后一环
绿	5	10^5	D（±0.5%）	不可以做最后一环
蓝	6	10^6	C（±0.2%）	不可以做最后一环
紫	7	10^7	B（±0.1%）	不可以做最后一环
灰	8	10^8	—	不可以做最后一环
白	9	10^9	—	不可以做最后一环
金	—	10^{-1}	J（±5%）	只可以做四环电阻的最后一环
银	—	10^{-2}	K（±10%）	只可以做四环电阻的最后一环

1. 四色环标注法

这种标志的方法多用于普通电阻器上。它用四条色带表示电阻器的标称阻值和允许偏差，其中前三条表示标称阻值，最后一条表示允许偏差。表示标称阻值的三条色带中，第一条和第二条分别表示第一位和第二位有效数值，第三条表示有效数值的倍率，如图 1-2-16（a）所示。

2. 五色环标注法

这种标志方法多用于精密电阻器。它用五条色带表示电阻器的标称阻值和允许偏差，其中前四条表示标称阻值，最后一条表示允许误差，如图 1-2-16（b）所示。

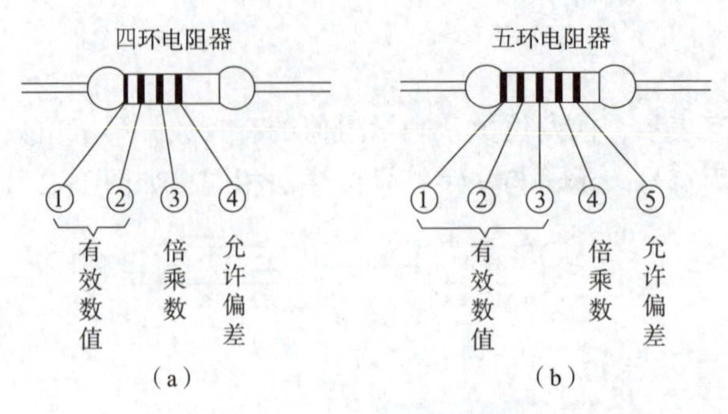

图 1-2-16　色环标注法

注意：

用色标法读取电阻阻值时，电阻器的第一位有效数字色环距离电阻器的导体部分较近，允许偏差色环距离电阻器导体部分较远，且有效数字色环及倍乘数色环间隔较近，它们和允许偏差色环距离相对较远。

【想一想　做一做】

请用色标法判断图 1-2-17 所示的色环电阻的阻值。

图 1-2-17　色环电阻

知识链接四　万用表的使用

万用表是一种多量程、多用途的便携式电工仪表，一般用来测量交/直流电流、电压和电阻等，还可以判断各种元器件的好坏，是维修电工的得力帮手。根据万用表的内部结构和原理不同，万用表分为指针式万用表和数字式万用表两大类。

一、指针式万用表的使用

利用万用表测量电阻

指针式万用表有 MF-30 型、MF-50 型、MF-47 型等多种型号，其中 MF-47 型万用表的灵敏度较高，操作简单，还可以测量晶体三极管的放大倍数和 2 500 V 的高压，内部有保护电路，结构较牢靠，是电气维修比较理想的一种万用表。

指针式万用表的结构主要由测量机构（表头）、转换开关和测量电路等部分组成。测量机构通常由磁电系直流微安表组成，表头面板上刻有多种量程的刻度线，还有指针调零按钮；转换开关则利用固定触头和活动触头的通断来达到类型和量程的转换；测量电路主要将被测量转换成适合表头表示的电量。图 1-2-18 所示为指针式万用表的结构。

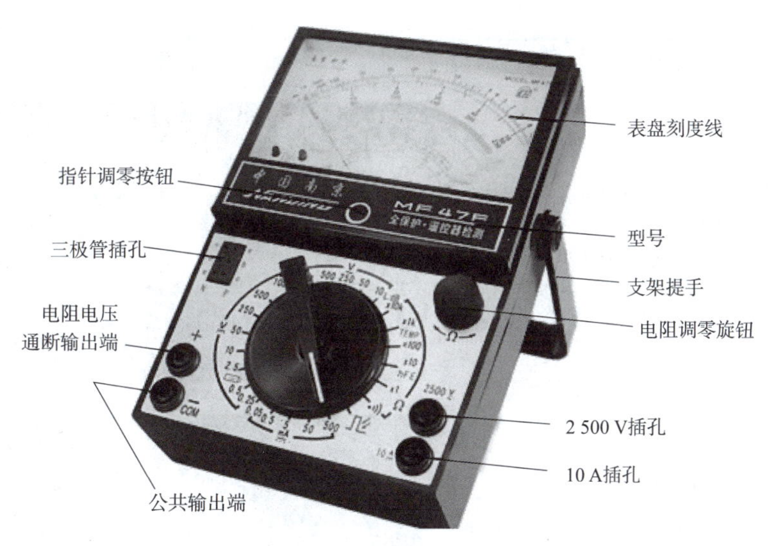

图 1-2-18　指针式万用表的结构

1. 电阻的测量

用万用表测量电阻的原理其实是根据欧姆定律得来的，其电压为电池电压 E_r，其阻值包括电池内阻 r、表头电阻 R_g、可调电阻 R 及要测试的电阻 R_X，如图 1-2-19 所示。由于被测电阻越小则通过表头的电流越大，所以标度盘上电阻的刻度与电流、电压的刻度相反；又由于电流与被测电阻不成正比关系，所以电阻刻度是不均匀的。测量时，应将转换开关旋至欧姆挡的某一挡位，共有 5 个挡位，分别为×1、×10、×100、×1K、×10K。

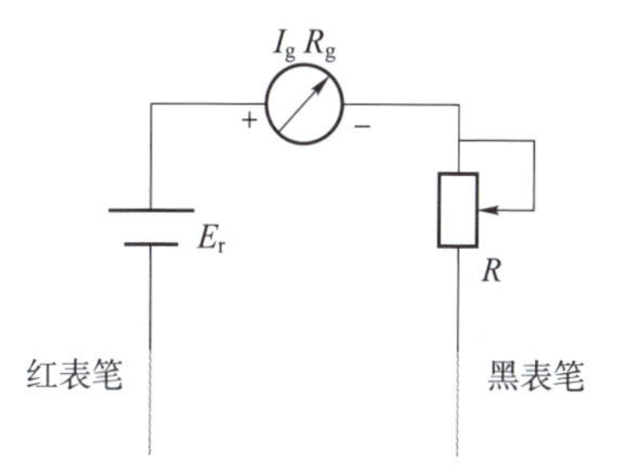

图 1-2-19　指针式万用表测量电阻的示意图

指针式万用表测量电阻的操作规程见表 1-2-2。

表 1-2-2　测量电阻的操作规程图解

操作步骤	操作内容	操作画面
插好表笔	黑表笔接“-”，红表笔接“+”。 （从图 1-2-19 可以看出，指针式万用表黑表笔输出的是电池的正极，红表笔输出的是电池的负极）	
机械调零	测量前，应注意水平放置，检查表指针是否处于交直流刻度标尺的零刻度线上，若不在零位，则应通过机械调零的方法，使指针回到零位，否则读数会有较大的误差	机械调零旋钮

续表

操作步骤	操作内容	操作画面
量程的选择	看指针是否停在中线附近，如果是，说明挡位合适。如果指针太靠零，则要减小挡位；如果指针太靠近无穷大，则要增大挡位	
欧姆调零	量程选定后在正式测量前必须进行欧姆调零，否则测量值有误差	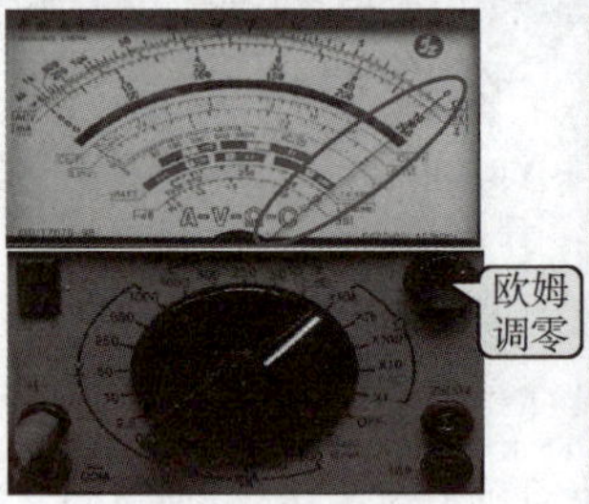 欧姆调零 （a） 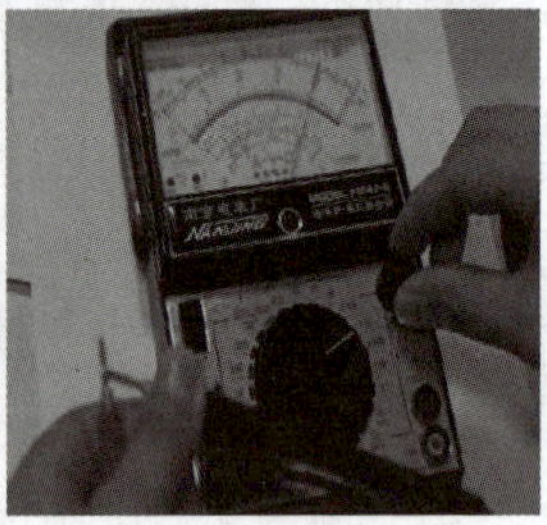　（b）
连接电阻测量	不能带电测量，被测电阻不能有并联支路	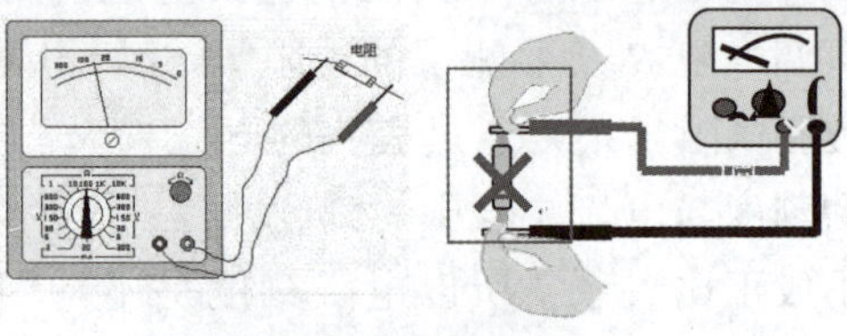
读数	读第一条刻度线。测量阻值=指针指示数值×倍率，如右图所示为阻值=18×10 kΩ=180 kΩ	 刻度线18 读第一条刻度线 旋转开关调到10K倍率挡位
挡位复位	万用表不用时，将挡位开关打在OFF位置，或打在交流电压1 000 V挡	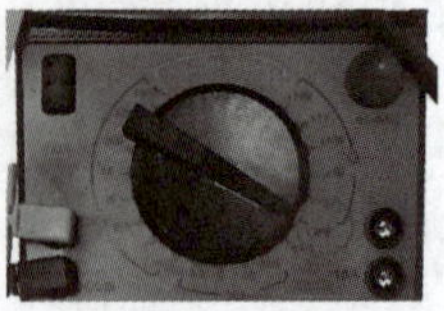

指针式万用表测量电阻的注意事项：

（1）测量先看挡，不看不测量。每次拿起表笔准备测量时，务必再核对一下测量类别及量程选择开关是否拨对位置。为了安全，必须养成这种测前看一看的好习惯。

（2）测 R 先调零，换挡需调零。测元件电阻前，应先将转换开关调至欧姆挡，短接表笔欧姆调零；每次更换挡位时，都应重新调零。如果调不到零，说明表内电池电量不足，需更换电池，更换后再调零。

(3) 测 R 不带电，连接需分离。当测量电路中的电阻时，必须先将电路断电，并将电阻一端断开，以防损坏万用表或误测成与其他电阻连接的等效电阻。

(4) 测量不拨挡，测完拨空挡。调零时，测量过程中不能拨动转换旋钮；测量完毕后应将转换开关拨到“OFF”位置或交流电压最高挡位（1 000 V）。

(5) 量程要合适，针偏过大半。若测量前事先无法估计被测元件阻值大小，应尽量选较大量程，然后根据指针偏转情况逐步调小两层，直到指针偏转到满刻度的 1/3~2/3 区域为止。

2. 直流电流的测量

将转换开关旋到直流电流挡，测量直流电流时，正负极性必须正确，电流由红表笔流入，黑表笔流出，被测电流从“+”“-”两端接入，便构成了测量直流电流的回路。实际电流往往比表头的满偏电流大得多，若将万用表直接接入，将会因电流过大而烧坏，所以需要在微安表或毫安表的表头上并联分流电阻，从而达到改变电流量程的目的，如图 1-2-20 所示。

【例 1-2-2】 如图 1-2-20 所示，该万用表电流挡的参数如下：$R_g=1\ 000\ \Omega$，$I_g=100\ \mu A$，通过并联电阻扩展后的量程为 $I=1$ A，求分流电阻 R。

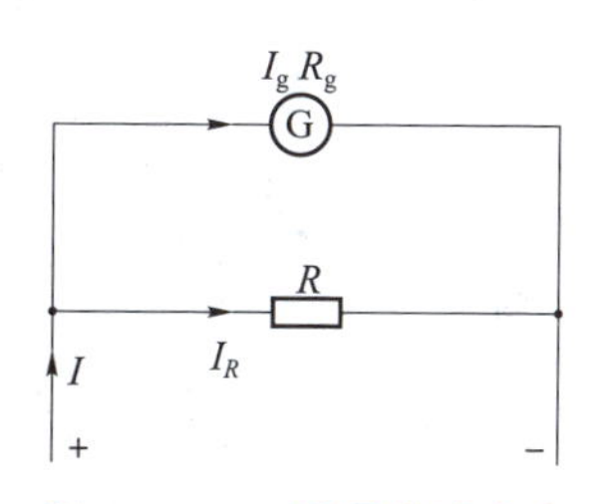

图 1-2-20　测量直流电流

解：分流电阻与表头并联，两端电压相等，则

$$I_R R=I_g R_g$$

$$I=I_g+I_R$$

$$R=\frac{I_g R_g}{I-I_g}=\frac{0.000\ 1\times 1\ 000}{1-0.000\ 1}\approx 0.1\ (\Omega)$$

即并联 0.1 Ω 的分流电阻，可将该万用表的电流挡量程扩大到 1 A。

3. 直流电压的测量

将转换开关旋转到直流电压挡，测量直流电压时，正负极性必须正确，红表笔应接在电路中的高电位端，黑表笔接在电路低电位端，被测电压从“+”“-”两端接入，便构成了测量直流电压的回路。实际测量中，若表头上承受的电压较大，使得流过表头的电流超过满偏电流，表头将烧毁，因此需要给表头串联电阻分担一部分电压，从而扩大测量量程，如图 1-2-21 所示。

4. 交流电压的测量

万用表表头属于磁电式直流表，不能直接测量交流电，测量交流电压时，需要通过整流电路将交流电变换成直流电进入表头测量，如图 1-2-22 所示，两个二极管 VD_1、VD_2 组成半波整流电路，利用二极管的单向导电性，将被测交流电转化成单方向的直流电，进行测量。

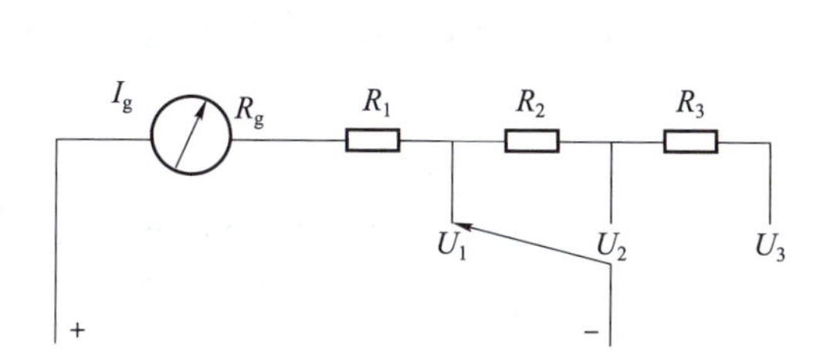

图 1-2-21　万用表电压挡量程扩大

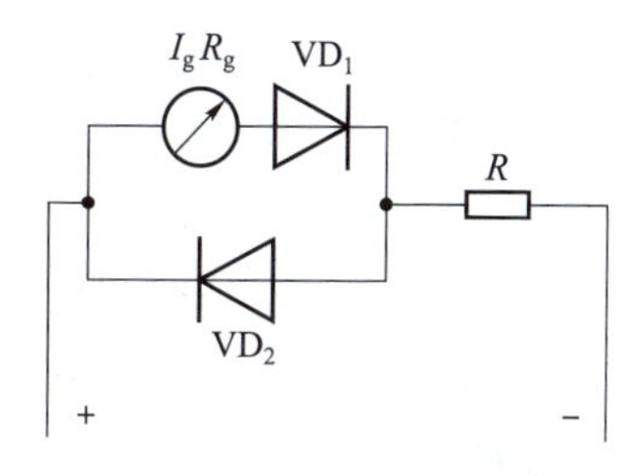

图 1-2-22　测量交流电压

二、数字式万用表的使用

数字式万用表
测电阻

数字式万用表和指针式万用表一样，也是一种多用途、多量程的直读式仪表。数字式万用表的表头为数字式电压表，它用液晶数字显示测量的结果，其工作可靠、速度快、准确度高、输入阻抗高、保护功能齐全，读数直接、简单、准确。

图 1-2-23 为数字式万用表的结构图，它的使用方法如下：黑表笔总是插入 COM 孔，测量电压、电阻、检测二极管通断时，红表笔插入 V/Ω 孔。

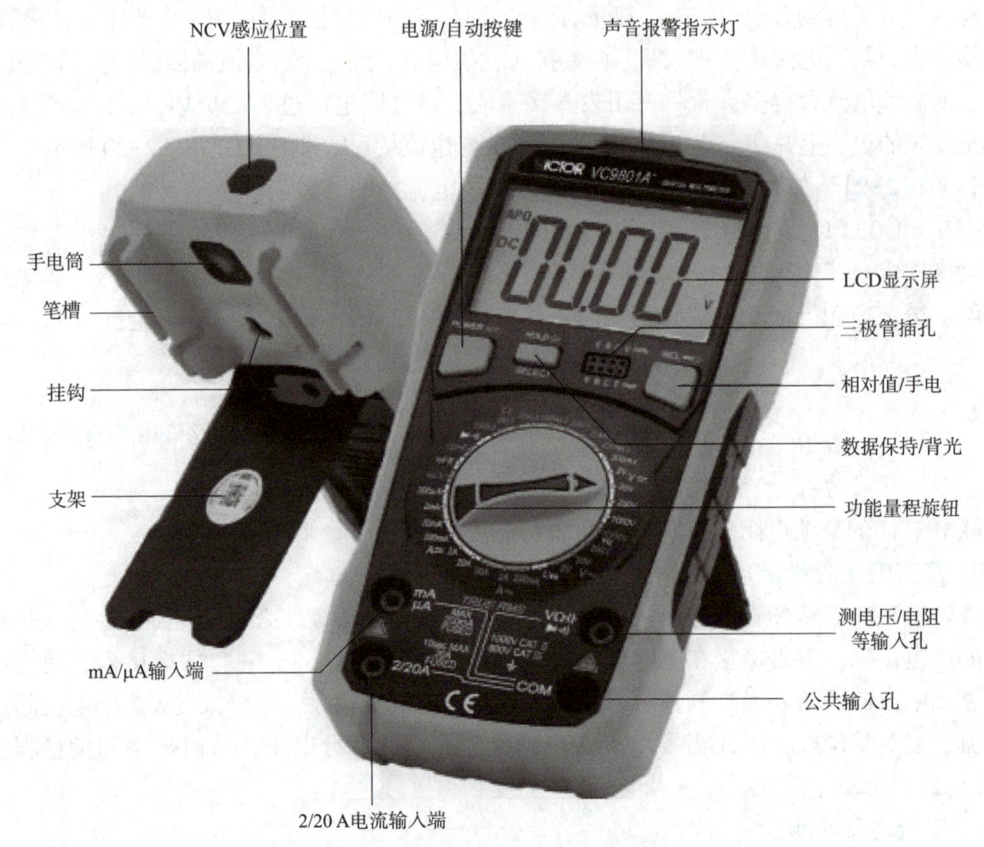

图 1-2-23　数字式万用表的结构

1. 电阻的测量

将量程开关拨到 Ω 挡的合适位置，红表笔插入 V/Ω 孔，黑表笔插入 COM 孔。如果被测电阻值超出所选量程的最大值，万用表将显示“1”，这时应选择更高的量程。测量电阻时，红表笔为正极，黑表笔为负极。

2. 交直流电压的测量

根据需要将转换开关拨到 DCV（直流电压挡）或 ACV（交流电压挡）的合适量程，红表笔插入 V/Ω 孔，黑表笔插入 COM 孔，并将表笔与被测线路并联，即显示读数。

3. 交直流电流的测量

将转换开关拨到 DCA（直流电流挡）或 ACA（交流电流挡）的合适量程。测量 200 mA

以下交直流电流时，红表笔插入 mA 孔；测量 200 mA 以上交直流电流时，红表笔插入 10 A 孔，黑表笔插入 COM 孔，将表笔与被测电路串联。测量直流电流时，数字式万用表读数有正负之分，以区分极性。

4. 二极管好坏及极性的测量

用万用表判断二极管好坏及极性时，充分利用了二极管正向导通、反向截止的特性。

测量步骤：

（1）将转换开关拨到二极管挡位。

（2）将红表笔接二极管的正极，黑表笔接二极管的负极，显示一个数值，发光二极管变亮，证明二极管完好。通常二极管有白线的一端为负极，另一端为正极（对于发光二极管来说，长引脚为正极，短引脚为负极）。

（3）如果第（2）步中的万用表没有读数，说明引脚可能接反或二极管已经存在问题。

（4）将两根表笔换个位置，再测试一次，如果有读数，说明此时红表笔所接为二极管的正极，黑表笔所接为负极；如果第二次仍然没有读数，说明二极管已经损坏了，需要更换。

任务实施

（1）根据三色警示灯电路要求，在表 1-2-3 中列出电路所需元器件清单。

表 1-2-3　电路所需元器件清单

序号	元器件名称	元器件符号	规格	数量	备注

（2）检测元器件大小及好坏，并填写表 1-2-4。

表 1-2-4　记录检测数据

元器件名称	标称值	万用表挡位	测量值（测量现象）	检测结果（好或坏）

（3）检测电源电压情况。

机床三色警示灯是一种非常重要的安全警示设备，它可以帮助操作人员及时了解机床的状态。当红灯亮时表示机床处于急停状态或有严重的安全隐患，需要立即采取措施解决；当黄灯亮时表示机床处于警示状态或正在执行非正常操作，需要引起注意；当绿灯亮时表示机床处于正常运行状态或已完成某个操作，无须特别注意。

现在需要给某数控机床加装三色警示灯，它使用的是直流开关电源（见图 1-2-24（a）），这里测试时我们可使用直流可调稳压电源（见图 1-2-24（b））进行替代给电路供电。

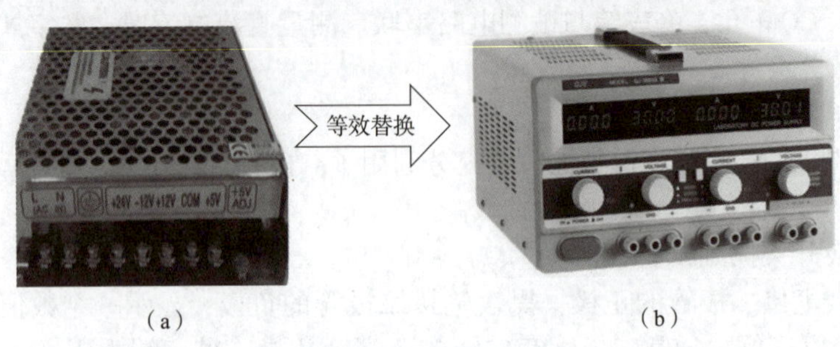

（a）　　（b）

图 1-2-24　直流电源

（a）数控机床直流开关电流；（b）直流可调稳压电源

该直流可调稳压电源中，CH1 和 CH2 表示有________路独立供电电源输出，每路电源电压可调范围是________。通过设置电源中间两个按键的状态可选择三种不同的工作模式，其下方的标识：INDEP 表示________，SERIES 表示________，PARALLEL 表示________。

在这里机床报警灯电路需要的电源电压为________。可将直流可调稳压电源通电，设置工作模式为________后，调节直流电压调节旋钮，使显示器示数为________。然后将万用表量程调至________，将红、黑表笔分别接到________端和________端，测出实际输出电压为________。至此，可保证直流电源输出电压正常，可正常给报警灯电路供电。

任务考核

目标	考核题目	配分	得分
知识点	1. 欧姆定律反映了哪几个物理量之间的关系？	10	
	2. 理想电压源与理想电流源能够进行等效变换，为什么？	10	
	3. 电阻元件的标称与识别有哪几种方法？	10	
	4. 为什么指针式万用表测量电阻时不能带电测量？	10	
技能点	1. 能否用电源的等效变换对图 1-2-25 所示电路进行化简？ 图 1-2-25　等效变换化简电路 评分标准：等效过程中要注意“电压源与电阻并联、电流源与电阻串联”如何等效，利用等效逐步简化电路，求解 I_L，并酌情打分。	10	
	2. 能否正确使用万用表测量电阻值？能否为三色警示灯电路选择合适的限流电阻。 评分标准：严格按照万用表的使用操作规程，正确测量电阻阻值，5 分；能为三色警示灯电路选择合适的限流电阻，5 分。	10	

续表

目标	考核题目	配分	得分
技能点	3. 能否用万用表规范检测电源电压，分辨电源好坏？ 评分标准：能正确使用直流稳压电源，3 分；能规范检测电源电压，6 分。	9	
	4. 能否用万用表判断二极管的好坏与正负极性？ 评分标准：能判断二极管的正负极，3 分；能判断二极管的好坏，3 分。	6	
素养点	1. 是否遵守纪律及规程，不旷课、不迟到、不早退？ 评分标准：旷课扣 5 分/次；迟到、早退扣 2 分/次；上课做与任务无关的事情扣 2 分/次；不遵守安全操作规程扣 5 分/次。	5	
	2. 是否以严谨认真的态度对待学习及工作？ 评分标准：能认真积极参与任务，5 分；能主动发现问题并积极解决，3 分；能提出创新性建议，2 分。	10	
	3. 是否能按时按质完成课前学习和课后作业？ 评分标准：网络课程前置学习完成率达 90%以上，5 分；课后作业完成度高，5 分。	10	
总　　分		100	
教师评语			

职业道德

电气实验员职业守则

（1）遵守法律、法规和有关电力安全生产的规程、规定。

（2）爱岗敬业，忠于职守，自觉履行各项职责。

（3）尊师爱徒。

（4）刻苦学习，钻研技术。

（5）工作认真负责，严于律己。

（6）团结协作，主动配合。

（7）重视安全，文明生产。

巩固提升

一、填空题

1. 实际电压源模型“20 V、5 Ω”等效为电流源模型时，其电流源 $I_S=$________A，内阻 $R_0=$________Ω。

2. 实际电流源模型“1 A、5 Ω”等效为电压源模型时，其电压源 $U_S=$________V，内阻 $R_0=$________Ω。

3. 可以通过________电阻的方法扩大电流表的量程，通过________电阻的方法扩大电压表的量程。

4. 理想电压源输出的电压值恒定，输出的________由它本身和外电路共同决定。

5. 一般情况下，万用表以测量________、________和________为主要目的。

6. 在使用万用表之前，要先进行________，在测量电阻之前，还要进行________。

7. 四环电阻色环为“红 红 黑 棕”，这个电阻的阻值是 ________ Ω，误差精度是________。

二、判断题

1. 理想电压源和理想电流源可以等效变换。（　　）

2. 万用表电压、电流及电阻挡的刻度都是均匀的。（　　）

3. 通常指针式万用表黑表笔所对应的是内电源的正极。（　　）

4. 两个电路等效，即无论其内部还是外部都相同。（　　）

5. 测量直流电流时，万用表应和被测电路并联。（　　）

6. 一个实际电源，就其对外电路的作用而言，既可用一个电压源等效，又可用一个电流源等效。（　　）

7. 一个色环电阻的标识为棕、绿、红、金，其阻值为 150 kΩ。（　　）

三、选择题

1. 当恒流源开路时，该恒流源内部（　　）。

A. 有电流，有功率损耗　　B. 无电流，无功率损耗

C. 有电流，无功率损耗

2. 从外特性来看，任何一条电阻 R 支路与恒压源 U_S（　　）联，其结果可以用一个等效恒压源替代，该等效电源值为（　　）。

A. 串，U_S/R　　B. 串，U_S　　C. 并，U_S/R　　D. 并，U_S

3. 实验测得某有源二端网络的开路电压为 10 V，短路电流为 5 A，则当外接 8 Ω 电阻时，其端电压为（　　）。

A. 10 V　　B. 5 V　　C. 8 V　　D. 2 V

4. 某电压表量程为 3 V，$R_V = 12$ kΩ，要将量程扩大到 10 V，应该（　　）电阻。

A. 串联 28 kΩ　　B. 串联 40 kΩ

C. 并联 28 kΩ　　D. 并联 40 kΩ

5. 某电阻上标有 R33，则该电阻阻值为（　　）。

A. 33 Ω　　B. 3.3 Ω　　C. 0.33 Ω　　D. 330 Ω

6. 色环标识是绿蓝黑银棕，表示电阻元件的标称值及允许误差为（　　）。

A. 560 Ω±1%　　B. 56 Ω±5%　　C. 56 Ω±1%　　D. 5.6 Ω±1%

7. 某电阻的实体上标识为 2R7J，其表示为（　　）。

A. 2.7 Ω±5%　　B. 27 Ω±10%　　C. 2.7 kΩ±5%　　D. 0.27 Ω±5%

8. 万用表使用完毕，最好将转换开关置于（　　）。

A. 最高电阻挡　　B. 最高电流挡

C. 最高直流电压挡　　D. 最高交流电压挡

9. 万用表的转换开关的作用是（　　）。

A. 把各种不同的被测电量转换为微小的直流电流

B. 把过渡电量转换为指针的偏转角

C. 把测量线路转换为所需要的测量种类和量程

D. 把过渡电量转换为需要的被测种类和量程

四、综合题

1. 简要说明如何用万用表判断二极管的材料、正负极及好坏。

2. 请画出图 1-2-26 的等效电压源模型电路图。

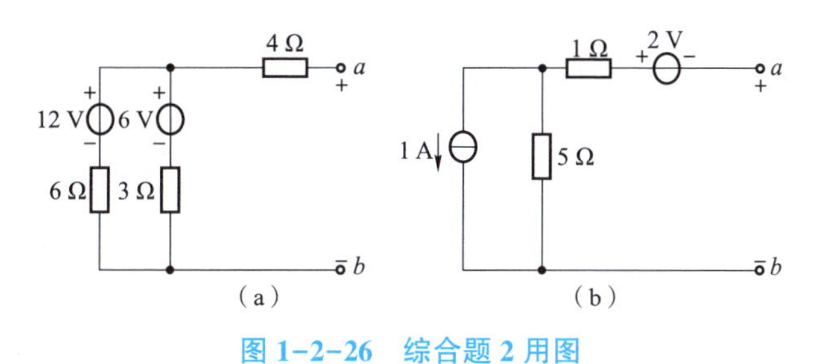

图 1-2-26　综合题 2 用图

任务 1-3　警示灯电路的安装与测试

任务名称	警示灯电路的安装与测试	参考学时	4 h
任务引入	根据所绘制的三色警示灯电路安装各个元器件，并进行通电测试，用万用表检测电路中各支路电流和各警示灯的电压。另外，我们还可以通过学习基尔霍夫定律、叠加定理、戴维南定理等，将它们应用在实际电路中，分析计算三色警示灯电路电流、电压的关系。		
任务要点	知识点：支路、节点、回路、网孔；基尔霍夫电流定律及基尔霍夫电压定律的内容；叠加定理；戴维南定理。		
	技能点：能应用基尔霍夫定律、叠加定理、戴维南定理解决实际问题；能根据电路原理图按规范正确安装电路；能用万用表进行电路功能测试。		
	素质点：具备自觉遵守规章制度的能力、自主获取信息并合理应用的能力、团队协作能力。		

知识链接一　基尔霍夫定律

仅有一条有源支路，可以用电阻的串、并联进行简化分析的电路称为简单电路，如图 1-3-1（a）所示。而有两条或两条以上的有源支路所组成的多回路电路称为复杂电路，如图 1-3-1（b）所示，只应用电阻串、并联和欧姆定律无法解决复杂电路的相关问题。1847 年，德国科学家基尔霍夫提出了能够解决复杂电路求解问题的基尔霍夫定律，包括基尔霍夫电流定律（KCL）和基尔霍夫电压定律（KVL）两个内容，直到现在这两个定律仍是求解复杂电路的重要工具，它不仅适用于研究线性的直流电路和交流电路，也适用于研究非线性的直流和交流电路。

一、基本概念

（1）支路：由一个或几个元件相串联，流过相同电流的一段分支电路。图 1-3-1（b）中共有三条支路，即 R_1、E_1 串联构成一条支路，R_2、E_2 构成第二条支路，R_3 单独构成第三条支路。

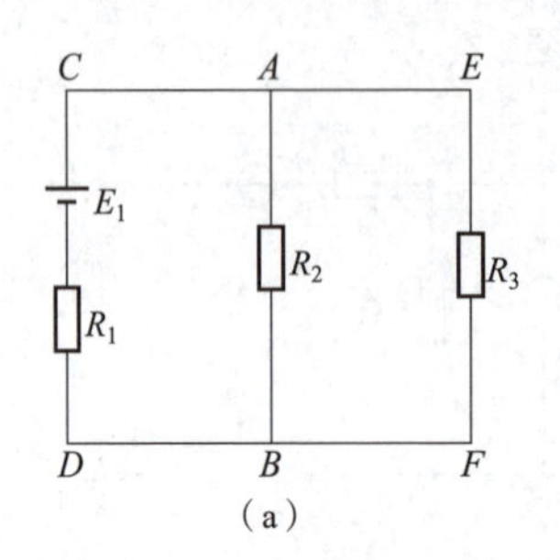

（a）

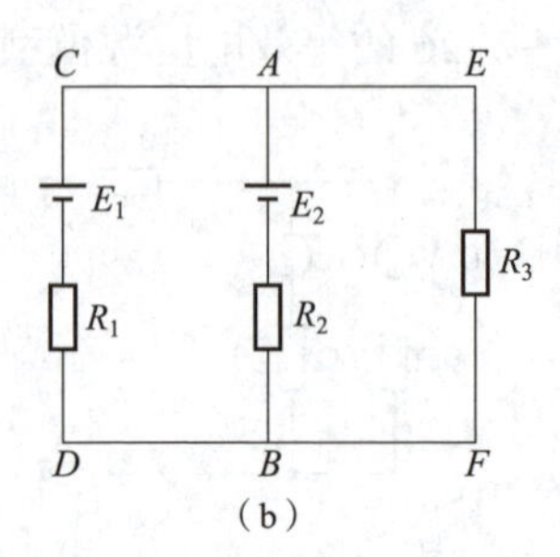

（b）

图 1-3-1　简单电路与复杂电路

（a）简单电路；（b）复杂电路

（2）节点：3 条或 3 条以上支路的连接点。图 1-3-1（b）中有 A、B 两个节点。

（3）回路：电路中的任何一个闭合路径。图 1-3-1（b）中有 3 个回路，即 $ABDC$、$AEFB$、$AEFBDC$。

（4）网孔：内部不包含其他支路的回路。在图 1-3-1（b）的 3 个回路中有 $ABDC$、$AEFB$ 两个网孔。

【想一想　做一做】

图 1-3-2 所示电路中，你能分析出有几条支路？几个节点？几个回路？几个网孔？

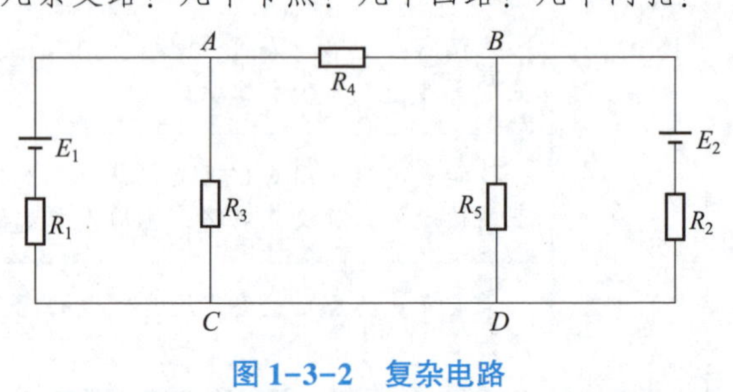

图 1-3-2　复杂电路

二、基尔霍夫电流定律（KCL 定律）

基尔霍夫电流定律

1. 基尔霍夫电流定律的内容

基尔霍夫电流定律是用于确定连接于同一节点的各支路电流关系的，也就是说基尔霍夫电流定律的研究对象是与节点相关的支路电流，故又将它称为节点电流定律，简称为 KCL 定律。由于电流是电荷连续运动形成的，电路中的任一节点都不可能堆积电荷，即电流具有连续性。因此，基尔霍夫电流定律的内容为：对电路中任一节点而言，任一时刻流经某节点的电流代数和恒等于零，用公式表示为：

$$\sum I = 0 \tag{1-3-1}$$

我们通常规定流入节点的电流为正值，流出节点的电流为负值。

根据图1-3-3中选定的各支路电流的参考方向，列出节点A的KCL方程为：

$$I_1+I_2-I_3=0 \tag{1-3-2}$$

图1-3-4所示部分电路中，有一节点A，其KCL方程为：

$$I_1-I_2+I_3-I_4-I_5=0 \tag{1-3-3}$$

对上式进行移项，得：

$$I_1+I_3=I_2+I_4+I_5$$

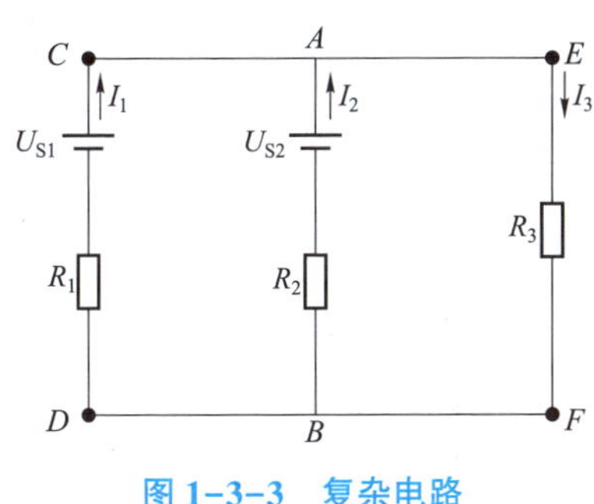

图1-3-3　复杂电路

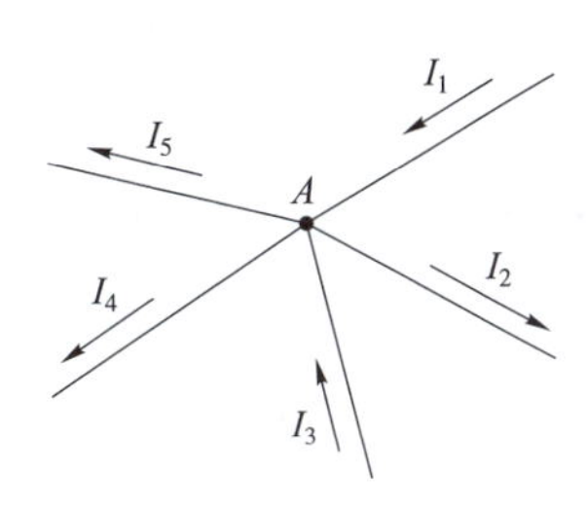

图1-3-4　部分电路

这样，等号两侧分别是流入节点的电流与流出节点的电流，由此，我们得到基尔霍夫电流定律的第二种表述形式：对电路中任一节点而言，任一时刻流入某节点的电流之和等于流出该节点的电流之和，即：

$$\sum I_{入} = \sum I_{出} \tag{1-3-4}$$

实际上，并联电路中总电流与各并联元件上电流的关系也可以用基尔霍夫电流定律推导得出。

2. 基尔霍夫电流定律的推广应用

基尔霍夫电流定律不仅适用于电路中的节点，还可推广应用于电路中的任一假设的封闭面。即在任一瞬间，通过电路中的任一假设封闭面电流的代数和为零。图1-3-5是晶体三极管三个电极电流之间的关系，可采用基尔霍夫电流定律的推广应用来推导，得出：

$$I_B+I_C=I_E \quad 或 \quad I_B+I_C-I_E=0$$

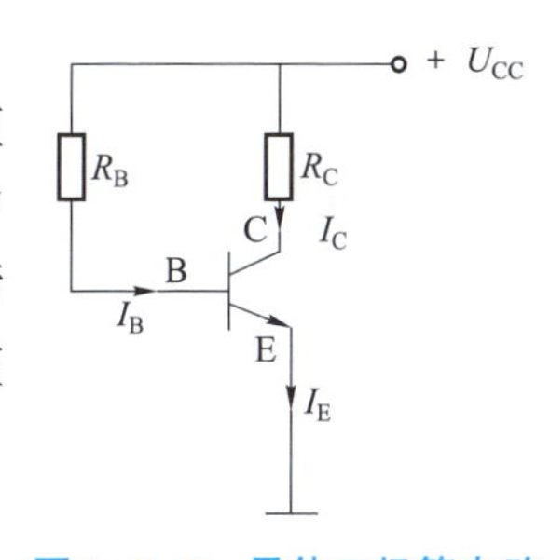

图1-3-5　晶体三极管电路

【例1-3-1】 如图1-3-6所示部分电路中，已知$I_A=3$ A，$I_{AB}=-5$ A，$I_{BC}=8$ A，试求I_B、I_C和I_{CA}。

解：假设I_B、I_C、I_{CA}的参考方向如图1-3-6所示，电路中有3个节点A、B、C，分别列KCL方程：

对于节点A：$I_A-I_{AB}+I_{CA}=0$

对于节点B：$I_B-I_{BC}+I_{AB}=0$

对于节点C：$I_C-I_{CA}+I_{BC}=0$

代入已知参数，得：

$I_B=13$ A，$I_C=-16$ A，$I_{CA}=-8$ A。

将上面 3 个式子左右两侧分别相加，得：$I_A+I_B+I_C=0$，在 $I_A=3$ A，$I_B=13$ A 的情况下，同样可以得到 $I_C=-16$ A。实际上，我们可以把虚线部分看作一个封闭曲面，即虚拟节点，电流 I_A、I_B、I_C 均是流入该节点的，三者代数和为零，从而直接得到 I_C。

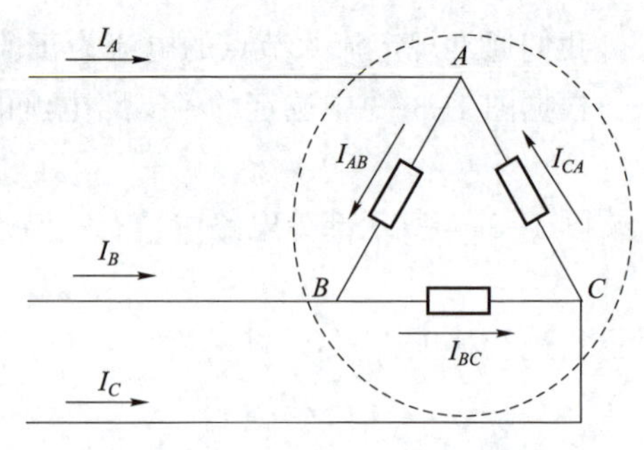

图 1-3-6　例 1-3-1 电路图

需要注意的是，应用基尔霍夫电流定律求解支路电流时，若求出电流为负值，则说明该电流实际方向与假设的参考方向相反，我们需要用文字对负号加以说明。

三、基尔霍夫电压定律（KVL 定律）

基尔霍夫电压定律

1. 基尔霍夫电压定律的内容

基尔霍夫电压定律是用于确定某一回路中各段电路上电压关系的，也就是说基尔霍夫电压定律的研究对象是与回路相关的电路电压，故又将它称为回路电压定律，简称为 KVL 定律。该定律可叙述为：在任一时刻，沿任一回路绕行一周（顺时针或者逆时针），回路中各段电压代数和恒等于零，即：

$$\sum U=0 \tag{1-3-5}$$

例如图 1-3-7 所示为某电路中的一个回路，设其回路绕行方向为顺时针，则有：

$$U_1+U_2-U_3-U_4+U_5=0$$

基尔霍夫电压定律还可以描述为：对于电路中的任一回路，在任一时刻，沿闭合回路绕行一周的电位升之和等于电位降之和，即：

$$\sum U_{升}=\sum U_{降} \tag{1-3-6}$$

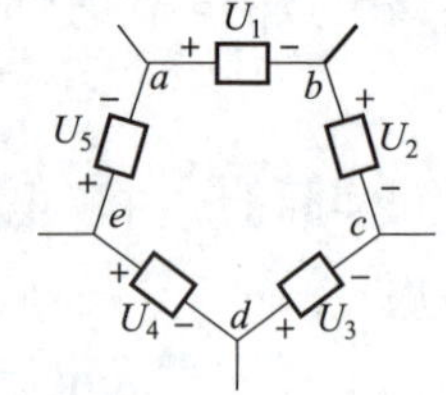

图 1-3-7　回路

根据图 1-3-3 中选定的各支路电流的正方向，回路 $ABDC$ 的 KVL 方程为

$$U_{S1}+I_2R_2=I_1R_1+U_{S2}$$

将上式改写成

$$U_{S1}-U_{S2}=I_1R_1-I_2R_2$$

即

$$\sum U=\sum IR \tag{1-3-7}$$

式（1-3-7）是基尔霍夫电压定律的另一种表达式，即以某选定绕行方向沿着任一闭合回路绕行一周，回路中所有电压源的代数和等于所有电阻上电压降的代数和。

需要注意的是：当电阻上的电流正方向与选定绕行方向一致时，电阻上的电压降取正号；反之，电阻上的电压降取负号。

2. 基尔霍夫电压定律的推广应用

基尔霍夫电压定律不仅可以应用于电路中的任意闭合回路，同时还可以推广应用于任意一个假想回路。可以理解为：在任一瞬间，沿电路中假想的回路绕行方向绕行一周，各段电压的代数和为零。如图 1-3-8 所示，回路 I 为假想回路，运用式（1-3-7）可以列出 KVL 方程为：

$$U_S = I_1R_1 + I_2R_2 + U_{OC}$$

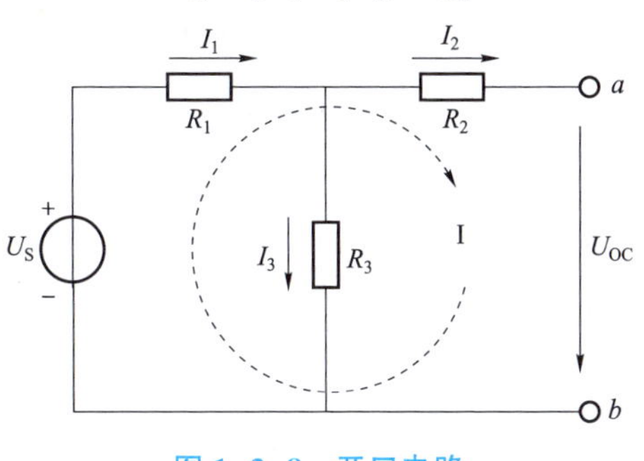

图 1-3-8　开口电路

【想一想　做一做】

图 1-3-8 所示电路中，若选定回路绕行方向为逆时针方向，列出的回路电压方程又如何？你能得出什么结论？

【例 1-3-2】　如图 1-3-9 所示电路，求 I_1、I_2、I_3、I_4 和 U。

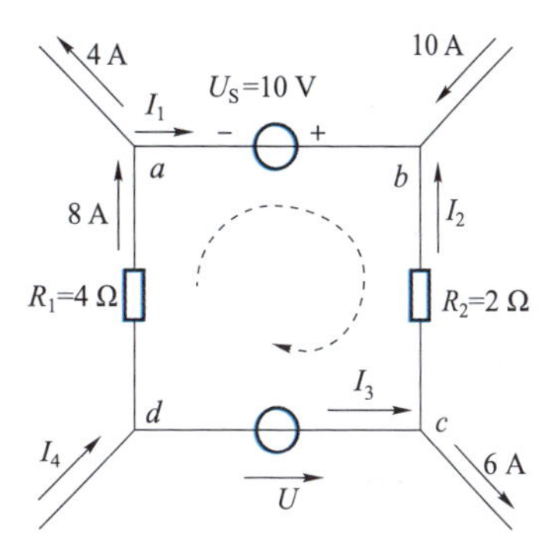

图 1-3-9　例 1-3-2 用图

解：（1）根据 KCL 定律：

对节点 a 有：　$-I_1-4+8=0$　　则 $I_1=4$（A）

对节点 b 有：　$I_1+10+I_2=0$　　则 $I_2=-14$（A）

对节点 c 有：　$-I_2-6+I_3=0$　　则 $I_3=-8$（A）

对节点 d 有：　$-I_3-8+I_4=0$　　则 $I_4=0$（A）

（2）根据 KVL 定律：

对回路 $abcd$ 有：$-U_S-I_2R_2-U+8R_1=0$

即 $U=8R_1-U_S-I_2R_2=8\times4-10-(-14)\times2=50$（V）

四、基尔霍夫定律的验证

基尔霍夫定律是电路分析的基本定律，是进行电路分析的基础。通过对该定律的验证，可以加深学习者对基尔霍夫定律的理解与掌握。

1. 目的

测量实训电路的各支路电流及每个元件两端的电压，将数据分别代入基尔霍夫电流定律（KCL）和电压定律（KVL）方程，判断在允许误差范围内是否满足基尔霍夫电流定律和电压定律。即对电路中的任一个节点而言，应有 $\sum I = 0$；对任何一个闭合回路而言，应有 $\sum U = 0$。

在定律验证实训过程中，学会正确使用电工工具和仪表，增强电工规范操作意识，培养良好的电工技能习惯。

2. 操作步骤及要点

(1) 验证基尔霍夫电流定律。

①调节直流电源。图 1-3-10 所示为基尔霍夫定律验证的电路原理图，电路中的 6 V 和 12 V 电源均由电工技术实验台上的直流稳压电源提供，电源如图 1-3-11 所示。调节好实训所需的电源值后，关闭直流稳压电源。

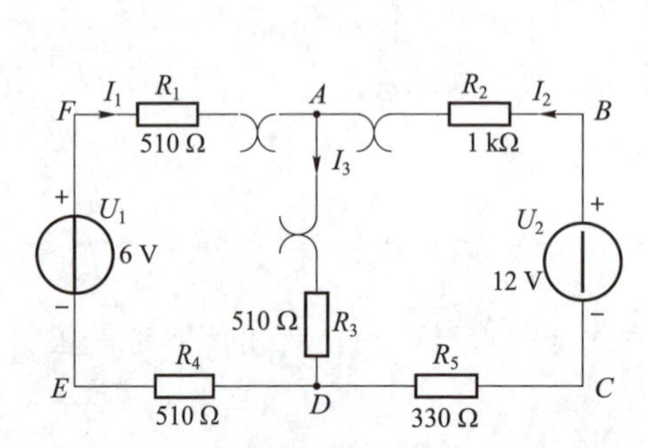

图 1-3-10 基尔霍夫定律验证的电路原理图

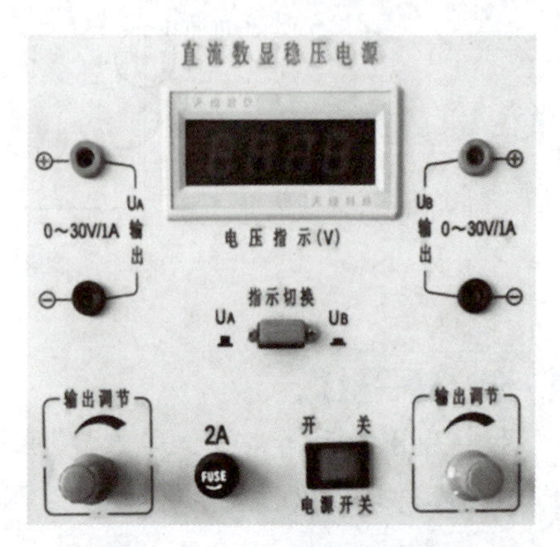

图 1-3-11 直流稳压电源

②按照图 1-3-10 所示的电路原理图搭建电路，连接电源，注意调节开关 K_1、K_2、K_3 的位置，K_1、K_2 在电源侧，K_3 在 330 Ω 电阻上，如图 1-3-12 所示。

③以图 1-3-10 中的节点 A 为例，验证基尔霍夫电流定律。测量各支路电流 I_1、I_2、I_3 时，可用数字式万用表的电流挡，也可用电工技术实验台上的数模双显直流电流表（见图 1-3-13），将其串联于待测支路中，测量出电流值。下面详细介绍用直流毫安表测量电流的方法。

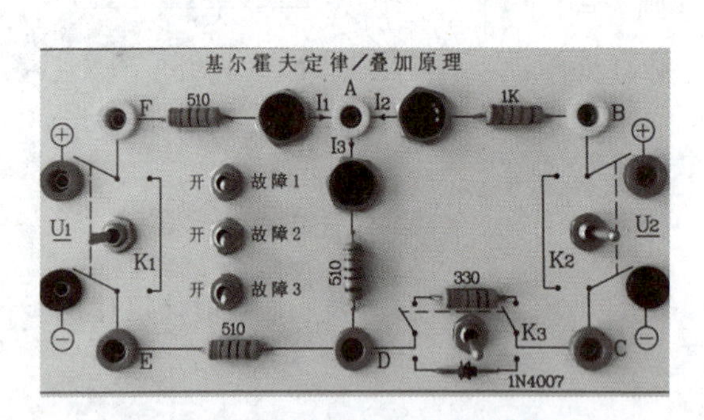

图 1-3-12 基尔霍夫定律电路模块图

图 1-3-13 数模双显直流电流表

测量电流时，将被测支路断开，按照电流参考方向，电流流入端接入数模双显直流电流表的“+”极红色接线端，电流流出端接入直流毫安表的“-”极黑色接线端。估算待测支路的电流大小，选择合适的量程，按下相应的量程选择键（2 mA、20 mA、200 mA、2 000 mA），打开电流表的开关键，打开电源，即可在电流参数显示区读取测量的电流结果。当无法估计被测电流大小时，应先选择较大的电流量程，再逐渐降低量程至合适挡位。

一个支路的电流测量完毕后，关闭电源，改动电路，再打开电源和电流表，测量另一个支路的电流。

④如实记录测量数据于实训报告中。

（2）验证基尔霍夫电压定律。

①任选一个闭合回路，按同一绕行方向，测量回路中各元件的电压值，验证基尔霍夫电压定律。这里详细介绍用数模双显直流电压表（见图 1-3-14）测量电压的方法。

测量某一元件电压时，将直流电压表并联于待测元件两端，测量其电压值。在图 1-3-10 所示电路中，测量元件 R_1 两端电压 U_{FA} 的值，将 F 点（电压参考方向中的高电位侧）接入直流电压表的“+”极红色接线端，A 点（电压参考方向中的低电位侧）接入直流电压表的“-”极黑色接线端，选择合适的量程，打开开关键，即可在电压参数显示区读取测量的电压结果。当无法估计被测电压大小时，应先选择较大的电压量程，再逐渐降低量程至合适挡位。

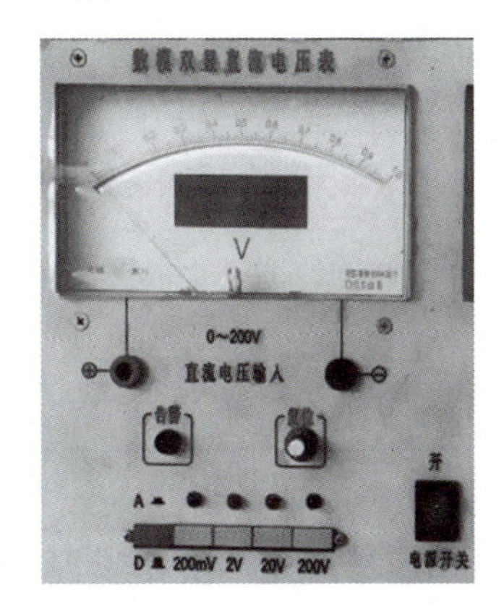

图 1-3-14　数模双显直流电压表

一个元件的电压测量完毕后，关闭电源，改动电路，再打开电源和电压表，测量另一个元件的电压。

②如实记录测量数据于实训报告中。

3. 注意事项

（1）在进行电路操作时，应养成良好的操作习惯：先调试好实训所需电源后关闭电源；再根据电路原理图搭建电路，检查正确无误后，合上电源，开始相关实训的实施。实训完成后，先关闭电源，再拆除电路，恢复操作现场。严禁带电改动电路。

（2）测量电流或电压时，应选择合适的量程，避免引入测量误差或损坏仪表。

（3）测量电流或电压时，应注意电流或电压的参考方向，避免反接直流电流表或直流电压表，造成测量错误。

4. 实训报告单

基尔霍夫定律验证实训报告单如表 1-3-1 所示。

表 1-3-1　基尔霍夫定律验证实训报告单

实训项目名称			
报告人及班级		时间	
1. 实验测量时，毫安表和电压表的量程选多大比较合适？ 2. 相对误差怎么算？			

续表

3. 实训数据表

被测量	I_1/mA	I_2/mA	I_3/mA	U_1/V	U_2/V	U_{FA}/V	U_{AB}/V	U_{AD}/V	U_{CD}/V	U_{DE}/V
计算值										
测量值										
相对误差										

考核	实训考核标准 实训态度良好（10 分）；能够掌握实训方法及重点（20 分）；实训报告单内容完整准确（50 分）；分析解决问题能力（20 分）。
实训成绩	

知识链接二　支路电流法、叠加定理、戴维南定理

由于工程实际应用电路的结构多种多样，求解的对象也往往因具体要求的不同而大相径庭，所以只运用欧姆定律、基尔霍夫定律显然是不够的。为此，我们介绍三种分析复杂电路的方法：支路电流法、叠加定理、戴维南定理。

一、支路电流法

支路电流法是以支路电流为待求量，应用基尔霍夫电流定律和基尔霍夫电压定律分别对节点和回路列出 KCL 方程和 KVL 方程，进行求解，得到电路中各支路电流。

支路电流法求解电路的步骤如下：

（1）选定各支路电流的参考方向和回路的绕行方向，如图 1-3-15 所示的电流 I_1、I_2、I_3。图中 U_{S1} 和 U_{S2} 为理想电压源。

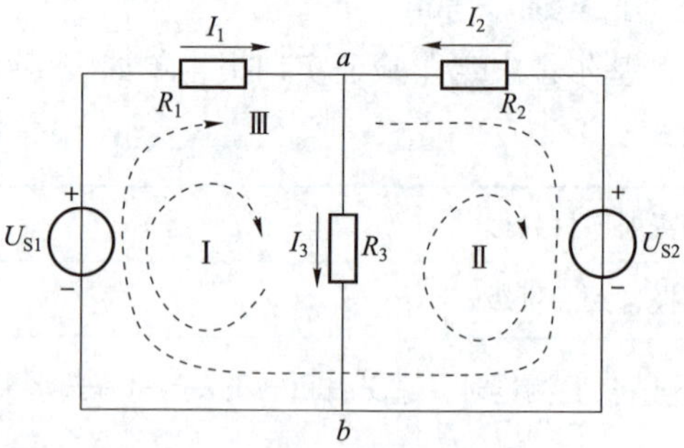

（2）确定独立节点，应用基尔霍夫电流定律列出相应 KCL 方程。若电路中有 n 个节点时，只能列出（n-1）个独立的节点电流方程。如图 1-3-15 中，有两个节点，所以只能列出一个独立的节点方程式。对节点 a，有

$$I_1+I_2=I_3$$

图 1-3-15　支路电流法

（3）确定回路，为保证每个方程为独立方程，通常可选网孔回路列出 KVL 方程。图 1-3-15 有两个网孔回路，可列出两个回路电压方程。

对回路Ⅰ，有　$U_{S1}=I_1R_1+I_3R_3$

对回路Ⅱ，有　$-U_{S2}=-I_2R_2-I_3R_3$

（4）联立方程组，得出各支路电流。

注意：

对于 b 条支路、n 个节点的电路，应用基尔霍夫电流定律可列出（$n-1$）个独立的 KCL 方程，应用基尔霍夫电压定律可列出（$b-n+1$）个独立的 KVL 方程，一共可列出 b 个独立方程，可求解出 b 条支路。

【例 1-3-3】 若已知 $U_{S1}=110$ V，$U_{S2}=90$ V，$R_1=1\ \Omega$，$R_2=2\ \Omega$，$R_3=20\ \Omega$，求解图 1-3-15 电路中各支路电流。

解： 根据 KCL 和 KVL 列出节点电流和回路电压关系式，如下：

$$\begin{cases} I_1+I_2=I_3 \\ U_{S1}=I_1R_1+I_3R_3 \\ -U_{S2}=-I_2R_2-I_3R_3 \end{cases}$$

将已知数据代入方程组

$$\begin{cases} I_1+I_2=I_3 \\ 110=I_1+20I_3 \\ -90=-2I_2-20I_3 \end{cases}$$

解方程组，得

$$I_1=10\ (\text{A}),\ I_2=-5\ (\text{A}),\ I_3=5\ (\text{A})$$

（5）验算。用功率平衡对计算结果进行检验。

电源 U_{S1} 和 U_{S2} 发出的功率为：$P_{发}=U_{S1}I_1+U_{S2}I_2=110\times10+90\times(-5)=650$（W）

负载 R_1、R_2、R_3 所吸收的功率为：

$$P_{吸}=R_1I_1^2+R_2I_2^2+R_3I_3^2=1\times10^2+2\times(-5)^2+20\times5^2=650\ (\text{W})$$

可见，电路中发出的功率和吸收的功率相同，计算结果正确。

【想一想　做一做】

图 1-3-16 所示电路中，已知 $U_{S1}=10$ V，$U_{S2}=20$ V，$U_{S3}=30$ V，$R_1=R_2=10\ \Omega$，$R_3=R_4=20\ \Omega$，你会用支路电流法求解各支路电流吗？请列写方程组求解，并对计算结果进行校验。

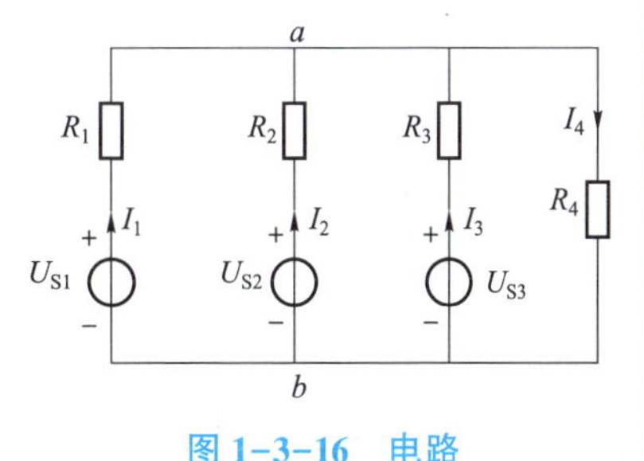

图 1-3-16　电路

二、叠加定理

叠加定理是对电路进行等效变换的分析方法，通过等效变换来改变电路的结构使电路得以简化。叠加定理是反映线性电路基本性质的一个十分重要的定理，也是在电路分析中对电路进行等效变换的分析方法之一。利用叠加定理，可以将一个含有多个独立电源的线性电路等效变换为只含有单一独立电源的线性电路，从而使电路得到简化。

叠加定理指出：在含有多个独立电源的线性电路中，任何一条支路的电流或任意两点间的电压，都等于各个电源单独作用时所得结果的代数和。

应用叠加定理分析电路的步骤如下：

（1）将复杂电路分解为若干单个电源单独作用的分解电路。

（2）分析计算各分解电路，分别求得各支路电流（或电压）。

（3）对各分解电路的计算结果进行叠加（即求代数和），得到最终结果。

使用叠加定理时，应注意：

（1）叠加定理仅适用于线性电路，不适用于非线性电路；仅适用于电压、电流的计算，不适用于功率计算。

（2）当某一独立电源单独作用时，其他不作用的电源应置零，且电压源置零为短路，电流源置零为开路。

（3）叠加时，若分电流（或电压）的参考方向与原电路中的待求电流（或电压）的参考方向一致，则该分电流（或电压）取“+”号；反之取“-”号。

【例 1-3-4】 用叠加定理求图 1-3-17 所示电路中的 I_2。

解：（1）分解电路，画出各分电路图。

图 1-3-17（b）中，12 V 电源单独作用时：

$$I_2'=\frac{12}{2+(3/\!/6)}\times\frac{3}{3+6}=1(\mathrm{A})$$

图 1-3-17（c）中，7.2 V 电源单独作用时：

$$I_2''=\frac{-7.2}{6+(3/\!/2)}=-1\ (\mathrm{A})$$

根据叠加原理有：

$$I_2=I_2'+I_2''=1+(-1)=0$$

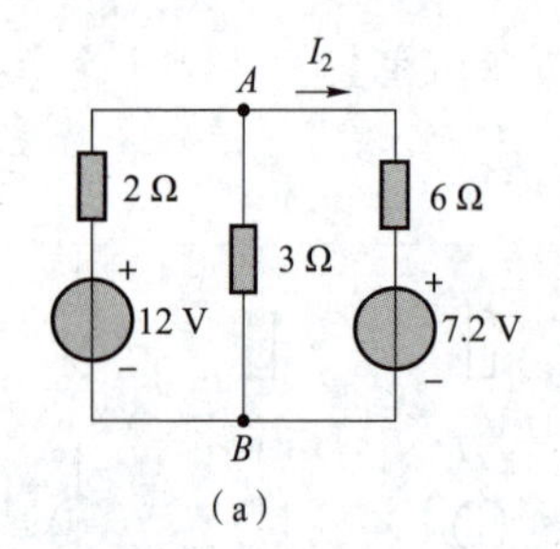

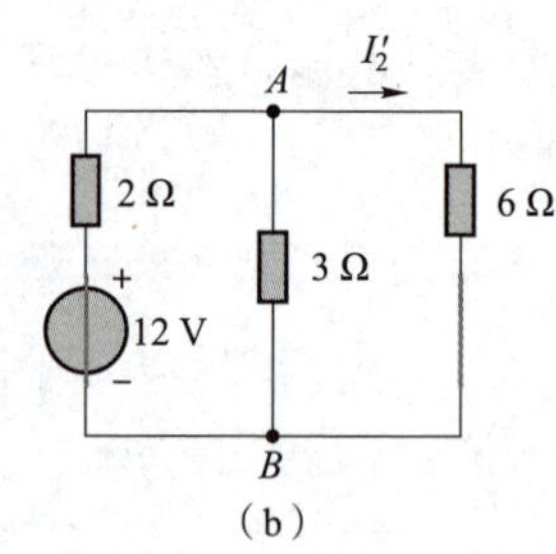

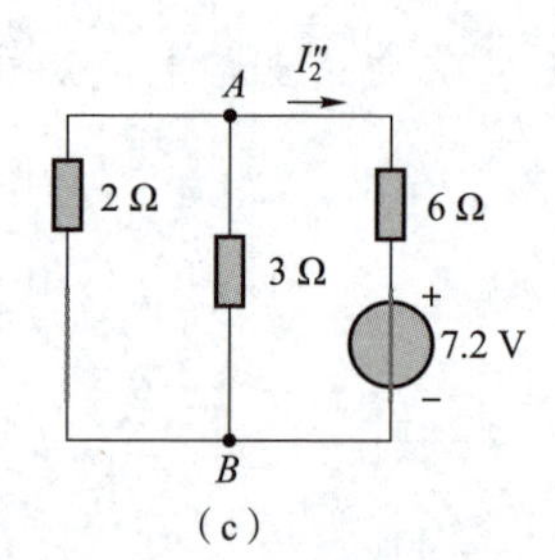

图 1-3-17　例 1-3-4 电路图

【想一想　做一做】

请用叠加定理分析图 1-3-16 所示电路，并计算电流 I_4。

三、戴维南定理

戴维南定理指出：任何一个线性有源二端网络，对外电路来说，均可以用一个理想电压源 U_S 和一个电阻 R_0 串联的有源支路（也称戴维南等效电路）来等效代替。其中理想电压源 U_S 等于有源二端网络的开路电压 U_{ab}，电阻 R_0 等于线性有源二端网络除源后两个外引端子间的等效电阻 R_{ab}，如图 1-3-18 所示。

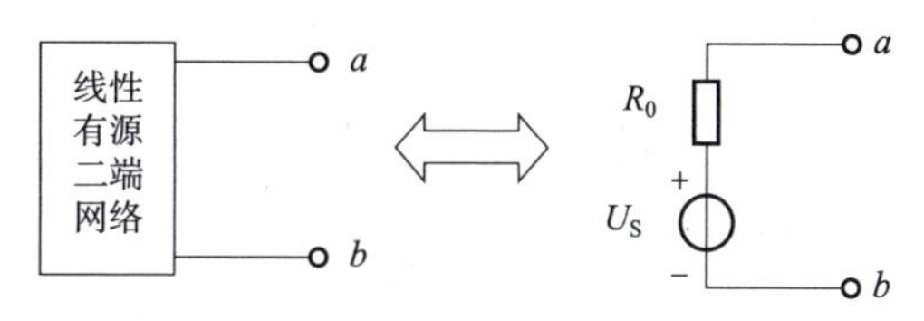

图 1-3-18　戴维南定理的描述

什么是有源二端网络？任何仅具有两个引出端钮的电路均称为二端网络。若二端网络内部含有电源，就称为有源二端网络，如图 1-3-19 所示电路；若二端网络内部不包含电源，则称为无源二端网络，如图 1-3-20 所示电路。

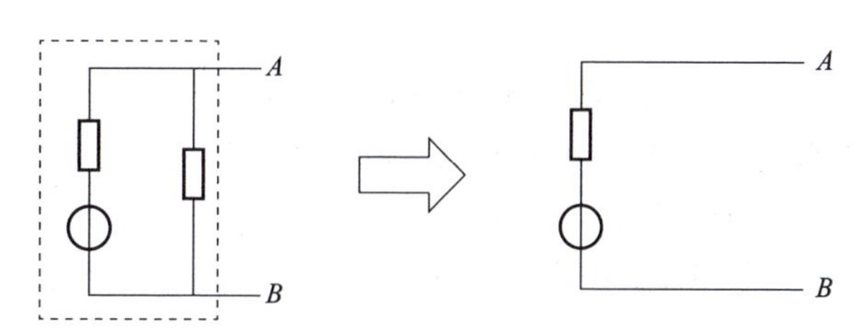

图 1-3-19　有源二端网络

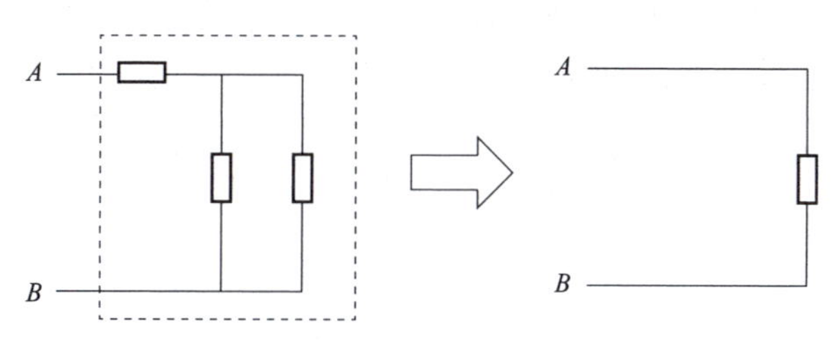

图 1-3-20　无源二端网络

戴维南定理的应用步骤如下：

（1）画出将待求支路从电路中移去后的有源二端网络。

（2）求有源二端网络的开路电压，即等效电源的电压源。

（3）求有源二端网络内部所有独立源置零时的等效电阻，即将电压源短路、电流源开路、仅保留电源内阻。

（4）画出戴维南等效电路，将待求支路连接起来，计算未知量。

【例 1-3-5】　如图 1-3-21 所示，已知 $U_{S1}=40\ \text{V}$，$U_{S2}=20\ \text{V}$，$R_1=R_2=4\ \Omega$，$R_3=13\ \Omega$，试用戴维南定理求电流 I_3。

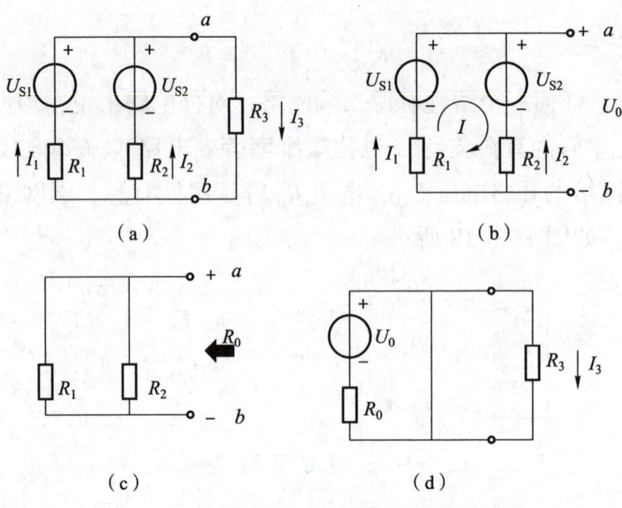

图 1-3-21　例 1-3-5 电路图及等效电路

(a) 例 1-3-5 电路图；(b) 有源二端网络；(c) 有源二端网络除源后的等效电阻；(d) 戴维南等效电路

解：(1) 先断开待求支路，得有源二端网络，如图 1-3-21 (b) 所示，求有源二端网络的开路电压 U_{ab}：

$$U_{ab}=U_0=U_{S2}+IR_2=20+2.5\times4=30\ (\text{V})$$

(2) 将所有独立电源置零（理想电压源为短路，理想电流源为开路），如图 1-3-21 (c) 所示，求等效内阻 R_0。

从 a、b 两端看进去，R_1 和 R_2 并联，所以：

$$R_0=\frac{R_1\times R_2}{R_1+R_2}=2\ (\Omega)$$

求内阻 R_0 时，关键要弄清从 a、b 两端看进去时各电阻之间的串并联关系。

(3) 画出戴维南等效电路，如图 1-3-22 (d) 所示，求电流 I_3：

$$I_3=\frac{U_0}{R_0+R_3}=\frac{30}{2+13}=2\ (\text{A})$$

任务实施

(1) 按照电路原理图（见图 1-3-22），将准备好的电路元器件进行正确连接。

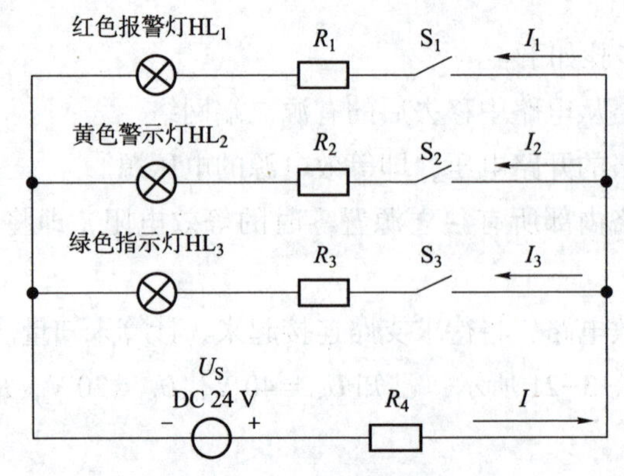

图 1-3-22　三色警示灯电路原理图

（2）完成接线后，进行通电前的检查，并将直流稳压电源调至 24 V 输出电压。

（3）电路检查无误后，接上电源，测试电路功能。

（4）使用万用表测试电路中各支路电流及各报警灯的电压，将测量数据填入表 1-3-2 和表 1-3-3 中。

表 1-3-2　各元件电流数据记录表

开关状态 电流/mA	I_1	I_2	I_3	I
仅 S_1 接通				
仅 S_2 接通				
仅 S_3 接通				
S_1、S_2、S_3 同时接通				

表 1-3-3　各元件电压数据记录表

开关状态 电压/V	U_{HL_1}	U_{HL_2}	U_{HL_3}	U_{R_1}	U_{R_2}	U_{R_3}
仅 S_1 接通						
仅 S_2 接通						
仅 S_3 接通						
S_1、S_2、S_3 同时接通						

（5）调试完毕后，按断电规范操作断开电源，清理现场。

任务考核

目标	考核题目	配分	得分
知识点	1. 观察测试数据，当 S_1、S_2、S_3 同时接通时，电流 I、I_1、I_2、I_3 之间有什么关系？满足基尔霍夫电流定律吗？	10	
	2. 观察测试数据，当只有 S_2 接通时，电压 U_S、U_{HL_2}、U_{R_2}、U_{R_4}之间有什么关系？满足基尔霍夫电压定律吗？	10	
	3. 能否用叠加定理求解图 1-3-23 所示电路中的电流 I_L？ 图 1-3-23　等效变换化简电路 叠加定理应用时要注意不作用的独立电源应置零，电压源置零为短路，电流源置零为开路，画出等效电路，求解 I_L，酌情打分。	10	

续表

目标	考核题目	配分	得分
技能点	1. 能否正确运用基尔霍夫定律分析电路参数关系？能否运用支路电流法、叠加定理、戴维南定理等分析复杂电路的相关问题？ 评分标准：90%以上问题回答准确、专业，描述清楚、有条理，10分；80%以上问题回答准确、专业，描述清楚、有条理，9分；70%以上问题回答准确、专业，描述清楚、有条理，7分；60%以上问题回答准确、专业，描述清楚、有条理，6分；不到50%问题回答准确的不超过5分，酌情打分。	10	
	2. 认识电工技术实验台上直流侧的电源、直流电压表、直流电流表，并正确使用；能将基尔霍夫定律验证实训挂箱上的开关切换至正确位置上；能完成基尔霍夫定律的验证实验，记录数据，完成实训报告单。 评分标准：认识直流电源、直流电压表、直流电流表，并正确使用，6分；挂箱开关切换至正确位置上，4分；完成实训报告单，5分。	15	
	3. 能否按照规范正确安装电路？能否正确测试电路功能，并测量电路参数？ 评分标准：根据电路图按工艺要求连接电路，8分；电路功能符合要求，6分；能正确规范测量电路参数，并记录数据，6分。	20	
素养点	1. 是否遵守纪律及规程，不旷课、不迟到、不早退？ 评分标准：旷课扣5分/次；迟到、早退扣2分/次；上课做与任务无关的事情扣2分/次；不遵守安全操作规程扣5分/次。	5	
	2. 是否以严谨认真的态度对待学习及工作？ 评分标准：能认真积极参与任务，5分；能主动发现问题并积极解决，3分；能提出创新性建议，2分。	10	
	3. 是否能按时按质完成课前学习和课后作业？ 评分标准：网络课程前置学习完成率达90%以上，5分；课后作业完成度高，5分。	10	
总　分		100	
教师评语			

【名人事迹】

电学名人——古斯塔夫·基尔霍夫

巩固提升

一、填空题

1. 有 n 个节点、b 条支路的电路，其独立的 KCL 方程为________个，独立的 KVL 方程为________个。

2. 以客观存在的支路电流为未知量，直接应用 KCL 定律和 KVL 定律求解电路的方法，称为________法。

3. 具有两个引出端钮的电路称为________网络，其内部含有电源的称为________网络，内部不含电源的称为________网络。

4. 叠加定理只适用于________电路的分析，应用叠加定理时要将不作用的电源置零，就是将电压源________，将电流源________。

5. 戴维南定理说明任何一个线性有源二端网络，都可以用一个________来代替。

二、判断题

1. KVL 不仅适用于集总参数电路中的任意一个闭合回路，也适用于不闭合回路。（　　）

2. 对电路中的任意节点而言，流入节点的电流与流出该节点的电流必定相等。（　　）

3. 线性电路中的功率也可直接用叠加定理进行叠加。（　　）

4. 在节点处各支路电流的参考方向不能均设为流向节点，否则将只有流入节点的电流，而无流出节点的电流。（　　）

5. 沿顺时针或逆时针方向列写 KVL 方程，其结果是相同的。（　　）

6. 基尔霍夫定律既适用于线性电路也适用于非线性电路。（　　）

三、选择题

1. 某电路有 4 个节点和 7 条支路，采用支路电流法求解各支路电流时，可以列出的独立节点电流方程和回路电压方程的个数分别是（　　）。

A. 3，4　　B. 4，3　　C. 2，5　　D. 4，7

2. 有源二端电阻网络外接电阻 R_1 时，输出电流为 0.5 A，电压为 3 V；当外接电阻变为 R_2 时，电流为 1.5 A，电压为 1 V，则其戴维南等效电路中，U_0 =（　　），R_0 =（　　）。

A. 2 V，4 Ω　　B. 2 V，2 Ω　　C. 4 V，2 Ω　　D. 4 V，4 Ω

3. 电路如图 1-3-24 所示，I_1 =（　　）A，I_2 =（　　）A，I_3 =（　　）A。

A. 5，4，1　　B. 4，3，1　　C. 3，4，2　　D. 5，3，1

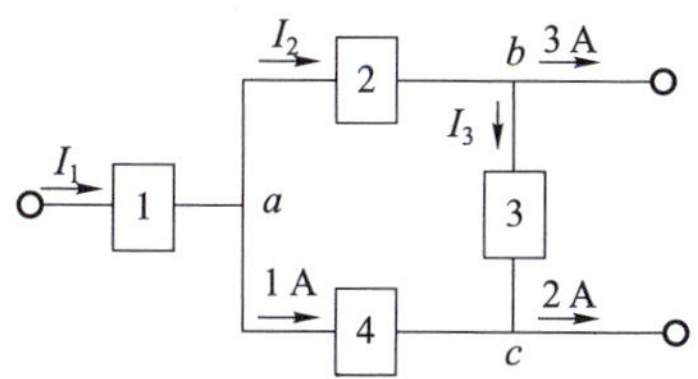

图 1-3-24　选择题 3 用图

4. 应用叠加定理求某支路电压、电流时，当某独立电源作用时，其他独立电源，如果是电压源应用（　　）代替，如果是电流源应用（　　）代替。

A. 开路　　B. 短路　　C. 保留

四、综合题

1. 请用支路电流法求解图 1-3-25 所示电路中的电流 I_1、I_2、I_3。

2. 求解图 1-3-26 所示电路中 4 Ω 电阻上的电流 I。

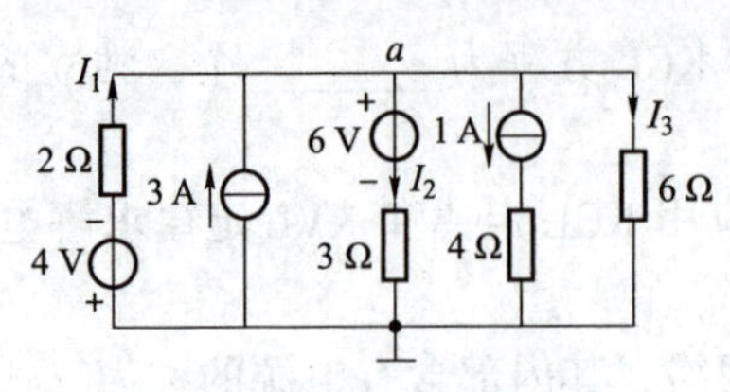

图 1-3-25 综合题 1 用图

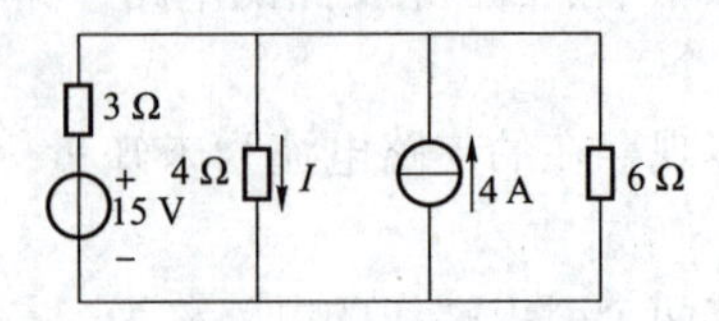

图 1-3-26 综合题 2 用图

项目2 日光灯照明电路的安装与测试

<table>
<tr><th colspan="4">项目概述</th></tr>
<tr><td>项目名称</td><td>日光灯照明电路的安装与测试</td><td>参考学时</td><td>16 h</td></tr>
<tr><td>项目导读</td><td colspan="3">日光灯是一种利用气体放电而发光的电光源，以其发光效率高、使用寿命长、光线更接近自然光而备受欢迎。日光灯照明电路主要由日光灯管、镇流器、启辉器组成。
日光灯管是一根抽成真空后再充入一定量氩气和少量水银的玻璃管，在灯管两端各装有一个在通电时能发射大量电子的灯丝，管内涂有荧光粉（有时也称为荧光灯）。镇流器实质上是一个带铁芯的线圈，它有两个作用：一是与启辉器配合使用启动日光灯；二是在日光灯被点亮后限制灯管电流起降压作用。启辉器是一个充有氖气的玻璃泡。玻璃泡内还装有一个固定的静触片和用双金属片制成的U形动触片，实质上相当于一个自动开关。
随着科技的不断进步和人们环保意识的不断提高，日关灯电路也越来越普及和广泛应用。目前，日光灯电路的发展趋势主要是向着更节能环保的方向发展的，尤其是发展一些高效节能电路，可以带动节能照明技术的创新，减少对环境的污染和能源的浪费。</td></tr>
<tr><td>项目分解</td><td colspan="3">3个学习型任务：
2-1 日光灯电路接线与测量：通过学习掌握正弦交流电的基本概念和性质，理解正弦量三要素及三种表示方法，了解日光灯电路的基本原理和组成，会分析判断常见日光灯故障及处理方法；
2-2 日光灯电路功率因数的提高：通过学习掌握单一参数正弦交流电路分析方法，理解改善功率因数对电路的积极影响，会通过改变并联电容量等方法提高功率因数；
2-3 三相照明电路的安装：通过学习掌握三相交流电源的产生原理，掌握三相电源的连接方式及特点，理解三相负载的星形和三角形连接方式，会根据实际需求选择合适的连接方式。</td></tr>
<tr><td rowspan="2">学习目标</td><td>知识目标</td><td>技能目标</td><td colspan="2">素质目标</td></tr>
<tr><td>（1）掌握正弦量三要素及正弦量的相量分析法；
（2）掌握日光灯电路的基本原理及组成；
（3）掌握常用电工工具的使用，导线的连接方法；
（4）掌握交流电压表、电流表、功率表的使用，功率因数提高的方法；
（5）掌握三相照明电路的特点及连接方式。</td><td>（1）能正确连接日光灯电路及三相照明电路；
（2）能正确使用交流电压表、交流电流表、万用表、功率表等；
（3）能判断交流电路中电压、电流的相量关系和有效值；
（4）能对日光灯电路进行并联电容的连接以提高电路的功率因数。</td><td colspan="2">（1）加强安全意识、规矩意识、责任意识和环保意识；
（2）培养良好职业道德修养和扎实职业技能；
（3）培养实践动手能力，激发学生创新思维；
（4）能够把握问题发生的关键，利用有效资源，及时提出解决方案。</td></tr>
<tr><td>教学条件</td><td colspan="3">理实一体化教室，包含电脑、投影等多媒体设备，电工实验台，常用电工工具和仪表等。</td></tr>
</table>

续表

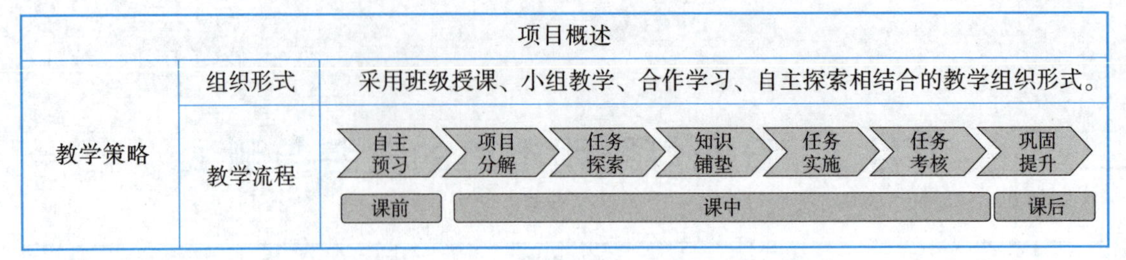

项目概述		
教学策略	组织形式	采用班级授课、小组教学、合作学习、自主探索相结合的教学组织形式。
	教学流程	自主预习 → 项目分解 → 任务探索 → 知识铺垫 → 任务实施 → 任务考核 → 巩固提升 课前：自主预习；课中：项目分解—任务考核；课后：巩固提升

任务 2-1　日光灯电路接线与测量

任务名称	日光灯电路接线与测量	参考学时	4 h
任务引入	在某泵站的办公室照明电路中，日光灯突然出现了闪烁，忽亮忽暗，为了找出故障原因，请你逐步排查可能出现的问题，并进行相应的维修措施。安装操作时，请遵守安全规范，注意用电安全。		
任务要点	知识点：正弦交流电的基本概念、正弦量三要素；正弦交流电的表示方法：解析式、波形图和相量法；日光灯电路的组成及工作原理。		
	技能点：能够正确分析计算正弦交流电路中的电压、电流和功率等物理量；能够根据解析式、相量法分析正弦交流电的相位差和频率等特性；能够诊断和处理常见日光灯电路故障。		
	素质点：培养严谨认真的科学素养；提高实践能力和动手能力；培养安全意识、环保意识。		

知识链接一　正弦交流电路的基本概念

一、正弦交流电的概念

交流电是指电路中的电流、电压及电动势的大小和方向都随着时间按一定规律周期性变化，并且在一定周期内平均值为零。交流电路是指在交流电作用下的电路。随时间按正弦规律变化的电流、电压、电动势等统称为正弦交流电，简称交流电（通常记为 AC）。图 2-1-1 所示为常见的交流电流。

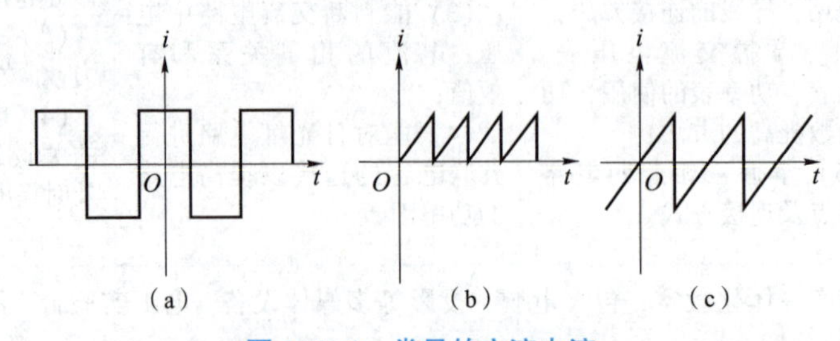

图 2-1-1　常见的交流电流

(a) 矩形波；(b) 锯齿波；(c) 三角波

正弦交流电具有适用范围广、效率高、容易控制、稳定性好、易于保护等优势，被广泛应用于生产生活各个领域。在电气设备方面，如家用电器、工业电器等都离不开正弦交流电；在电子领域，各种电子设备也需要正弦交流电为其提供稳定电源；在医疗设备中，诸如心电图、超声等设备也依赖于正弦交流电进行工作。在电力系统中，正弦交流电广泛应用于输电、配电和用电等领域，它是通过交流发电机产生的，通过变压器进行电压变换、整流器进行整流、逆变器进行逆变，从而满足不同设备对电压等级的需求。

二、正弦交流电的三要素

正弦交流电的三要素

交流电随时间变化规律得到的图像称为波形图。图 2-1-2 所示为正弦交流电流的波形图，当实际电流方向与参考方向一致时，i 为正值，对应波形图的正半周；当实际电流方向与参考方向相反时，i 为负值，对应波形图的负半周。一般选取电压和电流为关联参考方向。

交流电随时间变化规律的数学表达式称为解析式。式（2-1-1）称为正弦交流电动势、电压、电流的瞬时值表达式。

$$\begin{cases} e=E_m\sin(\omega t+\psi_e) \\ u=U_m\sin(\omega t+\psi_u) \\ i=I_m\sin(\omega t+\psi_i) \end{cases} \qquad (2-1-1)$$

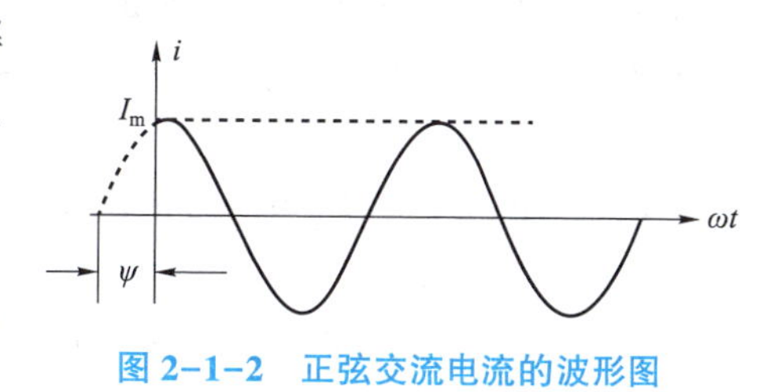

图 2-1-2　正弦交流电流的波形图

式（2-1-1）中，e、u、i 分别表示正弦电动势、正弦电压和正弦电流在任意瞬间的值，称为瞬时值；E_m、U_m、I_m 称为正弦量的最大值或幅值；ω 称为角频率；ψ_e、ψ_u、ψ_i 称为初相位。如果已知最大值、角频率和初相位，则正弦量就被唯一确定，因此称这三个量为正弦量的三要素。

（一）最大值（幅值）

瞬时值：正弦交流电在变化过程中任一时刻的值称为瞬时值。瞬时值是时间的函数，利用瞬时值表达式可以计算出任意时刻正弦量的数值，瞬时值规定用小写字母表示，例如 e、u、i 等。

最大值：正弦交流电波形图上的最大幅值就是交流电的最大值或幅值。它表示在一个周期内，正弦交流电能达到的最大瞬时值。最大值规定用大写字母加下标 m 来表示，例如 E_m、U_m、I_m 等。

有效值：为了反映正弦量在电路中的实际应用效果，通常使用有效值来表示正弦量的大小。正弦交流电的有效值是根据电流的热效应来确定的，即在一个周期内热效应与它相等的直流电的数值。如图 2-1-3 所示，当正弦交流电流 i 和直流电流 I 分别流过阻值相同的电阻 R 时，经过一个交流电的周期（T）时间，交流电流 i 通过电阻 R 消耗的能量与直流电流 I 通过 R 消耗的能量相等，则称 I 为 i 的有效值。有效值规定用大写字母表示，例如 E、U、I 等。

有效值可确切地反映正弦交流电的大小。理论和实践都可以证明，正弦交流电的有效值和最大值之间具有特定的数量关系，即：

图 2-1-3　电流有效值等效电路

(a) 正弦交流电路；(b) 直流电路

$$I=\frac{I_m}{\sqrt{2}}\approx 0.707I_m \quad 或 \quad I_m=\sqrt{2}I\approx 1.414I \tag{2-1-2}$$

$$U=\frac{U_m}{\sqrt{2}} \quad 或 \quad U_m=\sqrt{2}U \tag{2-1-3}$$

在实际应用中，通常所说的交流电的电压或电流的数值均指有效值，如交流电压 380 V 或 220 V，指的都是有效值。交流电压表、交流电流表测量指示的电压、电流读数都是有效值，交流电气设备铭牌上标出的额定值也是指有效值。但在分析半导体击穿电压、计算电气设备的绝缘耐压水平时，要按交流电压的最大值考虑。

（二）角频率

周期：指正弦交流电变化一周所需要的时间，用 T 表示，单位为秒（s），如图 2-1-4（a）所示。

频率：指正弦交流电单位时间内重复变化的次数，用 f 表示，单位为赫兹（Hz），如图 2-1-4（b）所示。我国工业电网所供交流电的频率为 50 Hz（简称工频）。

根据上述定义可知，频率和周期互为倒数，即：

$$f=\frac{1}{T} \tag{2-1-4}$$

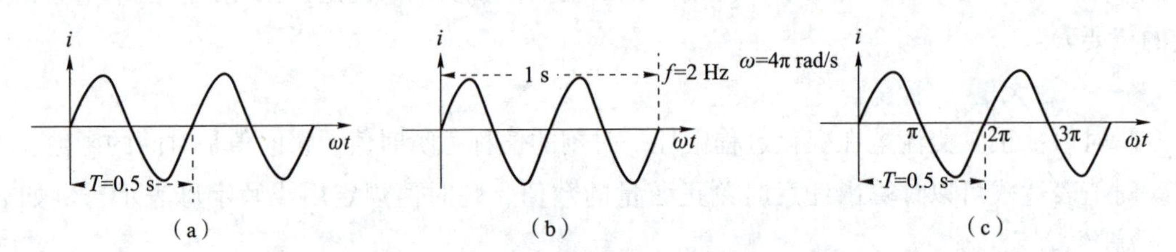

图 2-1-4　正弦交流电的波形及周期、频率参数

(a) 周期 T；(b) 频率 f；(c) 角频率 ω

角频率：指正弦交流电在单位时间内变化的电角度，用 ω 表示，单位为弧度/秒（rad/s），如图 2-1-4（c）所示，每一时刻的值都与一个角度对应，这个角度不表示任何空间角度，只是用来描述正弦交流电的变化规律，称为电角度，因此角频率 ω 又称为电角速度，表示在单位时间内正弦交流电变化的弧度数。

周期、频率和角频率都是反映正弦交流电变化快慢的物理量。ω 与 T、f 的关系为：

$$\omega=\frac{2\pi}{T}=2\pi f \tag{2-1-5}$$

（三）初相位

相位：正弦交流电在任意瞬间的电角度称为相位角，简称相位，它反映了正弦量随时间变化的进度，决定正弦量在任意瞬间的状态。

初相位：当 $t=0$ 时，相位角为 ψ，称为初相位或初相角，简称初相。可见，初相位与所选的计时起点有关。如图 2-1-5 所示，正弦交流电与纵轴相交于原点，初相为 0，$\psi=0$；正弦交流电与纵轴相交处若在正半周，初相为正，即 $\psi>0$；正弦量与纵轴相交处若在负半周，初相为负，即 $\psi<0$。由于正弦交流电周期性变化，一般规定初相位 ψ 在 $-\pi\sim\pi$ 范围内。

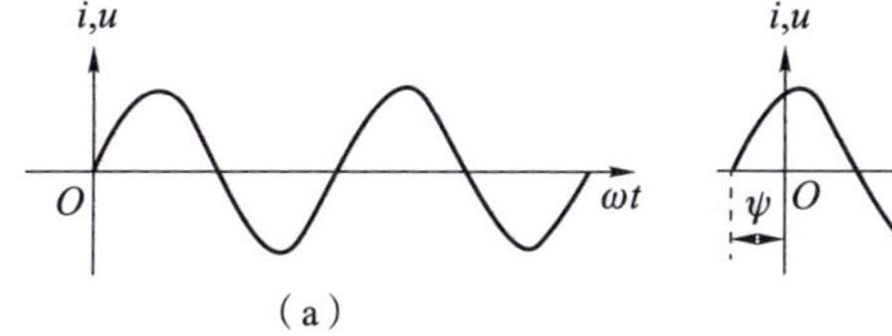

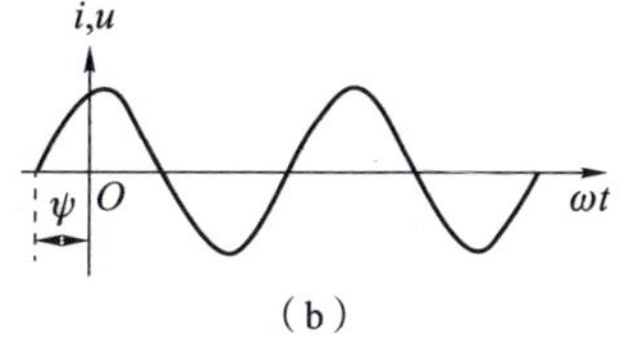

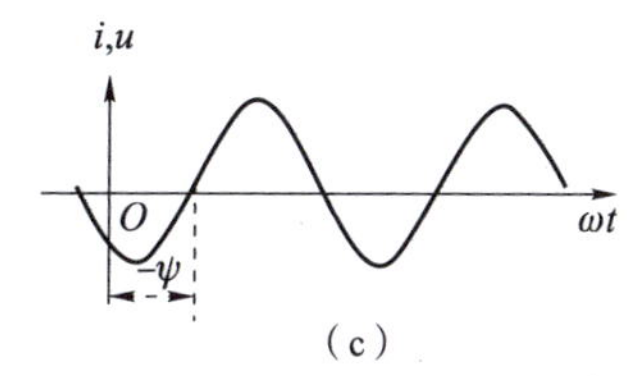

图 2-1-5　正弦交流电的初相位

(a) $\psi=0$；(b) $\psi>0$；(c) $\psi<0$

相位差：指两个同频率的正弦交流电的相位之差，表示两个正弦交流电到达最大值的先后差距，用 φ 表示，如图 2-1-6 所示。例如两个同频率的正弦交流电 $i_1=I_m\sin(\omega t+\psi_1)$，$i_2=I_m\sin(\omega t+\psi_2)$，则它们之间的相位差为：

$$\varphi=(\omega t+\psi_1)-(\omega t-\psi_2)=\psi_1-\psi_2 \tag{2-1-6}$$

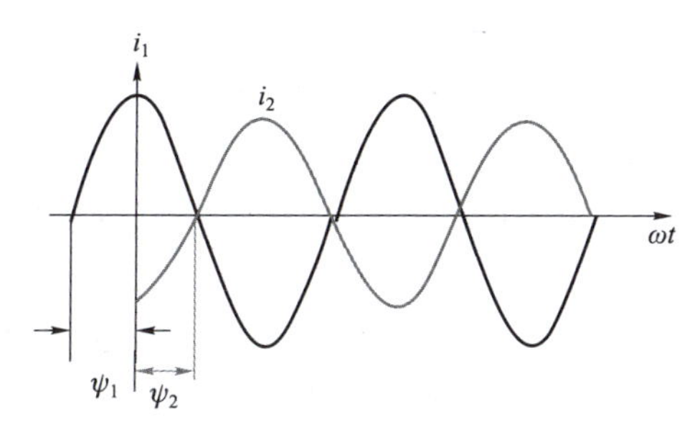

图 2-1-6　不同初相位的正弦交流电与相位差

可见，两个同频率的正弦交流电的相位差等于初相位之差，其值为常数。相位差反映了两个同频率正弦信号在时间上的先后差异。

若 $\varphi=\psi_1-\psi_2>0$，则称 i_1 超前于 i_2，即 i_1 比 i_2 先达到最大值，如图 2-1-7（a）所示；

若 $\varphi=\psi_1-\psi_2<0$，则称 i_1 滞后于 i_2，即 i_1 比 i_2 后达到最大值，如图 2-1-7（b）所示；

若 $\varphi=\psi_1-\psi_2=0$，则称 i_1 和 i_2 同相位，即 i_1 与 i_2 同相，如图 2-1-7（c）所示；

若 $\varphi=\psi_1-\psi_2=\pm\pi$，则称 i_1 和 i_2 反相位，即 i_1 与 i_2 反相，如图 2-1-7（d）所示。

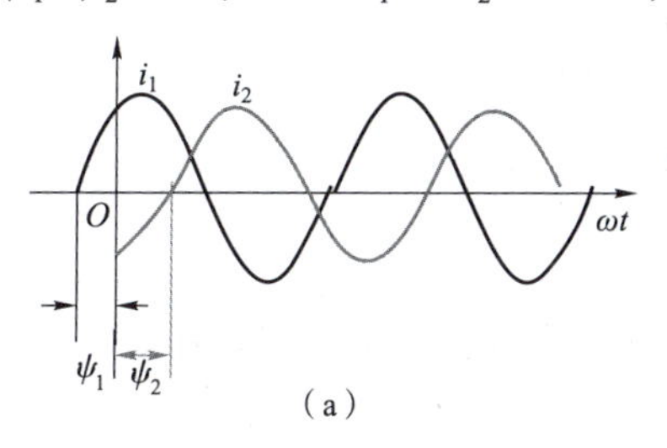

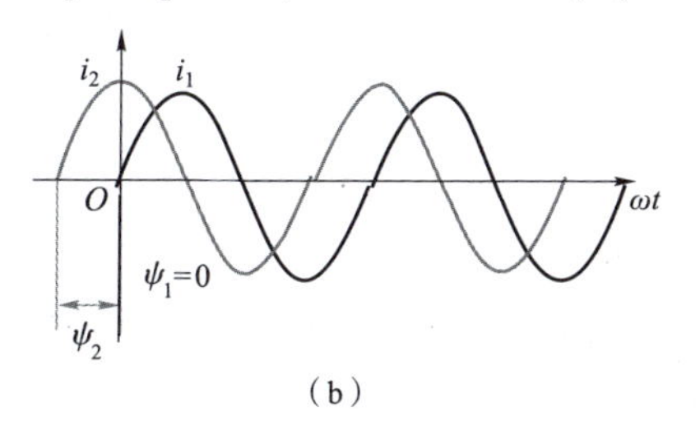

图 2-1-7　同频率正弦交流电的相位关系

(a) i_1 超前于 i_2；(b) i_1 滞后于 i_2

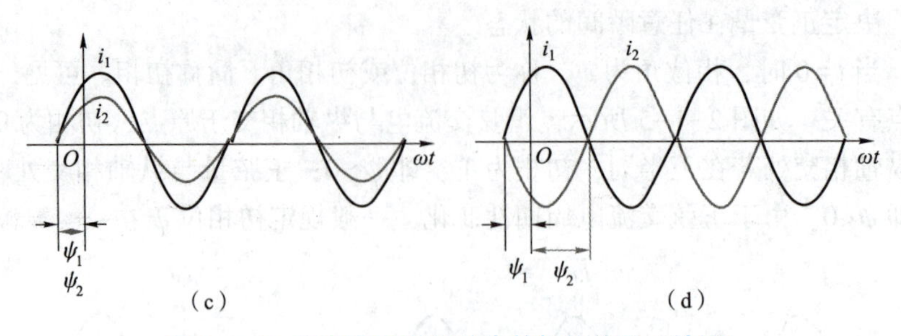

图 2-1-7　同频率正弦交流电的相位关系（续图）

(c) i_1 与 i_2 同相；(d) i_1 与 i_2 反相

通过以上讨论可知，两个同频率的正弦交流电的计时起点（$t=0$）不同时，它们的相位和初相位不同，但它们的相位差不变，即两个同频率的正弦交流电的相位差与计时起点无关。

综上所述，正弦交流电的最大值、角频率和初相位称为正弦交流电的三要素。三要素分别描述了正弦交流电的大小、变化快慢和起始状态。当三要素确定后，就可以确定一个唯一的正弦交流电了。

【例 2-1-1】　两个同频率的正弦交流电流

$$i_1=8\sin(\omega t+45°)\ \text{A}$$

$$i_2=6\cos(\omega t+45°)\ \text{A}$$

求它们之间的相位差，并说明哪个超前。

解：求相位差则要求两个正弦量的函数形式必须一致，所以首先将电流 i_2 改写成正弦函数形式，即

$$i_2=6\sin(\omega t+45°+90°)\ \text{A}=6\sin(\omega t+135°)\ \text{A}$$

因此，相位差为 $\varphi=\psi_1-\psi_2=45°-135°=-90°$，所以 i_2 超前于 i_1 90°。

【例 2-1-2】　两个正弦交流电压

$$u_1=10\sin(\omega t+60°)\ \text{V}$$

$$u_2=8\sin(2\omega t+30°)\ \text{V}$$

试比较它们哪个超前，哪个滞后？

解：两个正弦交流电压的角频率不同，相位差随着时间的变化而变化，故没有固定的超前、滞后关系，不能比较。

【例 2-1-3】　试比较 u 和 i 的相位差，已知

$$u=10\sin\left(314t-\frac{\pi}{6}\right)\ \text{V}$$

$$i=-5\sin\left(314t+\frac{\pi}{6}\right)\ \text{A}$$

试比较 u 和 i 的相位差。

解：比较之前首先要把 i 的符号移到相位角内，负号表示反相，为保证初相的绝对值小于 180°，则

$$i=5\sin\left(314t+\frac{\pi}{6}-\pi\right)=5\sin\left(314t-\frac{5}{6}\pi\right)\ \text{A}$$

$$\varphi=-\frac{\pi}{6}-\left(-\frac{5}{6}\pi\right)=\frac{2}{3}\pi=120°$$

故 u 比 i 超前 120°。

知识链接二　正弦交流电的表示方法

一、解析式表示法（瞬时值表达式）

解析式表示法（瞬时值表达式）又称三角函数表示法，是正弦交流电的基本表示方法。它是用三角函数式来表示正弦交流电随时间变化的关系。它可以表达正弦量的最大值、初相角和周期。

$$\begin{cases}e=E_{\mathrm{m}}\sin(\omega t+\psi_{e})\\u=U_{\mathrm{m}}\sin(\omega t+\psi_{u})\\i=I_{\mathrm{m}}\sin(\omega t+\psi_{i})\end{cases}\tag{2-1-7}$$

由上述公式可知，只要知道一个正弦交流电的最大值、初相角和频率，一个正弦交流电即完整地被确定，因此通常把最大值、初相角、角频率叫作正弦交流电的三要素。

【例 2-1-4】　已知某正弦交流电流的振幅为 2 A，频率为 50 Hz，初相角为$\frac{\pi}{6}$，请写出瞬时值表达式。

解：已知 $I_{\mathrm{m}}=2$ A，$\psi_{i}=\frac{\pi}{6}$，$f=50$ Hz，则 $\omega=2\pi f=2\pi\times50=100\pi$（rad/s）

$$i=I_{\mathrm{m}}\sin(\omega t+\psi_{i})=2\sin\left(100\pi+\frac{\pi}{6}\right)$$

二、波形图表示法

按解析式把正弦量随时间的变化规律在直角坐标系中描绘出的正弦曲线叫作正弦曲线法，纵坐标表示正弦量的瞬时值，横坐标表示电角度 ωt。在正弦曲线波形图 2-1-8 中，也能获得正弦交流电的三要素，即瞬时值的最高点就是最大值；曲线循环一周的时间为一个周期 T，就可得出角频率 $\omega=\frac{2\pi}{T}$；正半波的起点与原点 O 的夹角就是初相位。

【例 2-1-5】　已知某正弦交流电流的波形图如图 2-1-9 所示，试写出电流的三要素和瞬时值表达式 i。

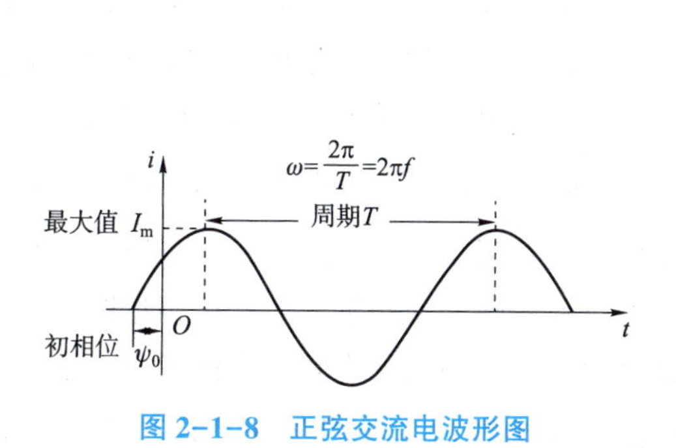

图 2-1-8　正弦交流电波形图

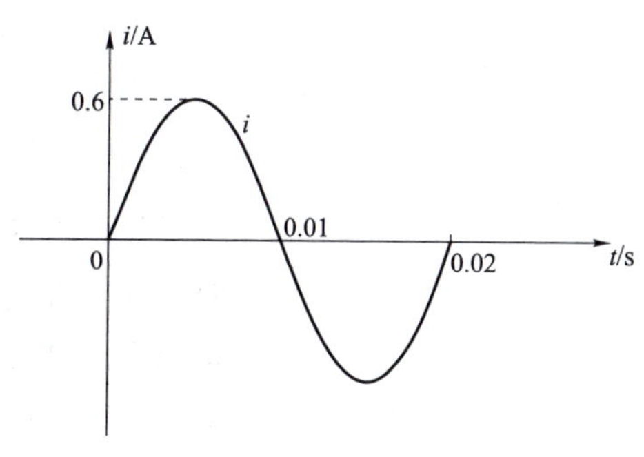

图 2-1-9　例 2-1-5 用图

解：已知最大值 $I_m=0.6$ A，初相位 $\psi=0$，周期 $T=0.02$ s，则

$$\omega=\frac{2\pi}{T}=\frac{2\pi}{0.02}=100\pi\ (\text{rad/s})$$

由题意得：

$$i=I_m\sin(\omega t+\psi)=0.6\sin 100\pi t\ \text{A}$$

三、相量表示法

正弦交流电用解析式表示简单准确，用波形图表示直观明了，但对于同频率的正弦交流电路用解析式或波形图分析计算，则非常烦琐和困难。因此，电工技术中为了便于分析计算，正弦量常用相量表示，相量表示法又包括相量图和相量式（复数）两种表示形式。

（一）相量图表示法

相量：正弦量可以用复数表示，用来表示正弦量的复数称为相量。复数在复平面上可以用一个矢量来表示，所以一个相量可以用复平面上的一个矢量来表示。若相量乘上 $e^{j\omega t}$，则表示该相量的矢量以角速度 ω 绕原点逆时针旋转，于是得到一个旋转矢量。这个旋转矢量称为旋转相量，它在任何时刻在虚轴上的投影即为正弦量在该时刻的瞬时值。由于正弦量的三要素在旋转相量中均有一一对应关系，因此正弦交流电可用旋转相量来表示。如图 2-1-10 所示，相量长度等于正弦交流电的幅值 E_m；它的初始位置（$t=0$ 时的位置）与横坐标正方向的夹角等于正弦交流电的初相位 ψ_0；并以正弦交流电的角频率 ω 做逆时针方向旋转。

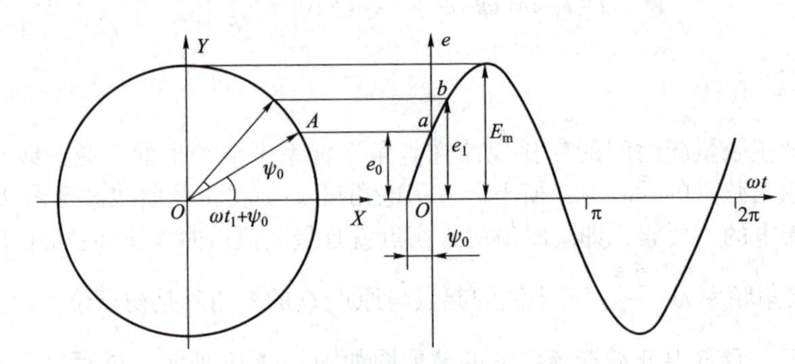

图 2-1-10　用旋转相量表示正弦量

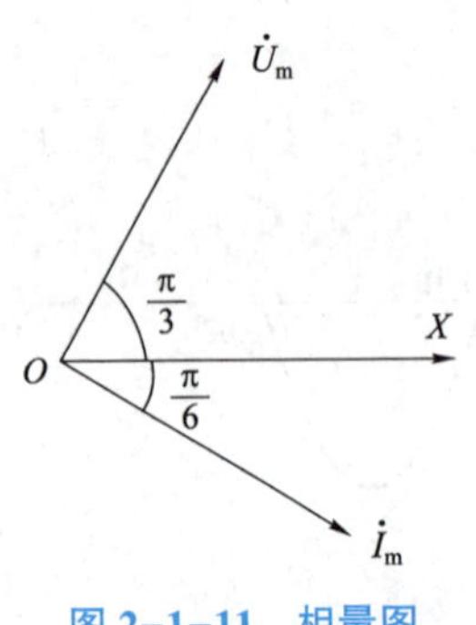

图 2-1-11　相量图

相量图：按照各个正弦量的大小和相位关系用初始位置的有向线段画出的若干相量的图形称为相量图，如图 2-1-11 所示，当相量的长度等于正弦量的最大值时，称为最大值相量，用符号 $\dot{E}_m$、$\dot{U}_m$、$\dot{I}_m$ 表示；当相量的长度等于正弦量的有效值时，称为有效值相量，用符号 $\dot{E}$、$\dot{U}$、$\dot{I}$ 表示。同频率的几个正弦交流电的相量可以画在同一个相量图上，在相量图中能清晰地看出各正弦交流电的大小和相互之间的相位关系，逆时针方向为超前，瞬时值方向为滞后。如图 2-1-11 所示，$\dot{U}_m$ 和

$\dot{I}_m$ 分别是电压 $u=U_m\sin\left(\omega t+\dfrac{\pi}{3}\right)$ V 和电流 $i=I_m\sin\left(\omega t-\dfrac{\pi}{6}\right)$ A 的相量，电压 u 比电流 i 超前$\dfrac{\pi}{6}$。

值得注意的是：相量只是正弦量的表示方法，并不等于正弦量；非正弦量不能用相量表示；只有同频率的正弦交流量才能画在同一个相量图上。

（二）相量式（复数）表示法

随着时间变化的正弦量可以用相量来表示，而相量可以用复数表示，因而正弦量可以用复数表示，用复数表示正弦量的方法称为正弦量的复数表示法。

在复平面内有一相量 $\dot{A}$（有向线段），如图 2-1-12 所示，它在复平面实轴上的投影是 a，在虚轴上的投影是 b，有向线段的长度 r 是复数的模，模与正向实轴之间的夹角 ψ 是复数的幅角。

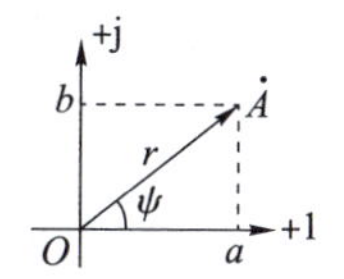

图 2-1-12　相量的复数表示法

复数的表示方法有以下几种。

（1）复数的代数形式：

$$\dot{A}=a+\mathrm{j}b \tag{2-1-8}$$

式（2-1-8）称为复数的代数形式。该复数的模，即相量的大小为 $r=\sqrt{a^2+b^2}$。它表示正弦量的幅值或有效值；该相量与实轴的夹角 ψ，即为正弦量的初相位，$\psi=\arctan\dfrac{b}{a}$。

（2）复数的指数形式。

因为 $a=r\cos\psi$，$b=r\sin\psi$，于是有：

$$\dot{A}=r\cos\psi+\mathrm{j}r\sin\psi=r(\cos\psi+\mathrm{j}\sin\psi) \tag{2-1-9}$$

根据欧拉公式 $\cos\psi+\mathrm{j}\sin\psi=\mathrm{e}^{\mathrm{j}\psi}$，则式（2-1-9）可写为：

$$\dot{A}=r\mathrm{e}^{\mathrm{j}\psi} \tag{2-1-10}$$

式（2-1-10）称为复数的指数形式。

（3）复数的极坐标形式：

$$\dot{A}=r\angle\psi \tag{2-1-11}$$

显然，极坐标形式也是由复数的模值和幅角来表示的一种方法。综上所述，复数不同形式之间的换算关系为：

$$\dot{A}=r\angle\psi=r\cos\psi+\mathrm{j}r\sin\psi=a+\mathrm{j}b$$

【例 2-1-6】　写出下列正弦量的相量：

$$u=10\sqrt{2}\sin(314t-30°)\ \mathrm{V}$$

$$i=5\sqrt{2}\sin(314t+53°)\ \mathrm{A}$$

解：$\dot{U}=10\angle-30°$，$\dot{I}=5\angle53°$。

【例 2-1-7】　写出下列正弦量的函数表达式：

$$\dot{U}_1=(3+\mathrm{j}4)\ \mathrm{V}=5\angle53.1°\ \mathrm{V}$$

$$\dot{U}_2=(-6-j8)\ V=10\angle(-126.9°)\ V$$

解：$u_1=5\sqrt{2}\sin(\omega t+53.1°)$，$u_2=10\sqrt{2}\sin(\omega t-126.9°)$。

【例 2-1-8】 已知 $i_1=8\sin(314t+60°)$ A，$i_2=6\sin(314t-30°)$ A，试求 $i=i_1+i_2$，并画出电流相量图。

解：首先将各支路电流用最大值相量表示

$$\dot{I}_{1m}=8\angle60°\ A=(8\cos 60°+j8\sin 60°)\ A\approx(4+j6.928)\ A$$

$$\dot{I}_{2m}=6\angle(-30°)\ A=[6\cos(-30°)+j6\sin(-30°)]\ A\approx(5.196-j3)\ A$$

总电流 i 的最大值相量为：

$$\begin{aligned}\dot{I}_m&=\dot{I}_{1m}+\dot{I}_{2m}=4+j6.928+5.196-j3\\&=9.196+j3.928\\&=10\angle23.1°(A)\end{aligned}$$

所以总电流的瞬时值表达式为：

$$i=10\sin(314t+23.1°)\ A$$

电流相量图如图 2-1-13 所示。

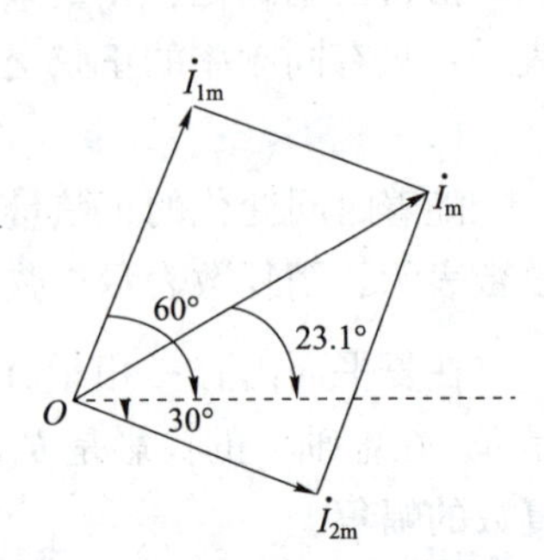

图 2-1-13 例 2-1-8 的电流相量图

知识链接三 日光灯电路的工作原理

荧光灯电路的接线与故障排除

一、日光灯的组成

日光灯主要由灯管、镇流器、启辉器、灯架和灯座等部分组成。

1. 灯管

灯管是一根直径为 15~40.5 mm 的玻璃管，在灯管的内壁上涂有荧光粉。灯管两端各有一根灯丝，分别固定在灯管两端的灯脚上，灯丝上涂有氧化物，当灯丝通过电流而发热时，可发射出大量电子。管内在真空情况下充有一定量的氩气和少量水银。日光灯灯管的结构如图 2-1-14 所示。

2. 镇流器

镇流器主要由铁芯和线圈组成，分为电感镇流器和电子镇流器，电感镇流器结构简单，但由于它的功率因数低、低电压启动性能差、耗能、频闪等缺点，逐渐被电子镇流器取代。电子镇流器是将工频交流电源转换为高频交流电源的变换器，镇流器有两个作用：①在启动时与启辉器配合，产生瞬时高压，点燃灯管；②在工作时利用串联于电路中的高电抗限制灯管的电流，延长灯管使用寿命。日光灯镇流器如图 2-1-15 所示。

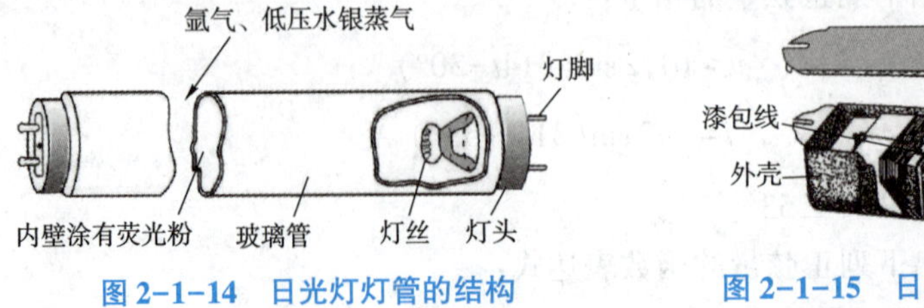

图 2-1-14 日光灯灯管的结构

图 2-1-15 日光灯镇流器

3. 启辉器

启辉器由氖泡、纸介电容、引线脚和铝质（或塑料）外壳组成。氖泡内有一个固定的静触片和一个由双金属片制成的 U 形动触片。双金属片是由两种膨胀系数差别很大的金属薄片粘合而成的，动触片和静触片平时是分开的，两者相距 0.5 mm 左右，其结构如图 2-1-16 所示。与氖泡并联的纸介电容的作用主要有：①与镇流器组成 *LC* 振荡电路，延长灯丝预热时间和维持感应电动势；②可吸收辉光放电而产生的谐波；③使动静触片分离时不产生火花，以免烧坏触点。如果电容器被击穿，即使去掉电容，启辉器仍能使用，但会失去吸收干扰杂波的性能。

4. 灯座和灯架

灯座的作用是固定灯管，灯架的作用是安装灯座、灯管、启辉器、镇流器等日光灯零部件。安装灯管时，应先将灯管两端的灯脚同时插入灯座的卡缝中，再用手握住灯管两端旋转 1/4 圈，这样才能使灯管的两个引线脚被灯座内的弹簧片卡紧而使电路接通，如图 2-1-17 所示。

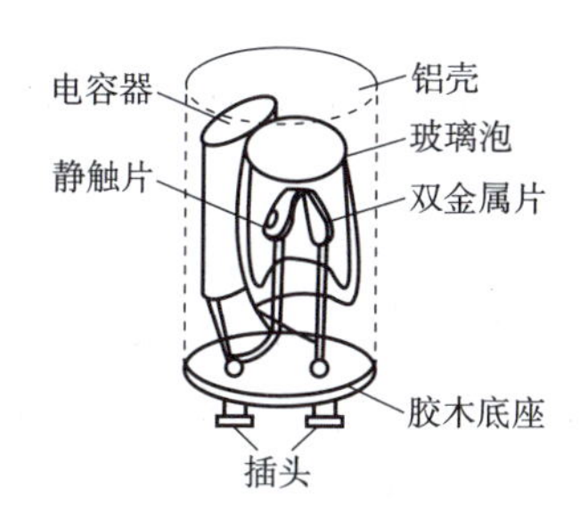

图 2-1-16　日光灯启辉器结构

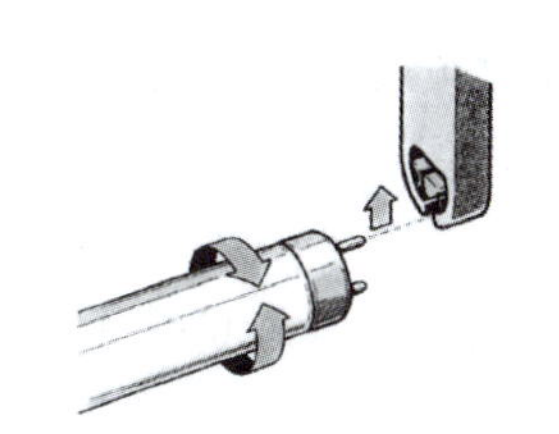

图 2-1-17　安装日光灯管

二、日光灯的工作原理

日光灯照明电路原理图如图 2-1-18 所示。它的工作原理如下。

1. 日光灯点燃过程

（1）当开关闭合后，电源把电压加在启辉器的两极之间，使氖气放电而发出辉光，辉光产生的热量使 U 形动触片膨胀伸长，与静触片接通，于是镇流器线圈和灯管中的灯丝有电流通过。

（2）电路接通后，启辉器中的氖气停止放电（启辉器分压少，辉光放电无法进行，则不工作），U 形片冷却收缩，两个触片分离，电路自动断开。

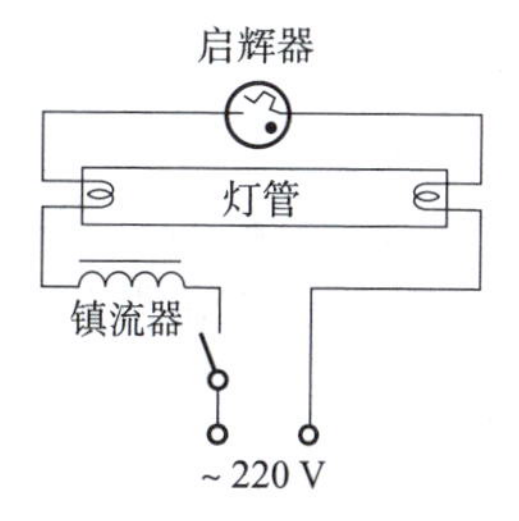

图 2-1-18　日光灯照明电路原理图

（3）在电路突然断开的瞬间，由于镇流器电流急剧减小，会产生很高的自感电动势，方向与原来的电压方向相同，两个自感电动势与电源电压叠加在一起，形成一个瞬时高压，加在灯管两端，使灯管中惰性气体被电离而引起弧光放电，管内温度因此升高，液态水银汽化游离，进而引起水银蒸气发生弧光放电，发出紫外线激发灯管内壁的荧光粉，此时日光灯成为电流通路开始发光。

2. 日光灯正常发光过程

(1) 日光灯正常发光后，由于交流电不断通过镇流器线圈，线圈中产生自感电动势，阻碍线圈中的电流变化，镇流器起降压限流的作用，使电流稳定在灯管的额定电流范围内，灯管两端电压稳定在额定工作电压范围内。由于这个电压低于启辉器的电离电压，所以并联在两端的启辉器不再起作用。

(2) 通电后有电流，电流会产生热，使启辉器里的两块触片由于热胀冷缩而突然通路，根据电流自感现象，电流的瞬时改变，会使镇流器产生瞬时高压，在高压下使灯管内的气体也导通，灯管进入正常工作状态。

三、安全注意事项

(1) 电源开关应接在火线上，不要将开关接在零线上。这是为了确保在开关断开时，整个电路没有带电，避免触电风险。

(2) 安装日光灯前要确保电源已经关闭，以避免触电。在操作前一定要先断电，或者确保电源处于关闭状态。

(3) 选用合适的灯具和电线，避免过载或短路。要选择符合安装环境和电流要求的电线和灯具，以防止过载或短路引起火灾。

(4) 接线时要确保电线接头连接牢固，避免接触不良引起火灾。要使用合适的工具进行接线，确保电线接头连接良好，避免出现接触不良的情况。

(5) 安装完成后要检查灯具是否正常工作，如果有问题要及时修复。要确保灯具安装正确，正常工作，如果有问题要及时检查修复，避免出现安全隐患。

(6) 使用工具时要注意安全，不要将手指放在灯具的玻璃罩内。在安装过程中，一定要使用合适的工具进行操作，不要将手指放在灯具的玻璃罩内，以免受伤。

(7) 不要在潮湿或易燃易爆的环境下安装日光灯电路。在安装日光灯电路时，一定要确保环境干燥、通风良好，避免在潮湿或易燃易爆的环境下进行操作。

总之，在安装日光灯电路时，一定要注意安全事项，确保操作过程安全可靠。同时也要注意合理使用工具和正确操作方法，避免出现意外事故。

日光灯电路是一种常见的照明装置，它不仅光线柔和，而且非常节能环保，确保了室内环境的健康与舒适。我们应该更加了解和掌握日光灯电路的工作原理、电路组成、常见问题解决方法等，以确保其正常使用，延长其使用寿命，从而提高其使用效果。随着技术的不断进步和应用的不断深入，相信日光灯电路在未来还将不断推陈出新，更好地满足人们对高质量照明设备的需求。

任务实施

(1) 日光灯电路安装步骤：

①检查灯管、镇流器、启辉器等零部件有无损坏，是否配套。

②准备灯架（可根据灯管的长度自制或购置）。

③先将镇流器、启辉器固定在灯架上，接着将两个灯座从接线桩上各自引出两根导线后，再将灯座根据灯管的实际长度固定在灯架上。

④按原理图进行接线并进行检查，以免接错、漏接。

⑤将灯架固定在已预埋的紧固件上。

⑥把启辉器旋入底座，灯管装入灯座。

⑦检查无误后，通电试用。

（2）注意事项：

①镇流器、灯管应配套使用，不同功率不得混用，否则会缩短灯管使用寿命或造成启动困难。

②镇流器接线应正确，应使相线通过开关，经镇流器后再到灯管，以免损害灯管。

（3）日光灯灯管不亮的故障分析与处理：

①检查电源：用测电笔或万用表检查电源电压是否正常；首先确保电源开关处于打开状态，然后检查电源插座是否正常。如果插座有烧焦的气味或痕迹，可能是电源插座出现了故障，需要更换插座。

②检查启辉器：确认电源有电后，闭合开关转动启辉器，检查启辉器与启辉器座是否接触良好；如果仍无反应，可将启辉器取下，查看启辉器座内部的弹簧片是否良好，位置是否正确，若不正确可用起子拨动，使其复位；用测电笔或万用表检查启辉器座上有无电压，若有，则说明启辉器损坏的可能性很大，可以换一只启辉器重试。

③检查镇流器：镇流器是日光灯电路中的一个重要组成部分。检查镇流器是否松动或损坏，如果有问题，需要更换镇流器。

④检查灯脚与灯座：若启辉器座上无电压，应检查灯脚与灯座是否接触良好，可用两手分别按住两个灯脚向中挤压，或用手握住灯管转动一下。若灯管开始闪光，说明灯脚与灯座接触不良，可将灯管取下来，将灯座内弹簧拨紧，再把灯管装上。

⑤若灯管仍不发光，应打开吊线盒，用测电笔或万用表检查吊线盒上有无电压，若无，说明线路上有断路现象，可用测电笔检查两接线段，若测电笔均发亮，说明吊线盒之前的零线已断路。

⑥检查灯管：灯管可能已经烧坏或接触不良。拆下灯管，检查是否有烧焦的痕迹或松动的情况。如果有问题，需要更换灯管。

（4）如果办公室照明电路中，日光灯突然出现了故障，导致灯管不亮或闪烁，你应该采取哪些步骤进行排查？

（5）安装日光灯电路时，需要注意哪些安全事项？

（6）日光灯常见故障及处理方法（见表2-1-1）。

表2-1-1 日光灯常见故障及处理方法

序号	故障现象	故障原因	处理方法
1	灯管不发亮		
2	灯管“跳”但不亮		
3	灯光闪烁忽亮忽暗		
4	镇流器过热		
5	镇流器声音过大		

任务考核

目标	考核题目	配分	得分
知识点	1. 正弦交流电的三要素是什么？周期、频率和角频率之间的关系是什么？	10	
	2. 正弦交流电的表示方法有哪三种？各有什么特点？	10	
	3. 怎样用相量法分析、计算正弦交流电路？	10	
	4. 日光灯电路由几部分组成？它们的作用分别是什么？	10	
	5. 日光灯电路的工作原理是什么？常见的日光灯故障有哪些？怎样解决？	10	
技能点	1. 能否正确描述正弦交流电？能否正确判断正弦交流电的三要素？能否分清瞬时值、有效值、最大值，周期、频率、角频率，初相、相位、相位差？ 评分标准：90%以上问题回答准确、专业，描述清楚、有条理，10分；80%以上问题回答准确、专业，描述清楚、有条理，8分；70%以上问题回答准确、专业，描述清楚、有条理，7分；60%以上问题回答准确、专业，描述清楚、有条理，6分；不到50%问题回答准确的不超过6分，酌情打分。	10	
	2. 能否根据接线图正确安装日光灯电路？能否正确使用电工工具及万用表？ 评分标准：准备实验器材，4分；规范且正确接线，6分，视安装情况酌情扣分。	10	
	3. 能否利用测电笔或万用表正确判断日光灯的故障，并分析与处理？ 评分标准：发现问题，5分；能够说明故障原因及处理方法，5分。	10	
素养点	1. 是否遵守纪律及规程，不旷课、不迟到、不早退？ 评分标准：旷课扣5分/次；迟到、早退扣2分/次；上课做与任务无关的事情扣2分/次；不遵守安全操作规程扣5分/次。	5	

续表

目标	考核题目	配分	得分
素养点	2. 是否通过日光灯电路的安装，加强学生的安全意识、规矩意识和大局意识，培养良好职业精神？ 评分标准：能认真积极参与任务，5 分；能主动发现问题并积极解决，3 分；能提出创新性建议，2 分。	10	
	3. 是否能按时按质完成课前学习和课后作业？ 评分标准：网络课程前置学习完成率达 90%以上，3 分；课后作业完成度高，2 分。	5	
总　　分		100	
教师评语			

巩固提升

一、填空题

1. 交流电流是指电流的大小和________都随时间做周期性变化，且在一个周期内其平均值为零的电流。

2. 正弦交流电路是指电路中的电压、电流均随时间按________规律变化的电路。

3. 正弦交流电的瞬时表达式为 $e=$________________，$i=$________________。

4. 角频率是指交流电在________时间内变化的电角度。

5. 正弦交流电的三个基本要素是________、________和________。

6. 我国工业及生活中使用的交流电频率为________，周期为________。

7. 已知 $u(t)=-4\sin(100t+270°)$ V，$U_m=$_______ V，$\omega=$_______ rad/s，$\psi=$_______ rad，$T=$________ s，$f=$________ Hz，$t=\frac{T}{12}$时，$u(t)=$______________。

8. 已知两个正弦交流电流 $i_1=10\sin(314t-30°)$ A，$i_2=310\sin(314t+90°)$ A，则 i_1 和 i_2 的相位差为________，________超前____________________。

9. 有一正弦交流电流，有效值为 20 A，其最大值为________，平均值为________。

10. 已知正弦交流电压 $u=10\sin(314t+30°)$ V，该电压有效值 $U=$________。

11. 已知正弦交流电流 $i=5\sqrt{2}\sin(314t-60°)$ A，该电流有效值 $I=$________。

12. 已知正弦交流电压 $u=220\sqrt{2}\sin(314t+60°)$ V，它的最大值为________，有效值为________，角频率为________，相位为________，初相位为________。

13. 正弦交流电的三种表示方法为______________________、______________________、______________________。

二、判断题

1. 正弦量的初相角与起始时间的选择有关，而相位差则与起始时间无关。　　(　　)

2. 两个不同频率的正弦量可以求相位差。 （ ）

3. 正弦量的三要素是最大值、频率和相位。 （ ）

4. 人们平时所用的交流电压表、电流表所测出的数值是有效值。 （ ）

5. 正弦交流电在正半周期内的平均值等于其最大值的 3π/2 倍。 （ ）

6. 交流电的有效值是瞬时电流在一周期内的均方根值。 （ ）

7. 电动势 $e=100\sin\omega t$ 的相量形式为 $\dot{E}=100$。 （ ）

8. 正弦量可以用相量来表示，因此相量等于正弦量。 （ ）

9. 某电流相量形式为 $\dot{I}_1=(3+j4)$ A，则其瞬时表达式为 $i=100\sin\omega t$ A。 （ ）

10. 频率不同的正弦量可以在同一相量图中画出。 （ ）

三、选择题

1. 两个同频率正弦交流电的相位差等于 180°时，则它们的相位关系是（ ）。

A. 同相　　B. 反相　　C. 相等

2. 图 2-1-19 所示波形图，电流的瞬时表达式为（ ）A。

A. $i=I_m\sin(2\omega t+30°)$　　B. $i=I_m\sin(\omega t+180°)$

C. $i=I_m\sin\omega t$

3. 图 2-1-20 所示波形图中，电压的瞬时表达式为（ ）V。

A. $u=U_m\sin(\omega t-45°)$　　B. $u=U_m\sin(\omega t+45°)$

C. $u=U_m\sin(\omega t+135°)$

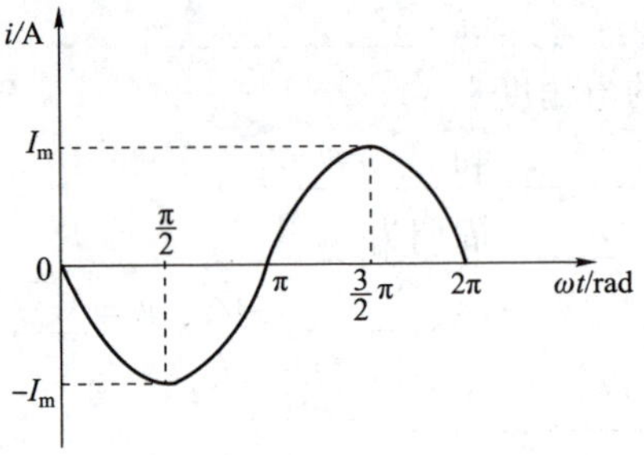

图 2-1-19　选择题 2 用图

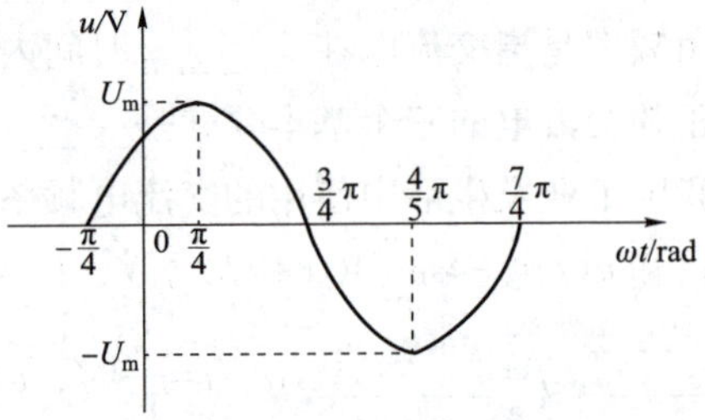

图 2-1-20　选择题 3 用图

4. 图 2-1-21 所示波形图中，e 的瞬时表达式为（ ）。

A. $e=E_m\sin(\omega t-30°)$　　B. $e=E_m\sin(\omega t-60°)$

C. $e=E_m\sin(\omega t+60°)$

5. 图 2-1-19 与图 2-1-20 所示两条曲线的相位差 $\varphi_{ui}=$（ ）。

A. 90°　　B. −45°　　C. −135°

6. 图 2-1-20 与图 2-1-21 所示两条曲线的相位差 $\varphi_{ue}=$（ ）。

A. 45°　　B. 60°　　C. 105°

7. 图 2-1-19 与图 2-1-22 所示两条曲线的相位差 $\varphi_{ie}=$（ ）。

A. 30°　　B. 60°　　C. −120°

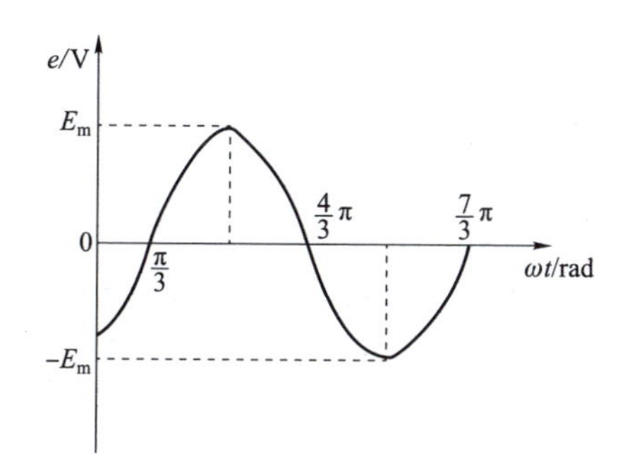

图 2-1-21　选择题 4 用图

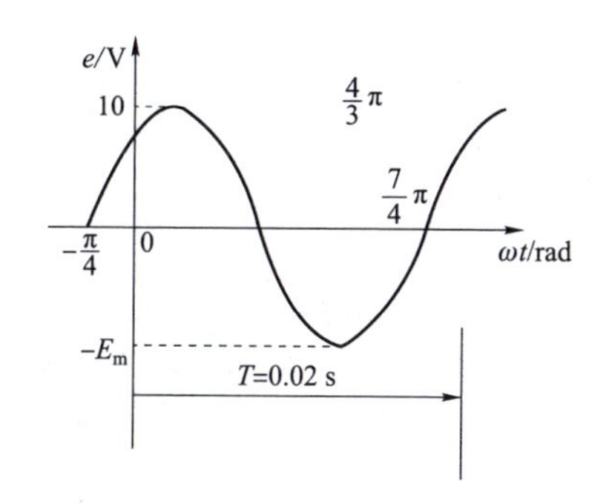

图 2-1-22　选择题 7 用图

8. 正弦交流电的最大值等于有效值的（　　）倍。

A. $\sqrt{2}$　　B. 2　　C. 1/2

9. 白炽灯的额定工作电压为 220 V，它允许承受的最大电压为（　　）。

A. 220 V　　B. 311 V

C. 380 V　　D. $u(t)=220\sqrt{2}\sin 314$ V

10. 已知 2 Ω 电阻的电流 $i=6\sin(314t+45°)$ A，当 u、i 为关联参考方向时，$u=$（　　）V。

A. $12\sin(314t+30°)$　　B. $12\sqrt{2}\sin(314t+45°)$

C. $12\sin(314t+45°)$

四、综合题

1. 已知电流和电压的瞬时值函数式为 $u=317\sin(\omega t-160°)$ V，$i_1=10\sin(\omega t-45°)$ A，$i_2=4\sin(\omega t+70°)$ A。试在保持相位差不变的条件下，将电压的初相角改为 0°，重新写出它们的瞬时值函数式。

2. 一个正弦电流的初相位 $\psi=15°$，$t=\frac{T}{4}$时，$i(t)=0.5$ A，试求该电流的有效值 I。

3. 已知 $e(t)=-311\cos 314t$ V，则与它对应的相量 $\dot{E}$ 为多少？

4. 已知 $i_1=5\sqrt{2}\sin(\omega t+30°)$ A，$i_2=10\sqrt{2}\sin(\omega t+60°)$ A，求：（1）$\dot{I}_1$、$\dot{I}_2$；（2）$\dot{I}_1+\dot{I}_2$；（3）i_1+i_2；（4）作相量图。

知识拓展

任务 2-1　直流电、交流电：跨越百年的世纪之争！

任务 2-2　日光灯电路功率因数的提高

任务名称	日光灯电路功率因数的提高	参考学时	6 h
任务引入	功率因数是衡量电路电能利用效率的重要指标。泵站的电力系统在运行过程中，由于各种设备无功功率损耗，导致功率因数降低。请以日光灯电路为例，讨论一下怎样提高它的功率因数。		
任务要点	知识点：单一参数正弦交流电的定义和表达式；感抗和容抗的概念及单位；瞬时功率、平均功率、有功功率、无功功率及视在功率的关系；功率因数的定义及提高功率因数的方法。		
	技能点：能判断电路呈容性还是感性；会分析正弦交流电路功率及能量转换关系；会合理选择提高功率因数的方法。		
	素质点：培养学生思维能力和观察分析能力；提高安全意识、规范操作意识和团结协作能力。		

知识链接一　单一参数的正弦交流电路

纯电阻电路

在交流电路中，电流、电压的大小和方向的变化引起了不同于直流电路的特殊现象。当交流电路中存在电容和电感时，电路周围的电场和磁场随时间发生变化，变化的电场和磁场反过来又影响电路中的电流和电压。因此，交流电路中电阻元件、电感元件和电容元件有其特殊的作用。

一、纯电阻元件的交流电路

在实际应用中，如电阻炉、白炽灯、电烙铁等电器，其主要表现为电阻性质，其他参数的影响很小，可以忽略不计，这样的元件称为纯电阻元件，由纯电阻元件构成的电路称为纯电阻电路，如图 2-2-1（a）所示。

（一）电压与电流之间的关系

在交流电路中，线性电阻两端的电压 u_R 与通过其中的电流 i 在任意瞬间都遵循欧姆定律，若设定 u_R 与 i 为关联参考方向，则有：

$$u_R=iR \tag{2-2-1}$$

若 $u_R=U_{Rm}\sin \omega t=\sqrt{2}U_R\sin \omega t$，根据欧姆定律可得：

$$i=\frac{u_R}{R}=\frac{U_{Rm}}{R}\sin \omega t=I_m\sin \omega t=\sqrt{2}I\sin \omega t \tag{2-2-2}$$

按照 u_R 与 i 的三角函数式，可以画出它们的波形图，如图 2-2-1（b）所示。由 u_R 与 i 的表达式及波形图可得出：电阻中通过的电流和加在该电阻上的电压为同频率、同相位的正弦量；电压与电流的最大值或有效值之间符合欧姆定律，即：

$$U_{Rm}=I_mR \quad 或 \quad U_R=IR \tag{2-2-3}$$

相量形式则为：

$$\dot{U}_R=\dot{I}R \tag{2-2-4}$$

式（2-2-4）是电阻元件欧姆定律的相量形式，相量图如图 2-2-1（c）所示。

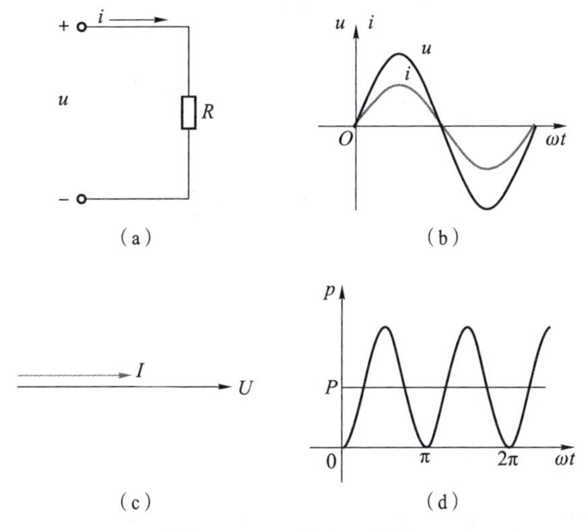

图 2-2-1　纯电阻电路

（a）电路；（b）u、i 波形；（c）相量图；（d）p 的波形

（二）功率

1. 瞬时功率

在交流电路中，通过电阻元件的电流及其两端的电压是交变的，因此电阻吸收的功率也是随时间而变化的。把电路中元件在任一瞬间所吸收或放出的功率称为瞬时功率，用小写字母 p 表示。设 u_R 与 i 为关联参考方向，则电阻元件的瞬时功率为：

$$\begin{aligned} p_R &= u_R i=\sqrt{2}U_R\sin\omega t\sqrt{2}I\sin\omega t \\ &= U_R I(1-\cos 2\omega t) \\ &= U_R I-U_R I\cos 2\omega t \end{aligned} \tag{2-2-5}$$

式（2-2-5）表明，瞬时功率随时间变化，并且由两部分组成：前者是恒定值，后者是幅值为 $U_R I$、以 2ω 角频率交变的余弦分量。瞬时功率的波形图如图 2-2-1（d）所示。由于电阻元件的电压和电流同相位，它们的瞬时值总是同时为正或同时为负，所以瞬时功率 p 总是为正值，即 $p_R \geqslant 0$，也就是说，电阻元件在每一瞬间都在吸收（或者消耗）电功率，因此电阻元件是耗能元件。

2. 平均功率

瞬时功率随时间变化，使用不方便，因而工程实际中常用瞬时功率在一个周期内的平均值来表示电路元件的功率，称为平均功率，用大写字母 P 表示。平均功率又称为有功功率，它的单位为 W（瓦）或 kW（千瓦）。

电阻元件上的平均功率为：

$$P_R=\frac{1}{T}\int_0^T p_R \mathrm{d}t=\frac{1}{T}\int_0^T (U_R I-U_R I\cos 2\omega t)\mathrm{d}t=U_R I$$

即：

$$P_R=U_R I=I^2R=\frac{U_R^2}{R} \tag{2-2-6}$$

式（2-2-6）表明，电阻元件交流电路的平均功率等于电压、电流有效值的乘积，和直流电路中计算功率的公式具有相同的形式，但式中 U_R、I 是电压、电流的有效值。

平均功率代表了电路实际消耗的功率，因此平均功率也称为有功功率，简称功率。在交流电气设备上所标的额定功率指的就是平均功率。

【想一想　做一做】

有一个“220 V、100 W”的白炽灯，其两端电压为 $u=311\sin(314t+30°)$ V。求：

(1) 通过白炽灯电流的瞬时值表达式；

(2) 每天使用 5 h，每度电（1 kW·h）收费 0.5 元，问每月（30 天）应付多少电费？

二、纯电感元件的交流电路

纯电感电路

将导线绕制成 N 匝螺管线圈，就构成电感线圈，若线圈中没有铁磁物质时，称为线性电感线圈；若线圈中有铁磁物质时，称为非线性电感线圈。当线圈中有电流 i 通过时，线圈内部产生磁通 Φ。对 N 匝线圈，乘积 $N\Phi$ 称为线圈的磁链 Ψ，规定电流的参考方向和磁链的参考方向之间符合右手螺旋定则。

根据电磁感应定律，电感元件上电压、电流的关系为

$$u=L\frac{\mathrm{d}i}{\mathrm{d}t} \tag{2-2-7}$$

式（2-2-7）中的 L 称为自感系数，简称自感或电感，其定义为通过电感线圈的磁链 Ψ 与产生该磁链的电流 i 的比值，即：

$$L=\frac{\Psi}{i} \tag{2-2-8}$$

电感的单位为亨利，简称亨，用字母 H 表示。工程实际中也常用 mH（毫亨）和 μH（微亨）作为单位，$1\ \mathrm{H}=10^3\ \mathrm{mH}=10^6\ \mu\mathrm{H}$。

（一）电压与电流之间的关系

如图 2-2-2（a）所示只含有电感元件的电路中，假定电压 u_L 与电流 i 为关联参考方向，设通过电感元件的正弦交流电流为：

$$i=I_{\mathrm{m}}\sin\omega t=\sqrt{2}I\sin\omega t \tag{2-2-9}$$

则电感元件的端电压为：

$$u_L=L\frac{\mathrm{d}i}{\mathrm{d}t}=\omega LI_{\mathrm{m}}\cos\omega t=\omega LI_{\mathrm{m}}\sin(\omega t+90°)=U_{\mathrm{m}}\sin(\omega t+90°) \tag{2-2-10}$$

由 i 及 u_L 的瞬时值表达式可以作出它们的波形图和相量图，如图 2-2-2（b）、（c）所示。根据 u_L 与 i 的表达式及波形图可得出：在纯电感元件交流电路中，电压 u_L 和电流 i 是同频率的正弦量；电压超前电流 90°；电压和电流的幅值或有效值之间符合欧姆定律形式，即：

$$U_{L\mathrm{m}}=I_{\mathrm{m}}\omega L \quad 或 \quad U_L=I\omega L \tag{2-2-11}$$

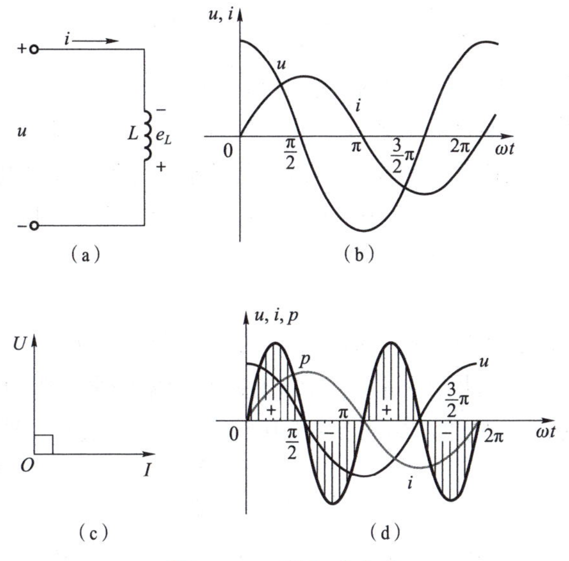

图 2-2-2　纯电感电路

令 $X_L=\omega L=2\pi fL$，则：

$$U_{Lm}=I_m X_L \quad 或 \quad U_L=IX_L \tag{2-2-12}$$

式中，X_L 为电感抗，简称感抗，单位为欧姆（Ω）。

感抗 X_L 是表示电感对交流电流阻碍能力大小的物理量，与电感 L 和频率 f 成正比，当电感 L 一定时，频率 f 越高，X_L 越大，说明电感线圈对高频电流的阻碍作用越大。在直流电路中，频率 $f=0$，$X_L=0$，线圈两端电压为 0，表明电感线圈对直流电流无阻碍作用，可视为短路。所以电感元件具有“通直流、阻交流”或“通低频、阻高频”的特性。在电路中，电感元件通常用来进行信号耦合、滤波以制作高频扼流圈等。

应该注意的是，对于电感元件而言，其电压和电流的瞬时值之间并不存在欧姆定律的形式，即不存在比例关系，感抗也不代表电压、电流瞬时值之间的关系。此电感元件的欧姆定律也只适用于描述电压与电流的有效值或最大值之间的关系。

纯电感交流电路中欧姆定律的相量形式为：

$$\dot{U}_L=\mathrm{j}X_L\dot{I} \tag{2-2-13}$$

（二）功率

1. 瞬时功率

设定 u_L 与 i 为关联参考方向，电感元件吸收的瞬时功率为：

$$\begin{aligned} p_L &= u_L i = U_{Lm}I_m\sin(\omega t+90°)\sin\omega t \\ &= U_m I_m\cos\omega t\sin\omega t \\ &= UI\sin 2\omega t \end{aligned} \tag{2-2-14}$$

式（2-2-14）表明，电感元件瞬时功率是随时间变化的正弦函数，其幅值为 UI，但它变化的频率是电流频率的 2 倍，瞬时功率的波形图如图 2-2-2（d）所示。

2. 平均功率

电感元件瞬时功率的平均值，即为平均功率，也称为有功功率，即：

$$P_L = \frac{1}{T}\int_0^T p_L \mathrm{d}t = \frac{1}{T}\int_0^T U_L I \sin 2\omega t \mathrm{d}t = 0 \tag{2-2-15}$$

式（2-2-15）表明，在一个周期内，瞬时功率的平均值为零，说明电感元件不消耗能量，但电感元件存在着与电源之间的能量交换。瞬时功率 $p>0$，说明电感将电能转化为磁场能储存起来，从电源吸取能量；瞬时功率 $p<0$，说明电感将磁场能转化为电能释放出来。电感不断地与电源交换能量，在一个周期内吸收和释放的能量相等，因此平均功率为零，说明电感元件不消耗能量，是一个储能元件。

3. 无功功率

在纯电感电路中，没有能量消耗，但是存在着电源和电源元件之间的能量交换，不同电感元件与电源进行能量交换的规模不同，通常用瞬时功率的最大值（即能量交换的最大幅值）来表示这种能量转换的规模，称为感性无功功率，用 Q_L 表示，即：

$$Q_L = U_L I = I^2 X_L = \frac{U_L^2}{X_L} \tag{2-2-16}$$

式中，Q_L 的单位用乏（var）表示，较大的单位是千乏（kvar）和兆乏（Mvar），换算关系为：

$$1\ \text{Mvar} = 10^3\ \text{kvar} = 10^6\ \text{var}$$

值得注意的是，无功功率中的“无功”的含义是交换，而不是消耗，它是相对于“有功”而言的，绝不可把“无功”理解为“无用”。

【例 2-2-1】 把一个电阻值可以忽略的线圈，接到 $u = 220\sqrt{2}\sin(314t+60^\circ)$ V 的电源上，线圈的电感为 0.8 H，试求：

（1）线圈的感抗 X_L；

（2）电流 i_L 及 I_L；

（3）线圈的无功功率（电压和电流设定为关联参考方向）。

解：（1）电感的感抗为：

$$X_L = \omega L = 314 \times 0.8 \approx 251\ (\Omega)$$

（2）电压有效值为：

$$U = 220\ (\text{V})$$

流过线圈的电流的有效值为：

$$I_L = \frac{U}{X_L} = \frac{220}{251} \approx 0.876\ (\text{A})$$

纯电容电路

电流滞后电压 90°，则电流瞬时值为：

$$i_L = 0.876\sqrt{2}\sin(314t - 30^\circ)\ \text{A}$$

（3）无功功率为：

$$Q_L = UI_L = 220 \times 0.876 \approx 192.7\ (\text{var})$$

三、纯电容元件的交流电路

由介质损耗很小、绝缘电阻很大的电容器组成的交流电路可看成纯电容元件的交流电路。对于线性电容，其伏安特性曲线为一条过原点的直线，电容器极板上的电荷为 $q = Cu_C$，根据电流的定义，则：

$$i=\frac{\mathrm{d}q}{\mathrm{d}t}=C\frac{\mathrm{d}u_C}{\mathrm{d}t} \tag{2-2-17}$$

式中，C 为电容量，定义为电容上储存的电荷量与电容两端电压的比值，简称电容。电容的单位为法拉，简称法（F）。在工程实际中，常用微法（μF）和皮法（pF），换算关系为

$$1\ \mathrm{F}=10^6\ \mu\mathrm{F},\ 1\ \mu\mathrm{F}=10^6\ \mathrm{pF}$$

（一）电压与电流之间的关系

如图 2-2-3（a）所示只含有电容元件的电路中，假定电压 u_C 与电流 i 为关联参考方向，设电容器两端的电压为：

$$u_C=U_{Cm}\sin\omega t \tag{2-2-18}$$

则流过电容元件的电流为：

$$i=C\frac{\mathrm{d}u_C}{\mathrm{d}t}=\omega CU_{Cm}\cos\omega t=I_m\sin(\omega t+90°) \tag{2-2-19}$$

由 i 及 u 的瞬时值表达式可以作出它们的波形图和相量图，如图 2-2-3（b）、（c）所示。根据 u_C 与 i 的表达式及波形图可知：在纯电容交流电路中，电流 i 和电压 u_C 是同频率的正弦量；电流超前电压 90°，电流和电压最大值或有效值之间符合欧姆定律形式，即：

$$I_m=\omega CU_{Cm}\quad 或\quad I=\omega CU_C \tag{2-2-20}$$

令 $X_C=\frac{1}{\omega C}=\frac{1}{2\pi fC}$，则：

$$U_{Cm}=I_mX_C\quad 或\quad U_C=IX_C \tag{2-2-21}$$

式中，X_C 为电容抗，简称容抗，单位为欧姆（Ω）。

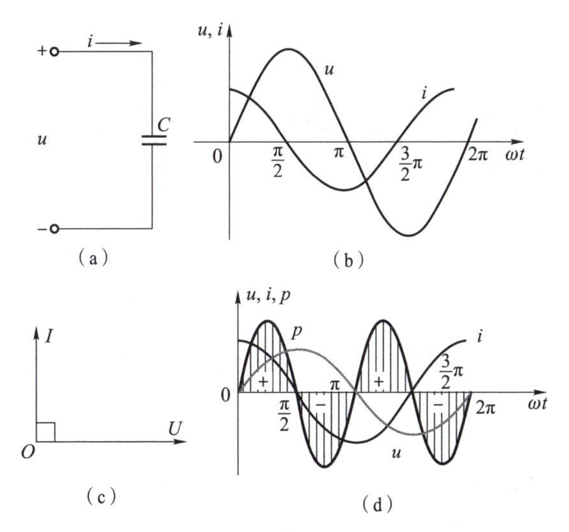

图 2-2-3　纯电容电路

容抗是表示电容对电流阻碍作用大小的一个物理量，它与 ωC 成反比。因此，对于一定的电容 C，频率越高，它呈现的容抗越小；频率越低，它呈现的容抗越大。也就是通常所说的，对低频电流呈现“阻力”大，对高频电流呈现“阻力”小。在直流情况下，频率 $f=0$，$X_C=\infty$，电容 C 相当于开路。所以，电容元件具有“隔直流、通交流”或“阻低频、通高频”的特性。因此，电容在电子电路中通常被用于信号耦合、隔直流、旁路和滤波等。

应注意的是，对于电容元件而言，电压和电流的瞬时值之间并不具有欧姆定律的形式，即不存在比例关系，容抗也不能用电压、电流瞬时值的比值来表示。因此，电容元件的欧姆定律只适用于描述电容上电压与电流的有效值或最大值之间的关系。

（二）功率

1. 瞬时功率

设定 u_C 与 i 为关联参考方向，电容元件的瞬时功率为：

$$\begin{aligned} p_C &= u_C i \\ &= U_{Cm} I_m \sin \omega t \sin(\omega t+90°) \\ &= U_C I \sin 2\omega t \end{aligned} \tag{2-2-22}$$

式（2-2-22）表明，电容元件瞬时功率是随时间变化的正弦函数，其幅值为 $U_C I$，但它变化的频率是电流频率的 2 倍，瞬时功率的波形图如图 2-2-3（d）所示。

2. 平均功率

电容元件瞬时功率的平均值，即为平均功率，也称为有功功率，即：

$$P_C = \frac{1}{T}\int_0^T p_C \mathrm{d}t = \frac{1}{T}\int_0^T U_C I \sin 2\omega t \mathrm{d}t = 0 \tag{2-2-23}$$

式（2-2-23）表明，在一个周期内，瞬时功率的平均值为零，说明电容元件不消耗能量，电容元件也存在着与电源之间的能量交换，其能量转化过程类似于电感元件，不过电容元件储存的是电场能。瞬时功率 $p>0$，说明电容将电能转化为电场能储存起来，从电源吸取能量；瞬时功率 $p<0$，说明电容将电场能转化为电能释放出来。电容不断地与电源交换能量，在一个周期内吸收和释放的能量相等，因此平均功率为零，说明电容元件不消耗能量，是一个储能元件。

3. 无功功率

与电感元件一样，采用无功功率来衡量电容元件与电源之间能量交换的规模，用电容元件瞬时功率的最大值表示，称为容性无功功率，用 Q_C 表示，即：

$$Q_C = U_C I = I^2 X_C = \frac{U_C^2}{X_C} \tag{2-2-24}$$

式中，Q_C 的单位也可用乏（var）、千乏（kvar）和兆乏（Mvar）表示。

【例 2-2-2】 已知电容元件电路中 $C=2\ \mu\text{F}$，$\omega=10^6\ \text{rad/s}$，两端电压为 $u=10\sqrt{2}\sin(\omega t+60°)$ V，试求：

（1）电容的容抗 X_C；

（2）流过电容的电流 i_L 及 I_L；

（3）无功功率（电压和电流设定为关联参考方向）。

解：（1）电容的容抗为

$$X_C = \frac{1}{\omega C} = \frac{1}{10^6 \times 2 \times 10^{-6}} = 0.5\ (\Omega)$$

（2）电压有效值为：

$$U = 10\ (\text{V})$$

电流有效值为：

$$I=\frac{U}{X_C}=\frac{10}{0.5}=20\ (\mathrm{A})$$

电流超前电压 90°，则电流瞬时值为：

$$i_C=20\sqrt{2}\sin(10^6 t+150^\circ)\ \mathrm{A}$$

（3）无功功率为：

$$Q_C=U_C I=10\times 20=200\ (\mathrm{var})$$

【想一想　做一做】

例 2-2-2 中当频率是原来的 2 倍，其他参数不变时，求电容中的电流。

知识链接二　*RLC* 串联的正弦交流电路

交流电路功率因数的提高

在交流电路中，单一参数的交流电路是理想电路，而实际电路中不可能只有一个电路元件，当一个线圈和电容元件串联时，组成常见的 *RLC* 串联的正弦交流电路，如图 2-2-4（a）所示。

一、电压与电流的关系

首先根据串联电路中各元件通过的电流相同，设 $i=I_m\sin\omega t$，则各元件的电压分别为：

$$u_R=U_{Rm}\sin\omega t=I_m R\sin\omega t$$

$$u_L=U_{Lm}\sin(\omega t+90^\circ)=I_m\omega L\sin(\omega t+90^\circ)$$

$$u_C=U_{Cm}\sin(\omega t-90^\circ)=I_m\frac{1}{\omega C}\sin(\omega t-90^\circ)$$

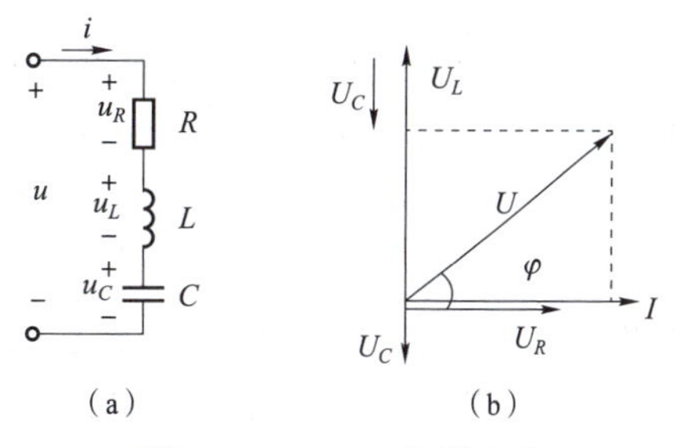

图 2-2-4　*RLC* 串联电路

根据基尔霍夫定律，有：

$$u=u_R+u_L+u_C \tag{2-2-25}$$

因为 u_R、u_L、u_C 和 u 均为同频率的正弦电压，所以可以写成相量形式为：

$$\dot{U}=\dot{U}_R+\dot{U}_L+\dot{U}_C \tag{2-2-26}$$

式（2-2-26）称为相量形式的基尔霍夫电压定律。$\dot{U}_R$、$\dot{U}_L$、$\dot{U}_C$和 $\dot{U}$ 分别是 u_R、u_L、u_C 和 u 的相量。

设电流的相量为 $\dot{I}$，则有：

$$\dot{U}=\dot{I}R+\mathrm{j}\dot{I}X_L-\mathrm{j}\dot{I}X_C=\dot{I}[R+\mathrm{j}(X_L-X_C)]$$

令 $Z=R+\mathrm{j}(X_L-X_C)$，则：

$$\dot{U}=\dot{I}Z \tag{2-2-27}$$

式（2-2-27）为相量形式的欧姆定律，Z 称为复阻抗。

由式（2-2-26）可画出如图 2-2-4（b）所示的相量图。在相量图中，电压 $\dot{U}_R$、$\dot{U}_L+\dot{U}_C$和 $\dot{U}$ 组成的直角三角形称为电压三角形，如图 2-2-5（a）所示。这个三角形不但反映了各个电压相量之间的相位关系，同时各电压模值的大小反映了各电压相量之间的数量关系，因此，电压三角形是一个相量三角形。由该电压三角形可求得总电压有效值为：

$$\begin{aligned} U &= \sqrt{U_R^2+(U_L-U_C)^2} = \sqrt{(RI)^2+(IX_L-IX_C)^2} \\ &= I\sqrt{R^2+(X_L-X_C)^2} \\ &= I|Z| \end{aligned} \tag{2-2-28}$$

式（2-2-28）中，$|Z| = \sqrt{R^2+(X_L-X_C)^2}$，$|Z|$称为复阻抗的模，简称阻抗，单位为欧姆（Ω）。

令 $X=X_L-X_C$，X 称为电抗，单位为欧姆（Ω）。$|Z|$、R、X 三者之间也是一个直角三角形，称阻抗三角形，如图 2-2-5（b）所示。

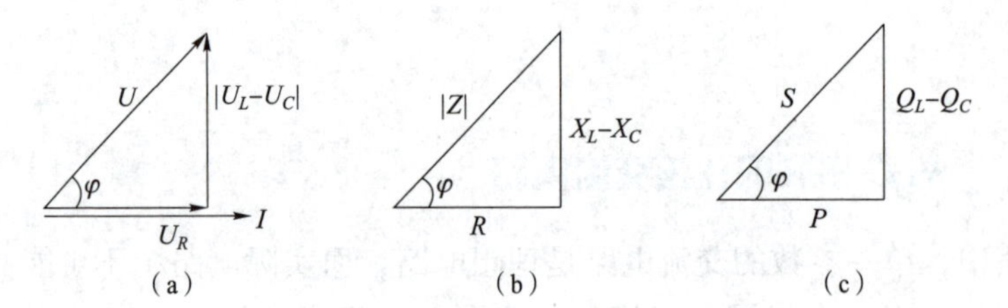

图 2-2-5　电压三角形、阻抗三角形、功率三角形

（a）电压三角形；（b）阻抗三角形；（c）功率三角形

阻抗三角形也可以由电压三角形的各边除以电流 I 而得，二者为相似三角形。阻抗角 φ 在数值上等于总电压与电流之间的相位差，即：

$$\varphi = \arctan\frac{U_L-U_C}{U_R} = \arctan\frac{X_L-X_C}{R} \tag{2-2-29}$$

即 RLC 串联电路中总电压与电流之间的相位差 φ 取决于电路的参数和电源频率。

由式（2-2-29）可知，若 $X_L>X_C$，则 $\varphi>0$，说明总电压 u 比电流 i 超前 φ 角，称这种电路呈电感性；如果 $X_L<X_C$，则 $\varphi<0$，说明总电压 u 比电流 i 滞后 $|\varphi|$ 角，称这种电路呈电容性；如果 $X_L=X_C$，则 $\varphi=0$，说明总电压 u 与电流 i 同相位，此电路呈电阻性。呈感性电路、呈容性电路、呈电阻性电路如图 2-2-6 所示。

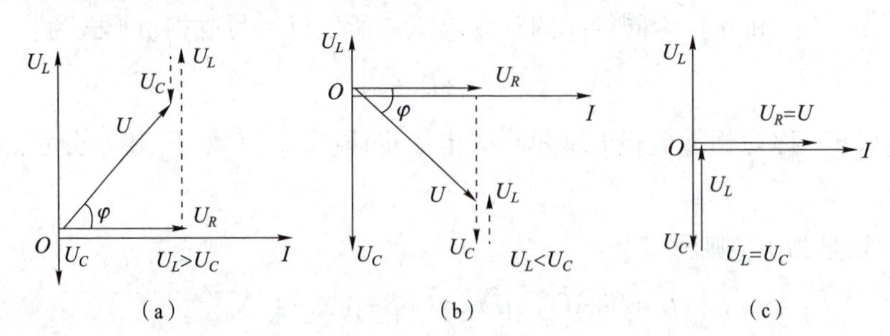

图 2-2-6　呈感性电路、呈容性电路、呈电阻性电路

二、功率

（一）瞬时功率

由 RLC 串联电路可知，瞬时功率为：

$$p=ui=U_m\sin(\omega t+\varphi)I_m\sin\omega t$$
$$=UI\cos\varphi-UI\cos(2\omega t+\varphi) \quad (2-2-30)$$

（二）平均功率和功率因数

如前所述，瞬时功率在一个周期内的平均值为平均功率，又称为有功功率，即：

$$P=\frac{1}{T}\int_0^T p\mathrm{d}t=\frac{1}{T}\int_0^T[UI\cos\varphi-UI\cos(2\omega t+\varphi)]\mathrm{d}t$$
$$=UI\cos\varphi \quad (2-2-31)$$

由式（2-2-31）可知，有功功率代表电路实际消耗的功率，不仅与电压和电流的有效值的乘积有关，并且与它们之间的相位差有关。$\cos\varphi$ 称为电路的功率因数，φ 称为功率因数角。

（三）无功功率、视在功率和功率三角形

为了衡量电路交换能量的规模，工程中还引用无功功率的概念，用 Q 表示。在 RLC 串联电路中，感性无功功率 $Q_L=U_LI$，容性无功功率 $Q_C=U_CI$，由于 $\dot{U}_L$与 $\dot{U}_C$反相，因此总无功功率为：

$$Q=Q_L-Q_C=(U_L-U_C)I=UI\sin\varphi \quad (2-2-32)$$

Q 值是一个代数量，对于感性电路，电压超前电流，φ 值为正，电路吸收或释放的无功功率为正值，称为感性无功功率；对于容性电路，电压滞后电流，φ 值为负，电路无功功率为负值，称为容性无功功率。

许多电力设备的容量是由它们的额定电压和额定电流的乘积决定的，因此引入视在功率的概念，用 S 表示，即：

$$S=UI \quad (2-2-33)$$

视在功率 S 虽然具有功率的形式，但并不表示交流电路实际消耗的功率，而只表示电源可能提供的最大有功功率或电路可能消耗的最大有功功率。其单位用伏安（V・A）或千伏安（kV・A）表示。

由于 $P=UI\cos\varphi=S\cos\varphi$，因此，功率因数可以写成：

$$\cos\varphi=\frac{P}{S}$$

交流电源设备的额定电压 U_N 与额定电流 I_N 的乘积称为额定视在功率 S_N，即 $S_N=U_NI_N$。S_N 又称为额定容量，它表明电源设备允许提供的最大有功功率。

由于 $P^2+Q^2=(S\cos\varphi)^2+(S\sin\varphi)^2=S^2$，即：

$$S=\sqrt{P^2+Q^2} \quad (2-2-34)$$

$$\varphi=\arctan\frac{Q}{P} \quad (2-2-35)$$

因此，P、Q、S 三个量也可以构成直角三角形，称为功率三角形，如图 2-2-5（c）所示。在同一个 RLC 串联电路中，阻抗三角形、电压三角形、功率三角形是相似三角形。

【例 2-2-3】 RLC 串联交流电路如图 2-2-7 所示，已知 $R=250\ \Omega$、$L=1.2\ \mathrm{H}$、$C=10\ \mu\mathrm{F}$，$u=220\sqrt{2}\sin 314t\ \mathrm{V}$，求电路中 I、U_R、U_L、U_C、U_{RL}和 P、Q、S。

解：感抗 $X_L=\omega L=314\times1.2=376.8$（Ω）

容抗 $X_C=\dfrac{1}{\omega C}=\dfrac{1}{314\times10\times10^{-6}}=318.5\ (\Omega)$

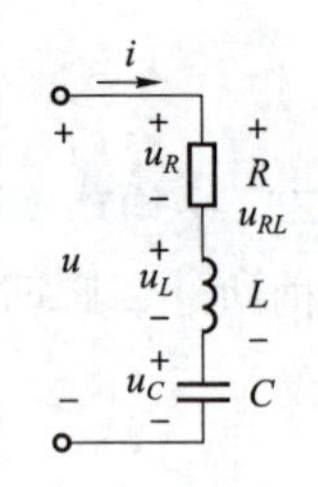

图 2-2-7　例 2-2-3 用图

阻抗 $|Z|=\sqrt{R^2+(X_L-X_C)^2}$

$=\sqrt{250^2+(376.8-318.5)^2}=256.7\ (\Omega)$

电流有效值为：

$$I=\frac{U}{|Z|}=\frac{220}{256.7}=0.857\ (\text{A})$$

电压有效值分别为：

$$U_R=RI=250\times0.857=214.3\ (\text{V})$$

$$U_L=X_LI=376.8\times0.857=322.9\ (\text{V})$$

$$U_C=X_CI=318.5\times0.857=273.0\ (\text{V})$$

$$U_{RL}=\sqrt{U_R^2+U_L^2}=\sqrt{214.3^2+322.9^2}=387.5\ (\text{V})$$

有功功率为：

$$P=RI^2=250\times0.857^2=183.6\ (\text{W})$$

无功功率为：

$$Q=(X_L-X_C)I^2=(376.5-318.5)\times0.857^2=42.8\ (\text{var})$$

视在功率为：

$$S=UI=220\times0.857=188.5\ (\text{V}\cdot\text{A})$$

***RLC* 串联的交流电路**

知识链接三　提高功率因数的意义和方法

功率因数 $\cos\varphi$ 反映了电路中有功功率与视在功率的比例关系，也反映了电路的能耗效率。功率因数的值越接近 1，表示电路的效率越高，电能的有效利用率也越高。当电路中只有电阻负载时，如白炽灯、电阻炉等，其功率因数为 1，此时电能全部转化为有功功率，电路效率最高；而当电路中存在感性负载时，如电动机、变压器等，其功率因数一般小于 1，此时电路中除有功功率外还存在无功功率，导致电路效率降低。

在电力系统中，功率因数是衡量电力设备效率高低的重要参数。供电系统的功率因数过低，会产生电源设备不能充分利用和增加电路损耗等问题。

一、提高功率因数的意义

（1）充分利用电源设备容量。电源设备都有一定的额定容量 S_N，向外输出功率的多少取决于功率因数 $\cos\varphi$。$\cos\varphi$ 越高，输出的有功功率 P 值越大，设备容量利用率越高。例如，一台额定容量为 1 000 kV·A 的发电机，若电路的功率因数 $\cos\varphi=1$，则发电机输出 1 000 kW 的有功功率；当 $\cos\varphi=0.5$ 时，则只能发出 500 kW 的有功功率，电源的潜力没有得到充分发挥。可见，提高负载的功率因数有利于提高电源设备的利用率。

（2）减小供电线路的功率损耗，提高输电效率。电能在传输中的损耗取决于输电线路中电流的大小，当供电系统的电压和输送的功率一定时，供电线路上的电流大小与负载的功率因数 $\cos\varphi$ 成反比，即：

$$I=\frac{P}{U\cos\varphi} \tag{2-2-36}$$

可知，cos φ 越低，输电线上的电流越大，线路的有功损耗就越大，线路的电压损耗也越大，因此提高功率因数，能有效减小线路损耗。

二、提高功率因数的方法

提高负载功率因数的方法主要分为两大类：一是自然补偿功率因数；二是人工补偿功率因数。

（1）自然补偿功率因数是通过减少负载所求的、由电源提供的无功功率，这样可以变相提高电网的功率因数，具体措施有：避免电动机空载、轻载运行；对电焊机等设备安装空载自停装置。例如，在电力系统中，异步电动机是电网中占用无功功率最多的用电设备。异步电动机的功率因数随着电动机实际所带的负荷，在一个很大范围内变化，当电动机满载时它的功率因数为 0.7~0.9，而空载时仅为 0.2~0.3，因此要合理选择电动机，使电动机尽量满载运行、减少轻载运行、限制空载运行，从而提高异步电动机自然功率因数。

（2）企业用电负载功率若低于电网所规定的行业功率因数时，可以采用人工补偿来切实提高功率因数。人工补偿通常采用无功补偿电容器。为了减少电源与负载进行能量交换的规模，而又使负载取得所需要的无功功率，就要在负载两端并联电容器，使无功功率就地补偿。

图 2-2-8 所示电路为感性负载 R 和 L 等效电路，设负载两端的电压相量为 $\dot{U}$，电路相量图如图 2-2-8（b）所示，在未并联电容前，负载的功率因数为 $\cos\varphi_1$，负载消耗的有功功率 $P=UI_1\cos\varphi_1$，总电流 $\dot{I}=\dot{I}_1$。并联电容后，电路总电流 $\dot{I}=\dot{I}_1+\dot{I}_C$，$\dot{I}$ 与 $\dot{U}$ 相位差 $\varphi<\varphi_1$，所以 $\cos\varphi>\cos\varphi_1$，即电路的功率因数提高了。总电流 I 比 I_1（并联电容前的总电流）也减小了。由于电容器不消耗有功功率，即 $P_C=0$，因此 $P=UI\cos\varphi=UI_1\cos\varphi_1$ 并未受到影响。由于电容器与负载并联，对负载的工作状态也无影响。

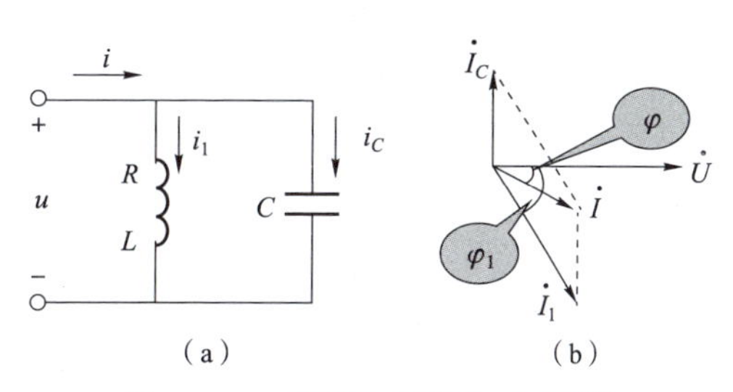

图 2-2-8　并联电容提高功率因数

并联电容前，电路的有功功率与无功功率分别为：

$$P=UI_1\cos\varphi_1,\ Q_1=P\tan\varphi_1$$

并联电容后，电路的有功功率与无功功率分别为：

$$P=UI\cos\varphi,\ Q_2=P\tan\varphi$$

由于 $\tan\varphi_1>\tan\varphi$，则 $Q_1>Q_2$，说明并联电容后，电源发出的无功功率减小了，减少的部分由并联的电容补偿，则：

$$Q_C=Q_1-Q_2=P\tan\varphi_1-P\tan\varphi \tag{2-2-37}$$

对于电容支路，有：

$$Q_C=\frac{U^2}{X_C}=\omega CU^2$$

联立以上各式求解得到并联电容的容量为：

$$C=\frac{P}{\omega U^2}(\tan\varphi_1-\tan\varphi) \tag{2-2-38}$$

【例 2-2-4】 有一感性负载 $P=5$ kW，功率因数 $\cos\varphi_1=0.6$，接在电压 $U=220$ V，频率 $f=50$ Hz 的电源上。若将功率因数提高到 $\cos\varphi=0.9$，应并联多大电容器？

解：已知 $\cos\varphi_1=0.6$，$\varphi_1=53.1°$，$\tan\varphi_1=1.33$

$\cos\varphi=0.9$，$\varphi=25.8°$，$\tan\varphi=0.484$

则
$$C=\frac{P}{\omega U^2}(\tan\varphi_1-\tan\varphi)=\frac{5\times10^3}{314\times(220)^2}\times(1.33-0.484)=278\ (\mu\text{F})$$

【想一想　做一做】

例 2-2-4 中，若将功率因数由 0.9 提高到 0.95，则还应增大多大并联电容的电容量？

任务实施

（1）日光灯电路接线步骤。

①在实训台按图 2-2-9 接线。

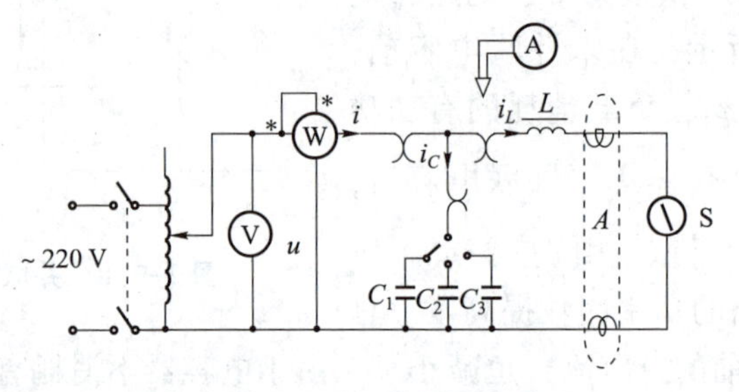

图 2-2-9　日光灯电路接线图

②指导教师检查后通电，调节自耦调压器的输出，使其输出电压缓慢增大，直到日光灯刚启辉点亮为止，记下三表的指示值。

③然后将电压调至 220 V，测功率 P，电流 I，电压 U、U_L、U_A 等值，并将数据记入表 2-2-1 中。

表 2-2-1　记录测量值与计算值（一）

测量值							计算值	
参数	P/W	$\cos\varphi$	I/A	U/V	U_L/V	U_A/V	r/Ω	$\cos\varphi$
启辉值								
正常工作值								

（2）并联电路——电路功率因数的改善。

①将自耦调压器的输出调至 220 V，记录功率表、电压表读数。

②通过一只电流表和三个电流插座分别测得三条支路的电流，改变电容值，进行三次重复测量，并将数据记入表 2-2-2 中。

表 2-2-2　记录测量值与计算值（二）

电容值/μF	测量值						计算值	
	P/W	cos φ	U/V	I/A	I_L/A	I_C/A	I/A	cos φ
0. 47								
1								
2. 2								
4. 7								

（3）思考题：

①并联电容器后总电流是增大还是减小？此时感性元件上的电流和功率是否改变？

②提高功率因数为什么采用并联电容器法，不用串联法？所并的电容器是否越大越好？

任务考核

目标	考核题目	配分	得分
知识点	1. 正弦交流电路纯电阻元件电压和电流的关系是什么？功率及能量转换的关系是什么？电阻元件是耗能元件吗？	10	
	2. 正弦交流电路纯电感元件电压和电流的关系是什么？电感功率及能量转换的关系是什么？电感的作用有哪些？感抗及单位是什么？	10	
	3. 正弦交流电路纯电容元件电压和电流的关系是什么？电容功率及能量转换的关系是什么？电容的作用有哪些？容抗及单位是什么？	10	
	4. 有功功率、无功功率、视在功率及功率因数之间的关系是什么？	10	
	5. 为什么要提高电路功率因数？提高功率因数的方法有哪些？	10	
技能点	1. 能否正确分析单一参数交流电路电压与电流之间的关系；能否理解纯电阻电路、纯电感电路及纯电容电路的功率及能量转换相关问题。 评分标准：90%以上问题回答准确、专业，描述清楚、有条理，10 分；80%以上问题回答准确、专业，描述清楚、有条理，9 分；70%以上问题回答准确、专业，描述清楚、有条理，7 分；60%以上问题回答准确、专业，描述清楚、有条理，6 分；不到 50%问题回答准确的不超过 5 分，酌情打分。	10	

续表

目标	考核题目	配分	得分
技能点	2. 认识电工技术实验台上交流侧的电源、交流电压表、交流电流表、功率表，并正确使用；能按照规范正确安装日光灯线路，并测量电流、电压、功率、功率因数等电路参数。 评分标准：认识交流电源、交流电压表、交流电流表、功率表，并正确使用，3分；正确连接线路，4分；完成相关数据测试及记录，3分。	10	
	3. 能否说明采用并联电容的方法提高功率因数的原理。通过测量和计算观察并联的电容量是否越大越好？ 评分标准：能描述清楚原理，4分；能正确规范测量电路参数，并记录数据，6分。	10	
素养点	1. 是否遵守纪律及规程，不旷课、不迟到、不早退？ 评分标准：旷课扣5分/次；迟到、早退扣2分/次；上课做与任务无关的事情扣2分/次；不遵守安全操作规程扣5分/次。	5	
	2. 是否以严谨认真的态度对待学习及工作？能否与同学团结合作？ 评分标准：能认真积极参与任务，5分；能主动发现问题并积极解决，3分；能提出创新性建议，2分。	10	
	3. 是否能按时按质完成课前学习和课后作业？ 评分标准：网络课程前置学习完成率达90%以上，2分；课后作业完成度高，3分。	5	
总　分		100	
教师评语			

知识拓展

串联谐振和并联谐振

谐振电路是一种能够在特定频率下实现高效能量传输的电路。谐振电路分为并联谐振电路和串联谐振电路两类，它们的共同点是在特定频率下具有较大的阻抗，从而实现高效能量传输。

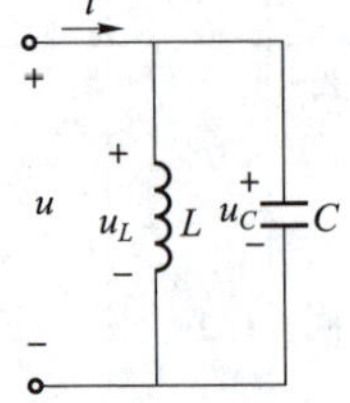

图 2-2-10　并联谐振电路

一、并联谐振

1. 原理

并联谐振电路由一个电感 L 和一个电容 C 组成，如图 2-2-10 所示。当交流信号通过该电路时，如果信号频率与电感和电容的共振频率相同，则会在该频率下形成高阻抗状态，从而实现高效能量传输。

2. 特点

（1）具有较大的输入阻抗，在输入端不会对信号源造成负载影响。

（2）输出端阻抗小，适合驱动低阻抗负载。

（3）对于变化较小的负载变化具有一定的稳定性。

3. 应用

（1）用于滤波器设计中，可以实现对某一特定频率进行滤波。

（2）用于无线通信系统中，可以实现对信号进行选择性放大。

（3）用于音频放大器中，可以实现对特定频率的信号进行放大。

二、串联谐振

1. 原理

串联谐振电路由一个电感 L 和一个电容 C 组成，如图 2-2-11 所示。当交流信号通过该电路时，如果信号频率与电感和电容的共振频率相同，则会在该频率下形成低阻抗状态，从而实现高效能量传输。

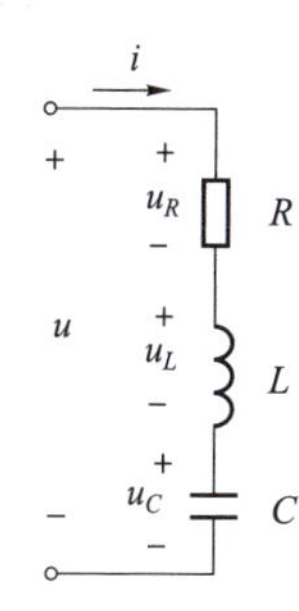

图 2-2-11
串联谐振电路

2. 特点

（1）具有较小的输入阻抗，在输入端会对信号源造成一定的负载影响。

（2）输出端阻抗大，适合驱动高阻抗负载。

（3）对于变化较小的输入信号变化具有一定的稳定性。

3. 应用

（1）用于无线通信系统中，可以实现对信号进行选择性滤波。

（2）用于音频放大器中，可以实现对特定频率的信号进行放大。

（3）用于 LC 振荡器中，可以实现产生稳定的正弦波输出。

并联谐振电路和串联谐振电路是两种常见的谐振电路，在特定应用场景下具有各自独特的优势。并联谐振电路适合驱动低阻抗负载，具有较大的输入阻抗和对负载变化的稳定性；串联谐振电路适合驱动高阻抗负载，具有较小的输入阻抗和对输入信号变化的稳定性。在实际应用中，需要根据具体情况选择合适的谐振电路。

巩固提升

一、填空题

1. 一个 1 000 Ω 的纯电阻负载，接在 $u=311\sin(314t+30°)$ V 的电源上，负载中电流 $I=$________ A，$i=$________ A。

2. 电感对交流电的阻碍作用称为________。若线圈的电感为 0.6 H，把线圈接在频率为 50 Hz 的交流电路中，$X_L=$________ Ω。

3. 有一个线圈，其电阻可忽略不计，把它接在 220 V、50 Hz 的交流电源上，测得通过线圈的电流为 2 A，则线圈的感抗 $X_L=$________ Ω，自感系数 $L=$________ H。

4. 一个纯电感线圈接在直流电源上，其感抗 $X_L=$________ Ω，电路相当于________。

5. 电容对交流电的阻碍作用称为________________。100 pF 的电容器对频率是 10^6 Hz 的高频电流和 50 Hz 的工频电流的容抗分别为________ Ω 和________ Ω。

6. 一个电容器接在直流电源上，其容抗 X_C=________，电路稳定后相当于________。

7. 一个电感线圈接到电压为 120 V 的直流电源上，测得电流为 20 A；接到频率为 50 Hz、电压为 220 V 的交流电源上，测得电流为 28.2 A，则线圈的电阻 R 为________Ω，电感 L=________mH。

8. 在 RLC 串联电路中，已知电阻、电感和电容两端的电压都是 100 V，那么电路的端电压是________。

9. 电感元件能储存________能，电容元件能储存________能。

10. 在电感性负载两端并联一只电容量适当的电容器后，电路的功率因数________，线路中的总电流________，但电路的有功功率________，无功功率和视在功率都________。

二、判断题

1. 电阻元件上的电压、电流的初相一定都是零，所以它们是同相的。（　）

2. 正弦交流电路，电容元件上电压最大时，电流也最大。（　）

3. 在同一交流电压作用下，电感 L 越大，电感中的电流就越小。（　）

4. 端电压超前电流的交流电路一定是电感性电路。（　）

5. 有人将一个额定电压为 220 V、额定电流为 6 A 的交流电磁铁线圈误接在 220 V 的直流电源上，此时电磁铁仍将能正常工作。（　）

6. 某同学做荧光灯电路实验时，测得灯管两端的电压为 110 V，镇流器两端电压为 190 V，两电压之和大于电源电压 220 V，说明该同学测量数据错误。（　）

7. 在 RLC 串联电路中，U_R、U_L、U_C 的数值都有可能大于端电压。（　）

8. 额定电流 100 A 的发电机，只接了 60 A 的照明负载，还有 40 A 的电流就损失了。（　）

9. 在 RLC 串联电路中，感抗和容抗数值越大，电路中的电流也就越小。（　）

10. 正弦交流电路中，无功功率就是无用功率。（　）

11. 电感无功功率表示电感元件与外电路进行能量交换的瞬时功率的最大值。（　）

12. 在直流电路中，纯电感元件相当于短路。（　）

13. 纯电容元件和纯电感元件不消耗有功功率，但消耗无功功率。（　）

三、选择题

1. 如图 2-2-12 所示，表示纯电阻上电压与电流相量的是图（　）。

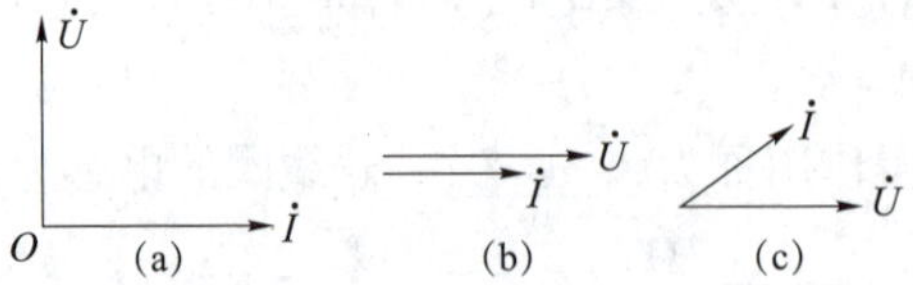

$\dot{U}$ O (a) $\dot{I}$　　$\dot{U}$ $\dot{I}$ (b)　　$\dot{I}$ $\dot{U}$ (c)

图 2-2-12　选择题 1 用图

A.（a）　　B.（a）　　C.（c）

2. 交流电变化越快，说明交流电的周期（　）。

A. 越大　　B. 越小　　C. 不变　　D. 无法确定

3. 在纯电阻正弦交流电路中，下列各式正确的是（　　）。

A. $i=\frac{U}{R}$　　B. $I_m=\frac{U_m}{R}$　　C. $I=\frac{u}{R}$　　D. $i=\frac{U_m}{R}$

4. 在纯电感电路中，电流应为（　　）。

A. $i=U/X_L$　　B. $I=U/L$　　C. $I=U/(\omega L)$

5. 在纯电感电路中，电压应为（　　）。

A. $\dot{U}=LX_L$　　B. $\dot{U}=jX_L\dot{I}$　　C. $\dot{U}=-j\omega LI$

6. 在纯电感电路中，感抗应为（　　）。

A. $X_L=j\omega L$　　B. $X_L=\dot{U}/\dot{I}$　　C. $X_L=U/I$

7. 加在一个感抗是 20 Ω 的纯电感两端的电压是 $u=10\sin(\omega t+30°)$ V，则通过它的电流瞬时值为（　　）A。

A. $i=0.5\sin(2\omega t-30°)$　　B. $i=0.5\sin(\omega t-60°)$

C. $i=0.5\sin(\omega t+60°)$

8. 在纯电容正弦交流电路中，复容抗为（　　）。

A. $-j\omega C$　　B. $-j/(\omega C)$　　C. $j/(\omega C)$

9. 在纯电容正弦交流电路中，下列各式正确的是（　　）。

A. $i_C=U\omega C$　　B. $\dot{I}=\dot{U}\omega C$　　C. $I=U\omega C$　　D. $i=U/C$

10. 若电路中某元件的端电压为 $u=5\sin(314t+35°)$ V，电流 $i=2\sin(314t+125°)$ A，u、i 为关联方向，则该元件是（　　）。

A. 电阻　　B. 电感　　C. 电容

11. 在某一交流电路中，已知加在电路两端的电压是 $u=20\sqrt{2}\sin(\omega t+60°)$ V，电路中的电流是 $i=10\sqrt{2}\sin(\omega t-30°)$ A，则该电路消耗的功率是（　　）。

A. 0　　B. 100 W　　C. 200 W　　D. $100\sqrt{3}$ W

12. 交流电路中提高功率因数的目的是（　　）。

A. 增加电路的功率消耗　　B. 提高负载的效率

C. 增加负载的输出功率　　D. 提高电源的利用率

四、综合题

1. 一个线圈的自感系数为 0.5 H，电阻可以忽略，把它接在频率为 50 Hz、电压为 220 V 的交流电源上，求通过线圈的电流。若以电压作为参考正弦量，写出电流瞬时值的表达式，并画出电压和电流的矢量图。

2. 为了使一个 36 V、0.3 A 的白炽灯接在 220 V、50 Hz 的交流电源上能正常工作，可以串联一个电容器限流，问应串联电容值为多大的电容器才能达到目的？

3. 已知某交流电路，电源电压 $u=100\sqrt{2}\sin\omega t$ V，电路中的电流 $i=\sqrt{2}\sin(\omega t-60°)$ A，求电路的功率因数、有功功率、无功功率和视在功率。

任务 2-3　三相照明电路的安装

任务名称	三相照明电路的安装	参考学时	6 h
任务引入	泵站照明电路不仅为泵站提供基本的照明需求，同时还为泵站的正常运行提供有力的保障。请你为某泵站设计照明电路，要求每层楼的灯相互并联，然后分别接至各相电压上，使每盏灯上都可得到额定的工作电压 220 V。		
任务要点	知识点：三相正弦交流电动势的基本概念；三相电源的连接方式及特点；三相负载的连接方式及特点；线电压和相电压、线电流和相电流之间的关系。		
	技能点：能根据实际需求选择合适的电源连接方式；能根据负载的接法确定线电流和相电流的关系；会计算三相电路的有功功率、无功功率和视在功率。		
	素质点：具备严谨认真的科学精神、勤于思考主动探究的创新思维、团队协作能力。		

知识链接一　三相正弦交流电动势

三相交流电源的连接

目前，电能的产生、输送和分配普遍采用三相制。所谓三相交流电路，是指由三个频率相同、幅值相等、相位互差 120°的正弦电动势按照一定方式连接而成的电源，接上三相负载后形成的三相电路的统称。

三相交流电较单相交流电有很多优点，它在发电、输配电以及电能转化为机械能方面都有明显的优越性。例如，在尺寸相同的情况下，三相发电机比单相发电机输出的功率大；在输电距离、输电电压、输送功率和电路损耗相同的条件下，三相输电比单相输电节省金属导线；单相电路的瞬时功率随时间交变，而对称三相电路的瞬时功率是恒定的，使三相电动机具有恒定转矩，性能更加稳定且便于维护，因此三相交流电在电力工程中得到广泛应用。

一、三相交流电动势的产生

（一）三相对称电动势的产生

三相交流电动势是由三相交流发电机产生的。图 2-3-1 为三相交流发电机的原理图，它主要由电枢和磁极组成。

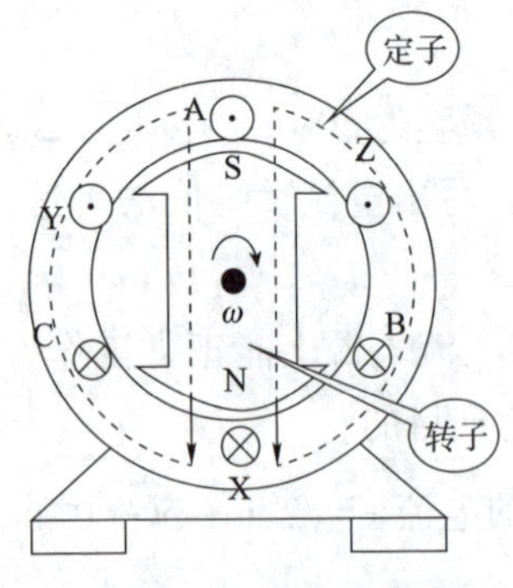

图 2-3-1　三相交流发电机的原理图

1. 电枢

电枢是固定的，也称为定子。在定子槽中放置了三个同样的线圈 AX、BY 和 CZ，称为三相绕组，三个线圈的首端分别为 A、B、C，彼此在空间互差 120°，它们的末端分别为 X、Y、Z，彼此也相差 120°。

2. 磁极

磁极是转动的，俗称为转子。转子铁芯上绕有励磁绕组，当励磁绕组通入直流电流后，转子就会产生磁场，这个磁场称为主磁场。适当选择转子的极面形状，使定子与转子之间空隙中的磁感应强度按正弦规律分布。

当转子按顺时针（图示方向）匀速转动时，使主磁场与定子绕组之间做相对运动，定子线圈切割磁力线，在每个线圈上均产生正弦电动势。由于主磁场以同一速度、同一大小顺次切割各相绕组，因此这三个线圈产生的感应电动势的幅值、频率是相同的。但由于三个线圈在空间的位置相差 120°，所以它们的电动势达到最大值（或零值）的时间不一样，这三个线圈产生的电动势初相角相差 120°。

（二）三相对称电动势的表示方法

图 2-3-1 所示的发电机，当转子在空间旋转一周时，各相电动势变化一个周期，即 360°，则对称的三相正弦电动势的瞬时值表达式为（以 e_A 为参考正弦量）：

$$\begin{cases} e_A = E_m \sin \omega t \\ e_B = E_m \sin(\omega t - 120°) \\ e_C = E_m \sin(\omega t + 120°) \end{cases} \tag{2-3-1}$$

用相量表示为：

$$\begin{cases} \dot{E}_A = E\angle 0° = E \\ \dot{E}_B = E\angle(-120°) = E\left(-\dfrac{1}{2} - \mathrm{j}\dfrac{\sqrt{3}}{2}\right) \\ \dot{E}_C = E\angle 120° = E\left(-\dfrac{1}{2} + \mathrm{j}\dfrac{\sqrt{3}}{2}\right) \end{cases} \tag{2-3-2}$$

其波形图和相量图如图 2-3-2（a）、（b）所示。这样的三个大小相等、频率相同、相位互差 120°的交流电动势称为三相对称交流电动势。

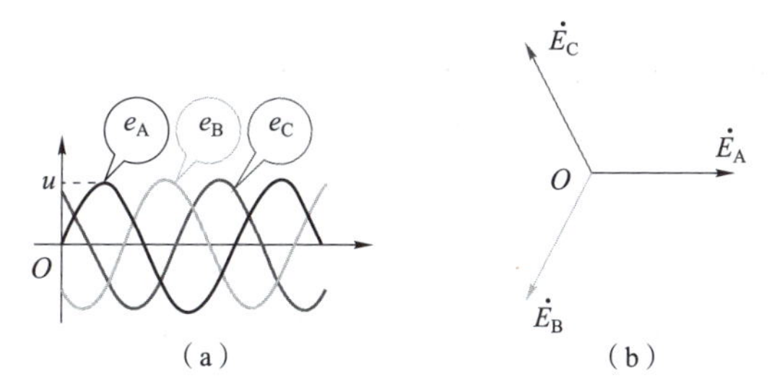

图 2-3-2　三相交流电动势的波形图和相量图

（a）波形图；（b）相量图

由于三相对称，所以无论从表达式或波形图、相量图都可以得出三相电动势的瞬时值之和或相量和均等于零，即

$$\begin{cases} e_A + e_B + e_C = 0 \\ \dot{E}_A + \dot{E}_B + \dot{E}_C = 0 \end{cases} \tag{2-3-3}$$

（三）相序的意义

三相交流电达到正的最大值（或零值）的顺序称为相序。习惯上，以 A 相电动势作为参考电动势，则 B 相电动势相位比 A 相电动势相位滞后 120°，而 C 相电动势相位又比 B 相电动势相位滞后 120°，把 A—B—C 的相序称为正相序，简称正序。若上述发电机转子反转，则相序为 A—C—B，称为逆序（反序）。正常运行的三相交流发电机发出的都是正序交流电。

二、三相电源绕组的连接

三相发电机每组绕组都是独立的，产生的三个电源也是独立的，都可以作为一个独立的电源分别接上负载成为相互独立的三个电路，但是会导致导线根数过多，实际中并不可取。在实际工程中，对称三相电源常用的连接方式有星形（Y）连接和三角形（△）连接。

（一）星形（Y）连接

将三相绕组 AX、BY、CZ 的首端 A、B、C 作为三相输出端，而末端 X、Y、Z 连接在一起，这个连接点称为中性点或零点，用 N 表示。从 N 点引出的导线称为中性线或零线。从三个电源绕组的首端（A、B、C）向外引出的导线称为相线或端线，俗称火线。如图 2-3-3 所示连接方式称为星形连接。

相线与中性线之间的电压称为相电压，其有效值分别用 U_A、U_B、U_C 表示，由于各相电压是对称的，所以用同一字母 U_P 表示。任意两根相线之间的电压称为线电压，其有效值分别用 U_{AB}、U_{BC}、U_{CA} 表示，同理用 U_L 表示。

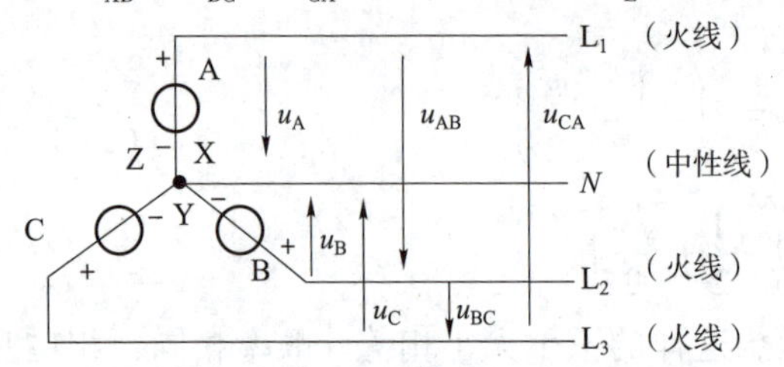

图 2-3-3　电源的星形连接

各相电压和线电压的参考方向如图 2-3-3 所示。根据基尔霍夫定律，线电压和相电压之间的关系为：

$$\begin{cases}\dot{U}_{AB}=\dot{U}_A-\dot{U}_B\\ \dot{U}_{BC}=\dot{U}_B-\dot{U}_C\\ \dot{U}_{CA}=\dot{U}_C-\dot{U}_A\end{cases} \tag{2-3-4}$$

由于发电机绕组上的内阻抗压降与相电压相比很小，可忽略不计，则相电压与对应的电动势基本相等，也就是说三相电压也是对称的。三相电压的相量关系为：

$$\begin{cases}\dot{U}_A=U_A\angle 0°=U_A\\ \dot{U}_B=U_A\angle(-120°)=U_A\left(-\frac{1}{2}-j\frac{\sqrt{3}}{2}\right)\\ \dot{U}_C=U_A\angle 120°=U_A\left(-\frac{1}{2}+j\frac{\sqrt{3}}{2}\right)\end{cases} \tag{2-3-5}$$

将式（2-3-5）代入式（2-3-4）可得：

$$\begin{cases}\dot{U}_{AB}=\sqrt{3}U_A\angle 30°=\sqrt{3}\dot{U}_A e^{j30°}\\ \dot{U}_{BC}=\sqrt{3}U_A\angle(-90°)=\sqrt{3}\dot{U}_B e^{j30°}\\ \dot{U}_{CA}=\sqrt{3}U_A\angle 150°=\sqrt{3}\dot{U}_C e^{j30°}\end{cases} \tag{2-3-6}$$

由式（2-3-6）可知，三相电源星形连接时，其线电压也是对称的，在数值上线电压为相电压的$\sqrt{3}$倍，在相位上线电压较对应的相电压超前 30°。即：

$$U_L=\sqrt{3}U_P \tag{2-3-7}$$

根据式（2-3-4）和式（2-3-5）可作出三相电源星形连接时相电压和线电压的相量图，如图 2-3-4 所示。

根据实际需要，星形连接的电源可以引出中性线，也可以不用中性线。对于有中性连线的电源，称为三相四线制，一般导线的颜色为：A 相黄色，B 相绿色，C 相红色，*N* 线淡紫色。通常的三相四线制低压配（供）电系统中相电压为 220 V，线电压为$\sqrt{3}\times220=380$ V，可以为用户提供两种电压，380 V 电压供动力负载使用，220 V 电压供照明或其他负载使用。

图 2-3-4　星形连接时相电压和线电压的相量图

（二）三角形（△）连接

三相电源的三角形接法如图 2-3-5 所示，将三相绕组 AX、BY、CZ 的首尾端依次相接，构成一个闭合的三角形，如 A 与 Z 连接、B 与 X 连接、C 与 Y 连接，再从三个连接点（即三角形的顶点）分别引出三根相线。三角形连接的电源，其线电压、相电压的概念与星形连接的电源相同，但三角形电源没有中性线，因此只能构成三相三线制供电系统。

由图 2-3-5 所示可知，电源三相绕组接成三角形时，两两相线都是由各相绕组的两端引出的，因此电路的线电压等于相电压，即：

$$\begin{cases}\dot{U}_{AB}=\dot{U}_{A}\\ \dot{U}_{BC}=\dot{U}_{B}\\ \dot{U}_{CA}=\dot{U}_{C}\end{cases}\tag{2-3-8}$$

由于三相电压是对称的，因此其有效值关系可以表示为：

$$U_{L}=U_{P}\tag{2-3-9}$$

实际应用中，三相发电机绕组通常接成星形，而三相变压器绕组两种接法都有。根据式（2-3-8）和三相绕组的连接方式可作出三相电源三角形连接时线电压和相电压的相量图，如图 2-3-6 所示。

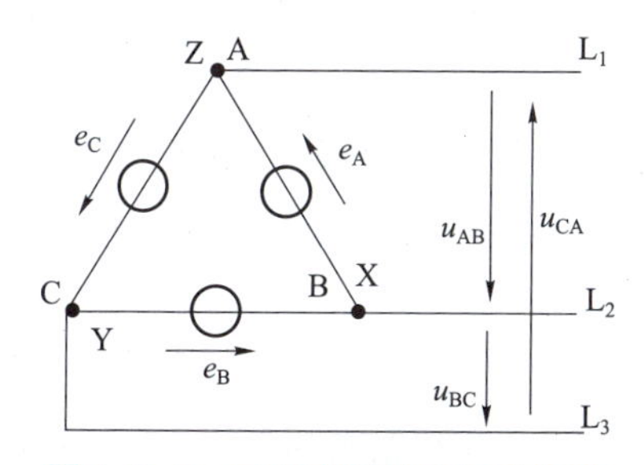

图 2-3-5　三相电源的三角形连接

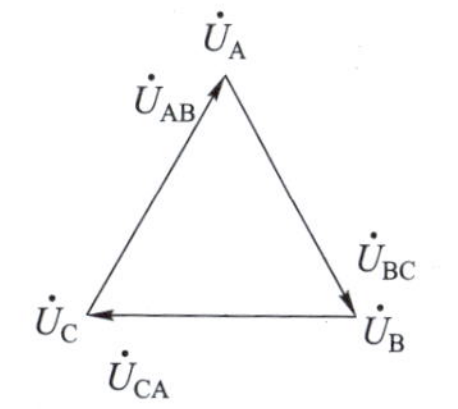

图 2-3-6　三角形连接时线电压和相电压相量图

知识链接二　三相负载的连接

Y 接三相电路中中性线的作用

一、三相电路的负载

接在三相交流电路中的负载种类很多，通常将它们分为两大类：一类是单相负载，例如白炽灯、日光灯、电炉以及家用电器等，此类负载的连接按照其额定电压而定。若负载的额定电压为 220 V，则该负载应接在相线与中性线之间；若该单相负载的额定电压为 380 V，则该负载应接在两个相线之间。另一类是三相负载，它必须接在三相电压上才能正常工作，例如三相电动机，其三个接线端点是与电源的三根相线相连的。三相负载分为对称负载和不对称负载，所谓对称三相负载是指三相负载的复阻抗大小相等，阻抗角相同，即：

$$Z_U = Z_V = Z_W = Z \qquad \varphi_U = \varphi_V = \varphi_W = \varphi$$

若三相负载的阻抗大小不相等或其阻抗角不相同，则这样的三相负载称为不对称三相负载。对于对称三相负载，一相或者多相发生短路或者断路时，对称三相负载将变成不对称负载。

二、三相负载的星形连接

（一）不对称三相负载的星形连接

不对称三相负载的星形连接法如图 2-3-7（a）所示。其中 Z_U、Z_V、Z_W 分别为 U、V、W 三相负载的复阻抗。

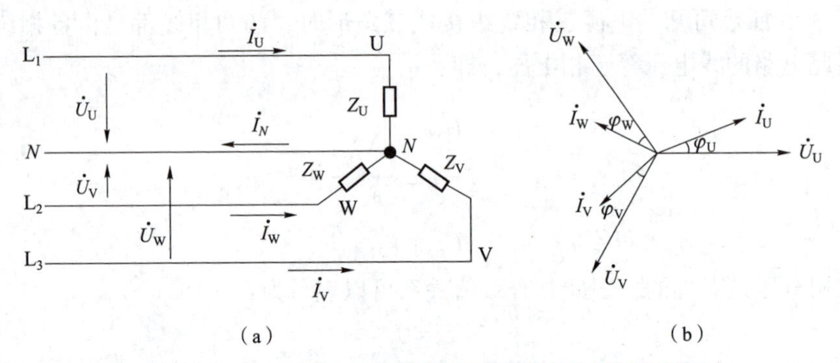

图 2-3-7　不对称三相负载星形连接的电路及其相量图

（a）电路；（b）相量图

三相电源电压一般是对称的，由于输电线路的三相阻抗也是对称的，因此三相负载的线电压也是对称的，其线电压等于相电压的$\sqrt{3}$倍。

在三相四线制电路中也有相电流和线电流之分，通过各相负载的电流称为相电流，用 I_P 表示，通过各相线的电流称为线电流，用 I_L 表示，如图 2-3-7（a）中的 $\dot{I}_U$、$\dot{I}_V$、$\dot{I}_W$。在负载为星形连接时，显然相电流即为线电流。一般可表示为：

$$I_P = I_L \tag{2-3-10}$$

但是，由于三相负载不对称，即使电源电压对称，各相负载电流也是不对称的。因此，各相负载电流必须分别计算。根据欧姆定律的相量关系，可求出各相电流的相量为：

$$\begin{cases} \dot{I}_U = \dfrac{\dot{U}_U}{Z_U} \\ \dot{I}_V = \dfrac{\dot{U}_V}{Z_V} \\ \dot{I}_W = \dfrac{\dot{U}_W}{Z_W} \end{cases} \tag{2-3-11}$$

各相电流的有效值分别为：

$$\begin{cases} I_U = \dfrac{U_U}{|Z_U|} \\ I_V = \dfrac{U_V}{|Z_V|} \\ I_W = \dfrac{U_W}{|Z_W|} \end{cases} \tag{2-3-12}$$

各相负载的相电流与相电压之间的相位差分别为：

$$\begin{cases} \varphi_U = \arctan \dfrac{X_U}{R_U} \\ \varphi_V = \arctan \dfrac{X_V}{R_V} \\ \varphi_W = \arctan \dfrac{X_W}{R_W} \end{cases} \tag{2-3-13}$$

根据基尔霍夫电流定律可知，三相负载电路的中性线电流 $\dot{I}_N$ 为

$$\dot{I}_N = \dot{I}_U + \dot{I}_V + \dot{I}_W \tag{2-3-14}$$

由此可作出电压和电流的相量图，如图 2-3-7（b）所示。

需要注意的是：当电源电压对称，负载不对称而具有中性线的电路中，负载电流是不对称的，中性线中也有电流，但是如果略去不大的相线阻抗压降和中性线阻抗压降，负载的相电压还是对称的，因而能保证负载的正常运行；当负载不对称而又没有中性线时，负载的相电压是不对称的，此时会使负载不能正常运行，甚至损坏。因此，要保证三相负载的相电压对称，对于不对称的星形负载，必须接中性线。中性线的作用就在于保证星形连接的不对称负载的相电压对称。要求中性线不能断开，因此中性线上不允许装熔断器和开关，以避免中性线断开。

（二）对称三相负载的星形连接

由于三相负载对称，各相负载阻抗相等，阻抗角也相等，即 $Z_U = Z_V = Z_W = Z$、$\varphi_U = \varphi_V = \varphi_W = \varphi$，因而在电源对称时各相负载电流也是对称的。这样，只要求出一相电流，则其他两相的电流就可以根据对称三相电流的对称关系直接写出。

设 U 相电流为参考电流，则：

$$\begin{cases} \dot{I}_U = \dfrac{\dot{U}_U}{Z_U} = \dfrac{\dot{U}_U}{Z} = I_U \angle \varphi_U \\ \dot{I}_V = I_V \angle(-120°) = I_V \angle(\varphi_U - 120°) \\ \dot{I}_W = I_W \angle 120° = I_W \angle(\varphi_U + 120°) \end{cases} \tag{2-3-15}$$

其有效值为：

$$I_U = I_V = I_W = \frac{U_P}{z} \quad \left(z = |Z| = \sqrt{R^2 + (X_L - X_C)^2}\right)$$

各相负载的电压和电流的相位差为：

$$\varphi_U=\varphi_V=\varphi_W=\varphi$$

在对称三相电路中，各相电流的有效值相等，各线电流的有效值也相等。在星形连接中，相电流就是线电流，即：

$$I_P=I_L \tag{2-3-16}$$

此外，对称星形连接电源的线电压是相电压的$\sqrt{3}$倍，这一结论同样适用于对称的星形连接负载。综上所述，对于三相对称负载的星形连接电路，存在下列关系式，即：

$$\begin{cases}U_L=\sqrt{3}U_P\\I_L=I_P\end{cases} \tag{2-3-17}$$

由于三相电流对称，其相量和等于零，如图 2-3-8 所示，因此中性线电流也等于零。

$$\dot{I}_N=\dot{I}_U+\dot{I}_V+\dot{I}_W=0 \tag{2-3-18}$$

在对称的三相四线制电路中，中性线上既然电流等于零，就可以省去，成为常见的对称的三相三线制电路，如图 2-3-9 所示。生产中常见的三相异步电动机的三相负载都是对称的，所以采用三相三线制的接线。

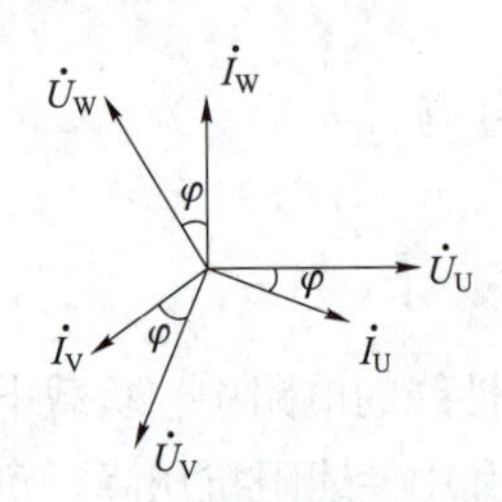

图 2-3-8　对称负载星形连接相量图

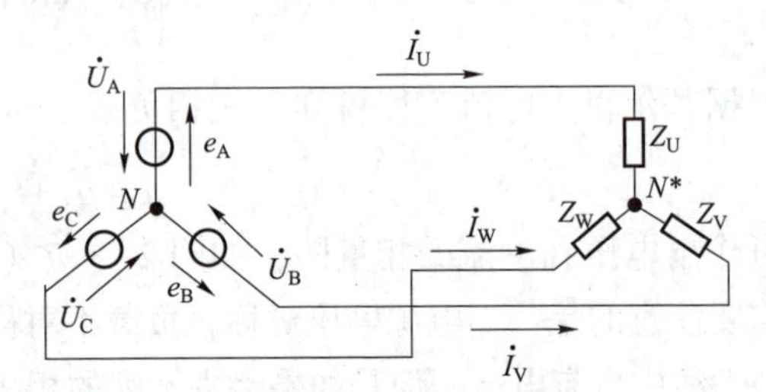

图 2-3-9　三相三线制电路

三、三相负载的三角形连接

三相负载三角形连接的电路如图 2-3-10 所示。图中 Z_{UV}、Z_{VW}、Z_{WU} 分别为 UV、VW、WU 各相负载的复阻抗。电压和电流的正方向也在图中标出，一般规定各相负载电流的正方向与该相的相电压正方向一致，例如 i_{UV} 的正方向与 u_{UV} 的正方向一致，即自 U 端指向 V 端；各线电流的正方向都从电源流向负载。

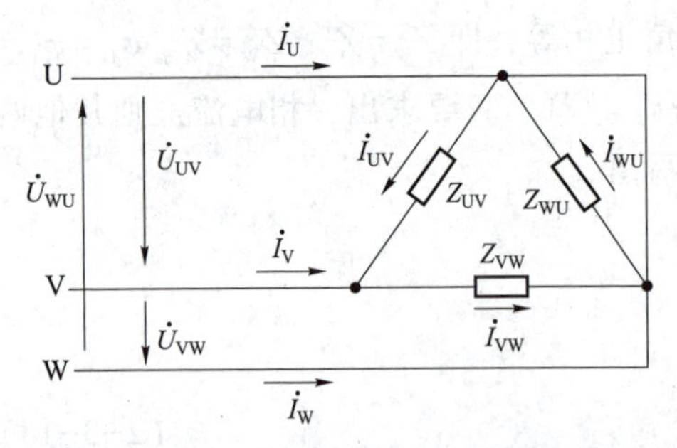

图 2-3-10　三相负载三角形连接的电路

在三相负载三角形连接的电路中，如果不考虑相线阻抗，那么负载的相电压与电源的线电压相等。因此，不管负载是否对称，负载相电压总是对称的，即

$$U_{UV}=U_{VW}=U_{WU}=U_L=U_P \tag{2-3-19}$$

接下来，重点讨论相电流和线电流。

（一）不对称三相负载的三角形连接

三相负载不对称时，三角形连接的各相电流要分别计算。根据欧姆定律可求得各相负载电流为：

$$\begin{cases}\dot{I}_{UV}=\dfrac{\dot{U}_{UV}}{Z_{UV}}\\ \dot{I}_{VW}=\dfrac{\dot{U}_{VW}}{Z_{VW}}\\ \dot{I}_{WU}=\dfrac{\dot{U}_{WU}}{Z_{WU}}\end{cases} \tag{2-3-20}$$

再根据基尔霍夫电流定律可得各线电流为：

$$\begin{cases}\dot{I}_{U}=\dot{I}_{UV}-\dot{I}_{WU}\\ \dot{I}_{V}=\dot{I}_{VW}-\dot{I}_{UV}\\ \dot{I}_{W}=\dot{I}_{WU}-\dot{I}_{VW}\end{cases} \tag{2-3-21}$$

（二）对称三相负载的三角形连接

负载对称时 $Z_{UV}=Z_{VW}=Z_{WU}=Z$，由式（2-3-19）可知，由于各相负载阻抗相等，因而在电源电压对称时，各相负载电流也是对称的。因此，只要求出一相的电流，则可根据对称三相电流的对称关系，得到其他两相的电流，即：

$$\begin{cases}\dot{I}_{UV}=\dfrac{\dot{U}_{UV}}{Z_{UV}}=\dfrac{\dot{U}_{UV}}{Z}\\ \dot{I}_{VW}=I_{VW}\angle(-120°)\\ \dot{I}_{WU}=I_{WU}\angle 120°\end{cases} \tag{2-3-22}$$

图 2-3-11 为三相对称负载三角形连接时的相量图，从相量图上可以看出，线电流也是对称的，在相位上比相应的相电流滞后 30°，其大小关系为

$$I_U=2I_{UV}\cos 30°=\sqrt{3}I_{UV}$$

同理

$$I_V=\sqrt{3}I_{VW}$$

$$I_W=\sqrt{3}I_{WU}$$

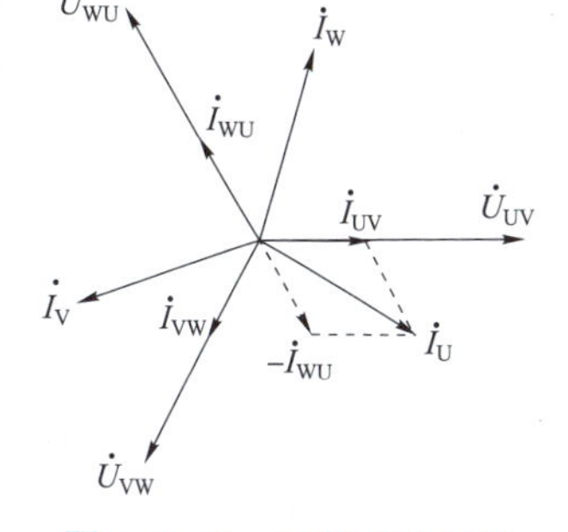

图 2-3-11　三相对称负载三角形连接时的相量图

上式表明，在对称三相电路中，对称负载作三角形连接时，线电流是相电流的$\sqrt{3}$倍，即

$$I_L=\sqrt{3}I_P \tag{2-3-23}$$

由此可见，对称负载作三角形连接时，相电流对称，线电流也是对称的。

三相电动机绕组根据其额定电压的大小决定接成三角形或星形；而照明负载应尽可能均衡地接成星形且应有中性线。

知识链接三　三相功率

在三相电路中，无论负载采用何种连接方式，也无论三相负载是否对称，三相负载的有功功率和无功功率分别等于各相有功功率和无功功率之和，即：

$$\begin{aligned}P&=P_U+P_V+P_W=U_UI_U\cos\varphi_U+U_VI_V\cos\varphi_V+U_WI_W\cos\varphi_W\\Q&=Q_U+Q_V+Q_W=U_UI_U\sin\varphi_U+U_VI_V\sin\varphi_V+U_WI_W\sin\varphi_W\end{aligned}\tag{2-3-24}$$

式中，U_U、U_V、U_W、I_U、I_V、I_W 表示相电压和相电流有效值；φ_U、φ_V、φ_W 表示各相负载的功率因数角，即每相负载相电压与相电流的相位差。

三相负载的视在功率为：

$$S=\sqrt{P^2+Q^2}\tag{2-3-25}$$

当三相负载对称时，每相负载的电压、电流的有效值与功率因数角均相等，即 $U_U=U_V=U_W=U_P$、$I_U=I_V=I_W=I_P$、$\varphi_U=\varphi_V=\varphi_W=\varphi_P$，所以：

$$\begin{cases}P=3U_PI_P\cos\varphi_P\\Q=3U_PI_P\sin\varphi_P\\S=\sqrt{P^2+Q^2}=3U_PI_P\end{cases}\tag{2-3-26}$$

若已知负载的线电压、线电流，当三相对称负载作星形连接时，有：

$$\begin{cases}U_P=\dfrac{U_L}{\sqrt{3}}\\I_P=I_L\end{cases}\tag{2-3-27}$$

当对称负载作三角形连接时，有：

$$\begin{cases}U_P=U_L\\I_P=\dfrac{I_L}{\sqrt{3}}\end{cases}\tag{2-3-28}$$

将式（2-3-27）、式（2-3-28）分别代入式（2-3-26）可得：

$$\begin{cases}P=\sqrt{3}U_LI_L\cos\varphi_P\\Q=\sqrt{3}U_LI_L\sin\varphi_P\\S=\sqrt{P^2+Q^2}=\sqrt{3}U_LI_L\end{cases}\tag{2-3-29}$$

因此，用相电压和相电流表示三相对称负载功率计算式为式（2-3-26），用线电压和线电流表示三相对称负载功率的计算式为式（2-3-29），无论三相对称负载是星形连接还是三角形连接均使用。但应注意的是，上述两式子中的 φ_P 都是指相电压与相电流之间的相位差。

【例 2-3-1】 有一对称三相负载，每相负载阻抗为 $Z=(8+j6)\,\Omega$，每相负载的额定电压为 220 V。当电源线电压分别为 380 V 和 220 V 时，三相负载应采用何种接法？并求出在两种不同电源电压下负载的相电流、线电流及从电源输入的功率。

解：每相负载的阻抗值为：

$$|Z|=\sqrt{R^2+X^2}=\sqrt{8^2+6^2}=10\ (\Omega)$$

每相负载的功率因数为：

$$\cos\varphi=\frac{R}{|Z|}=\frac{8}{10}=0.8$$

（1）当电源线电压为 380 V 时，三相负载应作星形连接，这时每相负载所承受的电压为 220 V。

$$I_L=I_P=\frac{U_P}{|Z|}=\frac{220}{10}=22\ (\mathrm{A})$$

$$P=\sqrt{3}U_LI_L\cos\varphi=\sqrt{3}\times380\times22\times0.8=11\ 584\ (\mathrm{W})$$

（2）当电源电压为 220 V 时，三相负载应作三角形连接，这时每相负载所承受的电压也等于 220 V。

$$I_P=\frac{U_P}{|Z|}=\frac{220}{10}=22\ (\mathrm{A})$$

$$I_L=\sqrt{3}I_P=\sqrt{3}\times22=38\ (\mathrm{A})$$

$$P=\sqrt{3}U_LI_L\cos\varphi=\sqrt{3}\times220\times38\times0.8=11\ 584\ (\mathrm{W})$$

可见，两种接法电源输入的功率一样。

任务实施

（1）照明电路负载连接。

①三相负载星形连接（三相四线制）。

按图 2-3-12 所示电路组接实验电路。即三相灯组负载经三相自耦调压器接通三相对称电源。将三相调压器的旋柄置于输出为 0 V 的位置（逆时针旋转到底）。经指导教师检查合格后，方可开启实验台电源，然后调节调压器的输出，使输出的三相线电压为 220 V，并按下述内容完成各项实验，分别测量三相负载的线电压、相电压、线电流、相电流、中性线电流、电源与负载中性点间的电压。将所测得的数据记入表 2-3-1 中，并观察各相灯组亮暗的变化程度，特别要注意观察中性线的作用。

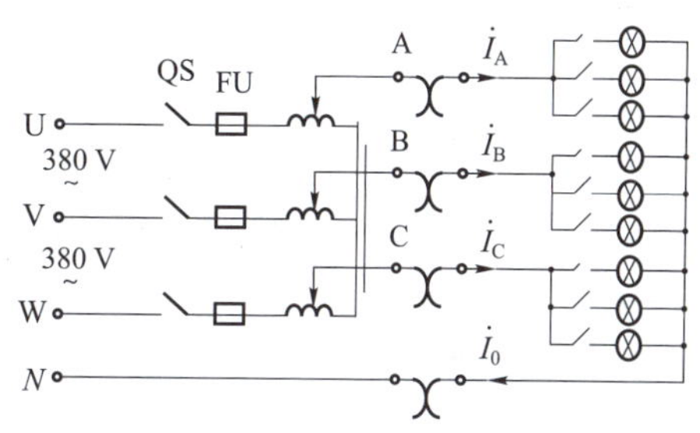

图 2-3-12　照明电路负载星形连接

表 2-3-1　三相负载星形连接时测量数据

测量数据	开灯盏数			线电流/A			线电压/V			相电压/V			中性线电流	中性点电压
	A 相	B 相	C 相	I_A	I_B	I_C	U_{AB}	U_{BC}	U_{CA}	U_{A0}	U_{B0}	U_{C0}	I_0/A	U_{N0}/V
Y_0 对称负载	3	3												
Y 对称负载	3	3												
Y_0 不对称负载	1	2												
Y 不对称负载	1	2												
Y_0　B 相断开	1													
Y　B 相断开	1													

②三相负载三角形连接（三相三线制）。

按图 2-3-13 改接线路，经指导教师检查合格后接通三相电源，并调节调压器，使其输出线电压为 220 V，按表 2-3-2 的内容进行测试，并将数据记入表 2-3-2 中。

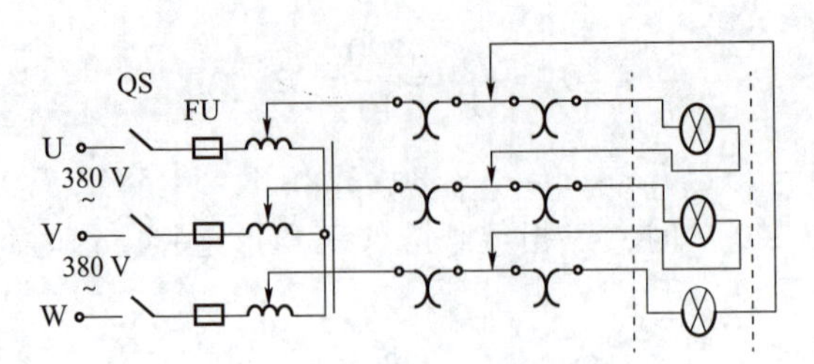

图 2-3-13 照明电路负载三角形连接

表 2-3-2 负载三角形连接

测量数据	开灯盏数			线电压=相电压/V			线电流/A			相电流/A		
	A-B 相	B-C 相	C-A 相	U_{AB}	U_{BC}	U_{CA}	I_A	I_B	I_C	I_{AB}	I_{BC}	I_{CA}
三相平衡	3	3	3									
三相不平衡	1	2	3									

(2) 思考：三相星形连接不对称负载若无中性线，某相负载开路会出现什么情况？请说明中性线的作用。

(3) 请你为某泵站设计照明电路，要求每层楼的灯相互并联，然后分别接至各相电压上，使每盏灯上都可得到额定的工作电压 220 V，请画出电路原理图。

任务考核

目标	考核题目	配分	得分
知识点	1. 三相交流电的产生原理和过程是什么？三相四线制与三相三线制有什么区别？中性线的作用是什么？	10	
	2. 相电压、线电压的概念及区别是什么？相电流、线电流的概念及区别是什么？它们之间的大小关系是什么？	10	
	3. 三相电源星形连接和三角形连接的特点及电压、电流和功率的规律有哪些？	10	
	4. 三相负载对称与不对称电路连接的特点及电压、电流和功率的规律有哪些？	10	
	5. 三相电路电压、电流、功率间的关系是什么？	10	

续表

目标	考核题目	配分	得分
技能点	1. 能否正确描述三相交流电的产生？能否正确判断相电压与线电压？能否正确区分相电流与线电流？ 评分标准：90%以上问题回答准确、专业，描述清楚、有条理，10分；80%以上问题回答准确、专业，描述清楚、有条理，8分；70%以上问题回答准确、专业，描述清楚、有条理，7分；60%以上问题回答准确、专业，描述清楚、有条理，6分；不到50%问题回答准确的不超过6分，酌情打分。	10	
	2. 能否根据电路图安装三相负载电路？能否正确使用仪表测量三相电路的电压、电流和功率？ 评分标准：准备实验器材，2分；规范且正确接线，2分，视安装情况酌情扣分；正确测量并计算，6分。	10	
	3. 能否根据实训任务总结三相对称负载与不对称负载电路的特点？能否理解中性线的作用？中性线上能否安装开关和保险丝呢？为什么？ 评分标准：总结电路特点及规律，5分；能够理解并说明中性线的作用，5分。	10	
素养点	1. 是否遵守纪律及规程，不旷课、不迟到、不早退？ 评分标准：旷课扣5分/次；迟到、早退扣2分/次；上课做与任务无关的事情扣2分/次；不遵守安全操作规程扣5分/次。	5	
	2. 是否通过三相电路的安装与测量，加强学生的安全意识、规矩意识和大局意识，培养良好职业精神？ 评分标准：能认真积极参与任务，5分；能主动发现问题并积极解决，3分；能提出创新性建议，2分。	10	
	3. 是否能按时按质完成课前学习和课后作业？ 评分标准：网络课程前置学习完成率达90%以上，3分；课后作业完成度高，2分。	5	
总　　分		100	
教师评语			

【大国崛起】

中国特高压输电技术

巩固提升

一、填空题

1. 我们把三个________相等、________相同，在相位上互差________的正弦交流电称为三相交流电。

2. 三相负载有两种连接方式：________和________。

3. 三相电源星形连接时，由各相首端向外引出的输电线俗称________线，由各相尾端公共点向外引出的输电线俗称________线，这种供电方式称为________制。

4. 相线与相线之间的电压称为________电压，相线与零线之间的电压称为________电压。电源为星形连接时，数值上两者关系为________；若电源为三角形连接时，则两者关系为________。

5. 相线中流过的电流为________电流，负载上流过的电流为________电流。当对称三相负载为星形连接时，数值上两者关系为________；若对称三相负载为三角形连接时，则两者关系为________。

6. 在对称三相电路中，三相总有功功率用公式表示为________________，三相总无功功率用公式表示为________________，三相总视在功率用公式表示为________________。

二、判断题

1. 两根相线之间的电压称为相电压。（　）
2. 三相负载的线电流是指电源相线上的电流。（　）
3. 三相电源无论对称与否，三个线电压的相量和恒为零。（　）
4. 电源的线电压与三相负载的连接方式无关，线电流与三相负载的连接方式有关。（　）
5. 三相负载作星形连接时，负载每相线电流必定等于其对应的相电流。（　）
6. 对称三相电路中的三相负载对称时，三相四线制可改为三相三线制。（　）
7. 对称三相电路的三相瞬时功率大小为零。（　）
8. 正弦交流电的视在功率等于有功功率和无功功率之和。（　）
9. 三相三线制对称负载电路中，如其中一相断开，其他两相负载将过电压损坏。（　）
10. 目前电力网的低压供电系统又称为民用电，该电源即为中性点接地的星形连接，并引出中性线（零线）。（　）
11. 对称三相电源三角形连接，在负载断开时，电源绕组内有电源。（　）
12. 在相同的线电压作用下，三相异步电动机作三角形连接和作星形连接时，所取用的有功功率相等。（　）
13. 在三相四线制供电系统中，为确保安全中性线及火线上必须装熔断器。（　）
14. 把应作星形连接的电动机作三角形连接时，电动机将会烧毁。（　）
15. 三相电动机的电源线可用三相三线制，同样三相照明电源线也可用三相三线制。（　）

三、选择题

1. 对称三相电动势是指（　）的三相电动势。

A. 电压相等、频率不同、初相角均为 120°　　B. 电压不等、频率不同、相位互差 180°
C. 最大值相等、频率相同、相位互差 120°　　D. 三个交流电都一样的电动势
2. 下列结论中正确的是（　　）。
A. 当负载作 Y 连接时，线电流必等于相电流
B. 当负载作△连接时，线电流为相电流的$\sqrt{3}$倍
C. 当负载作 Y 连接时，必须有中性线
3. 在正序对称三相电压源星形连接中，若相电压 $u_P=\sqrt{2}U\sin(\omega t-90°)$，其线电压 u_L 为（　　）。
A. $u_L=\sqrt{6}U\sin(\omega t-60°)$　　B. $u_L=\sqrt{6}U\sin(\omega t+60°)$
C. $u_L=\sqrt{6}U\sin(\omega t-30°)$　　D. $u_L=\sqrt{2}U\sin(\omega t+30°)$
4. 若要求三相负载中各相电压均为电源相电压，则负载应接成（　　）。
A. 三角形连接　　B. 星形无中性线　　C. 星形有中性线
5. 若要求三相负载中各相电压均为电源线电压，则负载应接成（　　）。
A. 星形无中性线　　B. 星形有中性线　　C. 三角形连接
6. 对称三相交流电路，三相负载为△连接，当电源线电压不变时，三相负载换为 Y 连接，三相负载的相电流应（　　）。
A. 减小　　B. 增大　　C. 不变
7. 对称三相交流电路，三相负载为 Y 连接，当电源电压不变而负载换为△连接时，三相负载的相电流应（　　）。
A. 减小　　B. 增大　　C. 不变
8. 单相照明电路采用三相四线制连接，中性线必须（　　）。
A. 安装熔断器　　B. 取消或断开
C. 安装开关　　D. 安装牢靠，防止断开
9. 若三相四线制电路中负载不对称，则各相相电压（　　）。
A. 不对称　　B. 仍对称　　C. 不一定对称　　D. 无法判断
10. 三相不对称负载的星形连接，若中性线断线，电流、电压及负载将发生（　　）。
A. 电压不变，只是电流不一样，负载能正常工作
B. 电压不变，电流也不变，负载正常工作
C. 各相电流、电压都发生变化，会使负载不能正常工作或损坏
D. 不一定电压会产生变化，只要断开负载，负载就不会损坏
11. 在三相四线制供电线路中，三相负载越接近对称负载，中性线上的电流（　　）。
A. 越小　　B. 越大　　C. 不变
12. 三相四线制电源能输出（　　）种电压。
A. 2　　B. 1　　C. 3　　C. 4
13. 一台三相电动机，每组绕组的额定电压为 220 V，对称三相电源的线电压 $U_L=380$ V，则三相绕组应采用（　　）。
A. 星形连接，不接中性线　　B. 星形连接，并接中性线
C. 三角形连接　　D. A 和 B 均可

14. 一台三相电动机绕组星形连接，接到 $U_L = 380$ V 的三相电源上，测得线电流 $I_L = 10$ A，则电动机每组绕组的阻抗为（　　）Ω。

A. 38　　B. 22　　C. 66　　D. 11

15. 三相电源线电压为 380 V，对称负载为星形连接，未接中性线。如果某相突然断掉，其余两相负载的电压均为（　　）V。

A. 380　　B. 220　　C. 190　　D. 无法确定

四、综合题

1. 某三相对称负载，$R = 24\ \Omega$，$X_L = 18\ \Omega$，接于电源电压为 380 V 的电源上，试求负载接成三角形时，线电流、相电流和有功功率。

2. 一个星形连接的对称三相负载，每相负载阻抗为 $Z = (6+j8)\ \Omega$，电源线电压为 $U_L = 380$ V。求：

（1）各负载的相电压和相电流；

（2）三相电路的 P、Q 和 S 的值。

项目3　变压器的运行与维护

项目概述			
项目名称	变压器的运行与维护	参考学时	14 h
项目导读	变压器是一种静止的电气设备，它依靠电磁感应作用，将一种电压、电流的交流电能转换成同频率的另一种电压、电流的电能。 变压器是电力系统中重要的电气设备，是电力工业中非常重要的组成部分，在发电、输电、配电、电能转化和电能消耗等环节起着十分重要的作用。此外，变压器还广泛应用于其他场合，如电焊、电炉和电解使用的变压器，化工行业用的整流变压器、传递信息用的电磁传感器，自控系统中的脉冲变压器，试验用的调压器等。 变压器的结构虽然简单，其基本原理、分析方法却可作为其他交流电机研究的基础，特别是感应电机。		
项目分解	3个学习型任务： 3-1 变压器的选用，通过识别变压器的各主要部件及其功能，确定变压器的选用原则，能够根据应用场合选择合适的变压器； 3-2 变压器的运行，能够正确分析单相变压器空载运行时的电磁关系，正确理解空载电流的组成和空载损耗的形成，理解三相变压器的磁路结构和特点； 3-3 变压器的维护，进行变压器的日常巡视，分析变压器的故障原因，进行变压器的维护和日常检查。		
学习目标	知识目标	技能目标	素质目标
	（1）掌握变压器的基本工作原理； （2）熟悉变压器各部分的名称和作用； （3）掌握单相变压器空载运行的物理状况； （4）理解三相变压器的磁路结构和特点； （5）掌握变压器的空载试验和短路试验的方法。	（1）能够正确安装、使用变压器； （2）能够根据应用场合选择合适的变压器； （3）能够正确分析单相变压器空载运行时的电磁关系； （4）能够进行变压器的空载试验和短路试验； （5）能够通过试验正确判定变压器绕组极性和三相变压器连接组别。	（1）具有良好的团队协作精神和沟通交流能力； （2）具有较强的实践能力； （3）具有良好的职业道德修养和环境保护意识； （4）具有良好的质量意识、环保意识、安全意识和创新精神； （5）具有正确的世界观、人生观、价值观。
教学条件	理实一体化教室，包含电脑、投影等多媒体设备，电工实验台，常用电工工具和仪表等。		
教学策略	组织形式	采用班级授课、小组教学、合作学习、自主探索相结合的教学组织形式。	
	教学流程	自主预习 → 项目分解 → 任务探索 → 知识铺垫 → 任务实施 → 任务考核 → 巩固提升 课前：自主预习；课中：项目分解—任务考核；课后：巩固提升	

任务 3-1　变压器的选用

<table>
<tr><td>任务名称</td><td>变压器的选用</td><td>参考学时</td><td>6 h</td></tr>
<tr><td>任务引入</td><td colspan="3">某变电所为该地区枢纽变电所，根据系统地区负荷的要求，拟装两台主变压器，设计容量为 100 MV · A，变电所要求一次建成，分为 220 kV、110 kV、35 kV 三个电压等级，进出线 110 kV 侧 10 回，35 kV 侧 8 回，请根据要求为该变电所选用合适的变压器。</td></tr>
<tr><td rowspan="3">任务要点</td><td colspan="3">知识点：掌握变压器的基本工作原理；熟悉变压器的分类方法；熟练掌握变压器各组成部分的名称和作用。</td></tr>
<tr><td colspan="3">技能点：能正确理解变压器的基本工作原理；能正确识别变压器的各主要部件及其功能；能正确识读变压器的铭牌数据；能够根据应用场合选择合适的变压器。</td></tr>
<tr><td colspan="3">素质点：要具备良好的质量意识、环保意识、安全意识、工匠精神、创新精神。</td></tr>
</table>

知识链接一　变压器的结构

变压器的类型和结构

变压器的组成部件包括器身（铁芯、绕组、绝缘、引线）、变压器油、油箱和冷却装置、调压装置、保护装置（吸湿器、安全气道、气体继电器、储油柜及测温装置等）和出线套管。如图 3-1-1 所示为变压器结构图。

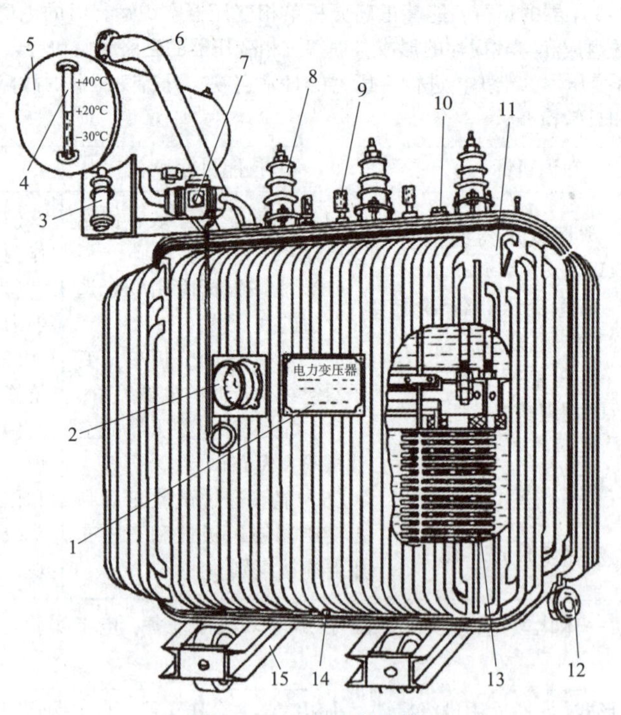

图 3-1-1　变压器结构

1—铭牌；2—信号式温度计；3—吸湿器；4—油表；5—储油柜；6—安全气道；7—气体继电器；8—高压绝缘套管；9—低压绝缘套管；10—分接开关；11—油箱；12—放油阀门；13—器身；14—接地；15—小车

下面对变压器的各部分逐一进行介绍。

1. 铁芯

铁芯是变压器的磁路部分，由铁芯柱（套装绕组）、铁轭（连接铁芯以形成闭合磁路）组成，采用 0.35~0.5 mm 厚的硅钢片涂绝缘漆后交错叠成。

采用硅钢片制成铁芯是为了提高磁路的导磁性能和减小涡流损耗、磁滞损耗。硅钢片有热轧和冷轧两种，冷轧硅钢片比热轧硅钢片磁导率高、损耗小，冷轧硅钢片还具有方向性，即沿轧碾方向有较小的铁耗和较高的磁导系数。

在叠装硅钢片时，要把相邻层的接缝错开，如图 3-1-2（a）和图 3-1-2（b）所示，即每层的接缝都被邻层钢片盖掉，然后用穿心螺杆夹紧或用环氧树脂玻璃布带扎紧。这种叠法的优点是接缝处气隙小、夹紧结构简单。

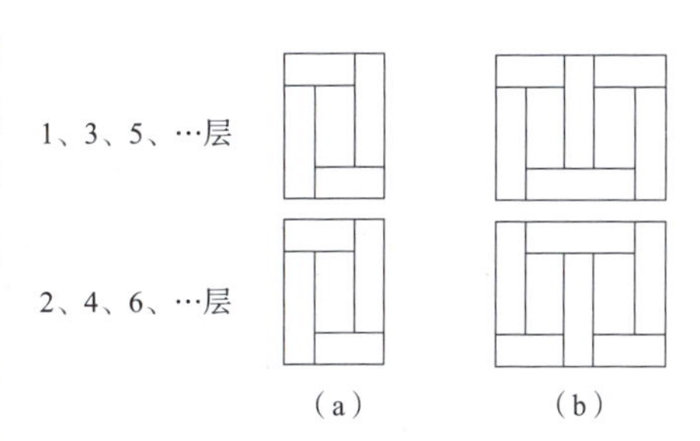

图 3-1-2　变压器铁芯的交替装配

（a）单相变压器；（b）三相变压器

铁芯柱截面形状有方形和阶梯形，一般为阶梯形，如图 3-1-3 所示 。较大直径的铁芯，叠片间留有油道，以利于散热。铁轭截面有 T 形和多级梯形。

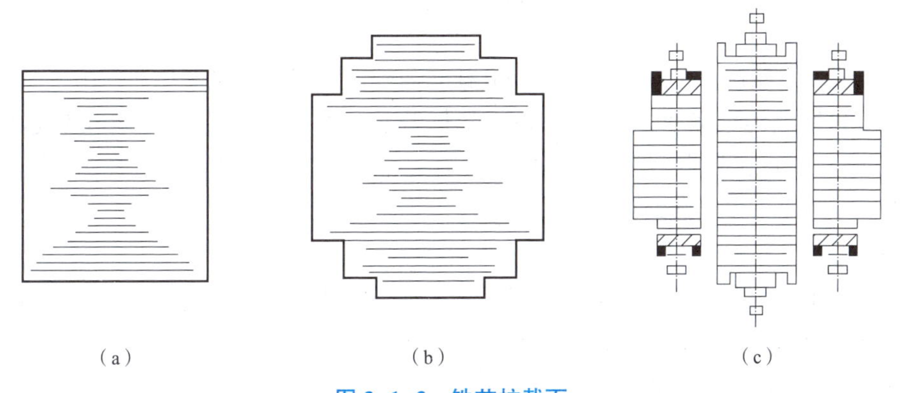

图 3-1-3　铁芯柱截面

（a）方形截面；（b）梯形截面；（c）带有油道的截面

按照绕组套入铁芯柱的形式，铁芯又可以分为心式结构和壳式结构两种，如图 3-1-4 和图 3-1-5 所示。

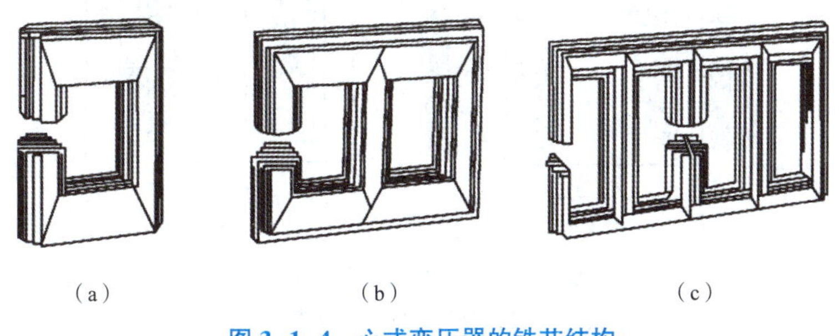

图 3-1-4　心式变压器的铁芯结构

（a）单相双柱式；（b）三相三柱式；（c）三相五柱式

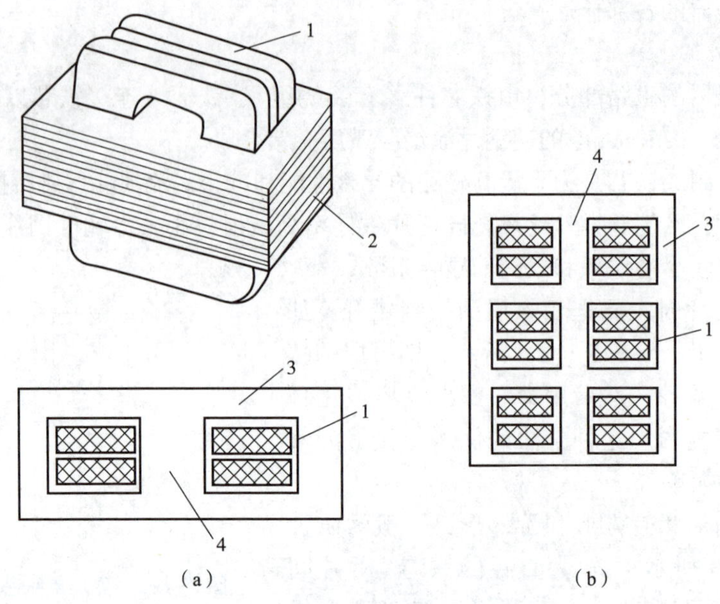

图 3-1-5 壳式变压器的铁芯和绕组

(a) 单相壳式变压器；(b) 三相壳式变压器

1—绕组；2—铁芯；3—铁轭；4—铁芯柱

三相心式变压器铁芯可以有三柱式和五柱式两种。近代大容量变压器，由于受到安装场所空间高度和铁路运输条件的限制，必须降低铁芯的高度，常采用五柱式铁芯结构，如图 3-1-4（c）所示，在中央三个铁芯柱上套有三相绕组，左右两侧铁芯柱为旁轭，旁轭上没有绕组，专门用来作导磁通路。

2. 绕组

绕组是变压器的电路部分，它一般用有电缆纸绝缘的铜线或铝线绕成。为了使绕组便于制造和在电磁力作用下受力均匀以及有良好的机械性能，一般将绕组制成圆形。它们在芯柱上的安排方法有同心式和交叠式两种，如图 3-1-6 所示。电力变压器采用前一种，即圆筒形的高低压绕组同心地套在同一芯柱上，低压绕组在里，靠近铁芯；高压绕组在外。这样放置有利于绕组对铁芯的绝缘。

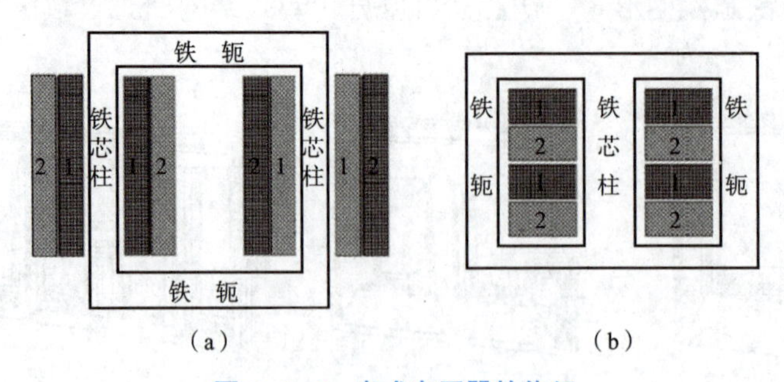

图 3-1-6 壳式变压器的绕组

(a) 同心式结构；(b) 交叠式结构

交叠式绕组又称为饼式绕组，它是将高低压绕组分成若干线饼，沿着铁芯柱的高度方向交替排列。为了便于绕线和铁芯绝缘，一般最上层和最下层放置低压绕组。交叠式绕组的主要优点是漏抗小，机械强度好，引线方便。这种绕组仅用于壳式变压器中，如大型电炉变压器就采用这种结构。

3. 绝缘

导电部分间及对地均需绝缘。变压器的绝缘包括内绝缘和外绝缘。所谓内绝缘指的是油箱内的绝缘，包括绕组、引线、分接开关的对地绝缘，相间绝缘（又称为主绝缘）以及绕组的层间、匝间绝缘（又称为纵绝缘）；外绝缘指的是油箱外导线出线间及其对地的绝缘。

绝缘套管：绝缘套管是由外部的瓷套和其中的导电杆组成的。其作用是使高、低压绕组的引出线与变压器箱体绝缘。它的结构取决于电压等级和使用条件。电压不大于 1 kV 时采用实心瓷套管；电压在 10~35 kV 之间时采用充气式或充油式套管；电压大于 110 kV 时采用电容式套管。为了增加表面放电距离，套管外形做成多级伞形。绝缘套管的结构如图 3-1-7 所示。

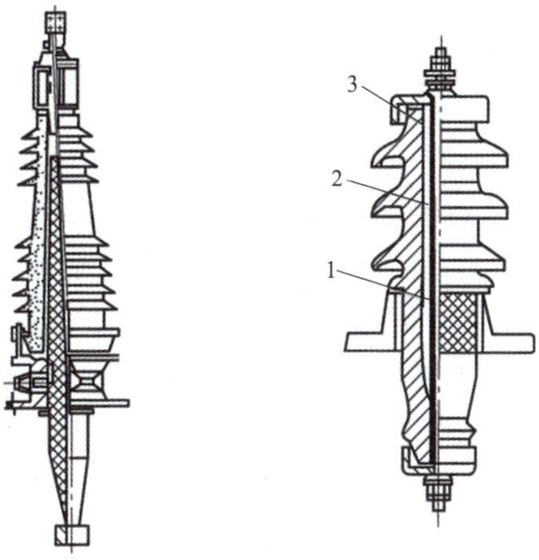

图 3-1-7　绝缘套管的结构

（a）110 kV 胶纸电容式；（b）35 kV 充油式

1—导体；2—绝缘管；3—变压器油

变压器油：变压器油箱里充满了变压器油。通常对变压器油的要求是：高的介质强度和低的黏度，高的发火点和低的凝固点，且不含酸、碱、硫、灰尘和水分等杂质。变压器油的作用有两个，即加强绝缘和加强散热。

4. 分接开关

变压器常利用改变绕组匝数的方法来进行调压。为此，把绕组引出若干抽头，这些抽头叫作分接头。用以切换分接头的装置称为分接开关。分接开关又分为无激磁分接开关和有载分接开关，前者必须在变压器停电的情况下切换，后者可以在切断负载电流的情况下切换。

5. 保护装置（见图 3-1-8）

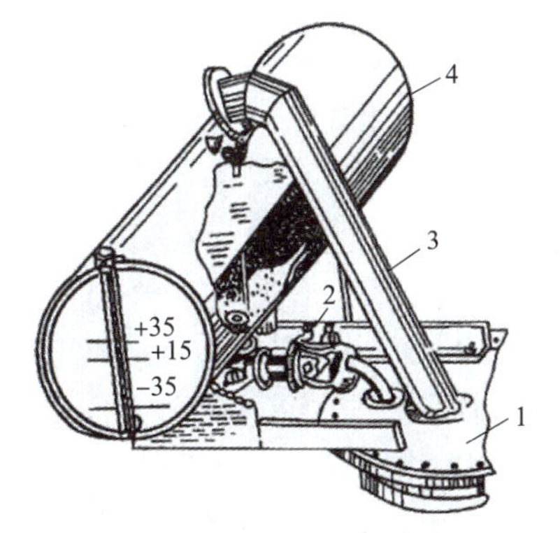

图 3-1-8　储油柜、安全气道、气体继电器

1—油箱；2—气体继电器；3—安全气道；4—油枕

（1）油箱。油浸式变压器的外壳就是油箱，箱中盛满了用来绝缘的变压器油。油箱可保护变压器铁芯与绕组不受外力作用和潮湿的侵蚀，并通过油的对流把铁芯与绕组产生的热量传递给箱壁和散热管，再把热量散发到周围的空气中。一般来说，对于 20 kV · A 以下的变压器，油箱本身表面能满足散热要求，故采用平板式油箱；对于 20~30 kV · A 的变压器，采用排管式油箱；对于 2.5~6.3 MV · A 的变压器，所需散热面积较大，则在油箱壁上装置若干只散热器，加强冷却；容量为 8~40 MV · A 的

变压器在散热器上还需另装风扇冷却；对于 50 MV · A 及以上的大容量变压器，采用强迫油循环冷却方式。

（2）储油柜。储油柜又叫油枕，它是一个圆筒形容器，装在油箱上，用管道与油箱连通，使油刚好充满到油枕的一半。油面的升降被限制在油枕中，并且从外部的玻璃管中可以看见油面的高低。它的作用有两个：调节油量，保证变压器油箱内经常充满变压器油；减少油和空气的接触面，从而降低变压器油受潮和老化的速度。

（3）吸湿器。吸湿器又叫呼吸器，通过它使大气与油枕内连通。当变压器油热胀冷缩时，气体经过它出进，以保持油箱内的压力正常。吸湿器内装有硅胶，用以吸收进入油枕中空气的潮气及其他杂质。

（4）安全气道。安全气道又叫防爆管，装在油箱顶盖上，由一根长钢管构成。它的出口处装有一定厚度的玻璃或酚醛纸板（防爆膜），其作用是当变压器内部发生严重故障产生大量气体使压力骤增时，让油气流冲破玻璃，向外喷出，以降低箱内压力，防止油箱爆裂。

（5）气体继电器，其外形和结构如图 3-1-9 所示。气体继电器装在油箱和油枕的连管中间，作为变压器内部故障的保护设备，其内部有一个带有水银开关的浮筒和一块能带动水银开关的挡板。当变压器内部发生故障时，产生的气体聚集在气体继电器上部，使油面下降、浮筒下沉，接通水银开关而发出预告信号；当变压器内部发生严重故障时，油流冲破挡板，挡板偏转时带动一套机构使另一个水银开关接通，发出故障信号并跳闸。

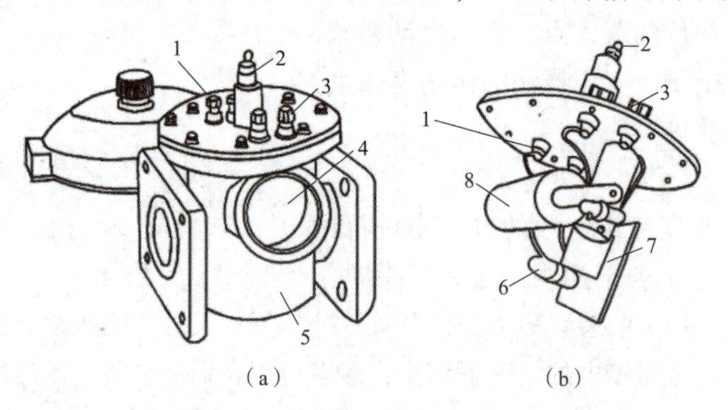

图 3-1-9　气体继电器的外形和结构图

（a）外形图；（b）结构图

1—接跳闸回路；2—放气孔；3—接信号回路；4—观察窗；5—外壳；6—水银开关；7—挡板；8—浮筒

知识链接二　变压器的原理及分类

变压器是一种静止的电气设备，它通过线圈间的电磁感应，将一种电压等级的交流电能转换成同频率的另一种电压等级的交流电能。变压器是电力系统中的重要设备，用于电力系统中传输电能的变压器称为电力变压器。众所周知，输送一定的电能时，输电线路的电压越高，线路中的电流和电阻损耗就越小。为此，需要用升压变压器把交流发电机发出的电压升高到输电电压，然后通过高压输电线路将电能经济地输送到用电地区，再用降压变压器将电能逐步从输电电压降低到配电电压，供用户安全而方便地使用。

图 3-1-10 所示为一个简单的电力系统输配电示意图，是一个三相系统。发电机发出的

电压，例如 10 kV，先经过升压变压器升高后，再经输电系统送到用电地区；到了用电地区后，还需先把高压降到 35 kV 以下，再按用户需要的具体电压进行配电。用户需要的电压一般为 6 kV、3 kV、1 kV、380 V/220 V 等。

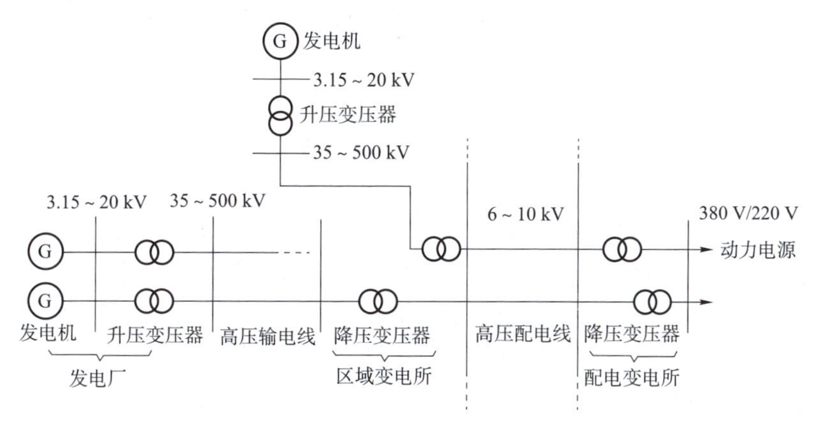

图 3-1-10　电力系统输配电示意图

除电力系统外，变压器还广泛应用于电子装置、焊接设备、电炉等场合以及测量和控制系统中，用以实现交流电源供给、电路隔离、阻抗变换、高电压和大电流的测量等功能。

1. 基本原理

变压器应用电磁感应规律工作，最简单的变压器是由两个绕组（又称为线圈）、一个铁芯组成的，如图 3-1-11 所示。两个绕组套在同一铁芯上，通常一个绕组接电源，另一个绕组接负载。我们把前者叫作一次绕组，或原绕组、一次侧；把后者叫作二次绕组，或副绕组、二次侧。

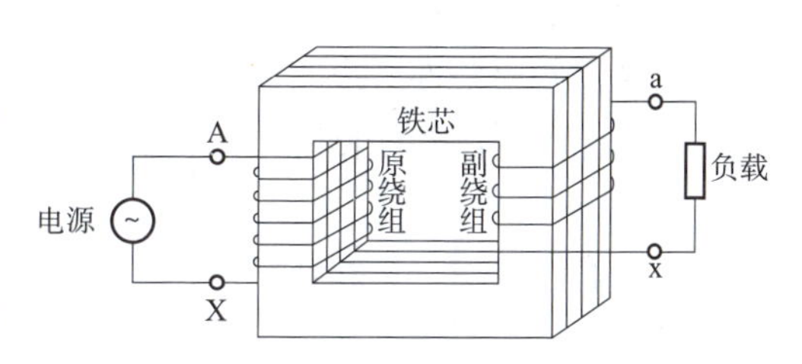

图 3-1-11　变压器基本结构示意图

当一次侧接上电压为 u_1 的交流电源时，一次绕组将流过交流电流，并在铁芯中产生交变磁通 $\dot{\phi}_m$，该磁通交链着一、二次绕组，如图 3-1-11 所示。根据电磁感应定律，$\dot{\phi}_m$ 在一、二次绕组中产生的感应电动势分别为：

$$e_1 = -N_1 \frac{d\phi_m}{dt}$$

$$e_2 = -N_2 \frac{d\phi_m}{dt}$$

$$\frac{e_1}{e_2} = \frac{N_1}{N_2}$$

式中　N_1——一次绕组匝数；

N_2——二次绕组匝数。

由上式可知，一、二次绕组的匝数不等，是变压的关键；另外，此类变压器一、二次侧之间没有电的直接联系，只有磁的耦合，交链一、二次绕组的磁通起着联系一、二次侧的桥梁作用，而变压器原、副边频率还是一样的。

如果二次侧接上负载，则在 e_2 的作用下将产生二次电流，并输出功率，说明变压器起到了传递能量的作用。

后面将要讲到各类变压器，尽管其用途和结构可能差异很大，但其基本原理是一样的，且其核心部件都是绕组和铁芯。

2. 分类

为了适应不同的使用目的和工作条件，变压器有很多类型，下面选择其主要的进行介绍。

按其用途不同，变压器可分为电力变压器（又可分为升压变压器、降压变压器、配电变压器等）、仪用变压器（电压互感器等）、试验用变压器和整流变压器等。

按绕组数目可分为双绕组变压器、三绕组变压器及多绕组变压器等。

按相数可分为单相变压器、三相变压器及多相变压器等。

按调压方式可分为无极调压变压器、有载调压变压器等。

按冷却方式不同可分为干式变压器、油浸式变压器、油浸风冷变压器、强迫油循环变压器、强迫油循环导向冷却变压器等。

知识链接三　变压器的铭牌

每台设备上都装有铭牌，用以标明该设备的型号、额定数据和使用条件等基本参数，这些额定数据和使用条件所表明的是制造厂按照国家标准在设计及试验该类设备时必须保证的额定运行情况。变压器的铭牌上通常有以下几项。

1. 型号

变压器的型号用字母和数字表示，表明变压器的类型和特点。字母表示类型，数字表示额定容量和额定电压，其文字部分采用汉语拼音字头表示，形式如下：

1 2 - 3 / 4

1——变压器的分类型号，由多个拼音字母组成；

2——设计序号；

3——额定容量（kV·A）；

4——高压绕组电压等级（kV）。

如SFP-63000/110，“S”代表“三相”，“F”代表“风冷”，“P”代表强迫油循环，“63000”代表额定容量为63 000 kV·A，“110”代表高压侧的额定电压为110 kV。SFP-63000/110表示一台三相强迫油循环风冷铜线、额定容量为63 000 kV·A、高压绕组额定电压为110 kV的电力变压器。变压器型号各字符含义见表3-1-1。

表3-1-1　变压器型号各字符含义

型号中符号排列顺序	含义		代表符号
	内容	类别	
1（或末位）	线圈耦合方式	自耦降压或升压	O
2	相数	单相	D
		三相	S

续表

型号中符号排列顺序	含义		代表符号
	内容	类别	
3	冷却方式	油侵自冷	J
		干式空气自冷	G
		干式浇筑绝缘	C
		油侵风冷	F
		油侵水冷	S
		强迫油循环风冷	FP
		强迫油循环水冷	SP
4	线圈数	双线圈	—
		三线圈	S
5	线圈导线材质	铜	—
		铝	L
6	调压方式	无磁调压	—
		有载调压	Z

2. 额定值

所谓额定值，是保证设备能正常工作，且能保证一定寿命而规定的某量的限额。变压器的额定数据主要有以下几项。

（1）额定容量：铭牌规定的额定使用条件下所能输出的视在功率，单位用 kV · A 或 MV · A 表示。双绕组变压器一、二次侧的额定容量是相等的。

（2）额定电压：原绕组额定电压 U_{1N}是指规定加到一次侧的电压；副绕组额定电压 U_{2N}是指分接开关放在额定电压位置，一次侧加额定电压时二次侧的开路电压，单位用 kV 表示。对于三相变压器，额定电压指线电压。

（3）额定电流：在额定容量下允许长期通过的电流，可以根据对应绕组的额定容量和额定电压算出，在三相变压器中指的是线电流，单位用 A 或 kA 表示。

单相变压器：一次侧额定电流 $I_{1N}=\frac{S_N}{U_{1N}}$；二次侧额定电流 $I_{2N}=\frac{S_N}{U_{2N}}$。

三相变压器：一次侧额定电流 $I_{1N}=\frac{S_N}{\sqrt{3}U_{1N}}$，二次侧额定电流 $I_{2N}=\frac{S_N}{\sqrt{3}U_{2N}}$。

（4）额定频率：单位用 Hz 表示，我国的工业额定频率是 50 Hz。

（5）额定温升 ：指变压器内绕组或上层油温与变压器周围大气温度之差的允许值。根据国家标准，周围大气的最高温度规定为+40 ℃时，绕组的额定温升为 65 ℃。

知识链接四　几种常见变压器

一、三绕组变压器

在变电所或发电厂中，常有三种电压等级的发电和输电系统需要联系的场合，通常采用三绕组变压器。例如，如图 3-1-12（a）所示，变电站中利用三绕组变压器由两个系统（电压等级为 110 kV 和 220 kV）向一个负载（电压等级为 330 kV）供电；如图 3-1-12（b）所示，发电机端电压为 10 kV，利用三绕组变压器把发电机发出来的电能同时送到 110 kV 和 220 kV 的输电系统中去。

当然也可以采用两台双绕组变压器，但在一定情况下，采用三绕组变压器较经济，且维护也方便，因而三绕组变压器得到较广泛的应用。

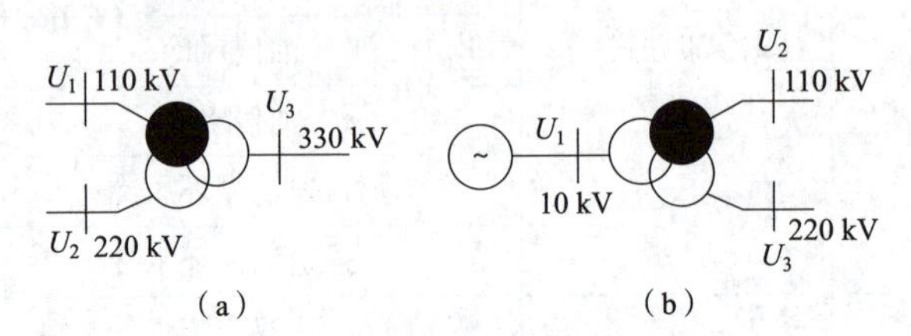

图 3-1-12　三绕组变压器应用示意图

1. 三绕组变压器的结构

三绕组变压器每相有高、中、低三个绕组，一般铁芯为心式结构，三个绕组同心地套在同一个铁芯柱上。如图 3-1-13 所示，为绝缘方便起见，高压绕组 1 应放在最外边。至于低、中压绕组，根据相互间传递功率较多的两个绕组应靠得近些的原则，用在不同场合的变压器有不同的安排。如用于发电厂的升压变压器，大多是由低压向高、中压侧传递功率，一般应采用中压绕组 2 放在最里边、低压绕组 3 放在中间的方案，如图 3-1-14（a）所示；用于变电所的降压变压器，大多是从高压侧向中、低压侧传递功率，故应选用低压绕组放在最里面的方案，如图 3-1-14（b）所示。

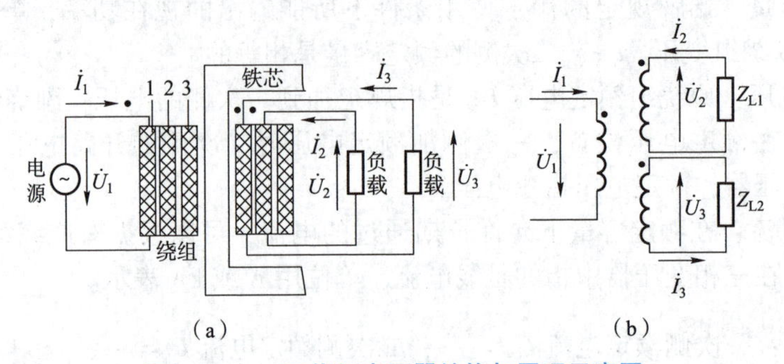

图 3-1-13　三绕组变压器结构与原理示意图

（a）三绕组变压器结构示意图；（b）三绕组变压器原理示意图

1—高压绕组；2—中压绕组；3—低压绕组

三绕组变压器的任意两绕组间仍然按电磁感应原理传递能量，这一点和双绕组变压器没有什么区别。下面介绍三绕组变压器与双绕组变压器在容量、短路电压、变比、磁势方程、等值电路、参数等方面的不同点。

2. 容量和阻抗电压

根据供电的实际需要，三个绕组的容量可以设计得不同。变压器铭牌上的额定容量是指其中最大的一个绕组的容量。如果将额定容量作为 100 kV · A，则按国家标准，我国现在制造的三绕组变压器三个绕组容量的搭配见表 3-1-2。

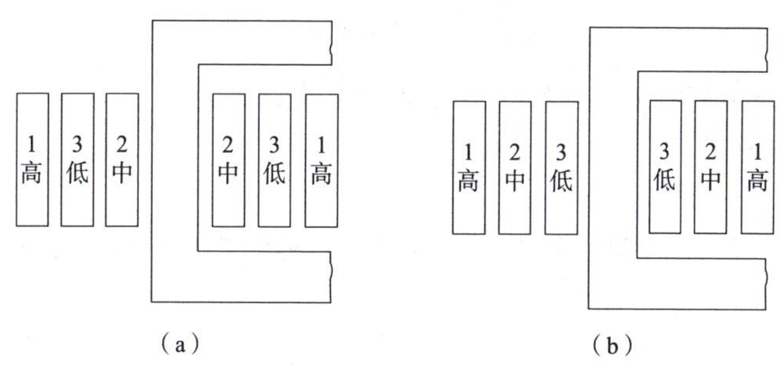

图 3-1-14　三绕组变压器的绕组布置图

(a) 升压变压器；(b) 降压变压器

表 3-1-2　三绕组变压器三个绕组容量的搭配　　kV · A

高压绕组	中压绕组	低压绕组
100	100	100
100	50	100
100	100	50

注意：

三绕组的容量仅代表每个绕组通过功率的能力，并不是说三绕组变压器在具体运行时，同时按此比例传递功率。

三绕组变压器铭牌上的阻抗电压有三个，以高压侧为 110 kV 电压的变压器为例，按图 3-1-14（a）所示方案排列时，$u_{k12}=17\%$，$u_{k13}=10.5\%$，$u_{k23}=6\%$；按图 3-1-14（b）所示方案排列时，$u_{k12}=10.5\%$，$u_{k13}=17\%$，$u_{k23}=6\%$。由此可以看出，绕组的排列情况会影响阻抗电压的大小。这是因为两个绕组相距越远，漏磁通越多，其漏阻抗或阻抗电压就越大。所以，对于将功率从低压向中、高压输送的升压变压器，应把低压绕组放在高、中压绕组之间，以降低低压与高、中压的阻抗电压。

3. 变比、磁势方程和等值电路

1）变比

三绕组变压器有三个变化：

$$\begin{cases} k_{12}=\dfrac{N_1}{N_2}\approx\dfrac{U_{1N}}{U_{2N}} \\ k_{13}=\dfrac{N_1}{N_3}\approx\dfrac{U_{1N}}{U_{3N}} \\ k_{23}=\dfrac{N_2}{N_3}\approx\dfrac{U_{2N}}{U_{3N}} \end{cases} \tag{3-1-1}$$

式中　k_{12}、k_{12}、k_{23}——变比；

N_1、N_2、N_3，U_{1N}、U_{2N}、U_{3N}——1、2、3 绕组的匝数和额定相电压。

2）磁势方程

三绕组变压器负载运行时，磁势平衡方程为：

$$N_1\dot{I}_1+N_2\dot{I}_2+N_3\dot{I}_3=N_1\dot{I}_0 \tag{3-1-2}$$

式中 $\dot{I}_1$、$\dot{I}_2$、$\dot{I}_3$——负载时通过绕组 1、2、3 的电流；

I_0——空载时的电流。

3）等值电路

根据等值原则，可以得到折算到一次侧的三绕组变压器的等值电路，如图 3-1-15 所示。

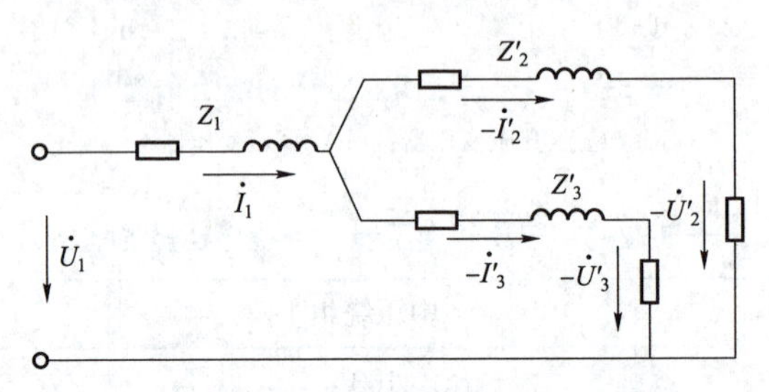

图 3-1-15 三绕组变压器的简化等值电路

在图 3-1-15 中，Z_1、Z'_2、Z'_3分别为三个绕组的等值复阻抗，$Z_1=r_1+jx_1$，$Z'_2=r'_2+jx'_2$，$Z'_3=r'_3+jx'_3$。x_1、x'_2、x'_3分别为三个绕组的等值阻抗，等值阻抗为常数；r_1、r'_2、r'_3分别为三个绕组的等值电阻；r_1、x_1 组成一次侧回路；r'_2、x'_2、r'_3、x'_3组成二次侧回路。

二、自耦变压器

自耦变压器的特点不仅在于一、二次绕组之间有磁的耦合，还有电的直接联系，它传递功率的方式不仅可以像普通变压器那样通过电磁感应关系，还可以从一次侧直接传导到二次侧。

1. 基本原理

自耦变压器每相只有一个绕组，其中一部分是一、二次公用的。电力自耦变压器的结构示意图如图 3-1-16 所示，它的任一相铁芯柱上绕有两个同心绕组，ax 是低压绕组，又称公共绕组。Aa 是与公共绕组串联后供高压侧使用的，叫作串联绕组。AX 称为高压绕组。自耦变压器既可作升压变压器，也可作降压变压器；有单相的，也有三相的。一般，Aa 的匝数要比 ax 的匝数少。

自耦变压器也可看作是从双绕组变压器演变过来的。假设如图 3-1-17（a）所示的双绕组变压器的两个绕组 AX 和 ax 的绕向相同且绕在同一铁芯柱上，取 AX 上的一段 a′X，使 a′X 的匝数等于 ax 的匝数。由于一、二次绕组交链着同一主磁通，故 a′X 中感应的电动势等于 ax 中的电动势。如把 X 和 x 相连，则 a′点电位也等于 a 点电位；将 a′和 a 相连，则丝毫不影响变压器的运行情况。进一步把 ax 和 a′X 合并为一，如图 3-1-17（b）所示，于是，双绕组变压器的电路就变为自耦变压器的电路。

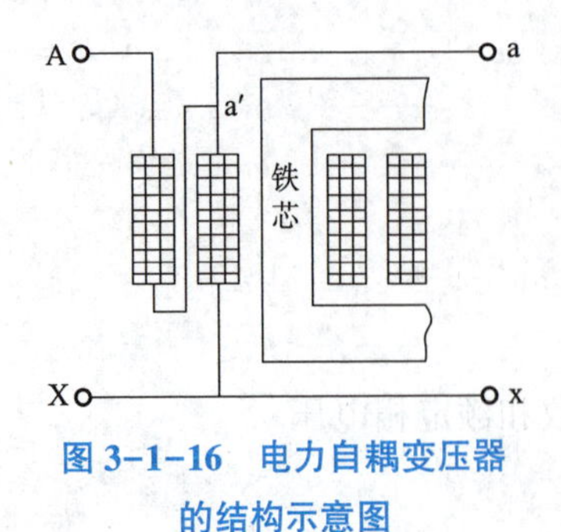

图 3-1-16 电力自耦变压器的结构示意图

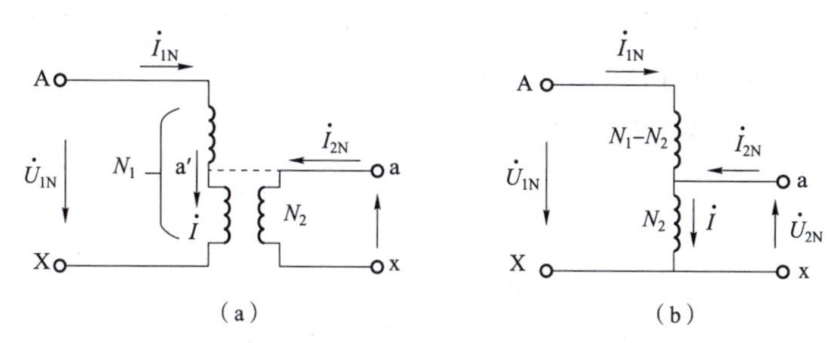

图 3-1-17　双绕组变压器改接成自耦变压器

2. 变比

设高压侧绕组 AX 的匝数为 N_{AX}，低压侧绕组 ax 的匝数为 N_{ax}，则自耦变压器的变比为

$$k_z=\frac{E_{AX}}{E_{ax}}=\frac{N_{AX}}{N_{ax}}\approx\frac{U_{1N}}{U_{2N}} \tag{3-1-3}$$

式中　E_{AX}、E_{ax}——一、二次侧电动势；

U_{1N}、U_{2N}——一、二次侧额定电压。

3. 电流关系

在忽略空载电流的情况下，I、$\dot{I}_{1N}$和$\dot{I}_{2N}$的大小关系为：

$$\dot{I}=\dot{I}_{1N}+\dot{I}_{2N} \tag{3-1-4}$$

4. 容量

自耦变压器铭牌上标的容量和绕组的实际容量是不一致的。铭牌上标的是额定容量（又叫铭牌容量）S_N，它指的是自耦变压器总的输入或输出容量。低压侧输出容量可表示为：

$$S_2=U_2I_2=U_2(I_1+I)=U_2I_1+U_2I \tag{3-1-5}$$

可见，输出容量由两部分组成：一部分为电磁容量 U_2I，即公共绕组 ax 的绕组容量，它通过电磁感应作用传递给负载；另一部分为传导容量 U_2I_1，它通过电的直接联系传导给负载。

自耦变压器的绕组容量决定了变压器的主要尺寸和材料消耗，是变压器设计的依据，又称计算容量。由于传导容量的存在，即不需要增加变压器的计算容量，所以自耦变压器比双绕组变压器优越。因此，在变压器的额定容量相同时，自耦变压器绕组的容量（电磁容量）比双绕组变压器的小，即前者比后者所用材料省、尺寸小、效率高。

5. 优缺点

1）自耦变压器的主要优点

（1）节省材料，减小损耗。从前面分析可以看出，$1-1/k_z$ 越小，该优点越显著。因此，自耦变压器的变比越接近 1 越好，一般 k_z 不宜超过 2。

（2）运输及安装方便。这是由于与同容量双绕组变压器相比，自耦变压器的质量轻、体积小，占地面积也小。

2）自耦变压器的主要缺点

（1）自耦变压器高、低压侧有电的直接联系，高压侧发生故障会直接殃及低压侧，为此，自耦变压器的运行方式、继电保护及过电压保护装置等，都比双绕组变压器复杂。

(2) 短路电流大。这是由自耦变压器短路阻抗的标幺值比同容量双绕组变压器的短路阻抗小造成的，故需要采用相应的限制和保护措施。

(3) 运行方式、继电保护都比普通变压器复杂。

三、仪用变压器

特殊变压器

仪用变压器又称互感器，是一种测量用的设备，其主要功能是将高电压或大电流按比例变换成标准低电压或标准小电流，以便实现测量仪表、保护设备及自动控制设备的标准化、小型化。互感器分电流互感器和电压互感器两种，它们的原理与变压器相同。

仪用互感器有两个作用：一是为了工作人员的安全，使测量回路和高压电网隔离；二是将大电流变为小电流、高电压降为低电压。一般而言电流互感器副边额定电流为5 A或1 A，电压互感器副边额定电压为100 V。

互感器除用于测量电流和电压外，还用于继电保护和同期回路等。

1. 电流互感器

图3-1-18所示为电流互感器的接线原理图，它的原绕组匝数为N_1，匝数少，只有1匝或几匝，导线粗，串联于待测电流的线路中；副绕组匝数为N_2，匝数较多，导线细，与阻抗很小的仪表（如电流表、功率表的电流线圈等）接成回路，因此，它实际上相当于一台副边处于短路状态的变压器。

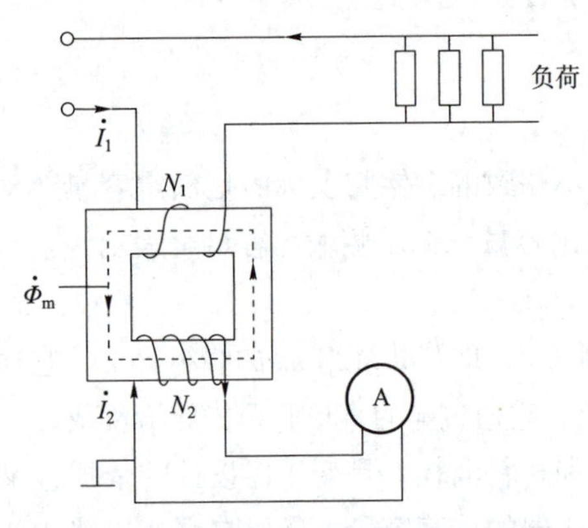

图3-1-18　电流互感器的接线原理图

如果忽略激磁电流，由变压器的磁动势平衡方程可得：

$$k_i=\frac{I_1}{I_2}=\frac{N_2}{N_1} \tag{3-1-6}$$

这样利用原、副绕组不同的匝数关系，可将线路上的大电流变为小电流来测量，换句话说，知道了电流表的读数I_2，乘以k_i就是被测电流I_1了，或者将电流表读数按k_i放大，即可直接读出I_1。

按照变比误差的大小，电流互感器分成0.2、0.5、1.0、3.0、10.0五个等级，如0.5级准确度表示在额定电流时，原、副边电流变比误差不超过±0.5%。为了减少误差，主要应减少激磁电流，为此设计时应选择高磁导率的硅钢片，铁芯磁通密度应较低，一般为0.08~0.1 T。此外，副边所接仪表总阻抗不得大于规定值。

电流互感器在使用时，为了安全，副边必须可靠接地，以防止绝缘损坏后原边高电压传到副边，发生触电事故。另外，运行时副边绝对不允许开路，否则互感器成为空载运行，这时原边被测线路电流全部成了激磁电流，使铁芯中的磁通密度明显增大，这一方面使铁耗增大、铁芯过热甚至烧坏绕组；另一方面将使副边感应出很高的电压，不但使绝缘击穿，而且危及工作人员和其他设备的安全。因此，在原边电路工作时如需检修和拆换电流表，必须先将互感器副边短路。

2. 钳形电流表

为了能在现场不切断电路的情况下测量电流和便于携带使用，常把电流表和电流互感器合起来制造成钳形电流表。互感器的铁芯做成钳形，可以开合，铁芯上只绕有连接电流表的副绕组，被测电流导线可钳入铁芯窗口内成为原绕组，匝数 $N_1=1$。钳形电流表一般可分为磁电式和电磁式两类。其中测量工频交流电的是磁电式，而电磁式为交、直流两用式。下面主要介绍磁电式钳形电流表的测量原理和使用方法。

钳形电流表测电流

1）磁电式钳形电流表的结构

磁电式钳形电流表主要由一个特殊电流互感器、一个整流磁电系电流表及内部线路等组成。一般常见的型号为T301型和T302型，T301型钳形电流表只能测量交流电流，而T302型钳形电流表既可测量交流电流，也可测量交流电压。此外还有交、直流两用袖珍钳形电流表，如MG20、MG26、MG36等型号。

T301型钳形电流表外形如图3-1-19所示，它的准确度为2.5级，电流量程为10 A、50 A、250 A、1 000 A。

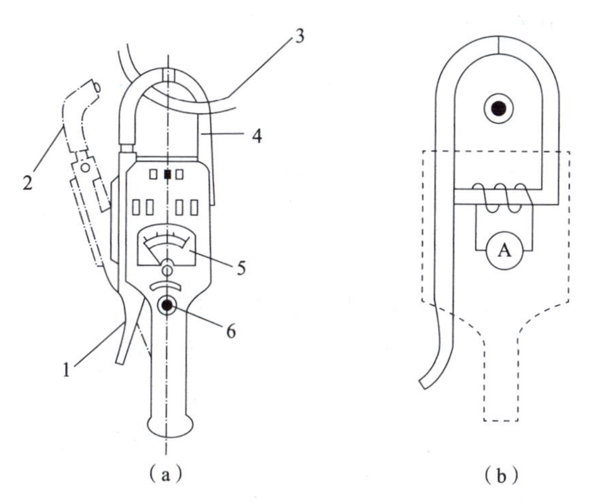

图3-1-19　T301型钳形电流表结构与原理图

（a）钳形电流表结构图；（b）钳形电流表原理图

1—手柄；2—可开合钳口；3—被测载流导体；4—铁芯；5—表盘；6—量程转换开关

2）磁电式钳形电流表的工作原理

磁电式钳形电流表的工作原理与电流互感器相似。值得注意的是铁芯是否闭合紧密、是否有大量剩磁，对测量结果影响很大，当测量较小电流时，会使测量误差增大，此时可将被测导线在铁芯上多绕几圈来改变互感器的电流比，以增大电流量程。

3）磁电式钳形电流表的使用步骤

（1）根据被测电流的种类、电压等级正确选择钳形电流表。一般交流电压在500 V以下的线路，选用T301型钳形电流表。当测量高压线路的电流时，应选用与其电压等级相符的高压钳形电流表。

（2）正确检查钳形电流表的外观情况、钳口闭合情况及表头情况等是否正常，若指针没在零位，则应进行机械调零。

（3）根据被测电流大小来选择合适的钳形电流表的量程，选择的量程应稍大于被测电流数值。若不知道被测电流的大小，则应先选用最大量程估测。

（4）正确测量。测量时，应按紧扳手，使钳口张开，将被测导线放入钳口中央，松开扳手并使钳口闭合紧密。

（5）读数后，将钳口张开，使被测导线退出，并将挡位置于电流最高挡或“OFF”挡。

4）使用磁电式钳形电流表时应注意的问题

（1）由于钳形电流表要接触被测线路，所以测量前一定要检查表的绝缘性能是否良好，即要求外壳无破损、手柄清洁干燥。

（2）测量时，应戴绝缘手套或干净的线手套。

（3）测量时，应注意身体各部分与带电体保持安全距离（低压系统安全距离为0.1~0.3 m）。

（4）钳形电流表不能测量裸导体的电流。

（5）严禁在测量进行过程中切换钳形电流表的挡位；若需要换挡时，应先将被测导线从钳口退出再更换挡位。

（6）严格按电压等级选用钳形电流表，低电压等级的钳形电流表只能测低压系统中的电流，不能测量高压系统中的电流。

3. 电压互感器

电压互感器的接线原理图如图 3-1-20 所示。一次侧直接并联在被测的高压电路上，二次侧接电压表或功率表的电压线圈；一次侧匝数（N_1）多，二次侧匝数（N_2）少。由于电压表或功率表的电压线圈内阻抗很大，因此电压互感器实际上相当于一台副边处于空载状态的变压器。

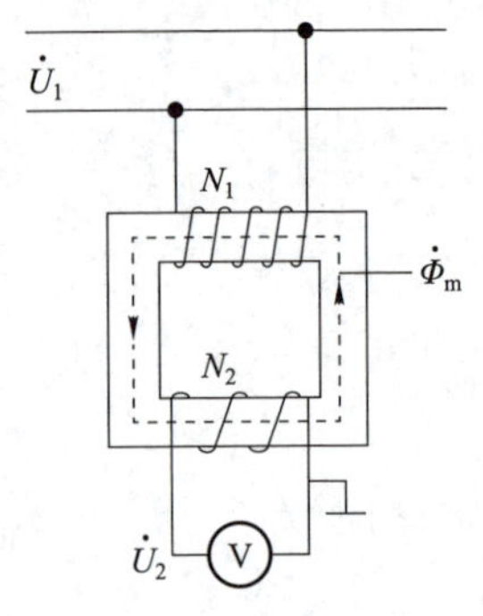

图 3-1-20　电压互感器的接线原理图

如果忽略漏阻抗压降，则有：

$$\frac{U_1}{U_2}=\frac{N_1}{N_2}=k \tag{3-1-7}$$

这样利用原、副边不同的匝数比可将线路上的高电压变为低电压来测量。换句话说，知道了电压表的读数 U_2，乘上 k 就是被测电压 U_1，或者电压表刻度按 k 放大，即可直接读出 U_1。由变压器的相量图可知，电压互感器也有变比和相位两种误差。按照变比误差的大小，电压互感器分为 0.2、0.5、1.0、3.0 四种等级。为了提高测量精确度，应减小原、副边的漏阻抗和激磁电流，因此在设计时，应尽量减少绕组的漏磁通，尤其是原、副边绕组的电阻。一般选用性能较好的硅钢片，铁芯中的磁密为 0.6~0.8 T，使之处于不饱和状态，以减小激磁电流。此外副边不能多接仪表，以免电流过大引起较大的漏抗压降而降低互感器的准确度。

电压互感器在使用时，为安全起见，副绕组连同铁芯一起必须可靠接地，另外，副边不允许短路，否则会产生很大的短路电流使绕组过热而烧坏。

知识链接五　选用变压器

主变压器是变电所的主要设备，主变压器的选择（包括台数、容量、技术参数的选择是否合理），对于建设投资、运行的可靠性和经济性有着极其重要的作用。

1. 主变压器台数的确定

（1）对位于大城市郊区的一次变电所，在中、低压侧已构成环网的情况下，变电所以装设两台主变压器为宜。

（2）对地区性孤立的一次变电所或大型工业用户专用变电所，在设计时应考虑装设三台主变压器的可能性。

（3）对于规划只装设两台主变压器的变电所，其变压器基础宜按大于变压器容量的1~2级设计，以便于负荷发展时更换变压器。

（4）如只有一个电源或变电所可由中、低压电力网取得备用电源的，则可装设一台主变压器。

2. 主变压器容量的确定

（1）变压器的容量应根据电力系统5~10年的发展规划进行选择。

（2）根据变电所所带负荷的性质和电网结构来确定主变压器的容量。对于有重要负荷的变电所，应考虑当主变压器停止运行时，其余变压器的容量，在设计过负荷能力的允许时间内，应保证用户的一级负荷和二级负荷；对于一般性变电所，当一台主变压器停运时，其余变压器容量应能保证全部负荷的70%~80%。

3. 绕组容量和连接方式

（1）具有三种电压的变电所中，如通过主变压器各侧绕组的功率均达到该变压器容量的15%以上，或低压侧虽无负荷，但在变电所内需要装设无功补偿设备时，主变压器一般采用三绕组变压器。

（2）对深入引进至负荷中心、具有直接从高压侧降为低供电条件的变电所，为简化电压等级或减少重复降低容量，可采用双绕组变压器。

（3）变压器绕组的连接方式必须和系统电压相位一致，否则不能并列运行。

我国110 kV以上电压，变压器绕组都采用YN接线；35 kV也采用yn接线，其中性点多通过消弧线圈接地；35 kV以下电压，变压器绕组都采用D接线。

变压器按高压、中压和低压绕组连接的顺序组合起来就是绕组的连接组。

4. 阻抗电压

阻抗电压是变压器的重要参数之一，它的大小标志着额定负载时变压器内部压降的大小，并反映短路电流的大小。阻抗电压值取决于变压器的结构，从正常运行的角度考虑，要求变压器的阻抗电压应小一些，以降低运行中输出电压的变动和能量的损耗；从限制短路电流的角度考虑，则希望短路阻抗大一些。但阻抗电压过大或过小都会增加制造成本。因此变压器的阻抗电压应有一个适当的数值，一般中小型变压器的阻抗电压值为4%~10.5%，大型变压器为12.5%~17.5%。

通常阻抗电压以额定电压的百分数表示，即 $u_k\% = \dfrac{U_K}{U_N} \times 100\%$ 且应折算到参考温度，A、E、B级绝缘等级的参考温度是75 ℃，其他绝缘等级的参考温度是115 ℃。阻抗电压的大小与变压器的成本和性能、系统稳定性和供电质量有关，变压器的标准阻抗电压见表3-1-3。

表 3-1-3　变压器的标准阻抗电压

电压等级/kV	6~10	35	63	110	220
阻抗电压/%	4~5.5	6.5~8	8~9	10.5	12~14

5. 调压方式

变压器的电压调整是用分接开关切换变压器的分接头，从而改变变压器的变比来实现的，切换方式有两种：不带电切换，称为无磁调压，调整范围通常在±5%以内；另一种是带负载切换，称为有载调压，调整范围可达30%。设置有载调压的原则如下：

（1）对于220 kV及以上的变压器，仅在运行方式特殊或电网电压可能有较大的变化情况下，采用有载调压方式。当电力系统运行确有需要时，也可在降压变电所装设单独的调压变压器或串联变压器。

（2）对于110 kV及以下的变压器，宜考虑至少有一级电压的变压器采用有载调压方式。电力变压器标准调压范围和调压方式见表3-1-4。

表 3-1-4　电力变压器标准调压范围和调压方式

方式	额定电压和容量	调压范围/%	分接级/%	级数	调压形式	分接开关
无磁调压	35 kV、8 000 kV·A 或 63 kV、6 300 kV·A 以下	±5	5	3	中性点调压	中性点调压分接开关
	35 kV、8 000 kV·A 或 63 kV、6 300 kV·A 以上	±2×2.5	2.5	5	中部调压	中部调压分接开关
有载调压	10 kV 及以下	±4×2.5	2.5	9	中性点线性调压	选择开关和有载分接开关
	35 kV	±3×2.5	2.5	7		
	63 kV 及以上	±8×1.25	2.5	17	中性点线性、正反和粗细调压	有载分接开关

6. 冷却方式

主变压器一般采用的冷却方式有以下几种：

（1）自然风冷却，适用于小容量变压器。

（2）强迫油循环风冷却，适用于大容量变压器。

（3）强迫油循环水冷却，其散热效率高、节约材料，可减少变压器本体尺寸，但需要一套水冷却系统和附件，适用于大容量变压器。

（4）强迫油循环导向冷却方式，它是用潜油泵将冷油压入线圈之间、线饼之间和铁芯的油道中，故此冷却效率更高。

变压器的冷却方式由冷却介质种类及其循环种类来标志。冷却介质种类和循环种类的字母代号见表3-1-5。

冷却方式由两个或四个字母代号标志，依次为线圈冷却介质及其循环种类、外部冷却介质及其循环种类。

表 3-1-5　冷却介质种类和循环种类的字母代号

冷却介质种类			循环种类		
冷却介质种类	矿物油和可燃性混合油	O	循环种类	自然循环	N
	不燃性合成油	L		强迫循环（非导向）	F
	气体	G		强迫导向油循环	D
	水	W			
	空气	A			

任务实施

（1）走访变压器销售厂家，为该枢纽变电所选择合适的变压器，并将相关信息填入表 3-1-6 中。

表 3-1-6　变压器型号及参数

型号	额定容量/（kV·A）	额定电压/kV		空载电流/%	空载损耗/kW	负载损耗/kW	阻抗电压/%	连接组别
		高压	低压					

（2）选定变压器后，指出该主变压器的组成部件。

①铭牌；②温度计；③吸湿器；④油表；⑤储油柜；⑥安全气道；⑦气体继电器；⑧绝缘套管；⑨分接开关；⑩油箱；⑪放油阀门；⑫接地。

任务考核

目标	考核题目	配分	得分
知识点	1. 正确说出变压器的基本工作原理。	9	
	2. 正确识别变压器的各主要部件及其功能。	10	
	3. 正确识读变压器的铭牌数据，正确识读与计算变压器的额定数据。	10	
	4. 正确说出变压器的选用原则，能够根据应用场合选择合适的变压器。	10	
技能点	1. 是否能正确识别变压器的各主要部件及其功能？ 评分标准：90%以上问题回答准确、专业，描述清楚、有条理，12 分；80%以上问题回答准确、专业，描述清楚、有条理，10 分；70%以上问题回答准确、专业，描述清楚、有条理，8 分；60%以上问题回答准确、专业，描述清楚、有条理，7 分；不到 50%问题回答准确的不超过 6 分，酌情打分。	12	
	2. 是否能正确识读变压器的铭牌数据？是否能正确识读与计算变压器的额定数据？ 评分标准：识读变压器的铭牌数据，6 分；计算变压器的额定数据，6 分，视计算过程情况酌情扣分。	12	

续表

目标	考核题目	配分	得分
技能点	3. 是否能正确说出变压器的选用原则，能够根据应用场合选择合适的变压器？ 评分标准：90%以上问题回答准确、专业，描述清楚、有条理，12分；80%以上问题回答准确、专业，描述清楚、有条理，10分；70%以上问题回答准确、专业，描述清楚、有条理，8分；60%以上问题回答准确、专业，描述清楚、有条理，7分；不到50%问题回答准确的不超过6分，酌情打分。	12	
素养点	1. 是否遵守纪律及规程，不旷课、不迟到、不早退？ 评分标准：旷课扣5分/次；迟到、早退扣2分/次；上课做与任务无关的事情扣2分/次；不遵守安全操作规程扣5分/次。	5	
	2. 是否以严谨认真的态度对待学习及工作？ 评分标准：能认真积极参与任务，5分；能主动发现问题并积极解决，3分；能提出创新性建议，2分。	10	
	3. 是否能按时按质完成课前学习和课后作业？ 评分标准：网络课程前置学习完成率达90%以上，5分；课后作业完成度高，5分。	10	
总　分		100	
教师评语			

巩固提升

一、填空题

1. 变压器的器身主要由________和________构成。
2. 变压器储油柜的作用是________和________。
3. 变压器的铁芯常用________制作而成。
4. 变压器的额定容量是指额定使用条件下所能输出的________。
5. 对于三相变压器，额定电压是指________。
6. 变压器的铭牌数据中，“S”代表________；“F”代表________。
7. 三绕组变压器的铁芯一般为________结构。
8. 三绕组变压器的________绕组应该放在最外侧。
9. 三绕组变压器的升压变压器一般将________绕组放在最里面，降压变压器一般将________绕组放在最里面。
10. 自耦变压器的短路电流________。

二、选择题

1. 变压器铁芯的结构一般分为（　　）和壳式两类。

A. 圆式　　B. 角式　　C. 心式　　D. 球式

2. 绕组是变压器的（　　）部分，一般用绝缘纸包的铜线绕制而成。

A. 电路　　B. 磁路　　C. 油路　　D. 气路

3. 变压器油的作用是（　　）。

A. 导电和冷却　　B. 绝缘和升温　　C. 导电和升温　　D. 绝缘和冷却

4. 变压器一、二次电流的有效值之比与一、二次绕组的匝数比（　　）。

A. 成正比　　B. 成反比　　C. 相等　　D. 无关系

5. 变压器的额定频率即所设计的运行频率，我国为（　　）Hz。

A. 45　　B. 50　　C. 55　　D. 60

6. 变压器铭牌上，相数用（　　）表示三相。

A. S　　B. D　　C. G　　D. H

7. 三绕组变压器铭牌上的额定容量为（　　）。

A. 最大的绕组额定容量　　B. 最小的绕组额定容量

C. 各绕组额定容量之和　　D. 各绕组额定容量的平均值

8. 自耦变压器的主要优点为（　　）。

A. 运行方式简单　　B. 节省材料，减小损耗

C. 短路电流较小　　D. 继电保护装置简单

9. 电力变压器按冷却介质可分为（　　）和干式两种。

A. 油浸式　　B. 风冷式　　C. 自冷式　　D. 水冷式

10. 变压器按相数分为（　　）两种，一般均制成三相变压器，以直接满足输、配电的要求。

A. 单相和三相　　B. 两相和三相　　C. 四相和三相　　D. 五相和三相

三、判断题

1. 变压器的铁芯用硅钢片叠成是为了提高磁路的导磁性能和减小损耗 。（　　）

2. 小型干式变压器的铁芯多采用心式结构。（　　）

3. 变压器油主要起到导电的作用 。（　　）

4. 变压器匝数多的一侧电流小，匝数少的一侧电流大，也就是电压高的一侧电流小，电压低的一侧电流大。（　　）

5. 额定电压是指变压器线电压（有效值），它应与所连接的输变电线路电压相符合。（　　）

6. 变压器额定容量的大小与电压等级也是密切相关的，电压低的容量较大，电压高的容量较小。（　　）

7. 三绕组变压器高、中、低三绕组的排列顺序应以一次侧与二次侧较近为原则。（　　）

8. 三绕组变压器铭牌上的阻抗电压只有一个。（　　）

9. 三绕组变压器三个绕组的容量必须相同。（　　）

10. 自耦变压器与普通变压器的结构不一样。　　　　（　　）

四、简答题

1. 油侵变压器主要有哪些部件？
2. 变压器油位变化与哪些因素有关？
3. 为什么要采用三绕组变压器？

【大国重器】

特变电工：打造人类电力工程史上巅峰之作

任务 3-2　变压器的运行

任务名称	变压器的运行	参考学时	4 h
任务引入	变压器经过试验符合要求后，接下来要投入运行了，变压器在运行过程中要控制某些性能，才能使其稳定电力系统的供电质量，保护设备和用电设施免受电压波动和电力故障的影响，从而保证电力系统的稳定性和可靠性。		
任务要点	知识点：单相变压器的运行性能；三相变压器的运行性能。		
	技能点：正确分析单相变压器空载运行时的电磁关系；正确理解空载电流的组成和空载损耗的形成；掌握三相变压器极性表示方法和连接组别的意义、判断方法。		
	素质点：具有良好的职业道德、职业素养、法律意识，诚实守信、爱岗敬业。		

知识链接一　单相变压器

一、单相变压器的运行性能

变压器的运行性能主要体现在外特性和效率特性上。从外特性可以确定变压器的额定电压变化率，从效率特性可以确定变压器的额定效率。这两个数据是标志变压器性能的主要指标，下面分别加以说明。

1. 外特性

变压器空载运行时，若一次侧电压 U_1 不变，则二次侧电压 U_2 也不变。变压器加上负载之后，随着负载电流 I_2 的增加，I_2 在二次绕组内的阻抗压降也会增加，使二次侧的电压 U_2 随之发生变化。另外，由于一次侧电流 I_1 随 I_2 增加，因此一次侧漏阻抗的压降也增加，一次侧电动势 E_1 和二次侧电动势 E_2 会有所下降，也会影响二次侧的输出电压 U_2。

外特性是指变压器的一次绕组接至额定电压，二次侧负载的功率因数保持一定时，二次绕组的端电压与负载电流的关系，即 $U_2=U_{2N}$，$\cos\varphi_2$ 为常数，$U_2=f(I_2)$，如图 3-2-1 所示。外特性是一条反映负载变化时，变压器二次侧的供电电压能否保持恒定的特性曲线，它可以通过实验求得。

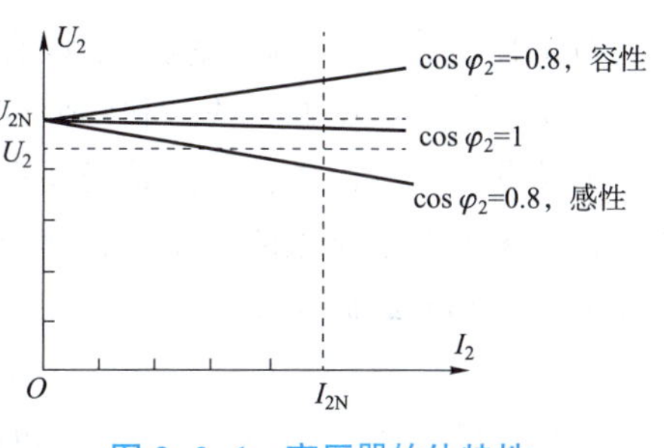

图 3-2-1　变压器的外特性

由外特性曲线可以看出，当 $\cos\varphi_2=1$ 时，U_2 随 I_2 的增加而下降得并不多；当 $\cos\varphi_2$ 降低，即带感性负载时，U_2 随 I_2 增加而下降的程度加大，这是因为滞后的无功电流对变压器磁路中的主磁通的去磁作用更为显著，而使 E_1 和 E_2 有所下降；但当 $\cos\varphi_2$ 为负值，即带容性负载时，超前的无功电流有助磁作用，主磁通会有所增加，E_1 和 E_2 亦相应加大，使 U_2 随 I_2 的增加而提高。以上叙述表明，负载的功率因数对变压器外特性的影响是很大的。

2. 电压变化率

变压器一次侧接上额定电压、二次侧开路时，二次空载电压就等于二次额定电压。带上负载后，由于内部有漏阻抗压降，故二次电压就要改变。二次电压变化的大小常用电压变化率来表示。所谓电压变化率 $\Delta U\%$是指在空载和给定的功率因数下，一次侧接额定频率和额定电压的电源上，二次侧有额定电流时，两个二次电压（U_{2N}、U_2）的算术差与额定二次侧电压 U_{2N}的比值，即：

$$\Delta U\%=\frac{U_{2N}-U_2}{U_{2N}}\times 100\% \tag{3-2-1}$$

ΔU 也可用折算后的电压表示：

$$\Delta U\%=\frac{k(U_{2N}-U_2)}{kU_{2N}}\times 100\%=\frac{U_{1N}-U_2'}{U_{1N}}\times 100\% \tag{3-2-2}$$

电压变化率是变压器的一个重要指标，它的大小反映了供电电压的稳定性，故可以导出：

$$\Delta U\%=\beta(r_k\cos\varphi_2+x_k\sin\varphi_2) \tag{3-2-3}$$

式中　β——负载系数；

r_k——短路电阻；

x_k——短路电抗。

由式（3-2-3）可以看到，电压变化率的大小与负载大小、性质及变压器的本身参数有关，在给定的负载下，短路阻抗的标幺值大，$\Delta U\%$也大。

功率因数对 $\Delta U\%$的影响也很大，若变压器带感性负载，则 $\varphi_2>0$，$\Delta U\%$为正值，说明带感性负载时二次电压比空载电压低；若变压器带容性负载，$\varphi_2<0$，$\Delta U\%$可能有负值，说明带容性负载时二次电压比空载电压高。

以 $\beta=1$ 计算出来的 $\Delta U\%$值，即前述相应于额定电流时的电压变化率 $\Delta U\%$可写成以下形式，即：

$$\Delta U_N\%=(r_k\cos\varphi_2+x_k\sin\varphi_2)\times 100\% \tag{3-2-4}$$

利用此式计算时，r_k要用换算到 75 ℃时的数值。

一般的电力变压器，当 $\cos\varphi_2\approx 1$ 时，$\Delta U\%\approx 2\%\sim 3\%$；当 $\cos\varphi_2\approx 0.8$（滞后）时，$\Delta U\%\approx 4\%\sim 6\%$。一般情况下，照明电源电压波动不超过±5%，动力电源电压波动不超过−5%～+10%。如果变压器的二次电压偏离额定值比较多，超出工业用电的允许范围，则必须进行调整。通常，在高压绕组上设有分接头，借此可调节高压绕组匝数（亦即变更变比）来达到调节二次电压的目的。利用分接开关来调节分接头，一般可在额定电压±5%范围内进行。分接开关有两大类：一类是需要变压器断电后才能操作的，称为无激磁分接开关；另一类是在变压器通电时也能操作的，称为有载分接开关。由此，相应的变压器也就分为无激磁调压变压器和有载调压变压器。

3. 效率

变压器的效率 η 以输出功率 P_2 和输入功率 P_1 比值的百分数表示，即

$$\eta=\frac{P_2}{P_1}\times 100\% \tag{3-2-5}$$

损耗的大小对效率有直接的影响，对于变压器，损耗可分为两大类，即铜耗和铁耗，铁耗与电压有关，基本上不随负荷而变，故又称为不变损耗；铜耗与电流有关，故又称为可变损耗。可用计算损耗的方法来确定变压器的效率，其关系式为：

$$\eta=\frac{P_2}{P_1}=\frac{P_1-\sum P}{P_1}=1-\frac{\sum P}{P_2+\sum P} \tag{3-2-6}$$

式中 $\sum P=P_{\mathrm{Fe}}+P_{\mathrm{Cu}}$——总损耗；

P_{Fe}——铁耗；

P_{Cu}——铜耗。

考虑到输出有功功率为：

$$P_2=U_2I_2\cos\varphi_2\approx U_{2\mathrm{N}}I_2\cos\varphi_2=\beta U_{2\mathrm{N}}I_{2\mathrm{N}}\cos\varphi_2=\beta S_{\mathrm{N}}\cos\varphi_2$$

铜耗为：

$$P_{\mathrm{Cu}}=I_1^2r_{k75\,℃}=\frac{I_1^2}{I_{1\mathrm{N}}^2}I_{1\mathrm{N}}^2r_{k75\,℃}=\beta^2P_{k\mathrm{N}}$$

铁耗为：

$$P_{\mathrm{Fe}}\approx P_0$$

如果忽略负载时二次电压的变化，则效率公式可写成：

$$\eta=\left(1-\frac{P_0+\beta^2P_{k\mathrm{N}}}{\beta S_{\mathrm{N}}\cos\varphi_2+P_0+\beta^2P_{k\mathrm{N}}}\right)\times 100\% \tag{3-2-7}$$

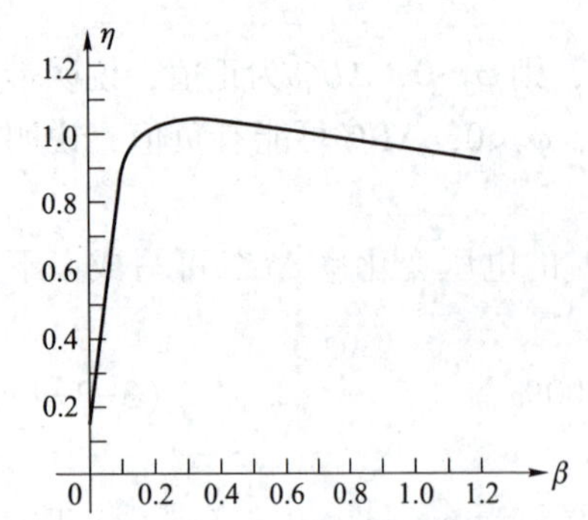

图 3-2-2 效率特性曲线

上式说明，效率与负载大小以及功率因数有关。在给定的功率因数下，效率 η 和负载系数 β 的关系曲线（即效率曲线）如图 3-2-2 所示。

从图 3-2-2 中曲线可以看出，负载增大时，开始效率也很快增大，达到定值后，效率又开始下降，这是因为可变损耗与电流平方成正比。当负载增大时，开始是输出功率增加使效率升高，到一定程度后，铜耗的迅速增大使效率又下降了。

最大的效率发生在$\frac{\mathrm{d}\eta}{\mathrm{d}\beta}=0$时，将式（3-2-7）对 β 微

分，并使之等于零，得对应于最大效率时的负载系数为 $\beta_0=\sqrt{\dfrac{P_0}{P_{kN}}}$，这就是说，当铜耗等于铁耗时，效率最高。

由于变压器一般不会长期在额定负载下运行，因此 β_0 在 0.5~0.6 范围内，相应的 $\dfrac{P_0}{P_{kN}}$ 值为 $\dfrac{1}{4}\sim\dfrac{1}{3}$，这就是说，满载时铜耗比铁耗大得多。

二、单相变压器空载运行时的物理状况

1. 电磁关系

空载运行是指变压器一次侧接到额定电压、额定频率的电源上，二次侧开路的运行状态。图 3-2-3 所示为单相变压器空载运行原理图。

当一次绕组端头 AX 上加交流正弦电压 $\dot{U}_1$ 后，该绕组就流过电流 $\dot{I}_0$，这个电流称为空载电流（空载电流不是正弦量，这里和后面的 $\dot{I}_0$ 都是等效正弦量）。$\dot{I}_0$ 建立的空载磁动势 $\dot{F}_0=N_1\dot{I}_0$，该磁动势产生交变磁通，根据磁通通过的路径不同，可将它分为两部分：沿铁芯耦合一、二次绕组的部分，称为主磁通 φ_m，它占总磁通的 99%以上，是两绕组间的互感磁通，是变压器进行能量传递的媒介；另一部分仅与一次绕组相连，且主要沿空气或油闭合，称为一次绕组的漏磁通 $\varphi_{1\sigma}$，它占总磁通不到 1%，并不能传递能量，只在电路里产生电压降 $\dot{E}_{1\sigma}$。

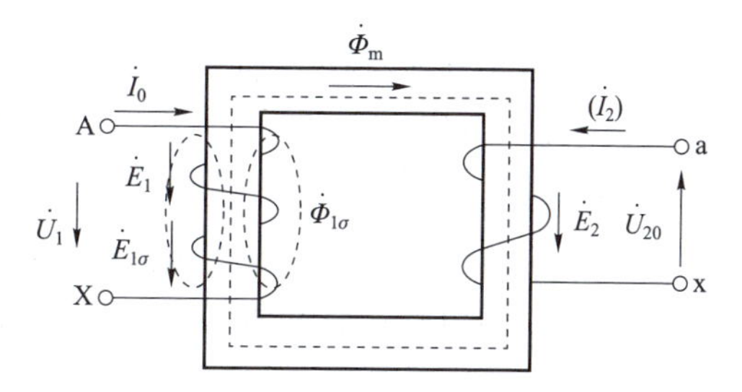

图 3-2-3　单相变压器空载运行原理图

空载时的各电磁物理量关系如下：

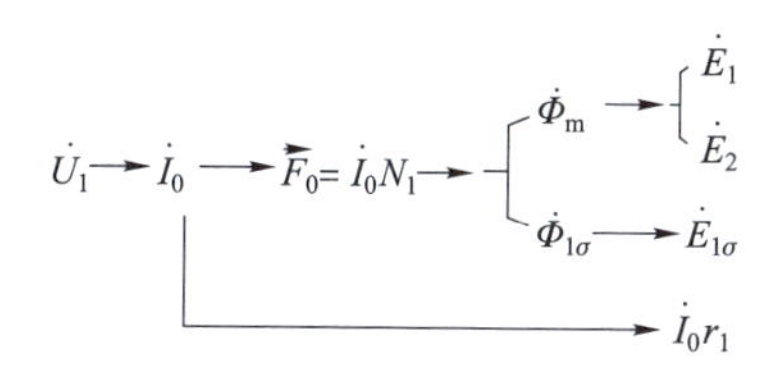

2. 正方向的选定

为了正确表达变压器中各物理量之间的数量及其相位关系，首先必须规定各物理量的正方向。正方向选定之后，表示电磁关系的基本方程、相量图和等效电路应与选定的正方向一致。这里强调几个要点：

（1）所谓假定正方向，即人为地给交变的物理量规定一个方向，用箭头表示，沿箭头所指的为正值。如果某交变量的瞬时值方向与箭头一致，即为正；若与箭头相反，则为负。

（2）正方向是研究交变量在写关系式或作相量图时的前提条件。每个方程或相量图中的各量都应有对应的正方向。

（3）原则上，假定正方向可以任意选定。同一个电磁量，若选用正方向不同，则它在所列写的电磁关系式中的符号是不同的。为了使方程的表达形式统一，很多场合采用了所谓

的习惯正方向。

变压器各量的习惯正方向如图 3-2-3 所示，说明如下。

(1) 一次电压 $\dot{U}_1$的正方向：由首端 A 至末端 X。

(2) 一次电流 $\dot{I}_0$(包括下面将提到的 $\dot{I}_1$) 的正方向：与 $\dot{U}_1$正方向一致。这样，功率输入绕组即为正值（这叫“电动机”惯例）。

(3) 主磁通 $\dot{\Phi}_m$的正方向：与电流 $\dot{I}_0(\dot{I}_1)$ 正方向符合右手螺旋定则。

(4) 一次电动势 $\dot{E}_1$的正方向：与主磁通 $\dot{\Phi}_m$正方向符合右手螺旋定则。根据这个 正方向和磁通的正方向，才有式中 $e=-N\dfrac{d\Phi}{dt}$的负号。

(5) 二次电动势 $\dot{E}_2$的正方向：与主磁通 $\dot{\Phi}_m$正方向符合右手螺旋定则。

(6) 二次电流 $\dot{I}_2$的正方向：与 $\dot{E}_2$ 的正方向一致。

(7) 二次电压 $\dot{U}_2$的正方向：与 $\dot{I}_2$的正方向一致。这样，功率从绕组输出时为正值（这叫“ 发电机”惯例）。

3. 电动势

根据电磁感应定律，交变磁通必在其相连的绕组中感应电动势。主磁通环链一、二次绕组，必在该两绕组中感应电动势，设主磁通随时间 t 按正弦规律变化，即：

$$\Phi=\Phi_m\sin\omega t \tag{3-2-8}$$

在所规定正方向的前提下，一次绕组中感应的电动势为：

$$e=-N_1\frac{d\Phi}{dt}=\omega N_1\Phi_m\sin(\omega t-90°)=E_{1m}\sin(\omega t-90°) \tag{3-2-9}$$

式中，$E_{1m}=\omega N_1\Phi_m$，为一次感应电动势 e_1 的幅值（最大值）。

由式（3-2-9）可见，感应电动势 e_1 也是随时间按正弦规律变化的。

一次电动势的有效值为：

$$E_1=\frac{E_{1m}}{\sqrt{2}}=\frac{1}{\sqrt{2}}\omega N_1\Phi_m=4.44fN_1\Phi_m \tag{3-2-10}$$

E_1、Φ_m 的关系用相量表示有：

$$\dot{E}_1=-j4.44fN_1\dot{\Phi}_m \tag{3-2-11}$$

由式（3-2-10）和式（3-2-11）可知，电动势的大小不仅与主磁通的幅值有关，还与磁通的变化频率和绕组的匝数有关，电动势 $\dot{E}_1$落后主磁通 $\dot{\Phi}_m$ 90°。

同理，二次绕组中感应电动势的有效值及相量可以表示为：

$$E_2=4.44fN_2\Phi_m \tag{3-2-12}$$

$$\dot{E}_2=-j4.44fN_2\dot{\Phi}_m \tag{3-2-13}$$

一次绕组漏磁通 $\Phi_{1\sigma}$感应的漏电动势为 $e_{1\sigma}$，其有效值及相量可以表示为：

$$E_{1\sigma}=4.44fN_1\Phi_{1\sigma} \tag{3-2-14}$$

$$\dot{E}_{1\sigma}=-j4.44fN_1\dot{\Phi}_{1\sigma} \tag{3-2-15}$$

4. 电动势方程

在一次侧，除上述的外施电压 $\dot{U}_1$、电动势 $\dot{E}_1$ 和漏电动势 $\dot{E}_{1\sigma}$ 外，还有一次绕组电阻 r_1 流过 $\dot{I}_0$ 后产生的电压降 $\dot{I}_0 r_1$。要了解一次侧电路内几个电压、电动势的关系，应写出一次侧的电动势方程。

可把一次漏电动势写成漏抗压降，即：

$$\dot{E}_{1\sigma} = -\mathrm{j}I_0 \dot{x}_{1\sigma} \tag{3-2-16}$$

式中，$\dot{x}_{1\sigma}$ 为一次绕组阻抗。

注意：①漏磁通 $\dot{\Phi}_{1\sigma}$ 感应的漏电动势 $\dot{E}_{1\sigma}$，可用漏电抗压降的形式来表示。

②漏磁通磁路为线性磁路，漏磁通与建立它的激磁电流成正比关系，磁阻为常数，漏电感 $L_{1\sigma}$ 及漏电抗 $x_{1\sigma}$ 均为常数。

③把电动势写成漏电抗压降形式，是处理线性磁路的常用方法。引入电抗 $x_{1\sigma}$ 的实质，目的是在 I_0 与 $E_{1\sigma}$ 间引入一个比例常数，用漏电抗 $x_{1\sigma}$ 来反映漏磁通 $\Phi_{1\sigma}$ 的作用，这样就把复杂的磁路问题简化为电路问题了，电机工程中常采用这样的方法。

电抗总是对应于磁通的，在以后的学习过程中，将会出现各种电抗，明确它所对应的磁通是很重要的。

因为漏电抗 $x_{1\sigma}$ 所对应的漏磁通的路径主要是空气和油，μ 是常数，故 $x_{1\sigma}$ 是一个常数，以后把 $x_{1\sigma}$ 写作 x_1。

根据基尔霍夫第二定律，并参照图 3-2-3 所标的假定正方向，可写出一次电动势的方程为：

$$\dot{U}_1 = -\dot{E}_1 - \dot{E}_{1\sigma} + \dot{I}_0 r_1 = -\dot{E}_1 + \dot{I}_0 Z_1 \tag{3-2-17}$$

式中，Z_1 为一次绕组漏阻抗，$Z_1 = r_1 + \mathrm{j}x_1$。

由式（3-2-17）可见，一次侧外施电压被电动势和漏阻抗压降所平衡。电动势 $\dot{E}_1$ 有时也称为反电动势。由于 $\dot{I}_0 Z_1$ 很小（仅占 U_1 的 0.5%），故在分析问题时可以忽略，即认为：

$$\dot{U}_1 \approx -\dot{E}_1 \tag{3-2-18}$$

在数值上，可以得到：

$$U_1 \approx E_1 = 4.44 f N_1 \Phi_{\mathrm{m}} \tag{3-2-19}$$

这个近似公式建立了变压器三个物理量在数值上的关系，由此可得到一个重要的结论：在 f、N_1 一定的情况下，主磁通的最大值取决于外施电压 U_1 的大小 。当外施电压为定值时，主磁通的最大值即为定值。

类似于空载电流 $\dot{I}_0$ 在漏磁通 $\dot{\Phi}_{1\sigma}$ 感应出漏电动势 $\dot{E}_{1\sigma}$，在数值上可看成是空载电流在漏电抗 x_1 上的压降，同理空载电流 $\dot{I}_0$ 产生主磁通 $\dot{\Phi}_{\mathrm{m}}$ 在原绕组感应出电动势 $\dot{E}_1$ 的作用，也可类似地用一个电路参数来处理，考虑到主磁通 $\dot{\Phi}_{\mathrm{m}}$ 在铁芯中引起铁耗，故不能单纯地引入一个电抗，而应引入一个阻抗 Z_{m}。这样便把 $\dot{E}_1$ 和 $\dot{I}_0$ 联系起来，$\dot{E}_1$ 的作用看作是 $\dot{I}_0$ 在 Z_{m} 上的阻抗压降，即：

$$-\dot{E}_1 = \dot{I}_0 Z_{\mathrm{m}} = \dot{I}_0 (r_{\mathrm{m}} + \mathrm{j}x_{\mathrm{m}}) \tag{3-2-20}$$

式中 Z_{m}——激磁阻抗，$Z_{\mathrm{m}} = r_{\mathrm{m}} + \mathrm{j}x_{\mathrm{m}}$；

x_{m}——激磁电抗，对应于主磁通的电抗；

r_m——激磁电阻，对应于铁耗的等值电阻，$P_{Fe}=I_0^2r_m$。

空载时，二次绕组没有电流，因此，二次绕组的端电压 $\dot{U}_{20}$就等于二次电动势 $\dot{E}_2$。

三、单相变压器空载时的各物理量

1. 空载电流

二次开路时一次绕组中流过的电流称为空载电流。空载电流流过绕组后，建立交变磁动势，该磁动势在铁芯中建立交变磁通，同时也产生损耗，故空载电流包含以下两个分量。

（1）无功分量 $\dot{I}_{0W}$，又称为磁化电流，起激磁作用；

（2）有功分量 $\dot{I}_{0Y}$，供给空载时变压器的损耗。

空载电流常以它对额定电流的百分数来表示，即 $I_0\%=\frac{I_0}{I_N}\times100\%$，其范围为 2%~6%。

由于有功分量所占比重极小，仅为无功分量的 10%左右，所以，空载电流基本上是感性无功性质的。

空载电流（主要取决于磁化电流）的大小和波形，与变压器铁芯的饱和程度有关。铁芯的磁化曲线是非线性的，若工作点选在磁化曲线的未饱和段，磁通和空载电流是线性关系，因而当磁通为正弦波时，电流也是正弦波。若工作点在饱和段，则磁通和空载电流就是非线性关系。一般电力变压器的额定工作点都选在开始饱和段内，因此，当外施电压等于额定电压时，虽然电压为正弦波，与其相应的主磁通也是正弦波，但由于铁芯饱和，故空载电流的波形却变成尖顶波。

2. 空载损耗

变压器空载时的损耗主要包括空载电流流过一次绕组时在电阻中产生的损耗（习惯称铜耗）和铁芯中产生的损耗（习惯称铁耗）。铁耗又包括涡流损耗和磁滞损耗。在由硅钢片制成的铁芯里，磁滞损耗为涡流损耗的 5~8 倍。

相对来说，由于空载电流很小，因此空载时铜耗也很小，与铁耗相比，它可以忽略不计，故可认为空载损耗就等于铁芯损耗。

变压器的铁耗通常采用下列经验公式来计算，即：

$$P_{Fe}=P_{\frac{1}{50}}\times B_m^2\left(\frac{f}{50}\right)^{1.3}G(\mathrm{W}) \tag{3-2-21}$$

式中 $P_{\frac{1}{50}}$——频率为 50 Hz、最大磁通密度为 1 T 时，每千克铁芯的铁耗（W/kg）；

B_m——磁通密度的最大值（T）；

f——磁通频率（Hz）；

G——铁芯质量（kg）。

实际上，变压器空载运行时，除上述的铜耗和铁耗外，还有附加损耗。产生附加损耗的原因是：在铁芯接缝处和装穿芯螺杆处的磁通密度分布不均；处于磁通中的各金属部分感应起涡流等。变压器容量小时，附加损耗也小。大容量的变压器，附加损耗有时与上述的基本铁芯损耗一样大。

空载损耗为额定容量的 0.2%~1%，这一数值并不大，但是因为电力变压器在电力系统中的使用量很大，且常年接在电网上，所以减少空载损耗具有重要意义。

知识链接二 三相变压器

一、三相变压器的磁路系统

电力系统均采用三相供电制，所以三相变压器可由三台变压器组合而成，称为三相组式变压器，还有一种三柱式铁芯结构的变压器称为三相心式变压器。

三相变压器在对称负载下运行时，其中每一相的电磁关系都与单相变压器相同，前面分析的单相变压器的方法及有关结论，完全适用于对称运行的三相变压器。

1. 组式变压器

组式变压器由三台单相变压器组合而成，其特点是每相磁路独立，互不关联，如图 3-2-4 所示，只有在特大容量时为运输方便才采用这种结构。

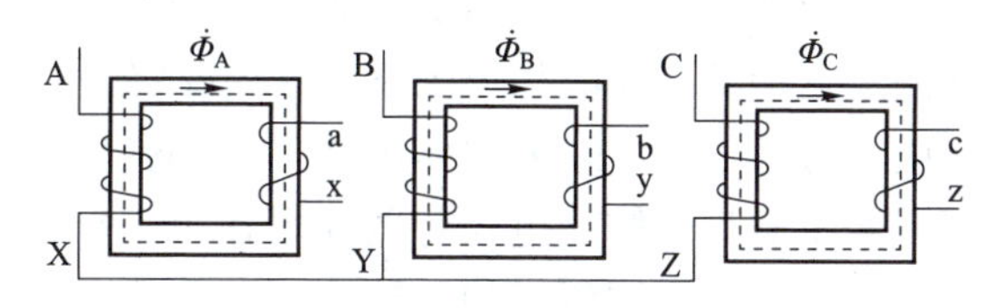

图 3-2-4 三相组式变压器磁路

2. 心式变压器

三相心式变压器磁路是由三个单相变压器铁芯演变而成，把三个单相铁芯合并成如图 3-2-5（a）所示的结构，由于通过中间铁芯的是三相对称磁通，其相量和为零，因此中间铁芯可以省去，形成如图 3-2-5（b）所示的形式，再将三个铁芯柱安排在同一平面上，如图 3-2-5（c）所示，这就是三相心式变压器磁路。

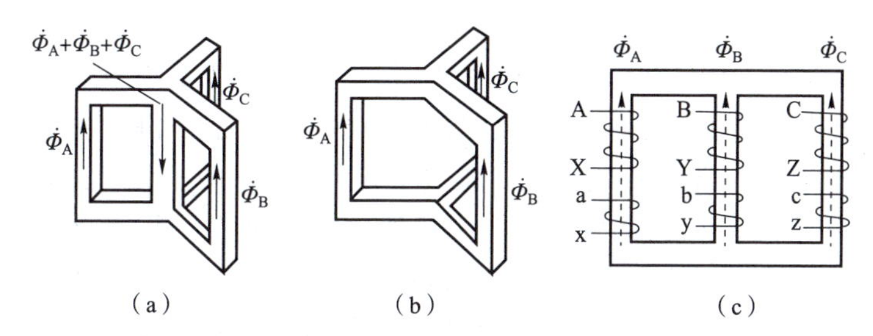

图 3-2-5 三相心式变压器磁路

（a）三个单相铁芯的合并；（b）去掉中间铁芯柱；（c）三相心式铁芯

三相心式变压器磁路的特点是：各相磁路彼此关联，每一相磁通要通过另外两相磁路闭合。由于三相铁芯柱在一个平面上，使三相磁路有点不对称，由此造成三相激磁电流也有点不对称。由于激磁电流很小，故这种不对称程度在工程上造成的误差完全可以忽略不计。目前用得较多的是三相心式变压器，因它具有消耗材料少、效率高、占地面积小、维护简单等优点，大型变压器多采用这种结构。

3. 心式变压器和组式变压器的区别

1）结构不同

心式变压器中的铁芯是变压器的磁路部分，在铁芯柱上套绕组，铁轭则将铁芯柱连接起来，形成闭合的磁路；而组式变压器是由三个单相变压器在电路上做三相连接而组成的，各相的主磁通沿各自铁芯形成一个单独的回路，彼此间毫无关系。

2）适用范围不同

在大容量的巨型变压器中，为了便于运输及减少备用容量，常常采用三相组式变压器，而大、中、小容量的心式变压器广泛应用于电力系统中。

二、三相变压器的极性与连接组

1. 变压器的连接组别

变压器不但能改变电压（电动势）的数值，还可以使高压、低压侧的电压（电动势）具有不同的相位关系。对电力变压器来说，三相绕组的连接方式有两种基本形式，即星形连接和三角形连接。三相绕组的连接方式、绕组的缠绕方向和绕组端头的标志这三个因素会影响三相变压器一、二次线电压的相位关系。所谓变压器的连接组别，就是讨论高、低压绕组的连接方式以及高、低压侧线电动势之间的相位关系。这里要解决的主要问题是分析一、二次线电动势的相位差。一般用时钟表示法来表明变压器一、二次线电动势的相位关系。

所谓时钟表示法，即以变压器高压侧线电动势的相量作为长针，并固定指着“12”；以低压侧同名线电动势的相量作为短针，它所指的时钟数即表示该连接组的组号。例如，对于Y,y 连接，当$\dot{E}_{AB}$与$\dot{E}_{ab}$同相时，则连接组别为 Y,y0。绕组连接图均以高压侧的视向为准，连接组的表示式中，逗号前面的符号表示高压绕组的连接方式，逗号后面的符号表示低压绕组的连接方式，后面的数字表示组号。

对于单相变压器，常以其高、低压侧电动势相量的相位关系来表示其组别。

下面先讨论单相变压器的极性及连接组，再分析三相变压器的连接组。顺便指出，高、低压侧电动势之间的相位关系完全等同于电压之间的相位关系。

2. 单相绕组的极性

对于三相变压器的任意一相（或单相变压器），其高、低压绕组之间存在瞬时极性问题，即高、低压绕组交链同一磁通感应电动势时，高压绕组某一侧端头的电位若为正（高电位），低压绕组必有一个端头的电位也为正（高电位），这两个具有正极性或另两个具有负极性的端头，称为同极性端或叫同名端，用符号“·”或“*”表示。

如图 3-2-6（a）所示的单相绕组，高、低压绕组套装在同一铁芯柱上，绕向相同，被同一主磁通交链。当磁通交变时，在同一瞬间，根据楞次定律可判断两个绕组感应电动势的实际方向，均由绕组上端指向下端，在此瞬间，两个绕组的上端同为负电位，即为同极性端，而两个绕组的下端同为正电位，也为同极性端，只要标出一对同极性端即可。

同样的方法分析两绕组绕向相反时，同极性端的标记就要改变，如图 3-2-6（b）和图 3-2-6（c）所示。由此可见，极性与绕组的绕向有关。对已制好的变压器，其相对极性也就被确定。

3. 单相变压器的连接组

变压器的检测

下面分析单相变压器高、低压绕组感应相电动势之间的相位关系。绕组端头标记如图 3-2-6 所示，感应电动势正方向的规定如下：高、低压各绕组相电动势正方向从尾端指向首端。这样，高、低压绕组相电动势之间只有两种相位关系：

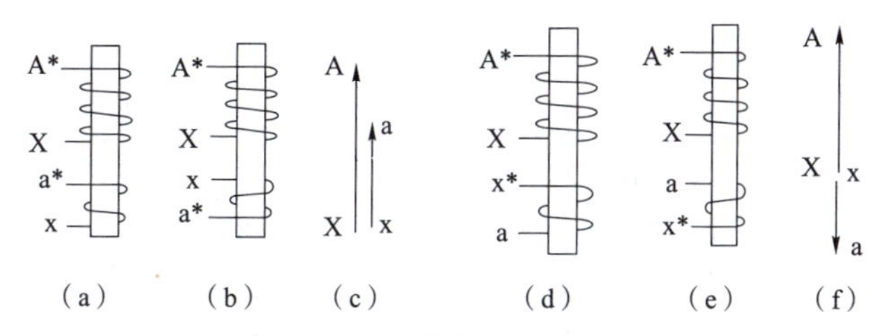

图 3-2-6　单相绕组的极性

（a）高、低压绕组绕向相同—正接；（b）高、低压绕组绕向相反—反接并且端头标记对换；（c）正接和反接对换端头标记时的相量图；（d）正接低压绕组端头标记对换；（e）反接接线图；（f）反接和端头标记对换的相量图

（1）若高、低压绕组首端为同极性端，则高、低压绕组相电动势相位相同；

（2）若高、低压绕组首端为异极性端，则高、低压绕组相电动势相位相反。

单相变压器高、低压绕组连接用 I/I 表示。数字标号用时钟的点数表示，其含义是：把高压绕组相电动势相量看成时钟上的长针（分针），低压绕组相电动势相量看成时钟上的短针（时针），并且令高压绕组相电动势相量固定在钟盘面上的数字“12”作为参考相量，那么低压绕组相电动势相量所指的时钟的数字即为组号；而高、低压绕组的相电动势的相量差即为时钟数×30°。

4. 三相绕组的连接方法

三相绕组主要有星形连接和三角形连接两种。我国规定同一铁芯柱上的高、低压绕组为同一相绕组，并采用相同的字母符号为端头标记。

为了分析和使用方便起见，电力变压器绕组的首、尾都有标号，标法见表 3-2-1。

表 3-2-1　变压器绕组的端头标记

绕组标号	单相变压器		三相变压器		中性点
	首端	尾端	首端	尾端	
高压绕组	A	X	A、B、C	X、Y、Z	O
低压绕组	a	x	a、b、c	x、y、z	o
中压绕组	A_m	X_m	A_m、B_m、C_m	X_m、Y_m、C_m	O_m

1）星形连接

以高压绕组星形连接为例，其接线及电动势相量图如图 3-2-7 所示。

在如图 3-2-7（b）所示正方向的前提下，有 $\dot{E}_{AB}=\dot{E}_A-\dot{E}_B$；$\dot{E}_{BC}=\dot{E}_B-\dot{E}_C$；$\dot{E}_{CA}=\dot{E}_C-\dot{E}_A$。

2）三角形连接

三角形接法有两种：一种是右向三角形；另一种是左向三角形，如图 3-2-8 和图 3-2-9 所示。

以低压绕组右向三角形连接（d 连接）为例，其接线及电动势相量图如图 3-2-8 所示。在图 3-2-8（b）所规定的正方向下，有 $\dot{E}_{ab}=-\dot{E}_b$，$\dot{E}_{bc}=-\dot{E}_c$，$\dot{E}_{ca}=-\dot{E}_a$。

以低压绕组左向三角形连接（d 连接）为例，其接线及电动势相量图如图 3-2-9 所示。在图 3-2-9（b）所规定的正方向下，有 $\dot{E}_{ab}=\dot{E}_a$，$\dot{E}_{bc}=\dot{E}_b$，$\dot{E}_{ca}=\dot{E}_c$。

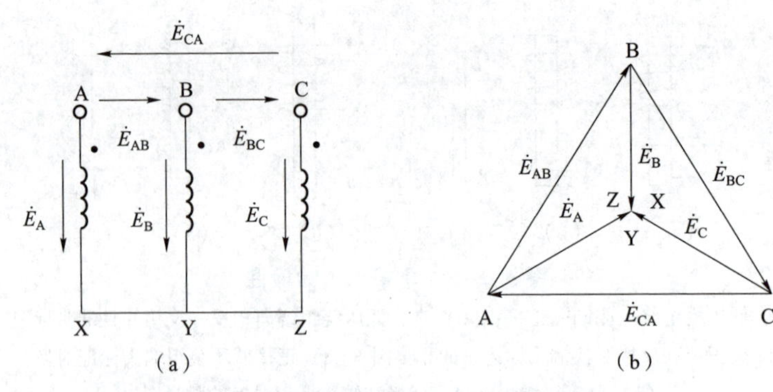

图 3-2-7　星形接法的三相绕组接线及电动势相量图

（a）星形接法的三相绕组接线；（b）电动势相量图

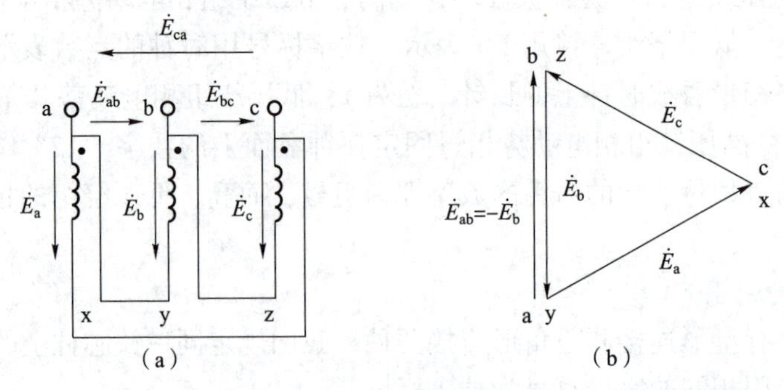

图 3-2-8　右向三角形接法的三相绕组接线及电动势相量图

（a）右向三角形接法的三相绕组接线；（b）电动势相量图

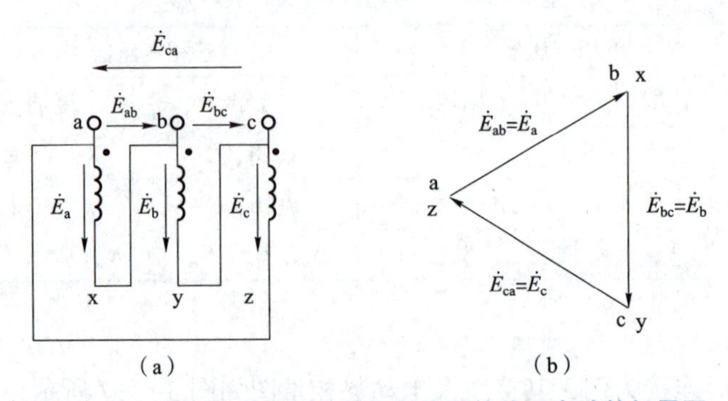

图 3-2-9　左向三角形接法的三相绕组接线及电动势相量图

（a）左向三角形接法的三相绕组接线；（b）电动势相量图

5. 三相变压器的连接组别

三相变压器的连接组，是由表示高、低压绕组连接法及其对应线电动势相位关系的组号两部分组成的。

高、低压绕组对应线电动势的相位关系可用相位差表示，高、低压绕组的连接法（星形或三角形）不同，相位差也不一样，但总是30°的整数倍，仍然可用时钟字标号来表示对应线电动势之间的相位差。具体方法是，分别作出高、低压侧电动势相量图，选高压侧线电动势相量作长针，且固定指着时钟盘面上的“12”；对应的低压侧线电动势相量作短针，其所指的钟点数即为连接组标志中的组号。

下面分别以 Y,y 及 Y,d 连接的三相变压器连接组进行分析。

1）Y,y0 连接组

由图 3-2-10（b）可见，$\dot{E}_{AB}$指向“12”，$\dot{E}_{ab}$也指向“12”，其连接组记为 Y,y0。

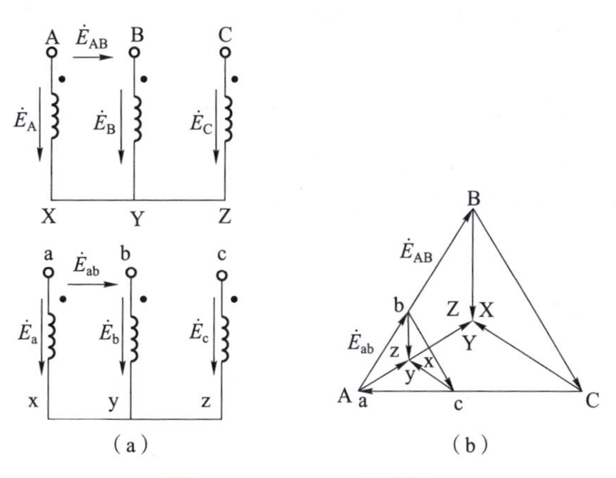

（a）　　　　（b）

图 3-2-10　Y,y0 连接组

（a）接线图；（b）电动势相量图

改变低压绕组同极性端，或者在保证正相序下改变低压绕组端头标记，还可以得到 2、4、6、8、10 五个偶数组号。

2）Y,d11 连接组（见图 3-2-11）

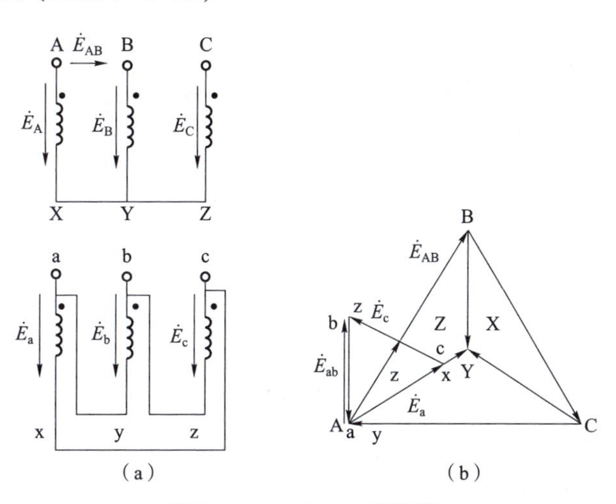

（a）　　　　（b）

图 3-2-11　Y,d11 连接组

（a）接线图；（b）电动势相量图

改变低压绕组为右向或左向三角形连接，也可改变低压绕组同极性端或者在保证正相序的情况下改变低压绕组端头标记，还可以得到 1、3、5、7、9 这五个奇数组号。

综上所述，变压器有很多连接组，为了制造和使用方便及统一，避免因连接组过多造成混乱，以致引起不必要的事故，同时又能满足工业上的需要，国际上规定了一些标准连接组。

三相双绕组电力变压器的标准连接组有 Y,y0、YN,y0、Y,yn、Y,d11、YN,d11 五种；单相变压器只有 I,I0 一种。其中符号 YN,yn，表示三相绕组为星形接法，并把中性点引出箱外。

各种标准连接组使用范围如下：

（1）Y,yn 主要用在配电变压器中，供给动力与照明混合负载。这种变压器的容量可做到 1 800 kV · A，高压边额定电压不超过 35 kV，低压边电压为 400 V/230 V。

（2）Y,d11 用在副边电压超过 400 V 的线路中，最大容量为 5 600 kV · A，高压边电压在 35 kV 以下。

（3）YN,d11 用在高压边需要中性点接地的变压器中，在 110 kV 以上的高压输电线路中，一般需要把中性点直接接地或通过阻抗接地。

（4）YN,y0 用在原边中性点需要接地的场合。

（5）Y,y0 一般只供三相动力负载。

任务实施

任务名称：变压器停送电操作
操作时限：1 h
操作标准：
依据《变压器运行规程》进行。
操作要求：
（1）填写操作票：根据操作命令填写操作票，确定停、送电操作人员和监护人员；发令人签发操作票。
（2）工器具准备、检查：准备接地线、验电器、操作杆、绝缘手套、标示牌等，外观检查、有效日期检查。
（3）停电操作：先停低压、后停高压。
（4）验电：变压器停电后，应选用相同电压等级的验电器进行验电，验电前必须先对验电器进行外观检查，再在带电设备上进行试验，确认验电器完好后方可进行，验电时，必须三相逐一验电。
（5）装设接地线：装设接地线应先接接地端，后接导体端，装拆时应戴安全帽，戴绝缘手套。
（6）送电操作：先送高压，后送低压。
（7）现场工器具清理：避免工具泄漏在线路设备上，造成二次故障。

任务考核

目标	考核题目	配分	得分
知识点	1. 正确理解单相变压器空载运行时的电磁关系，正确理解单相变压器空载运行时的物理状况。	13	
	2. 正确理解单相变压器负载运行时的电磁关系，正确理解单相变压器负载运行时的磁动势平衡关系。	13	
	3. 正确理解三相组式变压器的结构及磁路、三相心式变压器的结构及磁路，掌握心式变压器和组式变压器的应用场合。	13	

续表

目标	考核题目	配分	得分
技能点	1. 是否能正确描述单相变压器空载运行时的电磁关系？能否正确判断单相变压器空载运行时的物理状况？ 评分标准：90%以上问题回答准确、专业，描述清楚、有条理，12分；80%以上问题回答准确、专业，描述清楚、有条理，10分；70%以上问题回答准确、专业，描述清楚、有条理，8分；60%以上问题回答准确、专业，描述清楚、有条理，7分；不到50%问题回答准确的不超过6分，酌情打分。	12	
	2. 是否能正确描述单相变压器负载运行时的电磁关系和正确描述单相变压器负载运行时的磁动势平衡关系？ 评分标准：90%以上问题回答准确、专业，描述清楚、有条理，12分；80%以上问题回答准确、专业，描述清楚、有条理，10分；70%以上问题回答准确、专业，描述清楚、有条理，8分；60%以上问题回答准确、专业，描述清楚、有条理，7分；不到50%问题回答准确的不超过6分，酌情打分。	12	
	3. 是否能正确说出三相组式变压器的结构及磁路、三相心式变压器的结构及磁路，以及心式变压器和组式变压器的应用场合？ 评分标准：90%以上问题回答准确、专业，描述清楚、有条理，12分；80%以上问题回答准确、专业，描述清楚、有条理，10分；70%以上问题回答准确、专业，描述清楚、有条理，8分；60%以上问题回答准确、专业，描述清楚、有条理，7分；不到50%问题回答准确的不超过6分，酌情打分。	12	
素养点	1. 是否遵守纪律及规程，不旷课、不迟到、不早退？ 评分标准：旷课扣5分/次；迟到、早退扣2分/次；上课做与任务无关的事情扣2分/次；不遵守安全操作规程扣5分/次。	5	
	2. 是否以严谨认真的态度对待学习及工作？ 评分标准：能认真积极参与任务，5分；能主动发现问题并积极解决，3分；能提出创新性建议，2分。	10	
	3. 是否能按时按质完成课前学习和课后作业？ 评分标准：网络课程前置学习完成率达90%以上，5分；课后作业完成度高，5分。	10	
总　　分		100	
教师评语			

巩固提升

一、填空题

1. 空载运行是指变压器一次侧接到额定电压、额定频率的电源上，二次侧________的运行状态。

2. 空载磁动势，根据磁通通过的路径不同可分为两部分，即________和________。

3. 主磁通 $\dot{\Phi}_m$的正方向与电流 $\dot{I}_0$的正方向符合________定则。

4. 变压器空载时的损耗主要为________和________。

5. 变压器的铁耗包括________和________。

二、选择题

1. 变压器空载电流小的原因是（　　）。

A. 一次绕组匝数多，电阻很大　　B. 一次绕组的漏抗很大

C. 变压器的激磁阻抗很大　　D. 变压器铁芯的电阻很大

2. 当变压器二次绕组开路，一次绕组施加额定频率的额定电压时，一次绕组中所流过的电流称为（　　）。

A. 激磁电流　　B. 整定电流　　C. 短路电流　　D. 空载电流

3. 一台原设计为 50 Hz 的电力变压器，运行在 60 Hz 的电网上，若额定电压值不变，则空载电流（　　）。

A. 减小　　B. 增大　　C. 不变　　D. 减小或增大

4. 普通三相变压器中一次侧的额定电流一般为（　　）。

A. $I_{1N}=S_N/(\sqrt{3}U_{2N})$　　B. $I_{1N}=S_N/(\sqrt{3}U_{1N})$　　C. $I_{1N}=S_N/(3U_{1N})$　　D. $I_{1N}=S_N/U_{2N}$

5. 普通单相变压器中二次侧的额定电流一般为（　　）。

A. $I_{2N}=S_N/(\sqrt{3}U_{2N})$　　B. $I_{2N}=S_N/(\sqrt{3}U_{1N})$　　C. $I_{2N}=S_N/(3U_{1N})$　　D. $I_{2N}=S_N/U_{2N}$

三、判断题

1. 变压器的主磁通占总磁通 99%以上，是变压器进行能量传递的媒介。（　　）

2. 空载运行时变压器的漏磁通与一次绕组和二次绕组相连，占总磁通不到 1%。（　　）

3. 变压器的漏磁通不能传递能量，只在电路里产生电压降 $\dot{E}_{1\sigma}$。（　　）

4. 在分析变压器的运行时引入感抗，是为了磁路问题电路化处理，简化计算。（　　）

5. 空载电流的大小和波形与变压器铁芯的饱和程度有关。（　　）

6. 二次绕组短路时一次绕组中流过的电流称为空载电流。（　　）

四、简答题

1. 变压器的空载损耗都有哪些？

2. 变压器的空载电流波形是正弦波吗？

任务 3-3　变压器的维护

<table>
<tr><td>任务名称</td><td>变压器的维护</td><td>参考学时</td><td>4 h</td></tr>
<tr><td>任务引入</td><td colspan="3">变压器在投入运行后经常出现温度过高、响声异常、三相输出电压不对称等现象，那么引起这些现象的原因是什么呢？又如何来处理这些问题呢？本任务主要学习变压器的日常巡视，常见故障分析及处理，从而保证变压器的正常运行。</td></tr>
<tr><td rowspan="3">任务要点</td><td colspan="3">知识点：变压器的日常巡视项目；变压器的常见故障；变压器的故障检测方法。</td></tr>
<tr><td colspan="3">技能点：正确进行变压器的日常巡视；会分析变压器的故障原因；会进行变压器的日常维护和故障检查。</td></tr>
<tr><td colspan="3">素质点：具有高度的责任心，敬畏生命，敬畏责任，敬畏制度。</td></tr>
</table>

知识链接一　变压器的日常巡视

变压器的巡视与维护

在值班过程中，要对变压器的异常进行观察记录，以作为检修故障分析的依据。日常巡视主要包括以下内容。

（1）检查变压器的响声是否正常。变压器的正常响声应是均匀的嗡嗡声。如果响声比正常大，说明变压器过负荷；如果响声尖锐，说明电源电压过高。

（2）检查变压器油温是否超过允许值。油浸变压器的上层油温不应超过 85 ℃，最高不得超过 95 ℃。油温过高可能是由变压器过载引起，也可能是变压器内部故障。

（3）检查储油柜及瓦斯气体继电器的油位和油色，检查各密封处有无渗油和漏油现象。

油面过高，可能是变压器冷却装置不正常或变压器内部有故障；油面过低，可能有渗油、漏油现象。变压器油正常时应为透明略带浅黄色，若油色变深、变暗，说明油质变坏。

（4）检查瓷导管是否清洁，有无破损裂纹和放电痕迹；检查变压器高、低压接头螺栓是否紧固，有无接触不良和发热现象。

（5）检查防爆膜是否完整无损，检查吸湿器是否畅通、硅胶是否吸湿饱和。

（6）检查接地装置是否正常。

（7）检查冷却、通风装置是否正常。

（8）检查变压器及其周围有无其他影响安全运行的异物（易燃易爆物等）和异常现象。在巡视过程中，如发现有异常现象，应记入专用的记录本内，重要情况应及时汇报上级，请示及时处理。

知识链接二　变压器故障检查方法及故障分析

为了发现变压器的故障，可以通过试验对变压器进行检查，通过分析试验结果，从而确定故障的原因、发生故障的部位和程度，确定适当的处理措施。

1. 变压器基础试验检查方法及故障分析

1）兆欧表测量变压器绝缘及故障分析

用 2 500 V 兆欧表测量变压器各相绕组对绕组和绕组对地的绝缘电阻。若测得的绝缘电阻为零，说明被测绕组或绕组对地之间有击穿故障，可考虑解体进一步检查绕组间的绝缘及对地绝缘层，确定短路点；若测得的绝缘电阻值较上次检查记录值低 40% 以上，则可能是由绝缘受潮、绝缘老化引起，可对症做相应的处理（如干燥处理、修复或更换损坏的绝缘），然后进行试验观察。

2）绕组直流电阻试验及故障分析

测量分接开关各点的直流电阻值，若测得的电阻值差别较大，故障的可能原因为分接开关接触不良、触头有污垢、分接头与开关的连接有误（主要发生在拆修后的安装错误）。处理方法：检查分接开关与分接头的连接情况及分接开关的接触是否良好。

分别测量三相电阻值，当某一相电阻大于三相平均电阻值的 2%～3%时，其故障的原因可能为绕组的引线焊接不良、匝间短路或为引线与套管连接不良。检查的方法是分段测量直流电阻，首先将低压开路，并将高压 A 相短路，在 B、C 相间施加 5%～10%的额定电压，测量电流值。若 A 相有故障，则在 A 相短路时测得的电流值较小，而在 B、C 短路时测得的电流值较大。

3）空载试验检测及故障分析

空载试验接线方法及励磁阻抗的测定在前面已叙述，在这里仅针对测量数据的异常进行故障分析。若测得的空载损耗功率和空载电流都很大，说明故障出在励磁回路中，可能是铁芯螺杆或铁轭螺杆与铁芯有短路处，或接地片安装不正确构成短路，或有匝间短路。检查的方法是吊出变压器铁芯，寻找接地短路处和匝间短路点，可用 1 000 V 兆欧表测量铁轭螺杆的绝缘电阻，检测绕组元件的绝缘情况。

若只是空载损耗功率过大，空载电流并不大，则表示铁芯的涡流较大，表明铁芯片间有绝缘脱落，绝缘不良，可进一步用直流—电压表法测量铁芯片间绝缘电阻，电阻值变小的为绝缘损坏的铁芯片。

若只是空载电流过大，而空载损耗功率不大，表明励磁回路的磁阻增大，气隙增大，可能是铁芯接缝装配不良（多出现在检修重新装配后）、硅钢片数量不足。可考虑吊出铁芯，检查铁芯接缝，测量铁轭面积。

4）短路试验检测及故障分析

短路试验方法与短路阻抗的计算在前面已讲述，此试验也是故障检测的重要手段之一，通过对其读数的分析来确定故障性质。若测得的阻抗电压过大（一般正常值在 4%~5%额定电压值），表明短路阻抗变大了，故障可能出在从进线对分接抽头的沿途接线接头、导管或电开关接触不良、部分松动等造成的内阻增大。对于这种故障，可采用分段测量直流电阻来寻找故障点。

若短路功率读数过大，而阻抗电压并不明显增大，表明并联导线可能出现了断裂，换位不正确，使部分导电截面减小。对于故障点，也可用分相短路试验方法来寻找，即在低压侧短路，分别对各端加额定阻抗电压值进行三次测量，对每次结果进行分析，即短路电流较小的那相绕组可能存在故障点。

5）绕组组别测量及故障分析

变压器正常的组别连接是按时钟标记的，其规律性很强，只有“12 点”连接组别。通过组别试验电路，测出各引出线端电压值，找出相应的比值关系，即可判断出组别号或接线错误。

2. 变压器检修试验与要求

变压器在检修后，必须经过一系列试验对重要参数指标进行校核，满足运行要求以后才能投入运行。

测量穿心螺杆对铁芯和夹件的绝缘电阻及耐压试验：绝缘电阻不得低于 2 MΩ。耐压试验电压：交流为 1 000 V，直流为 2 500 V，耐压试验时间应持续 1 min。

在变压器的各分接头上测量各绕组的直流电阻：三相变压器三相线电阻的偏差不得超过三相平均值的 2%，相电阻不得超过三相平均值的 4%。

测量各分接头的变压比：测量各相在相同分接头上的电压比，相差不超过 1%，各相测得的电压比与铭牌相比较，相差也不超过 1%。

测量绕组对与绕组间的绝缘电阻：20~30 kV 的变压器绝缘电阻不低于 300 MΩ；3~6 kV 的变压器绝缘电阻不得低于 200 MΩ；0.4 kV 以下的变压器不低于 90 MΩ。

测量变压器的连接组别：必须与变压器的铭牌标志相符。

测定变压器在额定电压下的空载电流：一般要求在额定电流的 5%左右。

耐压试验：电压值要符合耐压试验标准，油侵变压器耐压试验标准如表 3-3-1 所示，试验电压持续时间为 1 min。

表 3-3-1 油侵变压器耐压试验标准

电压级次	0.4	3	6	10
制造厂出厂试验电压/kV	5	18	25	35
交接和预防性试验电压/kV	2	15	21	30

变压器油箱密封试验（油柱静压试验）：利用油盖上的滤油阀门，加装 2 m 高的油管，在油箱顶端焊接一个油桶，在油压不足时做补充用，持续观察 24 h，应无漏油痕迹。

油箱中的绝缘油化学分析试验：其击穿电压、水分、电阻率、表面张力及酸度等都必须满足规定标准。

3. 变压器运行故障分析及处理

对于变压器运行维护人员来说，要随时掌握变压器的运行状态，做好工作记录。对于日常的异常现象，做细致分析，并针对具体问题能做出合理的处理措施，以减小故障恶化和扩散。对于重大故障，要及时做好记录、汇报，进行停运检修。电力变压器的常见故障及处理方法见表 3-3-2。

表 3-3-2 电力变压器的常见故障及处理方法

故障现象	产生原因	处理方法
响声异常	1. 过负荷。 2. 电压过高。 3. 铁芯松动。 4. 线圈、铁芯、套管局部击穿放电。 5. 外壳表面零部件固定不牢，与外壳相碰。 6. 内部发生严重故障，变压器油剧烈循环或沸腾	1. 检查输出电流。 2. 检查电压。 3. 吊芯检查铁芯。 4. 找出放电部位后采取措施。 5. 固定好零部件。 6. 立即断开电源，找出原因，排除故障后才能运行
温升过高	1. 铁芯片间绝缘损坏。 2. 穿心螺杆绝缘损坏、铁芯短路。 3. 铁芯多点接地。 4. 铁芯接地片断裂。 5. 线圈匝间短路。 6. 线圈绝缘能力降低。 7. 分接开关接触不良。 8. 过负荷。 9. 漏磁发热	1. 测量片间绝缘电阻，两片间在 6 V 直流电压下，其电阻应大于 0.8 Ω。 2. 测量穿心螺杆绝缘电阻，加强绝缘。 3. 找出接地点，并处理。 4. 重新连接。 5. 测量线圈直流电阻，比较三相平衡程度。 6. 测量线圈对地和线圈之间的绝缘电阻。 7. 转动分接开关，多次调整分接开关压力和位置。 8. 减少负荷，缩短过负荷运行时间。 9. 检查载流体周围铁件发热情况

续表

故障现象	产生原因	处理方法
三相输出电压不对称	1. 三相负载严重不对称。 2. 匝间短路。 3. 三相电源电压不对称。 4. 高压侧一相缺电	1. 测量三相电流，其差值不超过 25%。 2. 找出短路点后修理。 3. 检查电源电压。 4. 检查高压侧开关合闸情况，特别是熔丝是否熔断
输出电压偏低	1. 分接开关位置不当。 2. 电网电压低	1. 调整分接开关，例如从“Ⅰ”调至“Ⅱ”。 2. 不能处理
并联运行时空载环流大	1. 连接组不同。 2. 两台变压器分接开关调整挡位不相同。 3. 变比有差异	1. 变换连接组，做定向试验。 2. 调整分接开关。 3. 视情况处理
并联运行时负载分配不均	1. 阻抗电压不等。 2. 额定容量相差悬殊	1. 通过短路试验。 2. 一般不能超过 3 : 1

任务实施

任务名称：某变电站变压器巡视
操作时限：1 h
操作标准：
依据《电力安全工作规程》进行。
操作要求：
1. 说出变压器日常巡视的内容；
2. 根据日常巡视的内容，对变压器的情况进行记录，填写记录单；
3. 针对记录单中变压器的异常情况分析原因；
4. 说出变压器相应异常情况的处理方法；
5. 处理变压器故障。

任务考核

目标	考核题目	配分	得分
知识点	1. 正确进行变压器的日常巡视。	13	
	2. 正确分析变压器的故障原因；正确进行变压器的日常维护与故障检查。	13	
	3. 根据故障现象正确判断变压器运行时的故障原因；正确处理变压器的常见故障。	13	

续表

目标	考核题目	配分	得分
技能点	1. 是否能正确描述变压器日常巡视的主要内容？ 评分标准：90%以上问题回答准确、专业，描述清楚、有条理，12 分；80%以上问题回答准确、专业，描述清楚、有条理，10 分；70%以上问题回答准确、专业，描述清楚、有条理，8 分；60%以上问题回答准确、专业，描述清楚、有条理，7 分；不到 50%问题回答准确的不超过 6 分，酌情打分。	12	
	2. 是否能根据故障现象正确判断变压器运行时的故障原因？ 评分标准：90%以上问题回答准确、专业，描述清楚、有条理，12 分；80%以上问题回答准确、专业，描述清楚、有条理，10 分；70%以上问题回答准确、专业，描述清楚、有条理，8 分；60%以上问题回答准确、专业，描述清楚、有条理，7 分；不到 50%问题回答准确的不超过 6 分，酌情打分。	12	
	3. 是否能根据故障原因说出故障变压器的处理方法？ 评分标准：90%以上问题回答准确、专业，描述清楚、有条理，12 分；80%以上问题回答准确、专业，描述清楚、有条理，10 分；70%以上问题回答准确、专业，描述清楚、有条理，8 分；60%以上问题回答准确、专业，描述清楚、有条理，7 分；不到 50%问题回答准确的不超过 6 分，酌情打分。	12	
素养点	1. 是否遵守纪律及规程，不旷课、不迟到、不早退？ 评分标准：旷课扣 5 分/次；迟到、早退扣 2 分/次；上课做与任务无关的事情扣 2 分/次；不遵守安全操作规程扣 5 分/次。	5	
	2. 是否以严谨认真的态度对待学习及工作？ 评分标准：能认真积极参与任务，5 分；能主动发现问题并积极解决，3 分；能提出创新性建议，2 分。	10	
	3. 是否能按时按质完成课前学习和课后作业？ 评分标准：网络课程前置学习完成率达 90%以上，5 分；课后作业完成度高，5 分。	10	
总　　分		100	
教师评语			

巩固提升

简答题

1. 变压器日常巡视的项目有哪些？
2. 变压器运行中的常见故障有哪些？
3. 变压器运行过程中引起其温度升高的原因有哪些？

【制度敬畏】

变压器的安全规范

(1) 变压器的安装和使用必须符合相关国家标准，并按照厂家提供的安装和使用说明进行操作。

(2) 在安装和使用变压器之前，必须对电压开关进行检查和维护，确保其正常工作。

(3) 变压器的接地必须可靠，防止漏电或触电事故。

(4) 变压器的电气绝缘材料必须符合国家标准，并按照规定进行检查和维护。

(5) 变压器的运行中必须保持干燥、清洁，防止灰尘、水分、腐蚀等对绝缘材料的影响。

(6) 在变压器运行中必须注意变压器的散热情况，防止过热。

(7) 做好防水、防鼠工作，注意随手关闭好变压器室门，谨防老鼠等动物窜入变压器室而发生意外，以免造成停电事故。

(8) 严禁将易燃易爆危险物品带进变压器室，室内严禁吸烟，工作人员必须熟练使用消防器材。

(9) 变压器运行中禁止任何人接触并操作，必须由专业技术人员进行操作和维护。

(10) 变压器使用年限达到或超过规定年限时，必须按照相关规定进行更换和维修。

(11) 变压器运行中出现任何异响或异常情况时，必须立即停止使用，并进行检查和维修。

(12) 变压器的运行记录和检测报告必须妥善保存，供以后参考和查询。

项目4　三相异步电动机的运行与维护

<table>
<tr><td colspan="5">项目概述</td></tr>
<tr><td>项目名称</td><td colspan="2">三相异步电动机的运行与维护</td><td>参考学时</td><td>18 h</td></tr>
<tr><td>项目导读</td><td colspan="4">电动机（Motor），也称为马达，它是一种可以把电能转换成机械能的动力驱动设备，早已被广泛应用在家用电器、机械、冶金、煤炭、石油、化工等工业领域。
电动机的类型有很多，其中的三相异步电动机由于具有结构简单、价格低廉、坚固耐用，制造、使用和维修方便等优点，被大量使用在机床、起重设备、水泵、风机等设备上，一个现代化的工厂需要几百甚至上万台三相异步电动机。
那么异步电动机在工农业生产中如何选型？如何进行运行管理和维护呢？</td></tr>
<tr><td>项目分解</td><td colspan="4">3个学习型任务：
4-1 三相异步电动机的选用，通过学习掌握三相异步电动机的基本结构和工作原理，能看懂铭牌参数，能针对具体的工作现场进行正确选型；
4-2 三相异步电动机的运行控制，通过学习掌握三相异步电动机的运行特性，以及启动、调速、制动等控制方法，能设计电动机的各种运行控制电路并进行管理，能正确使用电气设备规程规范；
4-3 三相异步电动机的维护，通过学习掌握三相异步电动机的常规维护方法，能检测电动机的运行状况，能正确分析电动机运行中的各种故障并提出解决办法。</td></tr>
<tr><td rowspan="2">学习目标</td><td>知识目标</td><td>技能目标</td><td colspan="2">素质目标</td></tr>
<tr><td>（1）掌握三相异步电动机的原理与结构；
（2）掌握三相异步电动机的基本电磁关系；
（3）掌握三相异步电动机的运行特性；
（4）掌握三相异步电动机的启动、调速、制动等的实现方式和控制电路；
（5）掌握三相异步电动机的常规维护方法、故障类型及分析方法等。</td><td>（1）能够正确安装三相异步电动机；
（2）能进行三相异步电动机的选用；
（3）能够通过实验测定三相异步电动机的参数；
（4）能设计、安装和调试三相异步电动机的启动、调试和制动；
（5）能正确分析和处理三相异步电动机运行中的常见故障。</td><td colspan="2">（1）具有深厚的家国情怀；
（2）具有良好的职业道德、职业素养和法律意识；
（3）具有较强的实践动手能力；
（4）具有良好的创新思维、质量意识、环保意识、安全意识、工匠精神等；
（5）具有良好的身心素质，勇于奋斗、乐观向上。</td></tr>
<tr><td>教学条件</td><td colspan="4">理实一体化教室，包含电脑、投影等多媒体设备，电工实验台，常用电工工具和仪表等。</td></tr>
<tr><td rowspan="2">教学策略</td><td>组织形式</td><td colspan="3">采用班级授课、小组教学、合作学习、自主探索相结合的教学组织形式。</td></tr>
<tr><td>教学流程</td><td colspan="3">自主预习 → 项目分解 → 任务探索 → 知识铺垫 → 任务实施 → 任务考核 → 巩固提升
课前：自主预习；课中：项目分解、任务探索、知识铺垫、任务实施、任务考核；课后：巩固提升</td></tr>
</table>

任务 4-1　三相异步电动机的选用

任务名称	三相异步电动机的选用	参考学时	6 h
任务引入	某小型泵站需要安装一台离心式水泵，要求泵轴上输出的功率大于 55 kW，运行过程中水泵转速不低于 1 475 r/min，且水泵的效率为 80%，已知电动机与水泵之间采用联轴器直接连接，请根据要求为该泵站选用一台合适的电动机。		
任务要点	知识点：三相异步电动机的基本结构和工作原理；转差率的概念；鼠笼式和绕线式异步电动机的优缺点；三相异步电动机的铭牌参数。		
	技能点：能识别三相异步电动机的各个组成部件；能看懂三相异步电动机的铭牌参数；能根据实际需求选用合适的三相异步电动机。		
	素质点：具备自主学习能力，电气设备规程规范的使用能力，安全用电、团队协作能力。		

知识链接一　三相异步电动机的结构

三相鼠笼式异步电动机结构

电动机的作用是将电能转换成机械能，它可以分为直流电动机和交流电动机两大类，交流电动机又分为异步电动机和同步电动机。特别是三相异步电动机具有结构简单、价格便宜、运行可靠、使用和维护方便等优点，被广泛用于驱动各种机床、起重机、传送带、通风机、闸门启闭机、施工用的打夯机和混凝土搅拌机械等，其容量从几千瓦到几千千瓦。

三相异步电动机主要由定子（固定部分）和转子（旋转部分）两个基本部分组成。图 4-1-1 为三相异步电动机的构造图。

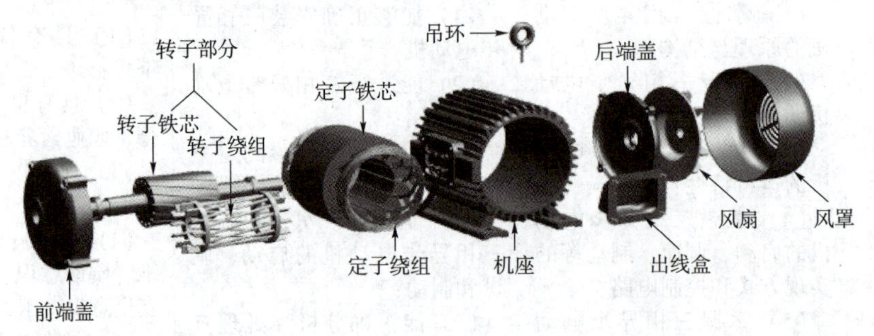

图 4-1-1　三相异步电动机的构造（鼠笼式）

一、定子

三相异步电动机的定子部分主要包括机座、定子铁芯和定子绕组。

1. 机座

机座是电动机的骨架，起固定和支承定子铁芯及端盖的作用，它需要有较好的机械强度和刚度，一般用铸铁（中小型电动机）或铸钢（大型电动机）制成，如图 4-1-1 所示的机座。

2. 定子铁芯

定子铁芯是电动机磁路的一部分，为了减小交变磁动势引起的磁滞和涡流损耗，定子铁芯一般由厚度为 0.35~0.5 mm 的硅钢片叠压制成，安放在机座中，片间要经过绝缘处理。在定子铁芯的内圆周面上冲有用来嵌放绕组的槽，如图 4-1-2（a）所示。

定子铁芯的槽型根据电动机容量的不同，可分为半闭口槽、半开口槽和开口槽。

（1）半闭口型槽型的电动机，其效率和功率因数较高，但绕组嵌线和绝缘都较困难，一般用于 100 W 以下的低压中小型异步电动机中，如图 4-1-2（b）所示。

（2）半开口型槽型的电动机可嵌放事先经过绝缘处理的成型绕组，一般用于 500 V 以下的中型异步电动机，如图 4-1-2（c）所示。

（3）开口型槽型的电动机也是嵌放成型绕组，主要用在高压中型和大型异步电动机中，如图 4-1-2（d）所示。

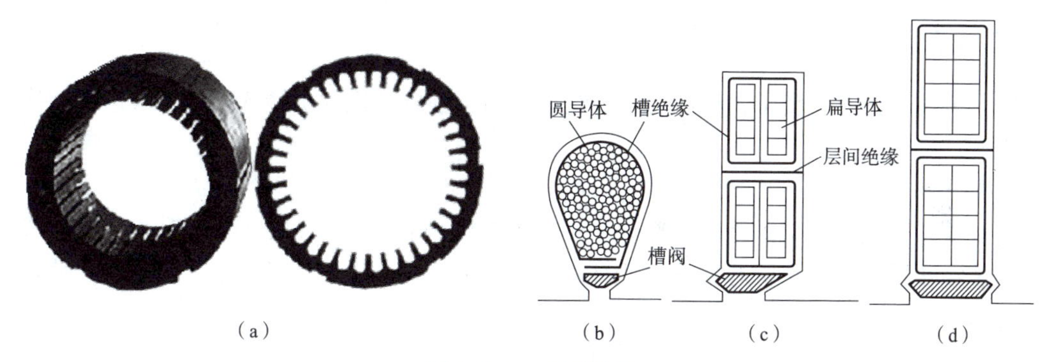

图 4-1-2　定子铁芯

3. 定子绕组

定子绕组是电动机的电路部分，其作用是通入三相交流电后产生旋转磁场。定子绕组一般是用带绝缘的铜线或铝线绕制而成的线圈，按照一定的规律连接成三组在空间对称分布的绕组——定子三相对称绕组。定子三相对称绕组的六个端头分别接至机座外侧接线盒上。接线盒内接线端子的布置和标记如图 4-1-3（a）所示。使用电动机时，可以根据实际情况将三相绕组接成星形或三角形（见图 4-1-3（b）、（c））。

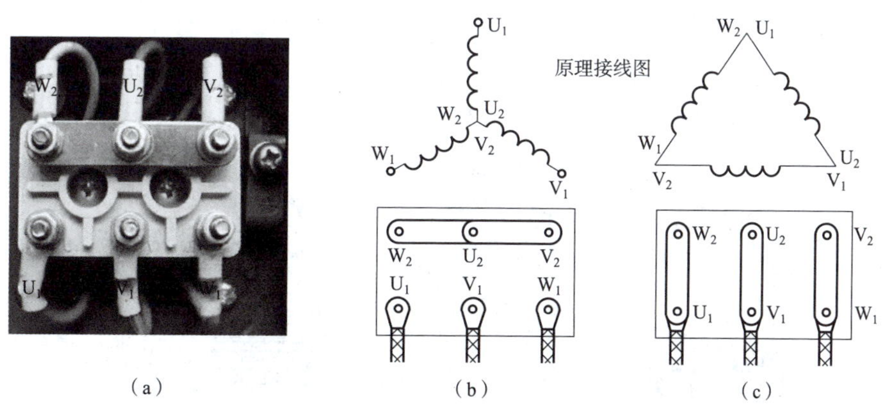

图 4-1-3　三相异步电动机定子绕组的接法

（a）接线盒；（b）星形连接法；（c）三角形连接法

定子绕组接成星形还是三角形，通常根据定子每项绕组的额定电压和电源的线电压而定。例如，一般低压配电线路的线电压是 380 V，若定子每相绕组的额定电压为 220 V，则应接成星形；若定子每相绕组的额定电压为 380 V，则应接成三角形。

定子部分还包括机座两端的端盖，其中央部位装有轴承，供支承转子用。

【想一想　做一做】

一台鼠笼式三相异步电动机的额定电压为 220 V，当电源线电压为 380 V 时，试问：电动机定子绕组应采用何种接法？

二、转子

转子由转子铁芯、转子绕组和转轴等组成。转子是电动机的旋转部分，它通过转轴拖动其他机械。

1. 转子铁芯

转子铁芯也是电动机磁路的一部分，一般用厚度为 0.35～0.5 mm 的硅钢片叠压制成圆柱形套装在转轴上。转子铁芯在外圆冲有槽口，用来嵌放或浇筑转子绕组，转子铁芯冲片如图 4-1-4 所示。

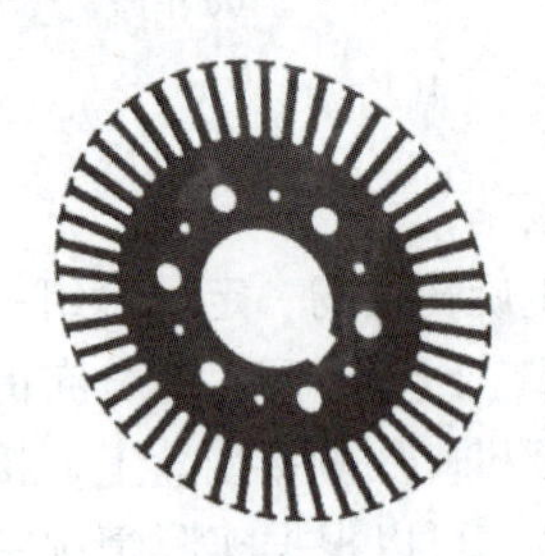

图 4-1-4　转子铁芯冲片

2. 转子绕组

三相异步电动机的转子绕组按结构形式的不同，分为鼠笼式和绕线式两种。

1）鼠笼式转子

鼠笼式转子绕组在转子铁芯槽内嵌入铜条作为导条，两端分别用短路环把导条连成一个整体，形成一个自身闭合的多相短路绕组。如果去掉铁芯，绕组的外形就像一个“鼠笼”，所以称为鼠笼式转子，其构成的电动机称为鼠笼式异步电动机。中、小型异步电动机的笼型转子一般都采用铸铝材料，制造时，把叠好的转子铁芯放在铸铝的模具内，把鼠笼式绕组和散热用的内风扇一次用铝浇铸而成，如图 4-1-5（a）所示。大型异步电动机转子绕组则采用铜条焊接，如图 4-1-5（b）所示。

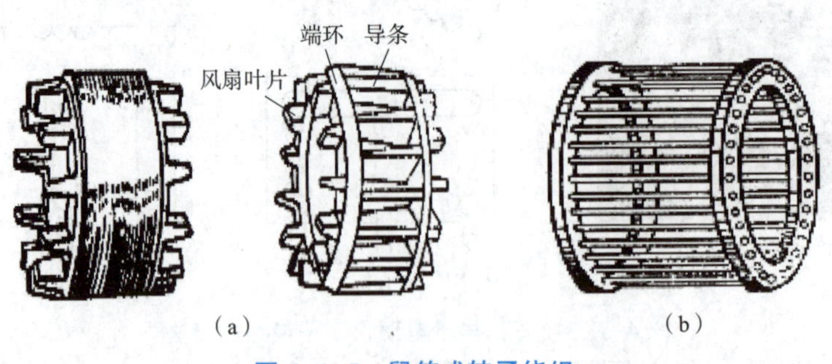

图 4-1-5　鼠笼式转子绕组

（a）铸铝导条；（b）铜条

2）绕线式转子

绕线式转子绕组与定子绕组相类似，采用带绝缘的导线绕制成三相对称绕组，并且接成星形，它的三个出线头接到固定在转轴一端的三个相互绝缘的铜环上，如图4-1-6（a）所示。这些铜环叫作滑环，它们与轴之间相互绝缘。三个滑环上分别用弹簧压着碳制电刷，这些电刷又装在固定于端盖的刷架上。转子转动时，滑环与电刷之间保持良好的滑动接触，便于旋转的转子绕组与电动机外部静止的设备（如三相变压器）相连接，如图4-1-6（b）所示。由于能采用转子绕组串电阻启动和调速，绕线式异步电动机可获得比鼠笼式异步电动机更好的启动和调速性能。

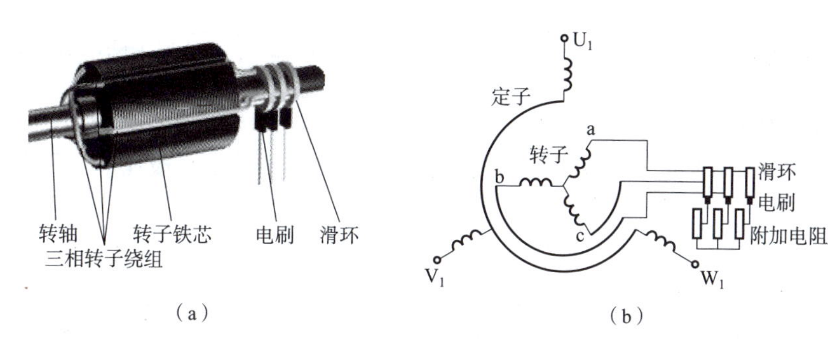

图4-1-6　绕线式异步电动机转子

（a）结构图；（b）接线图

3. 转轴

转轴一般用圆钢制成，起着支承、固定转子和传递功率的作用。

三、气隙

异步电动机的气隙是均匀的。气隙大小对异步电动机的运行性能和参数影响较大，励磁电流由电网供给，气隙过大，励磁电流也就越大，而励磁电流又属于无功性质，它会影响电网的功率因数。气隙过小，又会引起装配困难，且导致运行不稳定。因此，为保证转子能可靠地自由旋转，异步电动机的定子铁芯与转子铁芯之间气隙大小往往为机械条件所能允许达到的最小数值，中小型电动机的空气间隙一般为0.2~2 mm。

知识链接二　三相异步电动机的工作原理

三相异步电动机的工作原理

异步电动机是利用电与磁的相互转化和相互作用的原理制成的。将定子三相绕组接入三相电源，电流流过定子绕组将产生旋转磁场。

一、三相异步电动机的旋转磁场

1. 旋转磁场的产生

为了便于说明问题，我们用三个在空间位置上互差120°的单匝线圈代表定子三相对称绕组，图4-1-7（a）是三相绕组的剖面图。三相绕组接成星形，三个尾端U_2、V_2、W_2连接于一点，三个首端U_1、V_1、W_1分别接在对称三相电源上（见图4-1-7（b）），绕组中将流过如图4-1-7（c）所示三相对称电流i_U、i_V、i_W。

下面我们选择几个瞬间来分析定子三相对称绕组通入三相对称交流电流的合成磁场。

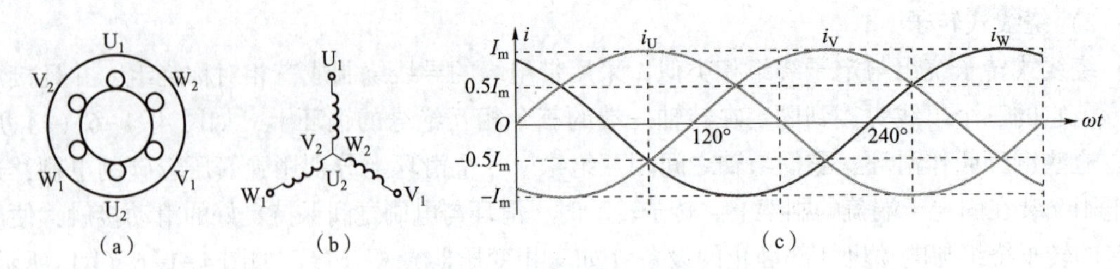

图 4-1-7　定子三相对称绕组

(a) 剖面图；(b) 接线图；(c) 定子三相电流波形图

由图 4-1-8 可知，当 $t=0$ 瞬间，$i_U=0$，$i_V=-\frac{\sqrt{3}}{2}I_m$，$i_W=\frac{\sqrt{3}}{2}I_m$，各相定子电流的实际方向如图 4-1-8（a）所示（规定在剖面图中，电流流入用“×”表示，流出用“·”表示）。运用右手螺旋定则，就可以确定这一瞬间的合成磁场，此时 N 极在上，S 极在下，只有一对磁极。

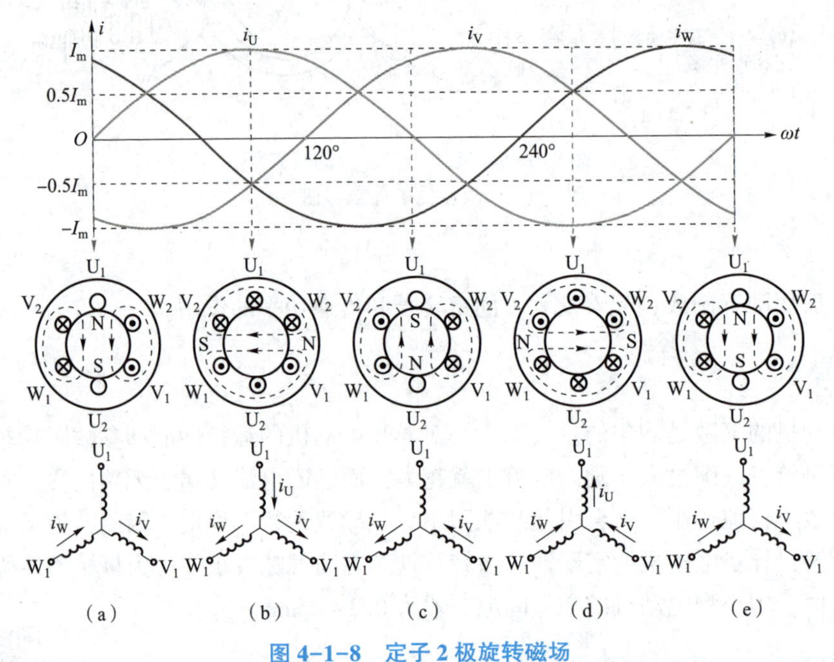

图 4-1-8　定子 2 极旋转磁场

(a) $t=0$；(b) $t=\frac{T}{4}$；(c) $t=\frac{T}{2}$；(d) $t=\frac{3T}{4}$；(e) $t=T$

当 $t=\frac{T}{4}$ 时，$i_U=I_m$，$i_V=i_W=-0.5I_m$，定子各相电流的实际方向和这一瞬间合成磁场的方向如图 4-1-8（b）所示。与 $t=0$ 时刻相比较，电流顺时针转过了 90°，合成磁场也顺时针转过了 90°。

采用同样的方法，可以确定 $t=\frac{T}{2}$、$t=\frac{3T}{4}$ 时合成磁场的情况，分别如图 4-1-8（c）、（d）所示，与 $t=0$ 时刻相比较，合成磁场分别随电流变化，顺时针转过了 180°和 270°。当 $t=T$ 时，电流经历了一个周期，合成磁场也转过了一个周期，此时的磁场和 $t=0$ 时刻的磁场相同。

由以上分析可知，对于 2 极旋转磁场，合成磁场在空间所转过的角度恰好与定子电流所经历的电角度（ωt）数值相等，三相交流电周而复始地变化，合成磁场将旋转下去，即三相对称电流通入定子三相对称绕组将产生一个在空间旋转的磁场。

2. 旋转磁场的转向

在图 4-1-8 中，三相供电电源的相序是 L_1—L_2—L_3，而绕组在铁芯上布置的顺序按 U—V—W 是顺时针方向的，所产生旋转磁场的转向也是顺时针方向。如果绕组的排列不变，但把三相电源的相序改为 L_1—L_3—L_2，即将原定子绕组 V、W 两端所接电源线对调，绕组首端 V_1 改接 L_3，绕组首端 W_1 改接 L_2，则产生的三相交流电的相序变为 i_U—i_W—i_V，再用上面的方法加以分析，就可以发现，旋转磁场的转向将变为逆时针方向。所以，旋转磁场的转向由供电电源的相序和定子绕组的排列顺序共同决定，其中一个发生改变，旋转磁场的转向也将随之改变。图 4-1-9 所示为三相异步电动机改变旋转磁场方向的接线图。

3. 旋转磁场的转速

如果将每相绕组的线圈数目增加一倍，并按图 4-1-10（a）布置，这时每相绕组都是由两个在空间相隔 180°的线圈串联组成，三相绕组的三个首端（或三个尾端）彼此相隔 60°（空间角度）。将此绕组接成星形并通入三相交流电，所产生的合成磁场将是一个 4 极的旋转磁场。

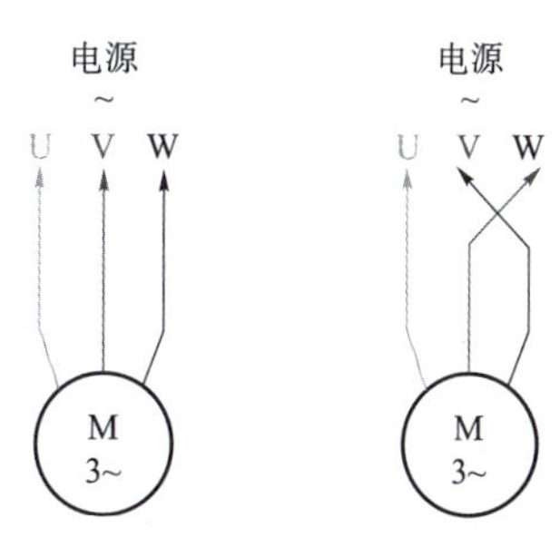

图 4-1-9　三相异步电动机改变旋转磁场方向的接线图

采用与前面一样的分析方法，可以画出不同时刻合成磁场的位置情况，如图 4-1-10（b）所示。由图可见，合成磁场有 4 个磁极（磁极对数 $p=2$）。所以，只要适当改变定子每相绕组的分布和连接规律，就可以得到不同磁极对数的旋转磁场。

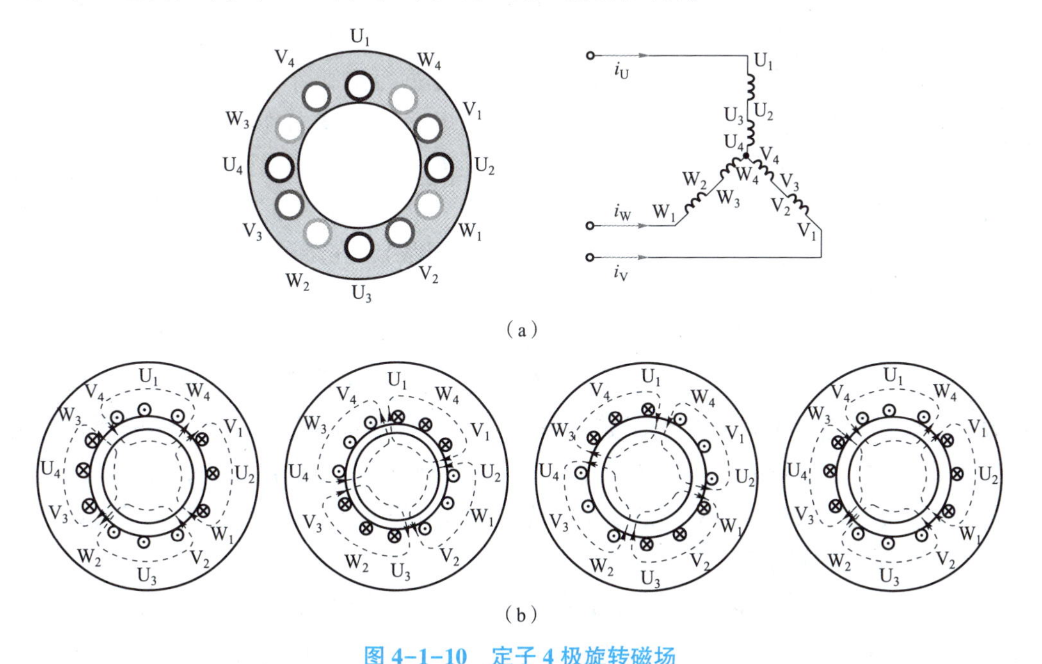

图 4-1-10　定子 4 极旋转磁场

（a）4 极定子绕组的排列；（b）4 极旋转磁场

比较图 4-1-8 和图 4-1-10 可以看出，当交流电变化一个周期时，2 极（磁极对数 $p=1$）旋转磁场在空间转过一圈，而 4 极（$p=2$）旋转磁场在空间只转过 1/2 圈。以此类推，当旋转磁场有 p 对磁极时，交流电变化一个周期，磁场将在空间转过 $1/p$ 转。因此，旋转磁场的转速 n_1 与定子绕组电流的频率 f_1（即电源的频率）及磁极对数 p 之间的关系为：

$$n_1=\frac{60f_1}{p} \tag{4-1-1}$$

式中 n_1——旋转磁场的转速，又称为同步转速（r/min）；

f_1——定子电源的频率（Hz）；

p——旋转磁场的磁极对数。

国产三相异步电动机的电源频率通常为 50 Hz。对于已知磁极对数的三相异步电动机，可得出对应的旋转磁场的转速，如表 4-1-1 所示。

表 4-1-1 三相异步电动机磁极对数和对应旋转磁场的转速关系

p	1	2	3	4	5	6
$n_1/(\mathrm{r\cdot min^{-1}})$	3 000	1 500	1 000	750	600	500

二、三相异步电动机的转动原理

1. 转子转动原理

图 4-1-11 为三相异步电动机转动原理示意图。当定子三相绕组通入三相电流时，将产生旋转磁场。当 $p=1$ 时，图中用一对以 n_1 为转速、顺时针方向旋转的磁极来模拟表示。

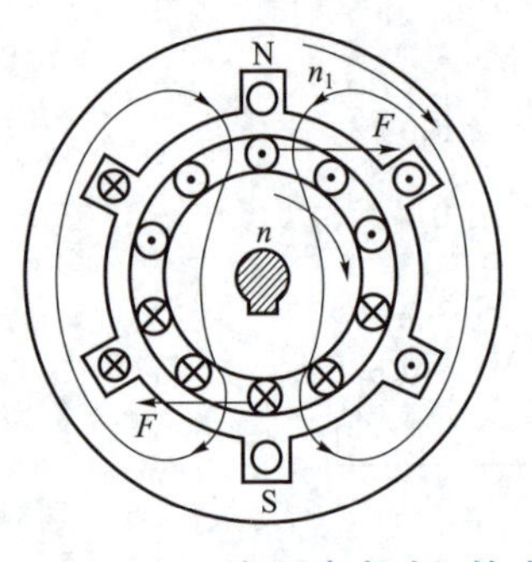

图 4-1-11 三相异步电动机转动原理示意图

通常情况下，我们认为磁场是静止的，则转子是沿着逆时针的方向在旋转，这样转子导体切割磁力线就产生了感应电动势 e_2。根据右手定则可判定，在 N 极下面的转子导体中，感应电动势的方向是向外的，而在 S 极下面的转子导体中感应电动势的方向是向内的。只要转子电路是闭合的（鼠笼式转子导体自成闭合回路，绕线式转子在使用时也必须接成闭合回路），在转子感应电动势 e_2 的作用下，转子导体中就会有电流 i_2 产生。转子导体成了载流导体，又处在旋转磁场之中，必然会受到电磁力 F 的作用，电磁力的作用方向可用左手定则确定，如图 4-1-11 所示为顺时针方向。这些电磁力相对于转轴形成一个转矩，称为电磁转矩，用 T 表示。这个电磁转矩力图使转子跟着旋转磁场的方向旋转，转子就可以转动起来，其转速 n 的方向与 n_1 的方向一致。显然，要使转子反转，只要改变定子绕组所接电源的相序，使旋转磁场反转即可。

2. 转子的转速和转差率

电磁转矩要推动转子转动，转子的转速 n 要低于旋转磁场的转速（同步转速 n_1）。这是因为如果转子转速达到同步转速，则转子与磁场之间就没有相对运动了，转子导体就不会切割磁力线，于是转子导体中就不会产生感应电动势，转子电流和电磁转矩都将不复存在。所以说，转子转速异于旋转磁场的同步转速，是转子产生电磁转矩的前提条件，故这种电动机称为异步电动机。又由于这种电动机的转子电流是电磁感应产生的，所以又把它称为感应电动机。

为了反映异步电动机转子转速与同步转速之间相差的程度，我们将同步转速 n_1 与转子转速 n 之差与同步转速 n_1 之比值称为异步电动机的转差率，用 s 表示，即：

$$s=\frac{n_1-n}{n_1} \tag{4-1-2}$$

由式（4-1-2）可知，当转子静止时，$n=0$，转差率 $s=1$；当转子转速接近同步转速（空载运行）时，$n=n_1$，此时，转差率 $s=0$。由此可见，异步电动机的转差率在 $0<s<1$ 范围内变化。在额定工作状态下运行时，转差率为 0.01～0.06（1%～6%），即异步电动机的转速很接近同步转速。

3. 异步电动机的三种运行状态

根据异步电动机的转差率大小和正负，可得出异步电动机的三种运行状态，如图 4-1-12 所示。

1）电磁制动状态

定子绕组接至三相交流电源产生定子旋转磁场，如果用外力拖着电动机逆着旋转磁场的旋转方向旋转，如图 4-1-12（a）所示，则此时电磁转矩与电动机旋转方向相反，起制动作用。电动机定子仍从电网吸收电功率，同时转子从转轴上吸收机械功率，这两部分功率都在电动机内部转变成热能消耗掉。这种运行状态称为电磁制动状态。此时 $n<0$，转差率 $s>1$。

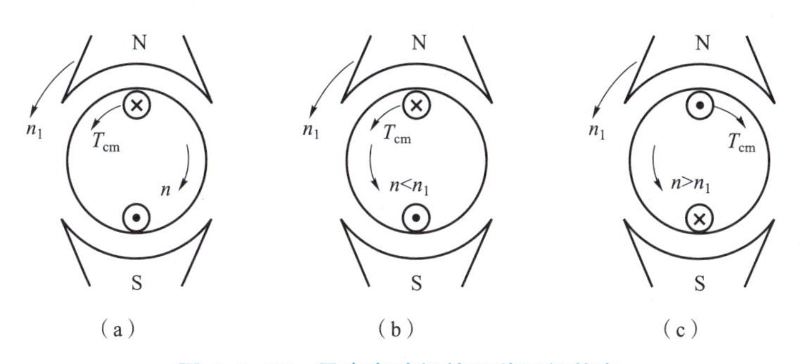

图 4-1-12　异步电动机的三种运行状态

（a）电磁制动状态；（b）电动机运行状态；（c）发电机运行状态

2）电动机运行状态

当定子绕组仍接至三相对称交流电源时，转子就会切割磁力线，产生感应电动势，进而产生电流，转子电流与定子旋转磁场相互作用产生电磁力进而产生电磁转矩，在电磁转矩的驱动下转子就开始旋转，电磁转矩与旋转磁场方向相同，如图 4-1-12（b）所示。此时，电动机从电网取得电功率并转变成机械功率，由转轴传输给负载。电动机的转速范围为 $0<n<n_1$，其转差率范围为 $0<s<1$。

3）发电机运行状态

定子绕组仍接至电源，用一台原动机拖动异步电动机的转子以大于同步转速 n 的速度顺旋转磁场方向旋转，如图 4-1-12（c）所示。显然，此时电磁转矩方向与转子转向相反，起制动作用，为制动转矩。为克服电磁转矩的制动作用而使转子继续旋转，并保持 $n>n_1$，原动机必须输入更多的机械功率从而克服电磁转矩做功，把机械能转变成电能输出，此时，异步电动机成为发电机运行状态，转速 $n>n_1$，转差率 $s<0$。

由此可知，区分这三种运行状态的依据是转差率 s 的大小：当 $0<s<1$ 时，为电动机运行状态；当 $s<0$ 时，为发电机运行状态；当 $s>1$ 时，为电磁制动状态。

综上所述，异步电动机可以作为电动机运行，也可以作为发电机运行，还可以运行于电磁制动状态。一般情况下，异步电动机多作为电动机运行。而电磁制动状态则是异步电动机在完成某一生产过程中出现的短时运行状态。例如，起重机下放重物时，为了安全、平稳，需限制下放速度，此时应使异步电动机短时处于电磁制动状态。由于异步电动机应用在发电状态的情况相对较少，在农村小型水电站和风力发电站中可能会用到。

知识链接三　三相异步电动机的铭牌数据

三相异步电动机的铭牌参数

电动机外壳上都有一块铭牌，铭牌上标有电动机的基本性能数据（见表 4-1-2），以便正确选择和使用。

表 4-1-2　电动机铭牌实例

三相异步电动机		
型号 Y13254	功率 5.5 kW	防护等级 IP44
电压 380 V	电流 11.6 A	功率因数 0.84
接法△	转速 1 440 r/mim	绝缘等级 B
频率 50 Hz	质量 68 kg	工作方式 S_1
×××电机厂		

1. 型号

异步电动机的型号主要包括产品代号、设计序号、规格代号和特殊环境代号等。

产品代号表示电动机的类型，如电动机名称、规格、防护形式及转子类型等，一般采用大写印刷体的汉语拼音字母表示。

设计序号是指电动机产品设计的顺序，用阿拉伯数字表示。

规格代号用机座中心高、铁芯外径、机座号、机座长度、铁芯长度、功率、转速或极数表示。

型号中汉语拼音字母是根据电动机的全名称选择有意义的汉字，再用该汉字第一个拼音字母组成。表 4-1-3 是常用的异步电动机产品名称代号。

表 4-1-3　常用的异步电动机产品名称代号

产品名称	新代号	汉字意义	老代号
异步电动机	Y	异	J、JO、JS
绕线式异步电动机	YR	异绕	JR、JRO
隔爆型异步电动机	YB	异爆	JB、JBS
起重冶金用异步电动机	YZ	异重	JZ
起重冶金用绕线式异步电动机	YZR	异重绕	JZR
高启动转矩异步电动机	YQ	异启	JQ、JGQ

Y 系列中小型三相异步电动机的型号表示方法：

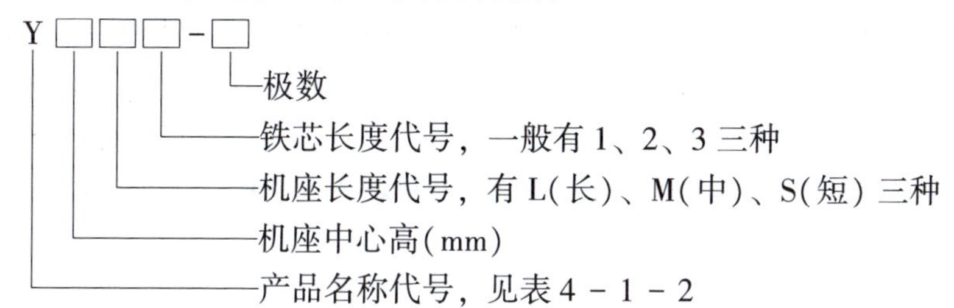

例如：Y132S-4 表示机座中心高为 132 mm，短机座，4 极，同步转速为 1 500 r/min 的异步电动机。

大型异步电动机的表示方法：

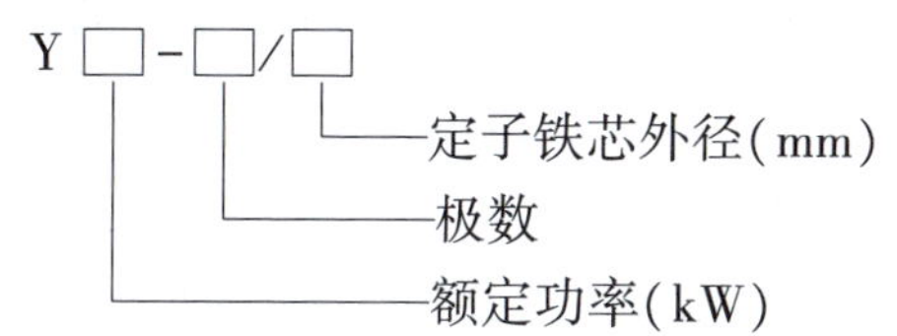

例如：YL630-10/1180 表示功率为 630 kW，10 极，定子铁芯外径为 1 180 mm 的大型立式鼠笼式异步电动机。但也有用定子铁芯外径（cm）、定子铁芯长度（cm）、极数表示的，如上述电动机的型号也有写成 YL118/41-10 的。

2. 额定值

额定值是电动机使用和维修的依据，是电机制造厂对电动机在额定工作条件下长期、安全、连续运行而不至于损坏所规定的一个量值，标注在电动机铭牌上。现将铭牌额定数据解释如下。

(1) 额定功率 P_N：指电动机在额定状态下运行时，转子轴上输出的机械功率，单位为 W 或 kW。

(2) 额定电压 U_N：指电动机在额定状态下运行时，规定加在定子绕组上的线电压值，单位为 V 或 kV。

(3) 额定电流 I_N：指电动机在额定状态下运行时，流入定子绕组的线电流值，单位为 A 或 kA。

(4) 额定频率 f_N：指电动机在额定状态下运行时，定子侧电源电压的频率，单位为 Hz。我国工业用电的频率为 50 Hz。

(5) 额定转速 n_N：指电动机在额定状态下运行时转子的转速，单位为 r/min。

(6) 额定功率因数 $\cos\varphi_N$：指电动机在额定电压、额定功率时，定子每相绕组的功率因数。

(7) 额定效率 η_N：指电动机在额定状态下运行时，输出功率 P_N 与输入功率的比值。

三相异步电动机的额定输入功率 P_{1N} 为：

$$P_{1N}=\sqrt{3}U_{1N}I_{1N}\cos\varphi_N$$

额定效率 η_N 为：

$$\eta_N=\frac{P_N}{P_{1N}}=\frac{P_N}{\sqrt{3}U_{1N}I_{1N}\cos\varphi_N}$$

3. 接法

异步电动机铭牌上还会标注其定子绕组的接法，Y 表示星形接法，△表示三角形接法，具体如何连接，需要在考虑电动机额定电压与现场电源是否匹配的情况下，根据铭牌指示操作，选择合适的接法，否则电动机将不能正常工作，甚至烧毁。目前我国生产的 Y 系列三相异步电动机，功率在 4 kW 以下的一般采用星形接法，功率在 4 kW 以上的采用三角形接法。

4. 工作方式

工作方式又称为“工作制”，工作制表明电动机在不同负载下的允许循环时间，按规定分为“连续”“短时”“断续”等。

5. 绝缘等级

电动机的绝缘等级取决于所用绝缘材料的耐热等级，按材料的耐热有 A、E、B、F、H 五个常用等级，具体内容如表 4-1-4 所示。

表 4-1-4　电动机绝缘等级、极限温度与温升

绝缘等级		A	E	B	F	H
极限工作温度/℃		105	120	130	155	180
热电温差/℃		5	5	10	15	15
温升/K	电阻法	60	75	80	100	125
	温度计法	55	65	70	85	105
注：周围环境温度规定为 40 ℃。						

6. 防护等级

电动机的外壳防护等级用字母“IP”及其后面的两位数字表示。“IP”为国际防护的缩写，IP 后面第一位数字代表第一种防护形式（防尘）等级，共分 0~6 七个等级；第二位数字代表第二种防护形式（防水）等级，共分 0~8 九个等级。数字越大，表示防护的能力越强，详见《旋转电机整体结构的防护等级》（GB/T 4942. 1—2006）。例如，IP44 表示电动机能防护大于 1 mm 的固体物入内，同时能防止溅水入内。

7. 噪声等级

有的电动机铭牌上会标注电动机的噪声等级，一般用字母“LW”来表示，其值越小电动机运行时的噪声越低，单位为分贝（dB）。

知识链接四　三相异步电动机的选用

三相异步电动机的应用十分广泛，其选用应考虑安全运行和节约能量，不仅要使电动机本身消耗的能量最小，而且要使电动机的驱动系统效率最高，通常选择一台电动机的基本步骤包括确定电源、额定频率、转速、工作周期、电动机的类型、工作环境、安装方式、电动机与负载的连接方式。

一、电动机种类的选择

对于电动机种类的选择，应在满足生产机械对拖动性能的要求下，优先选用结构简单、运行可靠、维护方便、价格便宜的电动机。在选择电动机时，应考虑以下因素：

（1）电动机的机械特性应与所拖动生产机械的机械特性相匹配。

（2）电动机的调速性能应该满足生产机械的要求。

（3）电动机的启动性能应满足生产机械对电动机启动性能的要求，电动机的启动性能主要是启动转矩的大小，同时还应注意电网容量对电动机启动电流的限制。

（4）电源种类。电源种类有交流和直流两种，由于交流电源可以直接从电网获得，且价格较低、维护简便、运行可靠，所以应该尽量选用交流电动机。直流电源需要由变流装置来提供，而且直流电动机价格较高、维护麻烦、可靠性较低，因此只在要求调速性能好和启动、制动快的场合采用。随着近代交流调速技术的发展，交流电动机已经获得越来越广泛的应用，在满足性能的前提下应优先采用交流电动机。

（5）经济性。一是电动机及其相关设备（如启动设备、调速设备等）的经济性；二是电动机拖动系统运行的经济性，主要是效率高、节省电能。

目前，各种形式的异步电动机在我国应用得非常广泛，表 4-1-5 给出了电动机的主要种类、性能特点及典型生产机械应用实例。需要指出的是，表 4-1-5 所示电动机的主要性能及相应的典型应用基本上是对电动机本身而言的。随着电动机控制技术的发展，交流电动机拖动系统的运行性能越来越高，使电动机在一些传统应用领域发生了很大变化，例如原来使用直流电动机调速的一些生产机械，现在则改用可调速的交流电动机系统可获得同样的调速性能。

表 4-1-5　电动机的主要种类、性能特点及典型生产机械应用实例

电动机种类			主要性能特点	典型生产机械举例
交流电动机	三相异步电动机	普通鼠笼式	机械特性硬，启动转矩不大，调速时需要调速设备	调速性能要求不高的各种机床、水泵和通风机
		高启动转矩	启动转矩大	带冲击性负载的机械，如剪床、冲床、锻压机；静止负载或惯性负载较大的机械，如压缩机、粉碎机、小型起重机
		多速	有几挡转速（2~4 速）	要求有级调速的机床、电梯和冷却塔
		绕线式	机械特性硬（转子串电阻后变软），启动转矩大，调速方法多，调速性能及启动性能好	要求有一定调速范围、调速性能较好的机械，如桥式起重机；启动、制动频繁且对启动、制动要求高的生产机械，如起重机、矿井提升机、压缩机、不可逆轧钢机
	同步电动机		转速不随负载变化，功率因数可调节，过载能力大，运行稳定性高	转速恒定的大功率生产机械，如大中型鼓风机及排风机、泵、压缩机、连续式轧钢机、球磨机
直流电动机	他励、并励		机械特性硬，启动转矩大，调速范围宽，平滑性好	调速性能要求高的生产机械，如大型机床（车、铣、刨、磨镗）、高精度车床、可逆轧钢机、造纸机、印刷机
	串励		机械特性软，启动转矩大，过载能力强，调速方便	要求启动转矩大、机械特性软的机械，如电车、电气机车、起重机、吊车、卷扬机、电梯等
	复励		机械特性硬度适中，启动转矩大，调速方便	

二、电动机结构形式的选择

电动机的安装方式有卧式和立式两种。卧式安装时电动机的转轴处于水平位置，立式安装时电动机的转轴则处于垂直于地面的位置。两种安装方式的电动机使用的轴承不同，一般情况下采用卧式安装。

电动机的工作环境是由生产机械的工作环境决定的。在很多情况下，电动机工作场所的空气中含有不同分量的灰尘和水分，有的还含有腐蚀性气体甚至易燃、易爆气体；有的电动机则要在水中或其他液体中工作。灰尘会使电动机绕组沾上污垢而妨碍散热；水分、瓦斯、腐蚀性气体等会使电动机的绝缘材料性能退化，甚至会完全丧失绝缘能力；易燃、易爆气体与电动机内产生的电火花接触时将有发生燃烧、爆炸的危险。因此，为了保证电动机能够在其工作环境中长期安全运行，必须根据实际环境条件合理地选择电动机的防护方式。电动机的外壳防护方式有开启式、防护式、封闭式和防爆式几种。

(1) 开启式。开启式电动机的定子两侧与端盖上都有很大的通风孔，其散热条件好、价格便宜，但灰尘、水滴、铁屑等杂物容易从通风口进入电动机内部，因此只适用于清洁、干燥的工作环境。

(2) 防护式。防护式电动机在机座下面有通风孔，散热较好，可防止水滴、铁屑等杂物从与电动机垂直的方向或小于45°的方向落入电动机内部，但不能防止潮气和灰尘的侵入，因此适用于比较干燥、少尘、无腐蚀性和爆炸性气体的工作环境。

(3) 封闭式。封闭式电动机的机座和端盖上均无通风孔，是完全封闭的。这种电动机仅靠机座表面散热，散热条件不好。封闭式电动机又可分为自冷式、自扇冷式、他扇冷式、管道通风式以及密封式等。对于前四种电动机，电动机外的潮气、灰尘等不易进入其内部，因此多用于灰尘多、潮湿、易受风雨、有腐蚀性气体、易引起火灾等各种较恶劣的工作环境。密封式电动机能防止外部的气体或液体进入其内部，因此适用于在液体中工作的生产机械，如潜水电泵。

(4) 防爆式。防爆式电动机是在封闭式结构的基础上制成隔爆形式，机壳有足够的强度，适用于有易燃、易爆气体的工作环境，如有瓦斯的煤矿井下、油库、煤气站等。

三、电动机电压的选择

电动机的电压等级、相数、频率都要与供电电源一致。因此，电动机的额定电压应根据其运行场所供电电网的电压等级来确定。

我国的交流供电电源，低压通常为380 V，高压通常为3 kV、6 kV或10 kV。中等功率（约200 kW以下）的交流电动机，额定电压一般为380 V；大功率的交流电动机，额定电压一般为3 kV或6 kV。额定功率为1 000 kW以上的电动机，额定电压一般是10 kV。需要说明的是，鼠笼式异步电动机在采用Y-△降压启动时，应该选用额定电压为380 V、△接法的电动机。

四、电动机转速的选择

电动机的额定功率取决于额定转矩与额定转速的乘积，其中额定转矩又取决于额定磁通与额定电流的乘积。因为额定磁通的大小决定了铁芯材料的多少，额定电流的大小决定了绕组用铜的多少，所以电动机的体积是由额定转矩决定的，可见电动机的额定功率正比于它的体积与额定转速的乘积。对于额定功率相同的电动机来说，额定转速越高，体积越小；对于体积相同的电动机来说，额定转速越高，额定功率越大。电动机的用料和成本都与体积有关，额定转速越高，用料越少，成本越低。这就是电动机大多制成具有较高额定转速的缘故。

（1）对不需要调速的高、中速生产机械（如泵、鼓风机），可选择相应额定转速的电动机，从而省去减速传动机构。

（2）对不需要调速的低速生产机械（如球磨机、粉碎机），可选用相应的低速电动机或者传动比较小的减速机构。

（3）对于经常启动、制动和反转的生产机械，选择额定转速时则应主要考虑缩短启、制动时间，以提高生产效率。启、制动时间的长短主要取决于电动机的飞轮矩和额定转速，应选择较小的飞轮矩和额定转速。

（4）对调速性能要求不高的生产机械，可选用多速电动机或者选择额定转速稍高于生产机械的电动机配以减速机构，也可以采用电气调速的电动机拖动系统，在可能的情况下，应优先选用电气调速方案。

（5）对调速性能要求较高的生产机械，应使电动机的最高转速与生产机械的最高转速相适应，直接采用电气调速。

五、电动机容量的选择

电动机容量的选择就是电动机额定功率的选择，正确选择电动机的容量有很重要的意义。如果选得过小，就不能满足生产机械正常运行需要，电动机处于过载状态，引起过分发热，造成电动机过早损坏。如果选得过大，不但增加了设备投资，而且电动机欠载运行时效率低，功率因数也低，使运行费用增加。

确定电动机的容量时，主要考虑三个方面的情况，即电动机的发热、允许过载能力及启动能力，要做到以下几点：

（1）电动机的启动转矩应大于生产机械的负载转矩。

（2）电动机运行时的温升不得超过其允许的温升。

（3）电动机应具有一定的过载能力，即电动机的最大转矩必须大于生产机械的最大负载转矩，以保证在短时间过载时仍能继续运行。

通常先按发热条件来选择电动机容量，再进行启动能力、过载能力校验。对于连续运行且负载大小长期恒定不变的电动机，其容量选择较为简单，一般选取电动机的额定功率等于或稍大于生产机械负载功率即可。

例如，水泵用电动机功率为：

$$P=\frac{\rho gQH}{\eta_b\eta_c}(\mathrm{kW})$$

式中　ρ——水的密度，为 1 000 $\mathrm{kg/m^3}$；

g——重力加速度，9.8 $\mathrm{m/s^2}$；

Q——水泵的流量（$\mathrm{m^3/s}$）；

H——水泵的扬程（m）；

η_b——水泵的效率；

η_c——传动效率。

根据计算结果，再查询产品目录，选用额定功率最接近而且稍大于计算值的电动机。

六、电动机绝缘材料及允许温度的选择

根据绝缘材料允许的最高温度不同，把绝缘材料分为Y、A、E、B、F、H和C七个等级，其中Y级和C级在电动机中一般不采用。

电动机在运行时，由于内部损耗引起发热，故使电动机的温度升高。电动机温度 T 与周围环境温度 T_0 的差值用 τ 表示，即：$\tau=T-T_0$。

规定标准环境温度为40 ℃。电动机的允许温升，是指电动机允许的最高温度与标准环境温度的差值，即 $\tau_{max}=T_{max}-T_0$。

例如，使用A级绝缘材料的电动机，其允许温升为 $\tau=105-40=65$（℃）。

七、电动机工作方式的选择

电动机的温升不仅与负载的大小有关，而且与负载持续时间的长短有关。为充分利用电动机的容量，按电动机发热情况的不同，一般可将电动机分为连续工作制、短时工作制和断续工作制。

连续工作制 S_1：该电动机可以按铭牌上标定的功率长时间连续运转，而温升不会超过允许值，也称为长时工作制，属于这一类的生产机械有水泵、鼓风机、造纸机、机床主轴等。

短时工作制 S_2：该电动机只能在恒定负载下短时间运行，其限值可能是10 min、30 min、60 min、90 min，属于这一类的生产机械有管道和水库闸门等。

断续工作制 S_3：该电动机长期运行于一系列完全相同的周期条件下，每一周期包括一段恒定负载运行时间和一段断能停转时间，每一周期的启动电流不致对温升产生显著影响。

任务实施

（1）请说出图4-1-13所示三相异步电动机各个组成部分，并说明相关技术数据。

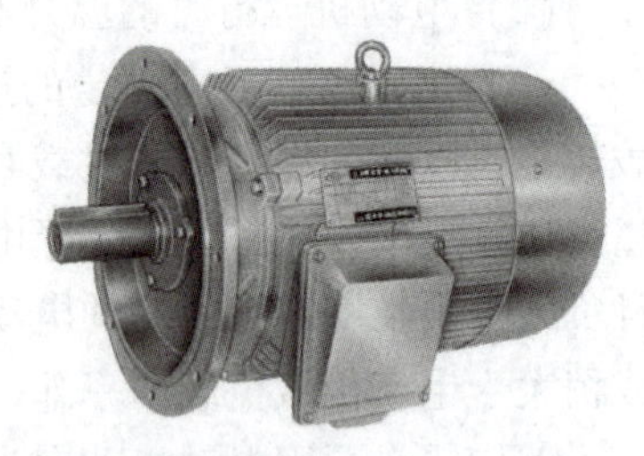

图4-1-13　三相异步电动机

（2）根据泵轴输出功率为55 kW，水泵效率为80%，且采用联轴器直接连接，计算应该选用的三相异步电动机的功率为多少？

（3）根据运行过程中水泵转速的要求，该电动机应该选择几极电动机呢？

（4）根据水泵电动机的应用环境，该电动机应该选择哪种结构形式？（开启式、防护式、封闭式、防爆式）

（5）根据已经确定的电动机类型、转速要求和计算出的电动机功率，查阅电动机产品目录，选择合适的机型。

任务考核

目标	考核题目	配分	得分
知识点	1. 三相异步电动机主要由哪几部分组成？根据转子结构的不同，三相异步电动机可分为哪两类？	12	
	2. 三相异步电动机的工作原理是什么？	12	
	3. 根据转差率的大小和正负，区分三相异步电动机的运行状态。	11	
	4. 三相异步电动机选用时应考虑哪几方面？	10	
技能点	1. 能否完成小型三相异步电动机的拆卸，认识其各组成部分？ 评分标准：以 3 人小组为单位，选择合适的工器具，按照正确的拆装步骤，顺利完成三相异步电动机的拆装，15 分；工器具选择不合理或未正确使用，但仍完成了电动机的拆装，10 分；工器具选择不合理或未正确使用，且电动机拆装过程中存在问题时得分不超过 7 分；对于已经拆卸的三相异步电动机，能准确辨认定、转子的各组成部分，知道各部分的作用和特点，酌情打分。	15	
	2. 能否根据生产机械的要求，正确计算配套电动机的功率，选择合适的电动机类型，并查阅产品目录，选择合适的机型？ 评分标准：正确计算电动机的功率，5 分；正确选择电动机的极对数，3 分；正确选择电动机的结构形式，3 分；查阅产品目录选择合适的机型，4 分。	15	
素养点	1. 是否遵守纪律及规程，不旷课、不迟到、不早退？ 评分标准：旷课扣 5 分/次；迟到、早退扣 2 分/次；上课做与任务无关的事情扣 2 分/次；不遵守安全操作规程扣 5 分/次。	5	
	2. 是否以严谨认真的态度对待学习及工作？ 评分标准：能认真积极参与任务，5 分；能主动发现问题并积极解决，3 分；能提出创新性建议，2 分。	10	
	3. 是否能按时按质完成课前学习和课后作业？ 评分标准：网络课程前置学习完成率达 90% 以上，5 分；课后作业完成度高，5 分。	10	

续表

目标	考核题目	配分	得分
总　分		100	
教师评语			

巩固提升

一、填空题

1. 交流旋转电动机的同步转速是指________的转速。若电动机转子转速低于同步转速，则该电动机叫________。

2. 一台三相4极异步电动机，若电源的频率$f=50$ Hz，则定子旋转磁场每秒钟在空间转过________。

3. 三相异步电动机的转速取决于________、________和________。

4. 一台三相异步电动机的额定电压为380 V/220 V，接法为Y/△，其绕组额定电压为________，当三相对称电源线电压为220 V时，必须将电动机接成________。

5. 三相异步电动机主要由________和________两部分组成。

6. 当s在________范围内，三相异步电动机运行于电动机状态，此时电磁转矩性质为________；在________范围内运行于发电机状态，此时电磁转矩性质为________。

7. 三相异步电动机根据转子结构不同可分为________和________两类。

8. 2极异步电动机的同步转速$n_1=$________，6极异步电动机的同步转速$n_1=$________。

二、判断题

1. 三相异步电动机的转速取决于电源频率和极对数，而和转差率无关。（　）

2. 三相异步电动机的转子转速越低，电动机的转差率越大，转子电动势的频率越高。（　）

3. 三相异步电动机无论怎样使用，其转差率都在0~1之间。（　）

4. 目前我国功率在4 kW以上的Y系列三相异步电动机均采用星形连接。（　）

5. 异步电动机运行时，总要从电源吸收一个滞后的无功电流。（　）

6. 当三相异步电动机转子绕组短接并堵转时，轴上的输出功率为零，则定子边输入功率亦为零。（　）

三、选择题

1. 磁极对数$p=4$的三相异步电动机的转差率为0.04，其定子旋转磁场的转速应为（　），转子转速为（　）。

A. 3 000 r/min　　B. 720 r/min　　C. 1 000 r/min　　D. 750 r/min

E. 2 880 r/min　　F. 1 440 r/min

2. 交流电动机定、转子的极对数要求（　）。

A. 不等　　B. 相等　　C. 不可确定

3. 10 kW 的三相鼠笼式异步电动机，若误接成星形，那么在额定负载下运行时，其铜损和温升将会（　　）。

A. 减少　　B. 增大　　C. 不变

4. 异步电动机在正常运行时，转子磁场在空间的转速为（　　）。

A. 转子转速　　B. 同步转速　　C. 转差率与转子转速的乘积

5. 异步电动机在额定负载下运行时，其转差率一般在（　　）之间。

A. 1%～3%　　B. 1.5%～5%　　C. 1%～6%

6. 三相异步电动机在运行中，若把定子两相反接，则转子的转速会（　　）。

A. 升高　　B. 下降一直到停转

C. 下降至零后再反向旋转　　D. 下降到某一稳定转速

7. 国产额定转速为 1 450 r/min 的三相异步电动机为（　　）极电动机。

A. 2　　B. 4　　C. 6　　D. 8

8. 下面哪项不属于转子结构?（　　）。

A. 转轴　　B. 转子铁芯　　C. 转子绕组　　D. 机座

9. 三相异步电动机的额定功率是指电动机（　　）。

A. 输入的视在功率　　B. 输入的有功功率

C. 产生的电磁功率　　D. 输出的机械功率

10. 三相异步电动机铭牌上所标的额定电压是指（　　），额定电流是指（　　）。

A. 相电压　　B. 线电压　　C. 相电流　　D. 线电流

四、综合题

1. 试述三相异步电动机的转动原理，并解释“异步”的含义。异步电动机为什么又称为感应电动机?

2. 测得两台鼠笼式三相异步电动机的转速分别为 2 940 r/min 和 970 r/min，电源频率为 50 Hz。试问两台电动机的磁极数、同步转速及转差率分别为多少?

3. 异步电动机的额定电压是 220 V/380 V，当三相电源的线电压分别为 220 V 和 380 V 时，电动机的定子绕组各应做何种接法? 当轴上负载相同时，在这两种接法下，试问：

（1）加在电动机每相绕组上的电压是否相同?

（2）流过电动机每相绕组的电流是否相同?

（3）电动机的线电流是否相同?

4. 某泵站安装了一台离心式水泵，已知该泵轴上功率为 30 kW，转速为 1 480 r/min，效率为 $\eta=0.85$，电动机与泵之间由联轴器直接传动，试选一台合适的电动机。

【中国制造】

中国制造提升中国速度

任务 4-2　三相异步电动机的运行控制

任务名称	三相异步电动机的运行控制	参考学时	8 h
任务引入	给上述小型泵站选择合适的配套电动机后，接下来要对它进行运行控制，通过考察工作现场的实际情况，结合所选电动机的运行要求，选用 Y-△降压启动，请设计该电动机 Y-△降压启动的控制线路吧。 本任务主要学习三相异步电动机的运行特性，及如何实现三相异步电动机的启动、调速、制动、反转等运行控制，为水泵机组的顺利运行奠定基础。		
任务要点	知识点：三相异步电动机的运行特性；三相异步电动机的启动、调速、制动、反转的方法。		
	技能点：能正确分析三相异步电动机的运行特性；能看懂电动机控制线路图；能进行电动机控制线路的设计、接线、调试等。		
	素质点：具备自主学习能力，电气设备规程规范的使用能力，安全用电、团队协作能力。		

知识链接一　三相异步电动机的运行特性

一、三相异步电动机的电磁转矩

三相异步电动机是靠电磁转矩带动负载转动的。此电磁转矩是由转子导体中的感应电流在旋转磁场中受电磁力的作用产生的。根据电磁力公式 $f=Bli$ 可推知，电磁转矩的大小与旋转磁场的磁通量及转子电流有关。由于三相异步电动机转子绕组既有电阻又有感抗，转子电流 $\dot{I}_2$ 滞后转子感应电动势 $\dot{E}_2$ 一个 φ_2 角，只有转子电流的有功分量 $I_2\cos\varphi_2$ 与旋转磁场作用才产生电磁转矩 T，其值为：

$$T=C_M\Phi I_2\cos\varphi_2 \tag{4-2-1}$$

式中　C_M——与三相异步电动机结构有关的转矩常数；

Φ——旋转磁场每一个极的磁通量；

I_2——转子电流有效值；

$\cos\varphi_2$——转子电路的功率因数。

为了研究电磁转矩与电动机外部各物理量的关系，下面先简要分析式（4-2-1）中的 Φ、I_2、$\cos\varphi_2$ 分别与哪些因素有关。

1. 旋转磁场每一个极的磁通量 Φ

三相异步电动机定子绕组通电产生的旋转磁场，其中绝大部分是穿过空气隙既与定子绕组交链，又与转子绕组交链的主磁通；还有一小部分是只与定子绕组交链的漏磁通。主磁通是正弦交变的，在定子绕组、转子绕组上分别产生感应电动势 $\dot{E}_1$、$\dot{E}_2$，与变压器相类似，三相异步电动机旋转磁场的每极磁通量 Φ 与定子绕组相电压 U_1 的关系为：

$$U_1\approx E=4.44k_1f_1N_1\Phi \tag{4-2-2}$$

式中　k_1——考虑到定子绕组的分布不同于变压器绕组而引入的定子绕组系数；

f_1——定子电源频率；

N_1——定子绕组每相的匝数。

由式（4-2-2）可知，三相异步电动机在运行中 Φ 正比于外加电压 U_1，当定子绕组相电压 U_1 和频率 f_1 一定时，其旋转磁场每一极的磁通量 Φ 的大小基本不变。

2. 转子电流有效值 I_2 和转子电路的功率因数 $\cos\varphi_2$

根据交流电路的理论，转子每相绕组中的电流为：

$$I_2=\frac{E_2}{\sqrt{R_2^2+X_2^2}} \tag{4-2-3}$$

式中　R_2——转子电路每相电阻；

X_2——转子每相绕组的漏磁感抗；

E_2——转子每相感应的电动势。

转子感应电动势 E_2 是旋转磁场与转子之间有相对运动才产生的，二者相对速度$\left(\text{转差率 } s=\frac{n_1-n}{n_1}\right)$越大，转子感应电动势 E_2 也越大。当转子静止（$s=1$）时，转子感应电动势最大，用 E_{20}表示。当转子以转速 n 旋转时，旋转磁场与转子绕组的相对转速为 $n_1-n=sn_1$，转子感应电动势的大小为：

$$E_2=sE_{20}=s(4.44k_2f_1N_2\Phi) \tag{4-2-4}$$

式中，k_2 为转子绕组系数。

转子电流的频率 f_2 也与转差率 s 有关，其关系为：

$$f_2=\frac{p(n_1-n)}{60}=\frac{pn_1}{60}\cdot\frac{n_1-n}{n_1}=f_1s \tag{4-2-5}$$

式中，f_1 为定子电源频率。

转子每相绕组的漏磁感抗为：

$$X_2=2\pi f_2L_{20}=s2\pi f_1L_{20}=sX_{20} \tag{4-2-6}$$

式中　L_{20}——转子每相绕组的漏磁电感；

X_{20}——转子静止时的漏抗，$X_{20}=2\pi f_1L_{20}$。

转子绕组的功率因数为：

$$\cos\varphi_2=\frac{R_2}{\sqrt{R_2^2+X_2^2}}=\frac{R_2}{\sqrt{R_2^2+(sX_{20})^2}} \tag{4-2-7}$$

将式（4-2-3）~式（4-2-7）整理后代入式（4-2-1），可得：

$$T\approx K\cdot\frac{U_1^2}{f_1}\cdot\frac{sR_2}{R_2^2+(sX_{20})^2} \tag{4-2-8}$$

式中　K——与电动机有关的比例系数；

R_2——三相异步电动机转子电路电阻；

X_{20}——三相异步电动机转子一相感抗。

在定子电源的电压 U_1 和频率 f_1 不变时，三相异步电动机的电磁转矩会随着转差率 s 的变化而变化。

二、三相异步电动机的转矩特性

根据式（4-2-8）可知，在电源电压、频率和转子参数一定时，转矩 T 随转差率 s 变化的情况可用 $T=f(s)$ 曲线来表示，称为异步电动机的转矩特性曲线，如图 4-2-1 所示。

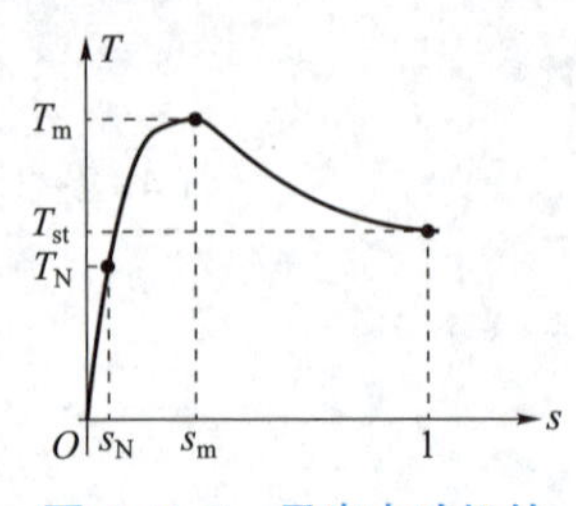

图 4-2-1　异步电动机的转矩特性曲线

在 $0<s<s_m$ 区段，转矩 T 随 s 的增大而增大。在 $s_m<s<1$ 区段，转矩 T 随 s 的增大而减小。当 $s=s_m$ 时，T 出现最大值 T_m，称为最大转矩。出现最大转矩的转差率 s_m，称为临界转差率。

1. 额定转矩 T_N

当电动机在额定状态下运行时，在其轴上得到的转矩称为额定转矩 T_N。

$$T_N = 9\ 550\frac{P_N}{n_N} \tag{4-2-9}$$

式中　P_N——电动机轴上输出的机械功率（kW）；

n_N——电动机的额定转速（r/min）；

T_N——电动机的额定转矩（N · m）。

从式（4-2-9）可以看出，输出功率相同的电动机，转速低的转矩大，转速高的转矩小。

【想一想　做一做】

某普通机床的主轴电机（Y132M-4 型）的额定功率为 5 kW，额定转速为 1 440 r/min，则其额定转矩为多少？

2. 最大转矩 T_m

从转矩特性曲线上看，转矩有一个最大值 T_m，它所对应的转差率 s_m 称为临界转差率，由数学分析可知：

$$s_m = \frac{R_2}{X_{20}} \tag{4-2-10}$$

由上式可知，改变转子电路电阻 R_2，就可改变 s_m。

当负载转矩超过最大转矩时，电动机就带不动负载了，会发生堵转现象。堵转后的电动机电流迅速升高到额定电流的 6~7 倍，电动机会严重过热甚至烧坏。因此，电动机在运行中一旦出现堵转，应立即切断电源，在减轻负载排除故障以后再重新启动。如果过载时间较短，电动机不至于马上过热，是允许的。

最大转矩也表示电动机的短时允许过载能力，常用过载系数 λ 表示，即：

$$\lambda = \frac{T_m}{T_N} \tag{4-2-11}$$

一般 λ 取 1.8~2.5。在选用电动机时，必须考虑可能出现的最大负载转矩，而且根据所选电动机的过载系数算出最大转矩。

3. 启动转矩 T_{st}

电动机启动时（$n=0$，$s=1$）的转矩称为启动转矩 T_{st}。启动转矩与额定转矩的比值 $\lambda_{st}=T_{st}/T_N$ 称为异步电动机的启动能力。一般 λ_{st}取 0.9~1.8。只有当启动转矩大于负载转矩时，电动机才能启动，启动转矩越大，启动越迅速。如果启动转矩小于负载转矩，则电动机不能启动。

【例 4-2-1】 有一台三角形连接的三相异步电动机，其额定数据如下：$P_N=40$ kW，$n_N=1\ 470$ r/min，$\eta=0.9$，$\cos\varphi=0.9$，$\lambda=2$，$\lambda_{st}=1.2$。试求：

（1）额定电流；（2）额定转差率；（3）额定转矩、最大转矩、启动转矩。

解：（1）40 kW 以上的电动机，其额定电压 U_N 通常是 380 V，三角形连接，根据任务 4-1 所学知识可知：

$$I_N=\frac{P_N\times10^3}{\sqrt{3}U_N\eta\cos\varphi}=\frac{40\times10^3}{\sqrt{3}\times380\times0.9\times0.9}=75\ (\text{A})$$

（2）由于 $n_N=1\ 470$ r/min，可知该电动机为 4 极电动机，极对数 $p=2$，则同步转速 $n_1=\frac{60f}{p}=1\ 500$ r/min，所以：

$$s_N=\frac{n_1-n}{n_1}=\frac{1\ 500-1\ 470}{1\ 500}=0.02$$

（3）额定转矩：　$T_N=9\ 550\frac{P_N}{n_N}=9\ 550\times\frac{40}{1\ 470}=259.9\ (\text{N}\cdot\text{m})$

最大转矩：　$T_m=\lambda T_N=2\times259.9=519.8\ (\text{N}\cdot\text{m})$

启动转矩：　$T_{st}=\lambda_{st}T_N=1.2\times259.9=311.88\ (\text{N}\cdot\text{m})$

三、三相异步电动机的机械特性

为了更直接地表示电磁转矩 T 和转速 n 之间的关系，可根据转速 n 与转差率 s 的关系，将 $T=f(s)$ 曲线变换为 $n=f(T)$ 曲线，这种曲线称为异步电动机的机械特性曲线，如图 4-2-2 所示。

图 4-2-2 中，转子静止时，$n=0(s=1)$，对应的启动转矩为 T_{st}。只要 T_{st}大于负载转矩，转子就可以旋转，并逐渐加速。从机械特性曲线可以看出，$0<n<n_m$ 区间（n_m 为临界转速），转速升高，电磁转矩加大，电磁转矩大于负载转矩，所以电动机一直处于加速状态。过 n_m 点以后，转速再升高，T 将随之减小，直到电磁转矩等于负载转矩，电动机便进入稳速运行。若负载转矩为额定值，则稳定转速为额定转速 n_N（在 u_1、f_1 为额定值，转子回路未串电阻、电抗的条件下）。机械特性曲线上，$T=0$，$s=0$，$n=n_1$ 为同步运转点。

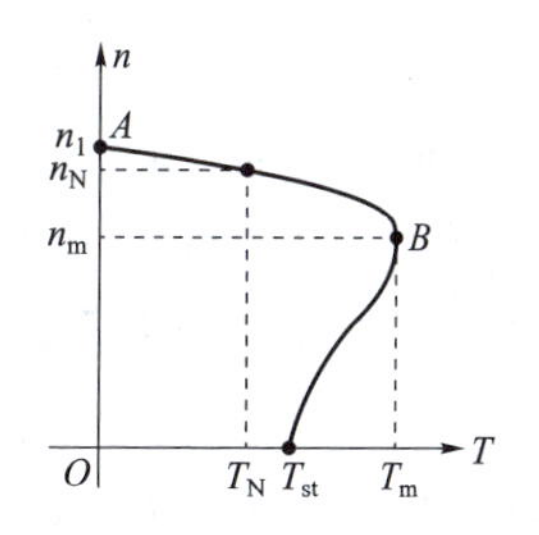

图 4-2-2　异步电动机的机械特性曲线

电动机在 AB 区段稳定运行时，如果负载增大，转速下降，则电磁转矩自动增大，当电磁转矩与负载转矩达到新的平衡时，转速又恢复稳定。机械特性的 AB 区段称为稳定运行区段。当负载转矩的增加超过了最大转矩 T_m 时，则电动机的电磁转矩总小于负载转矩，转子减速，直至停转。

知识链接二　三相异步电动机的启动

三相异步电动机的启动

三相异步电动机从接通电源，由静止逐渐转起来，直到进入等速运行的过程叫作启动过程，简称启动。

三相异步电动机启动时，应尽量满足以下要求：

(1) 启动转矩要大，以便加快启动过程，保证其能在一定负载下启动。

(2) 启动电流要小，以避免启动电流在电网上引起较大的电压降，影响到接在同一电网上其他电气设备的正常运行。

(3) 启动时所需的控制设备应尽量简单，力求操作和维护方便。

(4) 启动过程中的能量损耗应尽量小。

但通常情况下，启动电流会达到额定电流的 4~7 倍，电动机频繁启动时，会影响其使用寿命；由于启动时的转子漏电抗（sX_m）很大，使转子电路的功率因数很低，故启动转矩并不大，只是额定转矩的 1.0~2.2 倍。

一、鼠笼式异步电动机的启动

鼠笼式异步电动机的启动方法有直接启动和降压启动。

1. 直接启动

利用刀开关 QS 或接触器 KM 将电动机定子绕组直接接到三相电源上的启动方法称为直接启动或全压启动，如图 4-2-3 所示。

直接启动的优点是设备简单，操作方便，启动过程短。只要电网的容量允许，尽量采用直接启动。在电动机频繁启动时，电动机的容量小于为其提供电源的变压器容量的 20%时，允许直接启动；如果电动机不频繁启动，其容量小于变压器的 30%时，也允许直接启动。

通常 10 kW 以下的异步电动机采用直接启动。

2. 降压启动

如果电动机的容量较大，不满足直接启动的条件，则必须采用降压启动。降压启动就是通过降低直接加在电动机定子绕组的端电压来减小启动电流。由于启动转矩 T_{st} 与定子端电压 U_1 的平方成正比，因此降压启动时，启动转矩也大大减小。所以，降压启动只适用于对启动转矩要求不高的设备，如离心泵、通风机等。

常见的降压启动方法有：定子串电阻（电抗）降压启动、星形-三角形（Y-△）换接启动和自耦降压启动三种。

1）定子串电阻（电抗）降压启动

图 4-2-4 是定子串电阻（电抗）降压启动的电路图，它利用了电阻或电抗器的分压作用，降低加到电动机定子绕组的实际电压。图中 R_{st}、X_{st} 分别为启动时所串联的电阻器和电抗器。

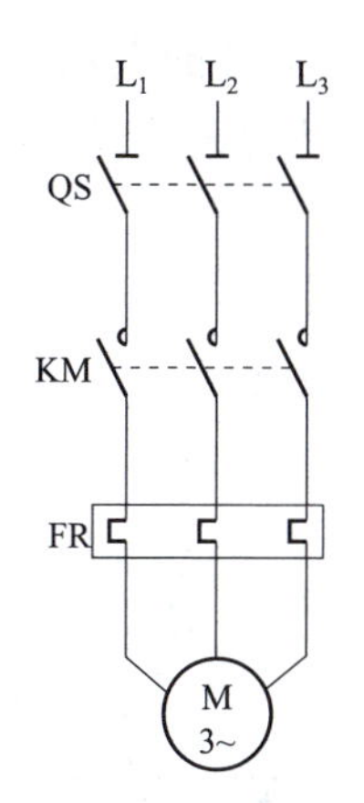

图 4-2-3　三相异步电动机直接启动电路图

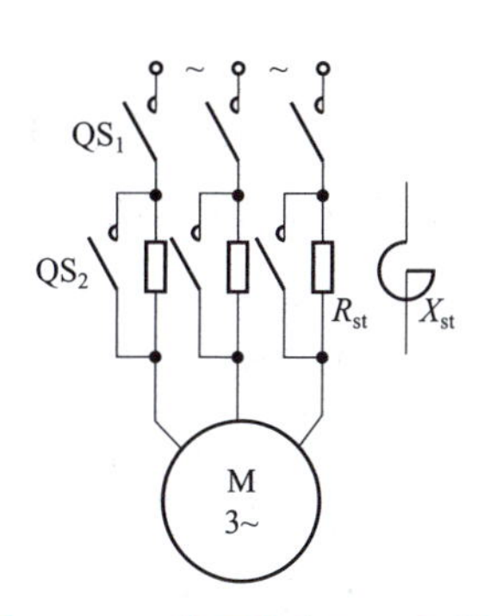

图 4-2-4　定子串电阻（电抗）降压启动电路图

启动时，先闭合开关 QS_1，断开 QS_2，此时启动电流在电阻 R_{st} 或 X_{st} 上产生电压降，使加在定子绕组上的电压降低，以达到减小启动电流的目的。当电动机转速达到稳定时，再将 QS_2 闭合，将 R_{st} 或 X_{st} 短接，电动机进入全压运行。

定子串电阻（电抗）降压启动的优点是启动较平稳、运行可靠、设备简单。缺点是定子串联电阻启动时电能损耗大，启动转矩随电压二次方降低，只适合轻载或空载启动。

2）星形-三角形（Y-△）换接启动

图 4-2-5 是星形-三角形（Y-△）换接降压启动的电路图，这种方法只适用于正常运行时电动机定子绕组三角形连接的情况。

启动时，先合上电源开关 QS_1，然后将开关 QS_2 合到"Y 接启动"位置，这时定子绕组连接成星形降压启动，待转速上升到接近额定转速时，再将开关 QS_2 合到"△接运行"位置，把定子绕组改接成三角形，在额定电压下正常运行。

当定子绕组接成星形降压启动时，设每相绕组的阻抗为 $|Z|$，则：

$$I_{LY}=I_{PY}=\frac{U_L}{\sqrt{3}\,|Z|}$$

当定子绕组接成三角形直接启动时：

$$I_{L\triangle}=\sqrt{3}I_{P\triangle}=\frac{\sqrt{3}U_L}{|Z|}$$

比较上面两式，可得：

$$I_{LY}=\left(\frac{1}{\sqrt{3}}\right)^2 I_{L\triangle}=\frac{1}{3}I_{L\triangle}$$

即星形连接启动的电流为三角形直接启动时电流的 1/3，但同时转矩与电压的平方成正比，所以星形连接的启动转矩也降为三角形连接时的 1/3。

星形-三角形（Y-△）换接降压启动的优点是设备简单、成本低、运行可靠、体积小、质量轻，且检修方便。我国 Y 系列异步电动机额定电压是 380 V，容量在 4 kW 及以上的电动机正常工作时都接成三角形，在它们轻载或空载启动的情况下，可采用 Y-△换接降压启动。缺点是只适用于正常运行时定子绕组为三角形连接的电动机，并且只有一种固定的降压比（1/3），启动转矩随电压的二次方降低，只适合轻载或空载启动。

3）自耦降压启动

图 4-2-6 是自耦降压启动的电路图，它是利用自耦变压器将电压降低后加到电动机定子绕组上，当电动机转速接近额定转速时，再将电压增加到额定电压。

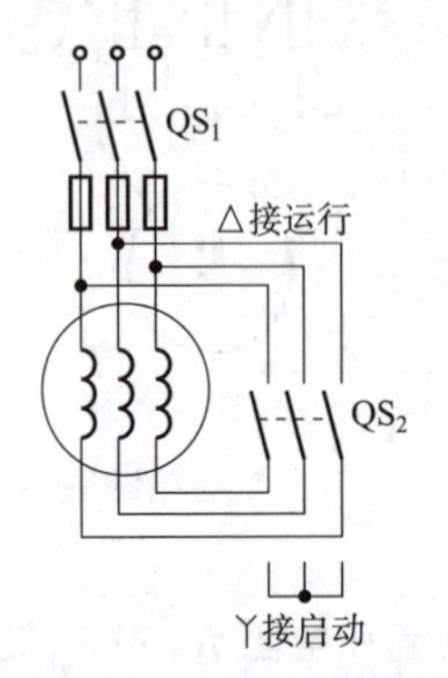

图 4-2-5　Y-△换接降压启动电路图

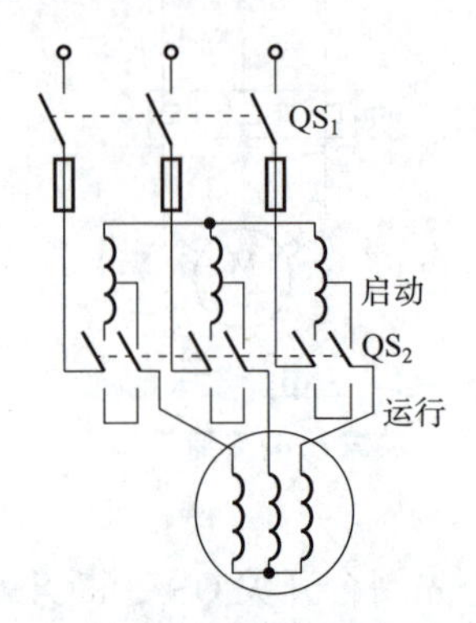

图 4-2-6　自耦降压启动电路图

启动时，首先将 QS_1 闭合，把 QS_2 扳到“启动”位置，使三相交流电源经自耦变压器降压后，接在电动机定子绕组上，这时电动机定子绕组得到的电压低于电源电压，因而减小了启动电流，待电动机转速接近额定转速时，再把 QS_2 扳到“运行”位置，让定子绕组全压运行。

自耦降压启动时，电动机定子绕组电压降为直接启动时的 $1/K$（K 为变压器电压比），定子电流也将为直接启动时的 $1/K$，而启动转矩将为直接启动时的 $1/K^2$。

自耦变压器降压启动的优点是其所用的自耦变压器专用设备为补偿器，它通常有几个抽头，可输出不同的电压，如电源电压的 80%、60%、40%等，可供用户选择，比其他降压启动方法获得的降压比更多，可以更灵活地选择。缺点是自耦变压器体积和质量大、价格高、维护检修不方便，启动转矩随电压的二次方降低，同样只适合轻载或空载启动。

二、绕线式异步电动机的启动

绕线式异步电动机的启动可采用在转子电路中串联电阻的方式，如图 4-2-7 所示。

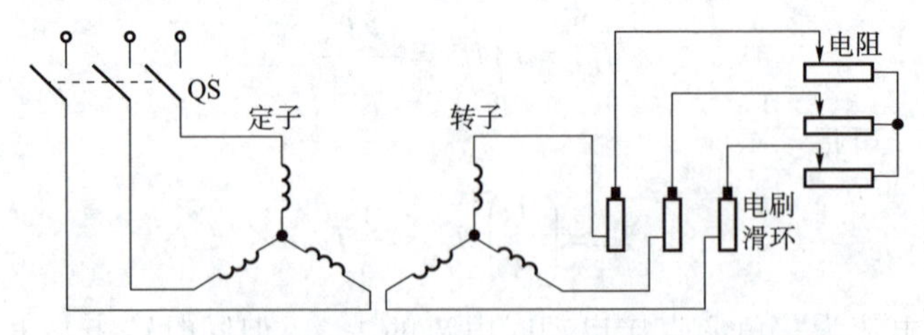

图 4-2-7　绕线式异步电动机转子串电阻启动电路图

启动时，先将启动变阻器的电阻值调到最大，然后合上电源开关 QS 进行启动，随着电动机转速的升高，逐步将串入的启动电阻减小，直到串入电阻减小为零，使转子绕组直接短接，启动过程完成。

转子电路串电阻启动，一方面可使转子电流减小（见式（4-2-3）），从而使定子启动电流减小；另一方面，又可使转子电路的功率因数 $\cos\varphi_2$ 提高（见式（4-2-7））。只要串联的电阻值适当，使 $\cos\varphi_2$ 的增大大于 I_2 的减小，那么就可以增大启动转矩（见式（4-2-1））。这样不仅能限制启动电流，还能增大启动转矩，因而能大大改善异步电动机的启动性能。所以，在启动频繁、要求启动转矩大的生产机械（如起重机等）上常采用绕线式异步电动机。

此外，绕线式异步电动机还可以采用转子串频敏变阻器启动。

知识链接三　三相异步电动机的调速、反转、制动

一、三相异步电动机的调速

电动机的调速是指在同一负载下得到不同的转速，以满足生产过程的要求，如各种切削机床的主轴运动，随着工件与刀具的材料、工件直径、加工工艺的要求及吃刀量的大小不同，要求电动机有不同的转速，以获得最高的生产效率和保证加工质量。若采用电气调速，则可以大大简化机械变速机构。电动机的转速公式为：

$$n=(1-s)n_1=\frac{60f_1}{p}(1-s) \tag{4-2-12}$$

由式（4-2-12）可知，改变电动机转速的方法有三种：改变定子绕组的极对数 p，即变极调速；改变电源的频率 f_1，即变频调速；改变电动机的转差率 s，即变转差率调速。

调速的性能指标主要有：调速范围，调速的稳定性、平滑性和经济性。

1. 变极调速

通过改变定子绕组的接线方式来改变定子磁极对数 p，从而改变同步转速 n_1 以达到调速的目的，即变极调速。

如图 4-2-8 所示为三相 2 极异步电动机定子绕组接线及产生的磁极数，该电动机的每相绕组是由两个线圈按照一定的方式连接而成的。图中 U 相绕组采用反向串联或者反向并联的方式，在剖面图中标出每一根绕组上电流的方向，再利用右手螺旋定则进行判断，得到此时在空间产生了一对磁极，即该电动机为 2 极电动机。而如图 4-2-9 所示，U 相定子绕组采用正向串联，同样用右手螺旋定则判断磁极，为两对磁极，电动机变为 4 极电动机。

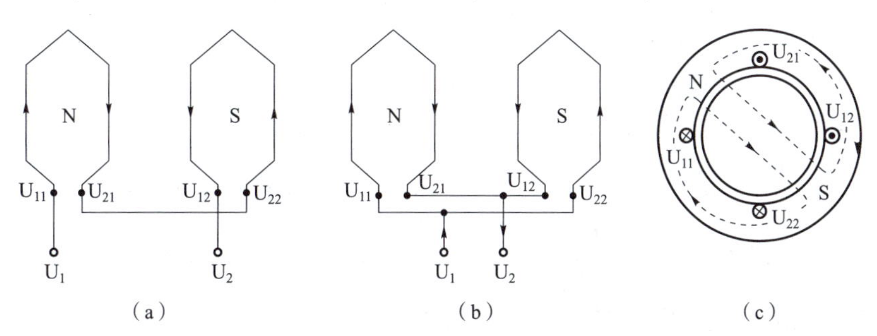

图 4-2-8　三相 2 极异步电动机 U 相绕组连接原理

（a）反向串联；（b）反向并联；（c）磁极数

通过上面的分析可知，若极对数发生变化，同步转速 n_1 也成倍变化，对拖动恒转矩负

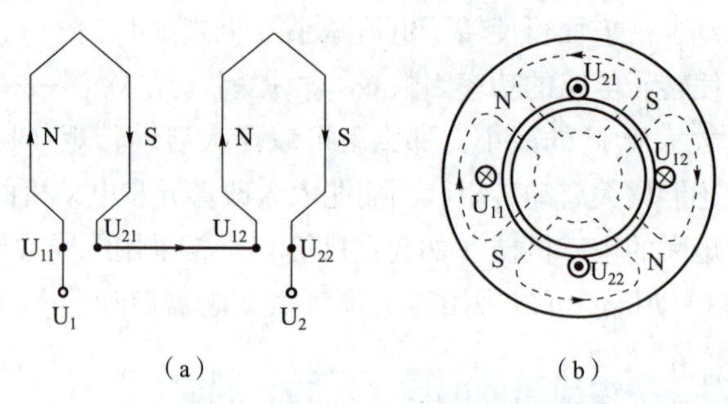

图 4-2-9　4 极电动机 U 相绕组连接原理

(a) U 相绕组接线；(b) 磁极数

载运行的电动机来讲，运行的转速也接近成倍改变。

绕线式异步电动机的转子极对数不能自动随定子极对数变化，如果同时改变定子、转子绕组磁极对数又比较麻烦，那么不宜采用变极调速。

需要说明的是，如果外部电源相序不变，则变极后，不仅会使电动机的运行转速发生变化，还会因三相绕组空间相序的改变而引起旋转磁场转向的改变，从而引起转子转向的改变。所以，为了保证变极调速前后电动机的转向不变，在改变定子绕组接线的同时，必须把 V、W 两相出线端对调，使接入电动机的电源相序改变，这在工程实践中必须引起注意。

2. 变频调速

由式（4-2-12）可知，改变电源的频率 f_1，可使旋转磁场的同步转速发生变化，电动机的转速也随之变化。若电源频率提高，则电动机转速提高；电源频率下降，则电动机转速下降。若电源频率可以做到均匀调节，则电动机的转速就能平滑地改变。这是一种较为理想的调速方法，能满足无极调速的要求，且调速范围大，调速性能与直流电动机相近。

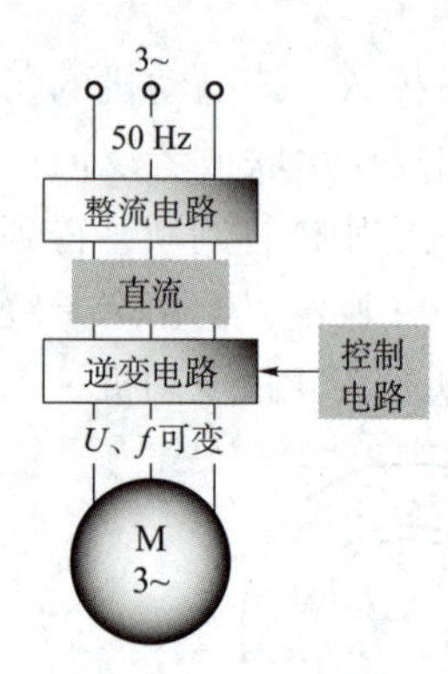

图 4-2-10　变频调速

变频调速是指利用变频装置改变交流电源的频率来实现调速，变频装置可分为间接变频装置和直接变频装置。间接变频装置又称为交-直-交变频，主要由整流器和逆变器两部分组成，如图 4-2-10 所示。整流器先将 50 Hz 的工频交流电变为直流电，再由逆变器将直流电变为频率为 f_1，且频率、电压都可调的三相交流电，供给电动机。直接变频装置是将工频交流电一次变换成可控频率的交流电，没有中间的直流环节，也称为交-交变频装置。目前应用较多的是间接变频装置。

变频器可由电力电子器件及触发电路组成，在变频调速时，为了保证电动机的电磁转矩不变，应保证电动机内旋转磁场的磁通量（主磁通）不变，主磁通 $\Phi_m \approx \dfrac{U_1}{4.44 f_1 N}$，可见，为了改变频率 f_1 而保证主磁通 Φ_m 不变，必须同时改变电源电压 U_1，使其比值 U_1/f_1 保持不变。

3. 变转差率调速

变转差率调速是在不改变同步转速 n_1 条件下的调速，这种调速只适用于绕线式异步电动机，是通过在转子电路中串入调速电阻来实现的。这种调速方法的优点是设备简单、投资少，但电阻的串入使电动机的能量损耗较大，一般多用于起重设备中。

二、三相异步电动机的制动

因为电动机的转动部分有惯性，所以当切断电源后，电动机还会继续转动一定时间后才能停止。但某些生产机械要求电动机脱离电源后能迅速停止，以提高生产效率和安全性，为此，需要对电动机进行制动，对电动机的制动也就是在电动机停电后施加与其旋转方向相反的制动转矩。

制动方法有机械制动和电气制动两类。机械制动通常用电磁铁制成的电磁抱闸来实现。当电动机启动时电磁抱闸的线圈同时通电，电磁铁吸合，闸瓦离开电动机的制动轮（制动车与电动机同轴连接），电动机运行；当电动机停电时，电磁抱闸线圈失电，电磁铁释放，在弹簧作用下，闸瓦把电动机的制动轮紧紧抱住，以实现制动。起重设备常采用这种制动方法，不但提高了生产效率，还可以防止在工作中因突然停电使重物下滑而造成的事故。电气制动是利用在电动机转子导体内产生的反向电磁转矩来制动的，常用的电气制动方法有能耗制动、反接制动和回馈制动。

1. 能耗制动

这种制动方法是在切断三相电源的同时，在电动机三相定子绕组的任意两相中通以一定电压的直流电，直流电流将产生固定磁场，而转子由于惯性继续按原方向转动，根据右手定则和左手定则，不难确定这时转子电流与固定磁场相互作用产生的电磁转矩与电动机转动方向相反，从而起到制动的作用。制动转矩的大小与通入定子绕组直流电流的大小有关，该电流一般为电动机额定电流的 0.5 倍，这可通过调节电位器 R_P 来控制。因为这种制动方法是利用消耗转子的动能（转换为电能）来进行制动控制的，所以称为能耗制动，如图 4-2-11 所示。

能耗制动的特点是制动平稳、消耗电能少，但需要有直流电源。目前一些金属切削机床中常采用这种制动方法。在一些重型机床中还将能耗制动与电磁抱闸配合使用，先进行能耗制动，待转速降至某一值时，令电磁抱闸动作，可以有效地实现准确快速停车。

2. 反接制动

改变电动机三相电源的相序使电动机的旋转磁场反转的制动方法称为反接制动。在电动机需要停车时，可将接在电动机上的三相电源中的任意两相对调位置，使旋转磁场反转，而转子由于惯性仍按原方向转动，这时的转矩方向与电动机的转动方向相反，因而起到制动作用。当转速接近零时，利用控制电器迅速切断电源，避免电动机反转，如图 4-2-12 所示。

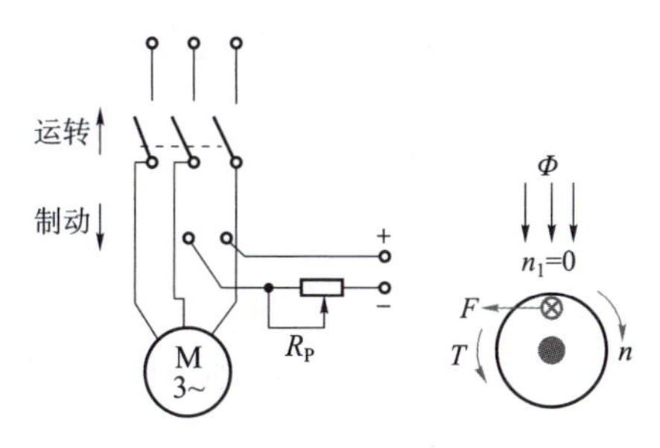

图 4-2-11　能耗制动

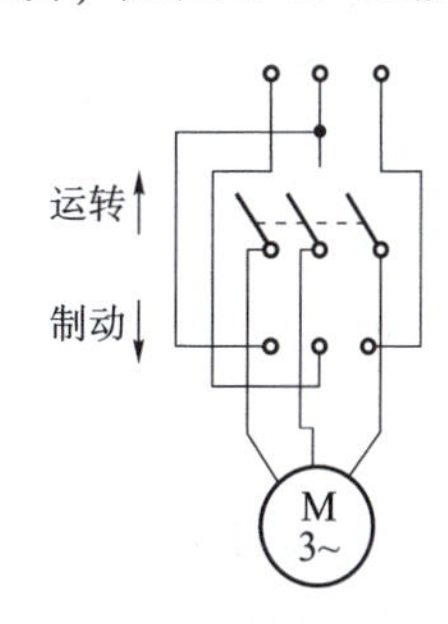

图 4-2-12　反接制动

在反接制动时，由于新产生的旋转磁场转速 n_1 反向，转差率的计算公式变为 $s=\frac{-n_1-n}{-n_1}$，可知转差率 $s>1$，因此，电流很大，为了限制电流及调整制动转矩的大小，常在定子电路（鼠笼式异步电动机）或转子电路（绕线式异步电动机）中串入适当的电阻。

反接制动的特点是不需要另备直流电源，结构简单，且制动力矩较大、停车迅速。但由于此时电动机既要从电网吸取电能，又要从轴上吸取机械能并转换为电能，因此能耗较大。一般在中小型车床和铣床等机床中使用这种制动方法。

3. 回馈制动

若三相异步电动机在电动状态运行时，由于某种原因，使电动机的转速超过了同步转速（转向不变），电动机转子绕组切割旋转磁场的方向将与电动机运行状态时相反，此时产生的转子电动势、转子电流和电磁转矩的方向也与电动状态时相反，转矩为制动性质的转矩，电动机便处于制动状态，电动机转速便减慢下来。同时，由于电流方向反向，电磁功率回送至电网，故称为回馈制动。

回馈制动常用来限制转速，例如，当电车下坡时，重力的作用使电车转速增大，当 $n>n_1$ 时，电动机自动进入回馈制动。所以，回馈制动的特点是电动机的转速高于同步转速，且制动时电动机不从电网吸取有功功率，反而向电网回馈有功功率，故制动很经济。

三、三相异步电动机的反转

根据三相异步电动机的工作原理可知，三相异步电动机转子的转向与定子旋转磁场的转向相同，如果改变通入三相定子绕组的电流的相序，就可以改变旋转磁场的转向，电动机的转向也随之改变。

知识链接四　电动机控制与保护器件

低压电气设备

三相异步电动机是应用最为普遍的旋转动力源，各种生产机械的运动部件大多是由三相异步电动机来驱动的。为了自动完成各种加工过程，减轻劳动强度，提高劳动生产率，提高产品质量，在生产过程中要对电动机进行自动控制。对电动机和生产机械实现控制和保护的电工设备称为控制电器。控制电器的种类很多，按其动作方式可分为手动和自动两类。手动电器的动作是由工作人员手动操纵的，如刀开关、组合开关、按钮等；自动电器的动作是根据指令、信号或某个物理量的变化自动进行的，如各种继电器、接触器、行程开关等。

一、手动电器

1. 刀开关

刀开关又称为闸刀开关，其结构与符号如图 4-2-13 所示，由闸刀（动触点）、静插座（静触点）、手柄和绝缘底板等组成。一般用于不频繁操作的低压电路中，用作接通和切断电源，或用来将电路与电源隔离，有时也可用来控制小容量电动机的直接启动与停机。

刀开关一般与熔断器串联使用，以便在短路或过负荷时熔断熔断器而自动切断电路。刀

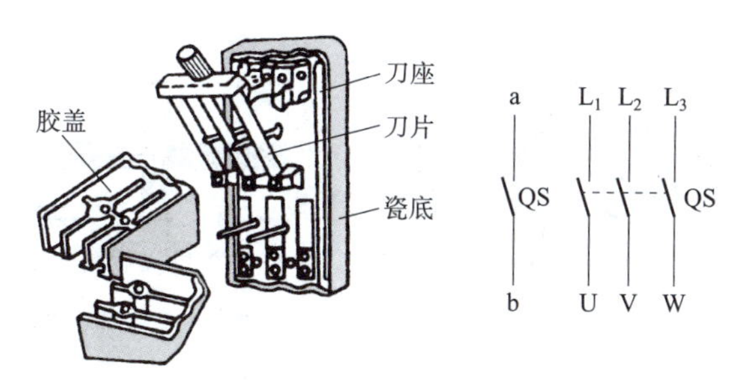

图 4-2-13　刀开关的结构与符号

开关的额定电压通常为 250 V 和 500 V，额定电流在 1 500 A 以下。安装刀开关时，电源线应接在静触点上，负荷线接在与闸刀相连的端子上。对有熔断丝的刀开关，负荷线应接在闸刀下侧熔断丝的另一端，以确保刀开关切断电源后闸刀和熔断丝不带电。在垂直安装时，手柄向上合为接通电源，向下拉为断开电源，不能反装，否则会因闸刀松动自然落下而误将电源接通。

2. 组合开关

组合开关又称为转换开关，是一种转动式的闸刀开关，主要用于接通或切断电路、换接电源、控制小型鼠笼式三相异步电动机的启动、停止、正反转和局部照明。它有若干个动触片和静触片，分别装于数层绝缘件内，静触片固定在绝缘垫板上，动触片装在转轴上，随转轴旋转而变更通、断位置。图 4-2-14 所示为组合开关及启停电动机的接线图。

3. 按钮

按钮主要用于远距离操作继电器、接触器接通或断开控制电路，从而控制电动机或其他电气设备的运行。按钮由按钮帽、复位弹簧和接触部件等组成，其结构及符号如图 4-2-15 所示。按钮的触点分常闭触点（又称为动断触点）和常开触点（又称为动合触点）两种。常闭触点是按钮未按下时闭合，按下后断开的触点。常开触点是按钮未按下时断开，按下后闭合的触点。按钮按下时，常闭触点先断开，然后常开触点闭合；松开后，依靠复位弹簧使触点恢复到原来的位置。按钮内的触点对数及类型可根据需要组合，最少具有一对常闭触点或常开触点。

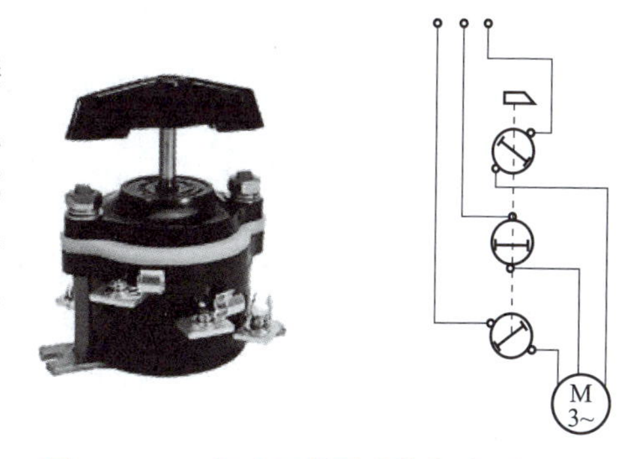

图 4-2-14　组合开关及启停电动机接线图

二、自动电器

1. 熔断器

熔断器主要作短路或过载保护用，串联在被保护的线路中，线路正常工作时如同一根导线起通路作用；当线路短路或过载时熔断器熔断，起到保护线路上其他电气设备的作用。熔断器一般由夹座、外壳和熔体组成。熔体有片状和丝状两种，用电阻率较高的易熔合金或截面积很小的良导体制成。图 4-2-16 所示为熔断器及其符号。

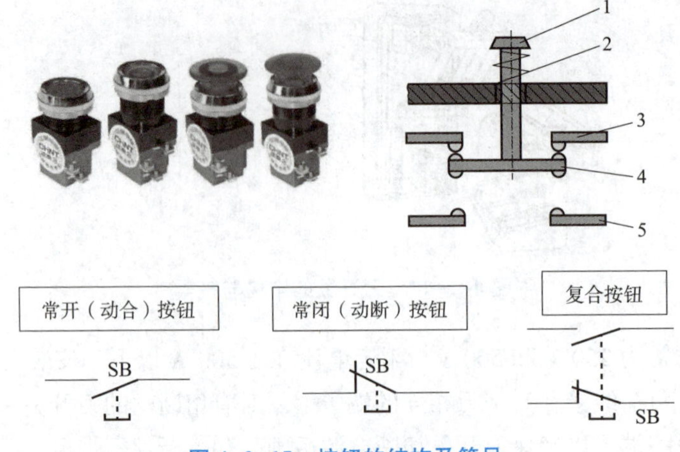

图 4-2-15　按钮的结构及符号

1—按钮；2—复位弹簧；3—常闭静触头；4—动触头；5—常开静触头

图 4-2-16　熔断器及其符号

2. 断路器

断路器又称自动空气开关或自动开关，它的主要特点是具有自动保护功能，当发生短路、过载、大电压等故障时能自动切断电路，起到保护作用，图 4-2-17 所示为断路器及其结构原理图。从图中可以看出，它主要由触点系统、操作机构和保护元件 3 部分组成，主触点靠操作机构（手动或电动）来闭合。开关的脱扣机构是一套连杆装置，有过流脱扣器和欠电压脱扣器等，它们都是电磁铁。主触点闭合后就被锁钩锁住，在正常情况下，过流脱扣器的衔铁是释放的，一旦发生严重过载或短路故障，线圈因流过大电流而产生较大的电磁吸力，把衔铁往下吸而顶开锁钩，使主触点断开，起到过电流保护作用。欠电压脱扣器的工作情况与之相反，正常情况下吸住衔铁，主触点闭合，电压严重下降或断电时释放衔铁而使主触点断开，实现了欠电压保护。电源电压正常时，必须重新合闸才能工作。

3. 交流接触器

交流接触器是用来远距离频繁接通或切断电动机或其他负载主电路的一种控制电器。图 4-2-18 所示为交流接触器的结构原理示意图及符号。

交流接触器利用电磁铁的吸引力而动作，主要由电磁机构、触点系统和灭弧装置组成。触点用来接通或断开电路，由动触点、静触点和弹簧组成。电磁机构实际上是一个电磁铁，包括吸引线圈、铁芯和衔铁。当电磁铁的线圈通电时，产生电磁吸引力，将衔铁吸下，使常

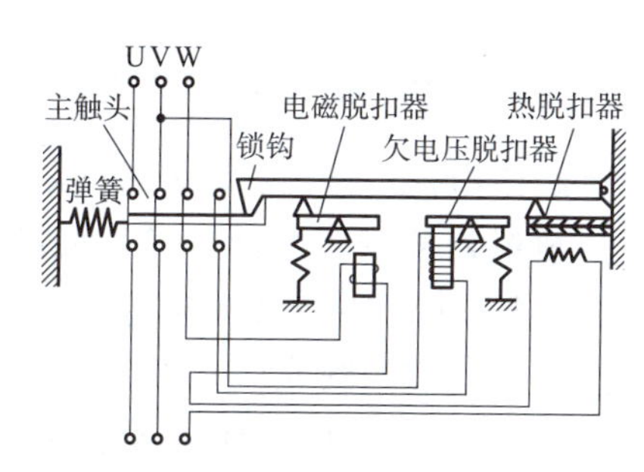

图 4-2-17　断路器及其结构原理图

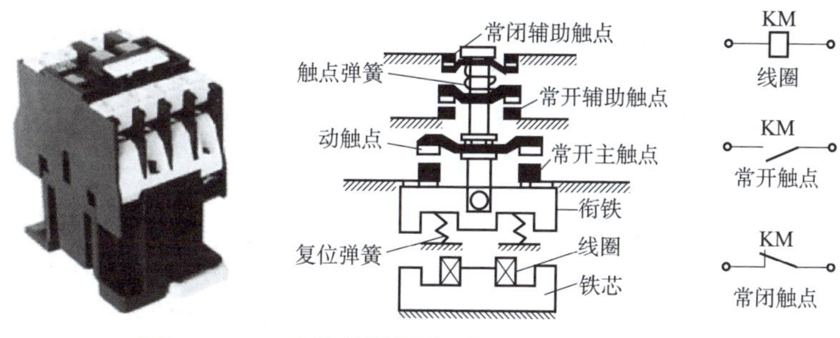

图 4-2-18　交流接触器的结构原理示意图及符号

开触点闭合，常闭触点断开。电磁铁的线圈断电后，电磁吸引力消失，依靠弹簧使触点恢复到原来的状态。接触器是电力拖动中最主要的控制电器之一。

4. 热继电器

继电器是一种根据特定输入信号而动作的自动控制电器，其种类很多，有中间继电器、热继电器、时间继电器等类型。

热继电器主要用于负载的过载保护，其触点的动作不是由电磁力产生的，而是通过感温元件受热产生机械变形，推动机构动作来开闭触点。图 4-2-19 所示为热继电器的结构原理图和符号。发热元件是一段电阻不大的电阻丝，接在电动机的主电路中。感温元件是双金属片，由热膨胀系数不同的两种金属碾压而成，下层金属膨胀系数大，上层金属膨胀系数小。当主电路中电流超过容许值而使双金属片受热时，双金属片的自由端便向上弯曲超出扣板，扣板在弹簧的拉力下将常闭触点断开。触点是接在电动机的控制电路中的，控制电路断开便使接触器的线圈断电，从而断开电动机的主电路。

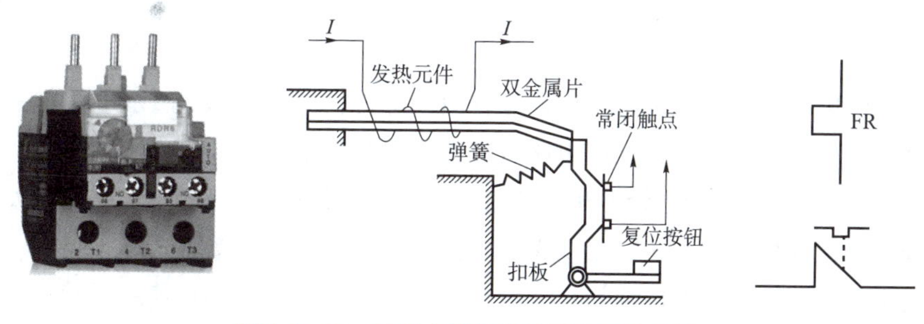

图 4-2-19　热继电器的结构原理图和符号

知识链接五　三相异步电动机控制电路设计举例

电动机单向连续运行控制线路接线及故障排除

通过开关、按钮、继电器、接触器等电器触点的接通或断开来实现的各种控制称为继电-接触器控制，这种方式构成的自动控制系统称为继电-接触器控制系统，典型的控制环节有点动控制、单向自锁运行控制、正反转控制、行程控制、时间控制等。

电动机在使用过程中由于各种原因可能会出现一些异常情况，如电源电压过低、电动机电流过大、电动机定子绕组相间短路或电动机绕组与外壳短路等，如不及时切断电源则会对设备或人身带来危险，因此必须采取保护措施。常用的保护环节有短路保护、过载保护、零压保护和欠电压保护等。

一、三相异步电动机的简单启停控制

1. 点动控制

点动控制常用于各种机械的调整、调试等情况。图 4-2-20（a）所示为用按钮、接触器实现的三相异步电动机点动控制的连接示意图，图 4-2-20（b）为其电气原理图。图中 SB 为按钮，KM 为接触器。合上开关 QS，三相电源被引入控制电路，但电动机还不能启动。按下按钮 SB，接触器 KM 线圈通电，衔铁吸合，常开主触点接通，电动机定子接入三相电源启动运转。松开按钮 SB，接触器 KM 线圈断电，衔铁松开，常开主触点断开，电动机因断电而停转。

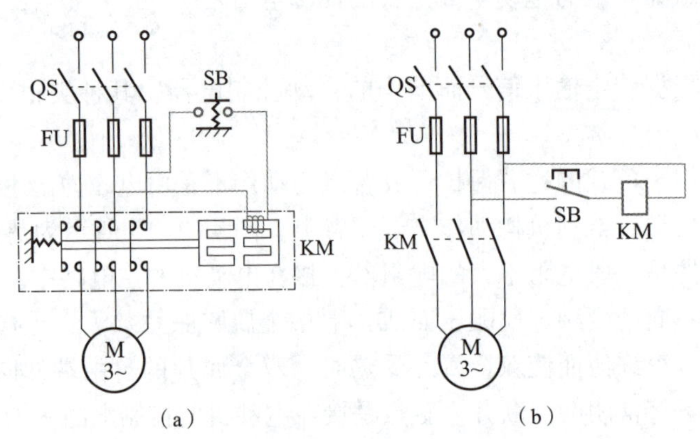

图 4-2-20　点动控制

2. 连续运行控制

实际工作中更多的情况要求电动机连续长时间运转，图 4-2-21 所示电路就是为满足这一要求而设计的电动机连续运转控制电路，其工作过程如下。

（1）启动过程。按下启动按钮 SB_1，接触器 KM 线圈通电，与 SB_1 并联的 KM 的辅助常开触点闭合，以保证松开按钮 SB_1 后 KM 线圈持续通电，这种连接方式称为自锁，则串联在电动机回路中的 KM 的主触点持续闭合，电动机连续运转，从而实现连续运转控制。

（2）停止过程。按下停止按钮 SB_2，接触器 KM 线圈断电，与 SB_1 并联的 KM 的辅助常开触点断开，以保证松开按钮 SB_2 后 KM 线圈持续失电，串联在电动机回路中的 KM 的主触

点持续断开，电动机停转。

（3）保护措施。图 4-2-21 所示控制电路还可实现短路保护、过载保护和零压保护。

实现短路保护的是串接在主电路中的熔断器 FU。一旦电路发生短路故障，熔体立即熔断，电动机立即停转。

实现过载保护的是热继电器 FR，当过载时，热继电器的发热元件发热，将其常闭触点断开，使接触器 KM 线圈断电，串联在电动机网路中的 KM 的主触点断开，电动机停转。同时 KM 的辅助触点也断开，解除自锁。故障排除后若要重新启动，需按下 FR 的复位按钮，使 FR 的常闭触点复位（闭合）。

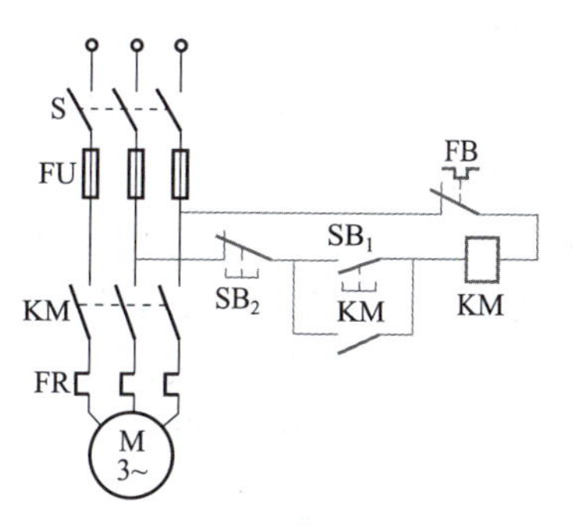

图 4-2-21　连续运行控制

实现零压（或欠电压）保护的是接触器 KM 本身。当电源暂时断电或电压严重下降时，接触器 KM 线圈的电磁吸力不足，衔铁自行释放，使主、辅触点自行复位，切断电源，电动机停转，同时解除自锁。

电机正反转线路设计

二、三相异步电动机的正反转控制

在实际生产中，无论是工作台的上升、下降，还是立柱的夹紧、放松，或者是进刀、退刀，大都是通过电动机的正反转来实现的。图 4-2-22（a）所示电路可以实现电动机的正反转控制。在主电路中，通过接触器 KM_1 的主触点将三相电源顺序接入电动机的定子三相绕组，通过接触器 KM_2 的主触点将三相电源逆序接入电动机的定子三相绕组。因此当接触器 KM_1 的主触点闭合而 KM_2 的主触点断开时，电动机正向运转。因此当接触器 KM_2 的主触点闭合而 KM_1 的主触点断开时，电动机反向运转。当接触器 KM_1 和 KM_2 的主触点同时闭合时，将引起电源相间短路，因此这种情况是不允许发生的。

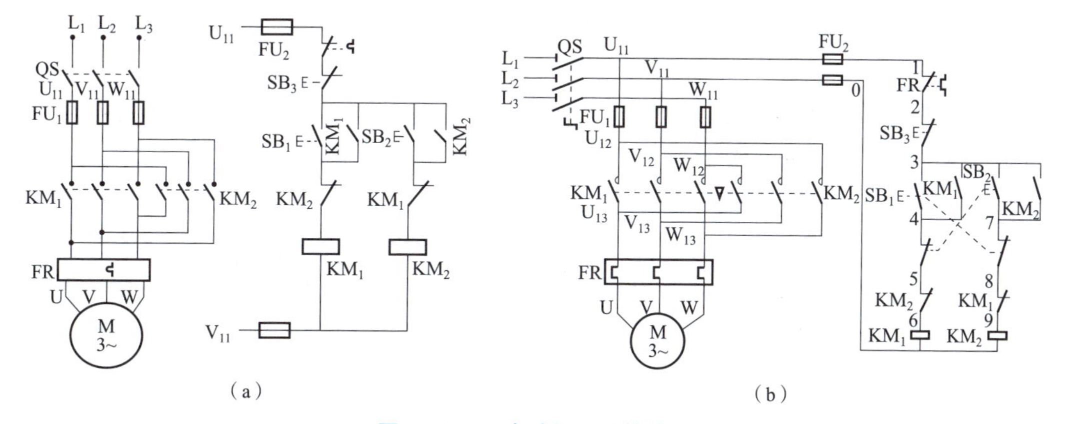

图 4-2-22　电动机正反转控制

（a）接触器互锁的正反转控制电路；（b）双重联锁的正反转控制电路

为了满足主电路的要求，在控制电路中使用了三个按钮 SB_1、SB_2 和 SB_3，用于发出控制指令。SB_1 为正向启动控制按钮，SB_2 为反向启动控制按钮，SB_3 为停机按钮。通过接触器 KM_1、KM_2 来实现电动机的正反转。动作过程如下：

（1）正向启动过程。按下启动按钮 SB_1，接触器 KM_1 线圈通电，与 SB_1 并联的 KM_1 的辅助常开触点闭合，以保证 KM_1 线圈持续通电，串联在电动机回路中的 KM_2 的主触点持续闭合，电动机连续正向运转。

（2）停止过程。按下停止按钮 SB_3，接触器 KM_1 线圈断电，与 SB_1 并联的 KM_1 的辅助触点断开，以保证 KM_1 线圈持续失电，串联在电动机回路中的 KM_1 的主触点持续断开，切断电动机定子电源，电动机停转。

（3）反向启动过程。按下启动按钮 SB_2，接触器 KM_2 线圈通电，与 SB_2 并联的 KM_2 的辅助常开触点闭合，以保证 KM_2 线圈持续通电，串联在电动机回路中的 KM_2 的主触点持续闭合，电动机连续反向运转。

这里，KM_1（KM_2）的常闭辅助触点串联在反转（正转）控制电路中，起联锁（互锁）作用，以防止因误操作而使两个接触器主触点同时闭合所造成的短路事故，这种联锁叫作电气联锁。两个接触器 KM_1、KM_2 中的任何一个线圈得电后，它的常闭辅助触点应断开，但有时也会遇到该触点已经损坏，并未断开，不能实现联锁的情况。为了安全起见，可采用图 4-2-22（b）所示的双重联锁的正反转控制电路，即分别把正反转启动按钮 SB_1、SB_2 的常闭触点串联在反转、正转接触器 KM_2、KM_1 的线圈控制回路中，该控制电路更加安全可靠，在实际中应用较多。

任务实施

某泵站已配套电动机，其型号为 Y250M-4，请为该水泵机组进行 Y-△降压启动运行控制线路的设计。

（1）分析机组运行要求，选择 Y-△降压启动的方式，简述该启动方式的优缺点及适用范围。

（2）请选择电动机 Y-△降压启动运行控制中所用到的电气设备，并在表 4-2-1 中写出它们的文字符号，画出图形符号。

表 4-2-1　所选用的电气设备的文字符号及图形符号

元件	文字符号	图形符号

（3）请画出电动机 Y-△降压启动运行控制线路的电气原理图。

（4）请在电工技能与实训仿真教学系统中，对图 4-2-23 进行模拟接线并调试。

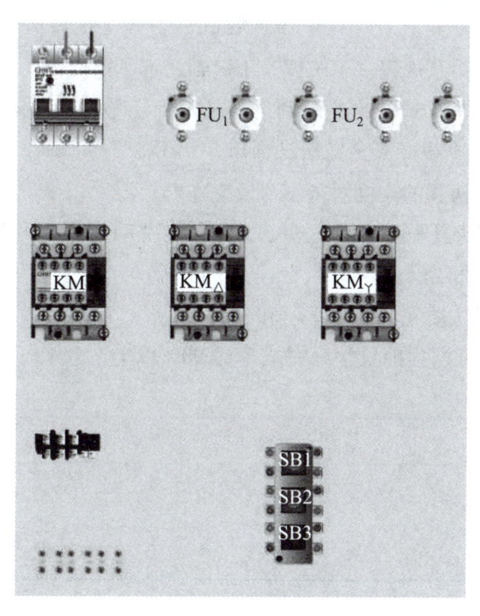

图 4-2-23　模拟接线图

任务考核

目标	考核题目	配分	得分
知识点	1. 一台三相异步电动机，定子绕组为星形连接，若定子绕组有一根断线，仍接三相对称电源，绕组内将产生什么性质的磁动势？	10	
	2. 异步电动机拖动额定负载运行时，若电网电压过高或过低，会产生什么后果？为什么？	10	
	3. 三相鼠笼式异步电动机在何种情况下可全压启动？绕线式异步电动机是否也可采用全压启动？为什么？	12	
	4. 三相异步电动机的各种制动方法各有什么优缺点？分别应用在哪些场合？	12	
技能点	1. 能否正确分析三相异步电动机的运行特性，并根据相应参数计算它的额定转矩、启动转矩和最大转矩？ 评分标准：能正确表述三相异步电动机的转矩特性和机械特性，8 分；能正确计算额定转矩、启动转矩和最大转矩等，8 分。	16	
	2. 能否根据生产机械的要求，对所选三相异步电动机进行启动、调速、制动等控制电路的设计？ 评分标准：正确设计电动机的启动控制电路，5 分；正确设计电动机的调速控制电路，5 分；正确设计电动机的制动控制电路，5 分。	15	

续表

目标	考核题目	配分	得分
素养点	1. 是否遵守纪律及规程，不旷课、不迟到、不早退？ 评分标准：旷课扣5分/次；迟到、早退扣2分/次；上课做与任务无关的事情扣2分/次；不遵守安全操作规程扣5分/次。	5	
	2. 是否以严谨认真的态度对待学习及工作？ 评分标准：能认真积极参与任务，5分；能主动发现问题并积极解决，3分；能提出创新性建议，2分。	10	
	3. 是否能按时按质完成课前学习和课后作业？ 评分标准：网络课程前置学习完成率达90%以上，5分；课后作业完成度高，5分。	10	
总　　分		100	
教师评语			

巩固提升

一、填空题

1. 三相异步电动机旋转磁场的转向是由________决定的，运行中若旋转磁场的转向改变了，转子的转向________。

2. 三相异步电动机机械负载加重时，其定子电流将________。

3. 三相异步电动机负载不变而电源电压降低时，其转子转速将________。

4. 三相异步电动机采用Y-△降压启动时，其启动电流是三角形连接全压启动电流的________，启动转矩是三角形连接全压启动时的________。

5. 三相异步电动机转速为n，定子旋转磁场的转速为n_1，当$n<n_1$时为________运行状态；当$n>n_1$时为________运行状态；当n与n_1反向时为________运行状态。

6. 三相异步电动机在启动状态中，其转差率的范围是________，正常工作时转差率的范围是________，对应的最大转矩的转差率叫________。

7. 三相异步电动机的转速取决于________、________和________。

8. 三相鼠笼式异步电动机降压启动的方法有定子回路串________或________启动、________启动、________启动。

9. 三相异步电动机的电气制动方法有________制动、________制动、________制动。

二、判断题

1. 三相异步电动机转子电路漏电抗X_2与转差率s成反比。 (　　)

2. 带有额定负载转矩的三相异步电动机，若使电源电压低于电动机额定电压，则其电流就会低于额定电流。 (　　)

3. 为了提高三相异步电动机的启动转矩，可使电源电压高于电动机的回馈制动额定电压，从而获得较好的启动性能。 (　　)

4. 三相异步电动机启动瞬间，因转子还是静止的，故此时转子中的感应电流为零。
（　　）

5. 绕线式异步电动机转子串电阻可以增大启动转矩；鼠笼式异步电动机定子串电阻亦可增大启动转矩。（　　）

6. 三相异步电动机启动电流越大，启动转矩也越大。（　　）

7. 三相异步电动机只需将接到电动机上的三根电源线中的任意两根对调一下，便可实现反转。（　　）

三、选择题

1. 当电源电压恒定时，异步电动机在满载和轻载下的启动转矩是（　　）。

A. 完全相同的　　B. 完全不同的　　C. 基本相同的

2. 当三相异步电动机的机械负载增加时，如定子端电压不变，其旋转磁场（　　），转子转速（　　），定子电流（　　），输入功率（　　）。

A. 增大　　B. 降低　　C. 不变

3. 三相异步电动机在稳定运行情况下，电磁转矩与转差率的关系为（　　）。

A. 转矩与转差率无关　　B. 转矩与转差率的二次方成正比

C. 转差率增大，转矩增大　　D. 转差率减小，转矩增大

4. 有两台三相异步电动机，它们的额定功率相同，但额定转速不同，则（　　）。

A. 额定转速高的电动机，其额定转矩大　　B. 额定转速低的电动机，其额定转矩大

C. 两台电动机的额定转矩相同

5. 当电源电压降低时，三相异步电动机的启动转矩将（　　）。

A. 提高　　B. 不变　　C. 降低

6. 三相鼠笼式异步电动机常用的改变转速的方法是（　　）。

A. 改变电压　　B. 改变磁极

C. 星形连接改三角形连接　　D. 三角形连接改星形连接

7. 三相异步电动机采用 Y-△降压启动时，其启动电流是全压启动电流的（　　）。

A. 1/3　　B. $1/\sqrt{3}$　　C. 1/2　　D. 不确定

8. 当异步电动机的定子电源电压突然降低为原来的 80%瞬间，转差率维持不变，其电磁转矩会（　　）。

A. 减小到原来电磁转矩的 80%　　B. 减小到原来电磁转矩的 64%

C. 不变

9. 三相异步电动机启动时，启动电流与额定电流的比值为（　　）。

A. 2~3　　B. 3~5　　C. 4~7

10. 如果电源容量允许，鼠笼式异步电动机应采用（　　）。

A. 直接启动　　B. Y-△降压启动　　C. 补偿器启动

四、综合题

1. 在电动机主电路中既然装有熔断器，为什么还要装热继电器？它们各起什么作用？为什么在照明电路中一般只装熔断器而不装热继电器？

2. 什么是点动控制？什么是连续运行控制？试画出既能实现点动控制又能实现连续运行控制的电路。

3. 一台三相鼠笼式异步电动机的铭牌上标明：定子绕组接法为 Y/△，其额定电压为 380 V/220 V，则当三相交流电源为 380 V 时，能否进行 Y-△降压启动？为什么？

4. 一台三相鼠笼式异步电动机的铭牌数据如下：型号 Y180L-6，50 Hz，15 kW，380 V，接法为△连接，31.4 A，970 r/min，又知其满载功率因数为 0.88。当电源电压为 380 V 时，试问：

（1）电动机定子绕组应采取何种接法？

（2）电动机满载运行时的输入电动率、效率和转差率是多少？

（3）电动机的额定转矩是多少？

（4）若电源线电压为 220 V，此电动机能够正常运行吗？

5. Y112M-4 三相异步电动机的技术数据为：4 kW，380 V，△连接，$n_N = 1\ 440$ r/min，$\cos\varphi = 0.82$，$\eta = 84.5\%$，$T_{st}/T_N = 1.9$，$I_{st}/I_N = 7.0$，$\lambda = 2.2$，$f = 50$ Hz。求：

（1）额定转差率 s_N。

（2）额定电流 I_N、启动电流 I_{st}。

（3）额定转矩 T_N、启动转矩 T_{st}和最大转矩 T_m。

【中国精神】

中国电机之父——钟兆林

任务 4-3　三相异步电动机的维护

任务名称	三相异步电动机的维护	参考学时	4 h
任务引入	发现上述泵站配套主电机在运行中存在声音异常及振动异常、电动机外壳带电的现象，请分析上述故障的原因，并排除故障，做好机组的定期维护。 本任务主要学习三相异步电动机的常规维护及常见故障分析与处理，保障水泵机组的正常运行。		
任务要点	知识点：三相异步电动机的启动检查维护、定期维修；三相异步电动机的常见故障分析与处理。		
	技能点：能完成三相异步电动机的启动检查；定期维修时能够完成电动机的拆卸与装配；能处理电动机运行中的常见故障等。		
	素质点：具备自主学习能力，电气设备规程规范的使用能力，安全用电、团队协作能力。		

知识链接一　三相异步电动机的常规维护

三相异步电动机的常规维护包括运行监视及现场异常的分析处理、基本拆卸方法及常规维修技术。

一、启动检查及运行维护

1. 启动准备

对新安装或较长时间未使用的电动机，在启动前必须做认真检查，以确定电动机是否可以通电。

(1) 安装检查。要求电动机装配灵活、螺栓拧紧、轴承运行无阻、联轴器中心无偏移。

(2) 绝缘电阻检查。要求用绝缘电阻表检查电动机的绝缘电阻，包括三相相间绝缘电阻和三相定子绕组对地绝缘电阻。

对于500 V以下的三相异步电动机，可用500~1 000 V绝缘电阻表测量，其绝缘电阻不应小于0.5 MΩ。对于1 000 V以上的电动机，可用1 000~2 500 V绝缘电阻表测量，定子每千伏不小于1 MΩ，绕线式转子电动机转子绕组的绝缘电阻不应小于0.5 MΩ。

(3) 测量各相直流电阻。对于40 kW以上的电动机，各相绕组的电阻值互差不应超过2%。如果超过上述值，绕组可能出现问题（绕组断线、匝间短路、接线错误、线头接触不良），应查明原因并排除。

(4) 电源检查。一般要求电源波动电压不超过±10%，否则应改善电源电压后再投入。

(5) 启动、保护措施检查。要求启动设备接线正确，电动机所配熔丝的型号合适。

(6) 清理电动机周围异物，准备好后，方可合闸启动。

2. 启动监视

(1) 合闸后，若电动机不转，应迅速、果断地拉闸，以避免烧毁电动机。

(2) 电动机启动后，应实时观察电动机状态，若有异常情况，应立即停机，待查明故障并排除后，才能重新合闸启动。

(3) 鼠笼式电动机采用全压启动时，次数不宜过于频繁，对于功率较大的电动机要随时注意电动机的温升。

(4) 启动绕线式转子电动机之前，应注意检查启动电阻，必须保证接入了电阻。接通电源后，随着电动机转速增加，应逐步切除各级启动电阻。

(5) 当多台电动机由同一台变压器供电时，尽量不要同时启动，在必须首先满足工艺启动顺序要求的情况下，最好是从大到小逐台启动。

3. 运行监视

对于运行中的电动机应经常检查它的外壳有无裂纹，螺钉是否有脱落或松动，电动机有无异响或振动等。监视时，要特别注意电动机有无冒烟和异味出现，若嗅到焦煳味或看到冒烟，必须立即停止运行，检查处理。

对轴承部位，要注意其温度和响声。若温度升高、响声异常，则有可能缺油或磨损。用联轴器传动的电动机，若联轴器与电动机中心校正不好，会在运行中发出响声，并伴随发生电动机振动和联轴器螺栓胶垫的磨损，必须停止运行后重新校正中心线。用传动带传动的电动机，应注意传动带不能松动或打滑，但也不能因过紧而使电动机轴承过热。

发生以下严重故障时，应立即停机，再进行处理：

(1) 人员触电事故。

（2）电动机冒烟。

（3）电动机剧烈振动。

（4）电动机轴承剧烈发热。

（5）电动机转速迅速下降，温度迅速升高。

二、三相异步电动机的拆卸与装配

进行定子绕组故障的检修和修理时，必须对电动机进行局部拆卸，或整机解体。如果拆卸方法不当，就会造成部分部件损坏，引发新的故障。因此，正确拆装电机是确保维修质量的前提。

1. 三相异步电动机的拆卸

1）拆卸前的准备

（1）切断电源，拆开电动机与电源的连接线，并做好与电源线相对应的标记，以免恢复时搞错相序，并把电源线的线头做绝缘处理。

（2）备齐拆卸工具，特别是拉具、套筒等专用工具。

（3）了解被拆电动机的铭牌数据，熟悉它的结构特点及拆卸要领。

（4）测量并记录联轴器或皮带轮与轴台间的距离。

（5）标记电源线在接线盒中的相序、电动机的出轴方向及引出线在机座上的出口方向。

2）拆卸步骤

如图 4-3-1 所示，电动机的拆卸步骤如下：

（1）卸皮带轮或联轴器，拆电动机尾部的风扇罩。

（2）卸下定位键或螺丝，并拆下风扇。

（3）旋下前后端盖紧固螺钉，并拆下前轴承外盖。

（4）用木板垫在转轴前端，将转子连同后端盖一起用锤子从止口中敲出。

（5）抽出转子。

（6）将木方伸进定子铁芯顶住前端盖，再用锤子敲击木方卸下前端盖，最后拆卸前后轴承及轴承内盖。

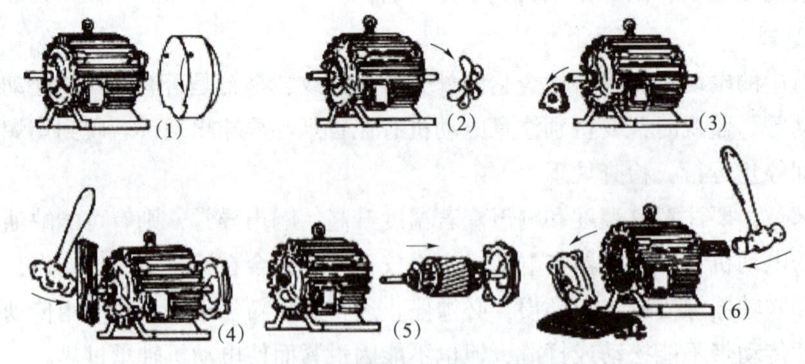

图 4-3-1　三相异步电动机的拆卸

3）主要部件的拆卸方法

（1）皮带轮（或联轴器）的拆卸。

先在皮带轮（或联轴器）的轴伸端（联轴端）做好尺寸标记，然后旋松皮带轮上的固定螺丝或敲去定位销，给皮带轮（或联轴器）的内孔和转轴结合处加入煤油，稍等渗透后，使锈蚀的部分松动，再用拉具将皮带轮（或联轴器）缓慢拉出，如图 4-3-2 所示。若拉不出，可用喷灯急火在皮带轮外侧轴套四周加热，加热时需用石棉或湿布把轴包好，并向轴上不断浇冷水，以免使其外套膨胀，影响皮带轮的拉出。

注意：加热温度不能过高，时间不能过长，以防变形。

（2）轴承的拆卸。

可采用以下三种方法：

①用拉具拆卸轴承。此时一定要抓牢轴承内圈，以免损坏轴承，如图 4-3-3 所示。

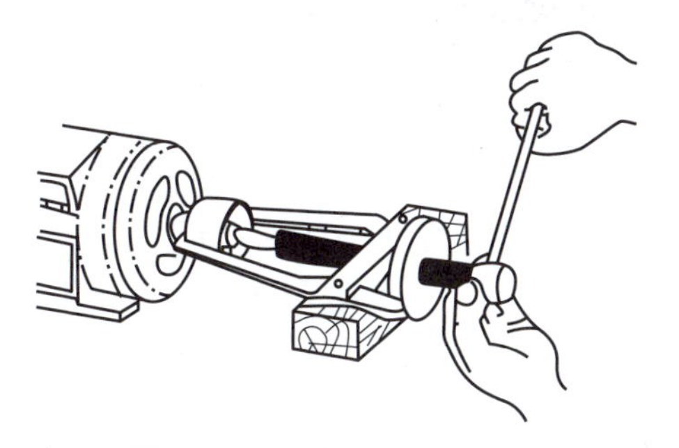

图 4-3-2 用拉具拆卸皮带轮

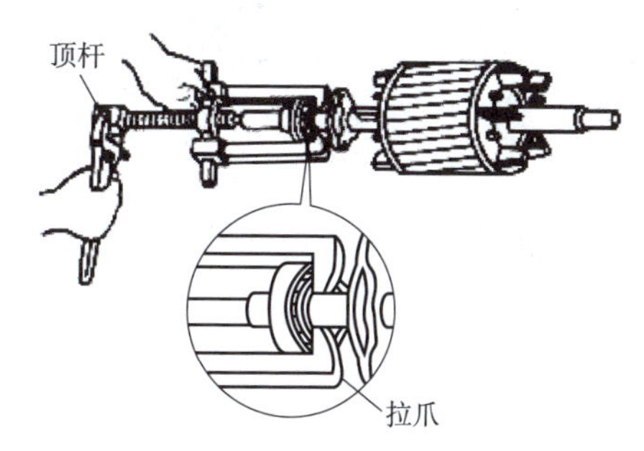

图 4-3-3 用拉具拆卸轴承

②用铜棒拆卸轴承。将铜棒对准轴承内圈，用锤子敲打铜棒，如图 4-3-4 所示。过程中，要注意轮流敲打轴承内圈的相对两侧，不可敲打一边，用力也不要过猛，直到把轴承敲出为止。

③在拆卸端盖内孔轴承时，可采用图 4-3-5 所示的方法，将端盖止口面向上平稳放置，在轴承外圈的下面垫上木板，但不能顶住轴承，然后用一根直径略小于轴承外沿的铜棒或其他金属管抵住轴承外圈，从上往下用锤子敲打，使轴承从下方脱出。

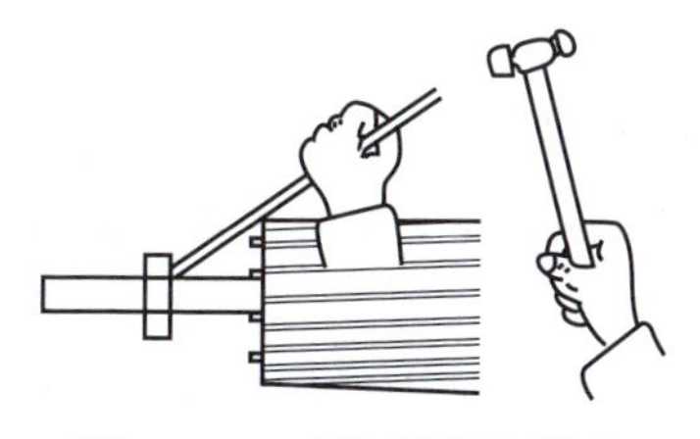

图 4-3-4 用铜棒拆卸轴承

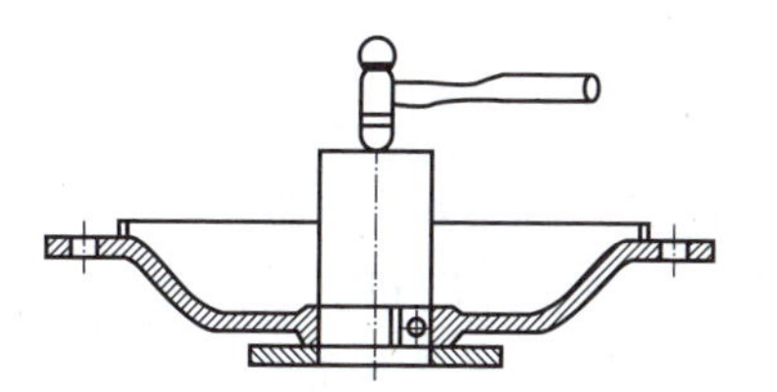

图 4-3-5 拆卸端盖内孔轴承

（3）抽出转子。

①在抽出转子之前，应在转子下面气隙和绕组端部垫上厚纸板，以免抽出转子时碰伤定子铁芯和绕组。对于小型电动机的转子可直接用手取出，一手握住转轴，把转子拉出一些，随后另一手托住转子铁芯渐渐往外移，如图 4-3-6 所示。

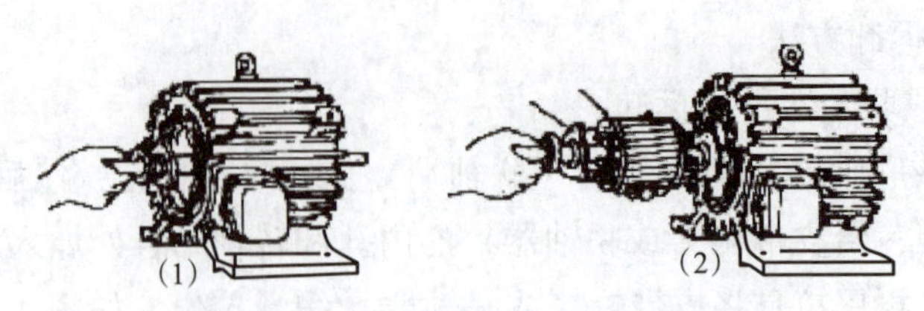

图 4-3-6　小型电动机转子的拆卸图

②在拆卸较大的电动机时，可两人一起操作，每人抬住转轴的一端，渐渐地把转子往外移，若铁芯较长，有一端不好出力时，可在轴上套一节金属管，当作假轴，方便出力，如图 4-3-7 所示。

图 4-3-7　中型电动机转子的拆卸

③对于大型电动机，拆卸转子时必须用起重设备吊出，如图 4-3-8 所示。

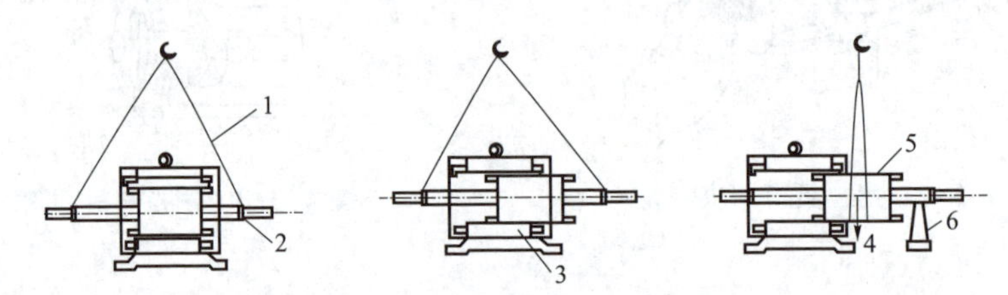

图 4-3-8　大型电动机转子的拆卸

1—钢丝绳；2—衬垫（纸板或纱头）；3—转子铁芯可搁置在定子铁芯上，但切勿碰到绕组；4—重心；5—绳子不要吊在铁芯风道里；6—支架

2. 三相异步电动机的装配

三相异步电动机修理后的装配顺序，大致与拆卸时相反。装配时要注意拆卸时的一些标记，尽量按原记号复位。装配的顺序如下。

1）滚动轴承的安装

轴承安装的质量直接影响电动机的寿命，装配前应用煤油把轴承、转轴和轴承室等处清洗干净，用手转动轴承外圈，检查是否灵活、均匀和有无卡住现象，如果轴承不需更换，则需再用汽油洗净，用干净的布擦干待装。

如果是更换新轴承，应将轴承放入 70~80 ℃的变压器油中加热 5 min 左右，待防锈油全部融化后，再用汽油洗净，用干净的布擦干待装。

轴承往轴颈上装配的方法有两种：冷套法和热套法，套装零件及工具都要清洗干净并保持清洁，把清洗干净的轴承内盖加好润滑脂套在轴颈上。

(1) 冷套法：把轴承套在轴颈上，用一段内径略大于轴径，外径小于轴承内圈直径的铁管，铁管的一端顶在轴承的内圈上，用手锤敲打铁管的另一端，把轴承敲进去。如果有条件最好用油压机缓慢压入。

（2）热套法：把轴承放在 80~100 ℃的变压器油中，加热 30~40 min，趁热快速把轴承推到轴颈根部，加热时轴承要放在网架上，不要与油箱底部或侧壁接触，油面要没过轴承，温度不宜过高，加热时间也不宜过长，以免轴承退火。

（3）装润滑脂：轴承的内外环之间和轴承盖内，要塞装润滑脂，润滑脂的塞装要均匀和适量，如果装得太满，在受热后容易溢出；装得太少，则润滑期短。一般 2 极电动机应装容腔的 1/3~1/2；4 极以上的电动机应装空腔容积的 2/3，轴承内外盖的润滑脂一般为盖内容积的 1/3~1/2。

2）后端盖的安装

将电动机的后端盖套在转轴的后轴承上，并保持轴与端盖相互垂直，用清洁的木锤或紫铜棒轻轻敲打，使轴承进入端盖的轴承室内，拧紧轴承内、外盖的螺栓，螺栓要对称逐步拧紧。

3）转子的安装

把安装好后端盖的转子对准定子铁芯的中心，小心地往里放送，注意不要碰伤绕组线圈，当后端盖已对准机座的标记时，用木锤将后端盖敲入机壳止口，拧上后端盖的螺栓，暂时不要拧得太紧。

4）前端盖的安装

将前端盖对准机座的标记，用木锤均匀敲击端盖四周，使端盖进入止口，然后拧上端盖的紧固螺栓。最后按对角线上下、左右均匀地拧紧前、后端盖的螺栓，在拧紧螺栓的过程中，应边拧边转动转子，避免转子不同心或卡住。接下来是装前轴承内、外盖，先在轴承外盖孔插入一根螺栓，一手顶住螺栓，另一只手缓慢转动转子，轴承内盖也随之转动，用手感来对齐轴承内外盖的螺孔，将螺栓拧入轴承内盖的螺孔，再将另两根螺栓逐步拧紧。

5）风扇和皮带轮的安装

在后轴端安装上风扇，再装好风扇的外罩，注意风扇安装要牢固，不要与外罩有碰撞和摩擦。装皮带轮时要修好键槽，磨损的键应重新配制，以保证连接可靠。

6）电动机装配后的检验

（1）一般检查。检查所有紧固件是否拧紧；转子转动是否灵活，轴伸端有无径向偏摆。

（2）测量绝缘电阻。用兆欧表测量电动机定子绕组每相之间的绝缘电阻和绕组对机壳的绝缘电阻，其绝缘电阻值不能小于 0.5 MΩ。

（3）测量电流。经上述检查合格后，根据名牌规定的电流、电压，正确接通电源，安装好接地线，用钳形电流表分别测量三相电流，检查电流是否在规定电流的范围（空载电流约为额定电流的 1/3）之内，三相电流是否平衡。

（4）通电观察。上述检查合格后可通电观察，用转速表测量转速是否均匀并符合规定要求；检查机壳是否过热；轴承有无异常声音。

三、三相异步电动机的定期维修

异步电动机检修

定期维修是消除故障隐患、防止故障发生的重要措施。电动机维修分为年维修和月维修，俗称大修和小修。后者不用拆开电动机，前者需要将电动机全部拆开进行维修。

1. 年维修的主要内容

三相异步电动机的定期大修（年维修）应结合负载机械的大修进行。大修时，拆开电动机后的检修项目包括：

(1) 检查电动机各部件有无机械损伤，按损伤程度制订相应的修理方案。

(2) 对拆开的电动机和启动设备进行清理，清除所有的油泥、污垢，清理过程中应注意观察绕组的绝缘状况，若绝缘呈现暗褐色，说明绝缘已老化，对这种绝缘要特别注意不要碰撞使它脱落，若发现脱落就应进行修复和刷漆。

(3) 拆下轴承，浸在柴油或汽油中清洗一遍，清洗后的轴承应转动灵活、不松动。若轴承表面粗糙，表明油脂不合格；若轴承表面发蓝，则表明已经退火。根据检查结果，对油脂或轴承进行更换，并消除故障（清除油中砂、铁屑等杂物，正确安装电动机等）。轴承新安装时，加油应从一侧加入，加至占轴承同容积的1/3~2/3即可。

(4) 检查定子、转子有无变形和磨损，若观察到有磨损处和发亮点，说明可能存在定子、转子铁芯磨损，应使用锉刀或刮刀把亮点刮掉。

(5) 用绝缘电阻表测定子绕组有无短路与绝缘损坏，根据故障程度做相应处理。

(6) 对各项检查修复后，对电动机进行装配。

(7) 装配完毕的电动机，应进行必要的测试，各项指标符合要求后，就可启动试运行，进行观察。

(8) 各项运行记录都表明电动机达到技术要求后，方可带负载投入使用。

2. 月维修的主要内容

定期小修（月维修）是对电动机的一般性清理与检查，应经常进行。其基本内容包括：

(1) 擦净电动机外壳，除去运行中积累的污垢。

(2) 测量电动机绝缘电阻，测量后应注意重新接好线，拧紧接线头螺钉。

(3) 检查电动机与接地是否牢固。

(4) 检查电动机盖、地角螺钉是否坚固。

(5) 检查与负载机械之间的传动装置是否良好。

(6) 拆下端盖，检查润滑介质是否变脏、干涸，应及时加油、换油。

(7) 检查电动机的附属启动和保护设备是否完好。

知识链二　三相异步电动机运行中的常见故障分析与处理

三相异步电动机的运行故障可分为两大类，即电气故障与机械故障。一旦运行出现异常，则应根据故障现象，分析原因，做出检测诊断，找出故障，制订维修方案，组织故障处理。

一、电动机不能启动

1. 理论基础

电动机的启动必须要有启动转矩，而且启动转矩要大于启动时的负载总转矩，才能产生足够的加速度，电动机方可正常启动。无论是何种原因，造成电动机启动转矩、负载总转矩的异常，都将使启动异常。

2. 故障原因

（1）三相供电线路断路。

（2）定子绕组中有一相或两相断路。

（3）开关或启动装置的触头接触不良。

（4）电源电压过低。

（5）负载过大或传动机械有故障。

（6）轴承过度磨损，转轴弯曲，定子铁芯松动。

（7）定子绕组重新绕制后短路。

（8）定子绕组接法与规定不符。

3. 处理方法

（1）检测供电回路的开关、熔断器，恢复供电。

（2）测量三相绕组电压，若不对称，确定断路点，修复断路相。

（3）三相电压过低，则应分析原因，判断是否有接线错误；若是由于供电绝缘线太细造成的电压降过大，则应更换粗线。

（4）减轻启动负载。

（5）检查传动部位有无堵塞阻碍，若有则应排除。

（6）若有短路迹象，应检测出短路点，做绝缘处理或更换绕组。

二、运行中的声音异常与振动

1. 理论基础

电动机运行过程中的异常声音与振动主要来自电磁振动与机械振动。电磁振动原因主要为电动机产生的电磁转矩不对称，转矩分布不平衡；机械振动原因主要为结构部件松动、摩擦加剧等。

2. 故障原因

（1）电动机安装基础不平。

（2）转子与定子摩擦。

（3）转子不平衡。

（4）轴承严重磨损。

（5）轴承缺油。

（6）电动机缺相运行。

（7）定子绕组接触不良。

（8）转子风叶碰壳、松动、摩擦。

3. 处理方法

（1）检查紧固安装螺栓及其他部件，保持平衡。

（2）校正转子中心线。

（3）检查定子绕组供电回路中的开关、接触器触点、熔丝、定子绕组等，查出断相原因，并做相应的处理。

（4）更换磨损的轴承。

（5）清洗轴承，重新加润滑脂或更换轴承。

（6）清理风扇污染，校正风叶，旋紧螺栓。

（7）查找电动机短路或断路的原因，做出相应的处理。

三、温升过高或冒烟

1. 理论基础

电动机温升超过正常值，主要是由于电流增大，各种损耗增加，与散热失去平衡。温度过高时，将使绝缘材料燃烧冒烟。

2. 故障原因

（1）电源电压过高或过低。

（2）电动机过载。

（3）电动机的通风不畅或积尘太多。

（4）环境温度过高。

（5）定子绕组有短路或断路故障。

（6）定子缺相运行。

（7）定子、转子摩擦，轴承摩擦等引起气隙不均匀。

（8）电动机受潮或浸漆后烘干不够。

（9）铁芯硅钢片间的绝缘损坏，使铁芯涡流增大，损耗增大。

3. 处理方法

（1）检查调整电源电压值，查看是否将三角形连接的电动机误接成星形连接，或将星形连接的电动机误接成三角形连接，查明后应纠正。

（2）对于过载原因引起的温升，应降低负载或更换容量较大的电动机。

（3）检查风扇是否脱落，移开堵塞的异物，使空气流通，清理电动机内部的粉尘，改善散热条件。

（4）采取降温措施，避免阳光直晒或更换绕组。

（5）检查三相熔断器的熔丝有无熔断及启动装置的三相触点是否接触良好，排除故障或更换。

（6）检查定子绕组的断路点，进行局部修复或更换绕组。

（7）更换磨损的轴承。

（8）校正转子轴。

（9）检查绕组的受潮情况，必要时进行烘干处理。

四、电动机转速不稳定

1. 理论基础

电动机转速不稳的原因一方面来自控制原因造成的电源不稳定，如反馈控制线松动；另一方面为电动机本身缺陷引起的电磁转矩不平衡。

2. 故障原因

（1）鼠笼式电动机的转子断条或脱焊。

（2）绕线式转子绕组有中断相或某一相接触不良。

（3）绕线式转子的集电环短路装置接触不良。

（4）控制单元接线松动。

3. 处理方法

（1）查找并修补鼠笼式电动机的转子断裂导条。

（2）对于断路或短路的转子绕组要进行故障分析与处理，正常后投入运行。

（3）调整电刷压力，改善电刷与集电环的接触面。

（4）检查控制电路的接线，特别是给定端与反馈接头的接线，保持接线正确可靠。

（5）对于绕线式转子电动机集电环接触不良，应及时修理与更换。

五、电动机外壳带电

1. 理论基础

机壳带电表明机壳与电源回路中的某一部件有不同程度的接触。这是一个严重故障的预兆，必须仔细检测分析，找出故障原因，确定合适的维修方法，排除故障后方可投入运行。

2. 故障原因

（1）将电源线与接地线搞错。

（2）电动机的引出线破损。

（3）电动机绕组绝缘老化或损坏，对机壳短路。

（4）电动机受潮，绝缘能力降低。

3. 处理方法

（1）检测电源线与接地，纠正接线。

（2）修复引出线端部的绝缘。

（3）用绝缘电阻表测量绝缘电阻是否正常，确定受潮程度，若较严重，则应进行干燥处理。

（4）对绕组绝缘严重损坏的情况应及时更换。

六、轴承过热

1. 理论基础

电动机轴承过热是由于摩擦增大、机械损耗增加引起的。

2. 故障原因

（1）轴承损坏。

（2）转轴弯曲，使轴承受外力作用。

（3）缺润滑油。

（4）润滑油污染或混入铁屑。

（5）电动机两侧端盖或轴承未装平。

（6）传动带过紧。

（7）联轴器装配不良。

3. 处理方法

（1）更换轴承。

（2）校正轴承，调整润滑油，使其容量不超过轴承润滑室容积的2/3。

（3）对于轴承装配不正，应将端盖或轴承盖的正口装平，旋紧螺栓。

七、负载运行转速低于额定值

1. 理论基础

若在额定负载时的运行转速低于标定额定转速，说明电动机在此时并没有运行在固有特性曲线上，输出的功率低于额定功率。

2. 故障原因

（1）电源电压过低（低于额定电压）。

（2）三角形连接的电动机误接成了星形连接。

（3）鼠笼式电动机的笼条断裂或脱焊。

（4）绕线式转子电动机的集电环与电刷接触不良，从而使接触电阻增大、损耗增大，输出功率减少。

（5）电源缺相。

（6）定子绕组的并联支路或并联导体断路。

（7）绕线式转子电动机转子回路串电阻过大。

（8）机械损耗增加，从而使总负载转矩增大。

3. 处理方法

（1）检测接线方式，纠正接线错误。

（2）采用焊接法或冷接法修补鼠笼式电动机的转子断条。

（3）对于有转子绕组短路或断路的，应检测修复或更换绕组。

（4）调整电刷压力，用细砂布磨好电刷与集电环的接触面。

（5）对于由于熔断器断路出现的断相运行，应检查出原因，处理并更换熔断器熔丝。

（6）对于机械损耗过大的电动机，应检查损耗原因，处理故障。

（7）减轻负载。

（8）适当减小转子回路串联的变阻器阻值。

【例 4-3-1】 一台三相 4 极异步电动机，通电后不能启动，请查找原因。

解：

①先用试电笔检查三相电源是否有电。

②检查电源开关接触是否良好。

③检查电动机的熔断器是否因为上一次运转中“过流”触发了熔断器保护机制，熔体自动切断电流，那么需及时更换熔断器。

④检查电动机接线板上的接头是否有锈蚀、松动、接触不良等现象，需要及时将接头除锈或重新接牢。

⑤用万用表检查电动机定子绕组是否有断路情况，并排查断开点（断路相定子绕组阻值无穷大）。

⑥用万用表检查电动机定子绕组是否有短路情况。

⑦用串联灯泡的方法判断电动机定子绕组是否存在某一相首尾端接法的情况。将任意两相绕组串联起来，接上灯泡，再在第三相绕组上接 36 V 的交流电压，如果灯泡亮了，说明这两相绕组首尾端连接正确（串联相上产生的感应电动势叠加），如图 4-3-9（a）所示。如果灯泡不亮，说明这两相绕组首尾端连接错误，可将其中一相的首尾端对调后再试，

直到找到首尾端接反的那一相，如图 4-3-9（b）所示。

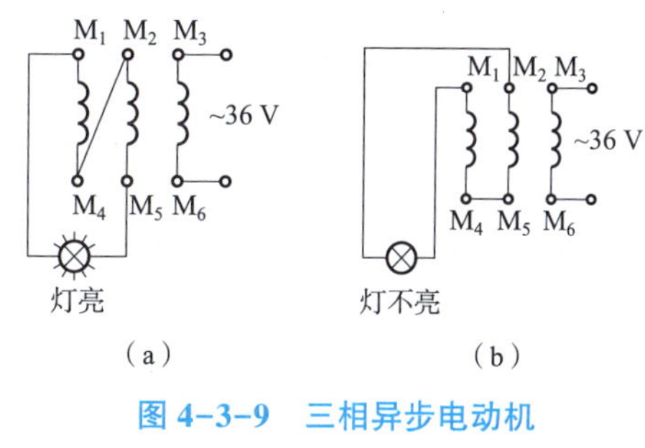

（a）　　（b）

图 4-3-9　三相异步电动机首尾端接错故障检测

（a）连接正确；（b）连接错误

知识链三　兆欧表的使用

兆欧表又称为绝缘电阻表、摇表，是一种不带电测量高电阻的便携式仪表。在电气设备实际运行中，电气设备绝缘性能往往决定着整个电气设备的寿命，如果绝缘性能降低，可能导致非常严重的后果，如火灾、设备损坏等，以致破坏整个系统的正常运行，甚至造成人身伤亡。据统计，电气设备运行中，60%~80%的事故是由绝缘故障导致的，所以需要我们用兆欧表来测量绝缘电阻，及时发现绝缘隐患，避免严重事故的发生。

绝缘电阻是电气设备和电气线路最基本的绝缘指标，可用兆欧表来检测供电线路、电动机绕组、电缆、电气设备等的绝缘电阻，以判断其绝缘程度。

一、兆欧表简介

1. 分类

常见的兆欧表按操作方式分为手摇式兆欧表和电动式兆欧表，按显示方式分为数显式兆欧表和指针式兆欧表，如图 4-3-10 所示。

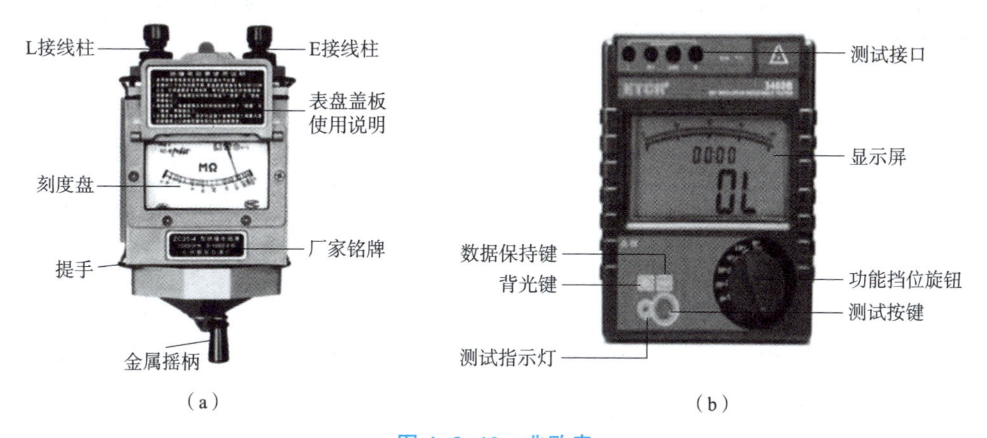

（a）　　（b）

图 4-3-10　兆欧表

（a）手摇指针式兆欧表；（b）智能数显式兆欧表

2. 结构和工作原理

兆欧表的主要组成部分是一个磁电式流比计和一个手摇发电机。发电机是兆欧表的电源，可以采用直流发电机，也可以采用交流发电机与整流装置配用。磁电式流比计是兆欧表的测量机构，由固定的永久磁铁和可在磁场中转动的两个线圈组成。

从图 4-3-11 可以看出，与兆欧表表针相连的有两个线圈，其中一个线圈同表内的附加电阻 R_1 串联，另外一个线圈和被测电阻 R_2 串联，一起接在手摇发电机上。当用手摇动发电机时，两个线圈中同时有电流通过，在两个线圈上产生方向相反的转矩，表针就随着两个转

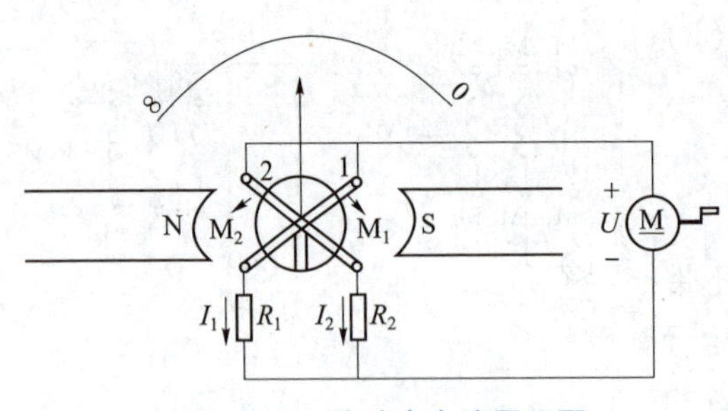

图 4-3-11　兆欧表电路原理图

矩的合成转矩大小而偏转一定的角度，这个偏转角度取决于两个电流的比值，附加电阻是不变的，所以电流值就仅取决于待测电阻的大小。

当 I_2 最大（即被测电阻为0）时，指针指向零刻度；当 I_1 最大（即开路状态）时，指针指向刻度无穷大处；当被测电阻为一定值时，指针指向被测电阻的数值。由于兆欧表没有游丝，不能产生反作用力矩，所以兆欧表在不测时，指针可停留在任意位置（即不定位），而不是回到电阻的零刻度线，这是跟其他指针式仪表有区别的。

3. 兆欧表的选择

兆欧表的额定电压应根据被测电气设备的额定电压来选择。测量 500 V 以下的电气设备，选用 500 V 或 1 000 V 的兆欧表；测量额定电压在 500 V 以上的电气设备，应选用 1 000 V 或 2 500 V 的兆欧表；对于绝缘子、母线等要选用 2 500 V 或 3 000 V 的兆欧表。

此外，兆欧表的测量范围也应与被测绝缘电阻的范围相吻合。一般绝缘材料的电阻都在兆欧（10^6 Ω）级以上，所以兆欧表标度尺的单位以兆欧（MΩ）表示，测量时应注意不要使其测量范围过多地超出所需测量的绝缘电阻值，以免使读数产生较大误差。一般测量低压电气设备的绝缘电阻时，可选用 0~200 MΩ 或 0~500 MΩ 量程的绝缘电阻表；测量高压电气设备或电缆时可选用 0~2 000 MΩ 或 0~2 500 MΩ 量程的绝缘电阻表。表 4-3-1 为选择绝缘电阻表的参考依据。

表 4-3-1　选择绝缘电阻表的参考依据

被测对象	设备额定电压/V	兆欧表额定电压/V	兆欧表的量程/MΩ
普通线圈的绝缘电阻	500 以下	500	0~500
变压器和电动机绕组的绝缘电阻	500 以上	1 000~2 500	0~500
发电机绕组的绝缘电阻	500 以下	1 000	0~500
低压电气设备的绝缘电阻	500 以下	500~1 000	0~500
高压电气设备的绝缘电阻	500 以上	2 500	0~2 500
瓷绝缘子、母线、高压电缆的绝缘电阻	500 以上	2 500~5 000	0~2 500

二、兆欧表的使用

兆欧表的使用

1. 测量前的准备

（1）测量前应正确选择兆欧表的额定电压和测量范围。

（2）测量前必须将被测设备的电源切断，并对地短路放电，绝不允许设备带电进行测量。用兆欧表测量过的电气设备，也要及时接地放电，方可再次测量。

（3）被测物表面要清洁，以减少接触电阻，确保测量结果的正确性。

（4）兆欧表使用时应放在平稳、牢固的地方，且远离大的外电流导体和外磁场。

（5）测量前要检查兆欧表是否处于正常工作状态，主要检查其“0”和“∞”两点，即摇动手柄，使其发电机达到额定转速，E、L 两端开路时指针应指向“∞”位置，如图 4-3-12（a）所示。慢慢摇动手柄，兆欧表在 E、L 两端短接时指针应指向“0”位置，如图 4-3-12（b）所示。如果符合以上情况，则说明兆欧表是好的，否则不能用。

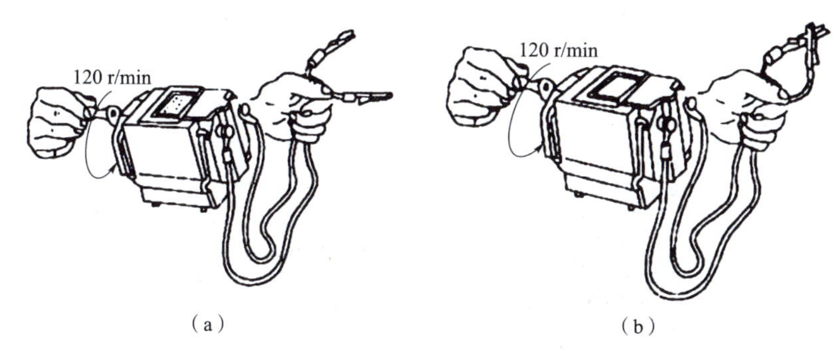

图 4-3-12　兆欧表使用前的检查

（a）开路试验；（b）短路试验

2. 兆欧表的接线

（1）测量电动机绕组与外壳间的绝缘电阻时，将电动机绕组接于 L 端，机壳接于 E 端，接线方法如图 4-3-13（a）所示。新安装的电动机，绝缘电阻值不小于 1 MΩ；运行中的电动机，绝缘电阻值不小于 0.5 MΩ。

（2）测量电动机绕组间的绝缘电阻时，将 L 端和 E 端分别接于电动机两绕组的接线端，接线方法如图 4-3-13（b）所示。

（3）测量电路绝缘电阻时，可将被测端接入 L 端，以良好的地线接于 E 端，接线方法如图 4-3-13（c）所示。

（4）测量电缆的缆芯对缆壳的绝缘电阻时，除将缆芯接 L 端，缆壳接 E 端外，还要将缆芯和缆壳间的屏蔽层或绝缘物接 G 端，以消除因缆芯绝缘层表面漏电引起的误差，接线方法如图 4-3-13（d）所示。

3. 兆欧表使用时的注意事项

（1）测量前要先切断被测设备的电源，并将设备的导电部分与大地接通，进行充分放电，以保证安全。用兆欧表测量过的电气设备，也要及时接地放电，方可进行测量。

（2）测量前要先检查绝缘电阻表是否完好，即绝缘电阻表必须进行开路和短路检查。如果开路时，指针不能指在刻度的“∞”位置，短路时，指针不能指到刻度的“0”位置，表明绝缘电阻表有故障，应检修后再用。

（3）必须正确接线。绝缘电阻表上一般有三个接线端，分别标有 L（线路端）、E（接地端）和 G（屏蔽端）。其中 L 端接在被测物和大地绝缘的导体部分，E 端接被测物的外壳或大地，G 端接在被测物的屏蔽部分或不需要测量的部分，G 端是用来屏蔽表面电流的。如测量发电机电缆的绝缘电阻时，由于绝缘材料表面存在漏电电流，将使测量结果不准确，尤其是在湿

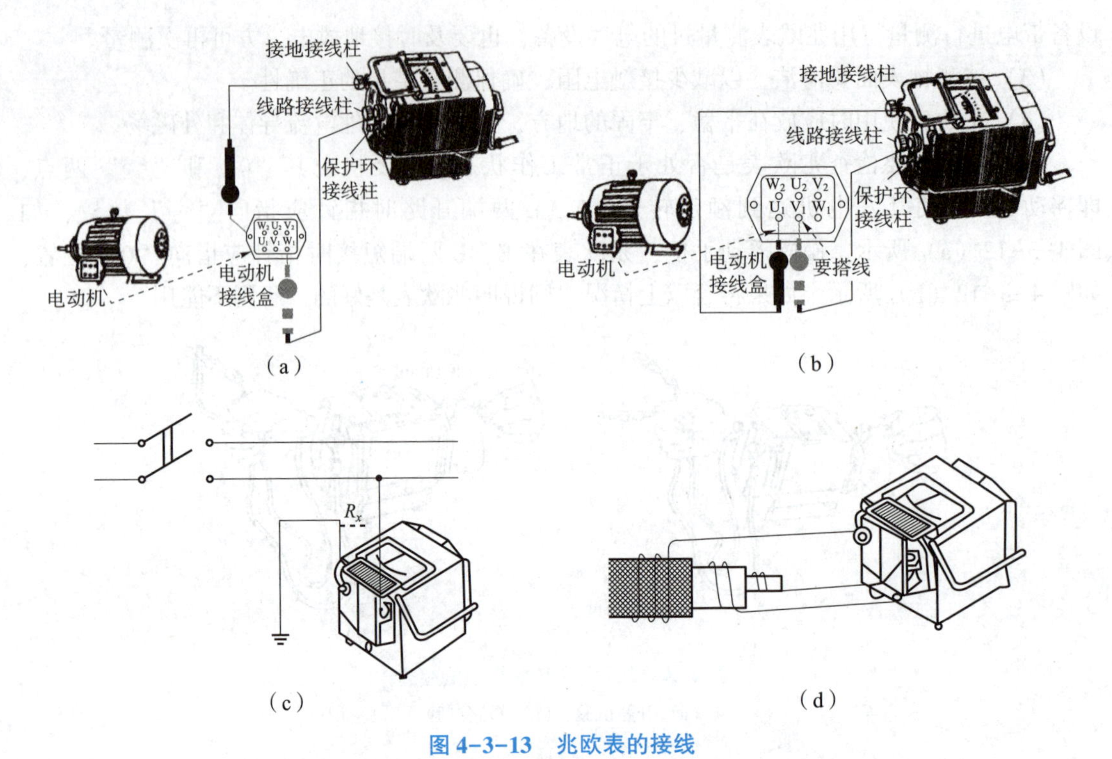

图 4-3-13　兆欧表的接线

(a) 测量电动机绕组与外壳间绝缘电阻；(b) 测量电动机绕组间绝缘电阻；
(c) 测量电路绝缘电阻；(d) 测量电缆的缆芯对缆壳的绝缘电阻

度很大的场合及电缆绝缘表面不干净的情况下，会导致测量误差很大。为避免表面电流的影响，在被测物的表面加一个金属屏蔽环，与绝缘电阻表的 G 端相连。这样，表面漏电流从发电机正极出发，经 G 端流回发电机负极而构成回路。漏电流不再经过绝缘电阻表的测量机构，因此从根本上消除了表面漏电流的影响。

(4) 接线端与被测设备间连接的导线不能用双股绝缘线或绞线，应该用单股线分开单独连接，避免因绞线绝缘不良而引起误差。为获得正确的测量结果，被测设备的表面应使用干净的布或棉纱擦拭干净。

(5) 摇动手柄应由慢渐快，若发现指针指向零，说明可能发生了短路，这时就不能继续摇动手柄，以防表内线圈发热损坏。摇动手柄要保持匀速，不可忽快忽慢而使指针不停地摆动。通常最适应的速度是 120 r/min。

(6) 测量具有大电容设备的绝缘电阻时，读数后不能立即停止摇动兆欧表手柄，否则已被充电的电容器将对兆欧表放电，有可能将其烧坏。应在读数后，一方面降低摇动手柄的速度；另一方面拆去接地端头，在兆欧表停止转动和被测物充分放电之前，不能用手触及被测设备的导电部分，以免发生触电。

(7) 记录测量设备的绝缘电阻时，还应记下测量时的温度、湿度、被试物的有关情况等，以便对测量结果进行分析。

【例 4-3-2】 JO61-8 型 7.5 kW 电动机工作时机壳带电，温升快，无法正常运行。

解：(1) 检查诊断。该电动机与小型提升绞车配用。电动机长期过载运行，很可能导致绝缘性能降低，从而引起接地故障。

（2）检测方法。拆开各相绕组连线端子，用 500 V 兆欧表测量绕组与机壳的绝缘电阻，观察到指针接近于“0”位置，说明该相绕组存在接地故障。经仔细检查，发现当兆欧表摇动时，线圈伸出槽口位置有微弱放电闪烁，并伴有“吱吱”声，由此可判断该处为接地点。

（3）处理方法。该点接地不严重，故可用增加绝缘的方法进行修复。具体做法为：用电烙铁对接地线圈加热软化；在接地线圈与铁芯之间插入绝缘材料；在接地点涂上绝缘漆，并用耐温等级相同的漆绸带包扎好；涂上绝缘漆干燥后，装机试验，故障排除。

任务实施

在农田灌溉淡季，对上述泵站配套电动机进行检修，防微杜渐，警钟长鸣。

（1）根据要求，完成三相异步电动机的拆卸与装配，对机组进行定期维修。

（2）对维修后的主电动机进行启动检查。

①安装检查。

②绝缘电阻检查。用兆欧表检查电动机的对地绝缘电阻和相间绝缘电阻。你会选择什么规格的兆欧表？并对兆欧表进行使用前的开路和短路检查，正确测量电动机的绝缘电阻。

③电源检查。

④启动、保护措施检查等。

（3）机组启动后，发现三相电流不平衡，问题可能出在哪里？请排除故障。

任务考核

<table>
<tr><th>目标</th><th>考核题目</th><th>配分</th><th>得分</th></tr>
<tr><td rowspan="5">知识点</td><td>1. 三相异步电动机的小修和大修分别包含哪些内容？</td><td>10</td><td></td></tr>
<tr><td>2. 三相异步电动机在启动和运行中需要监视的内容有哪些？</td><td>10</td><td></td></tr>
<tr><td>3. 三相异步电动机检修后，不能正常启动的原因可能有哪些？</td><td>10</td><td></td></tr>
<tr><td>4. 三相异步电动机运行中存在异常响动与振动的原因可能有哪些？</td><td>10</td><td></td></tr>
<tr><td>5. 三相异步电动机运行中温度过高，甚至冒烟的原因可能有哪些？</td><td>10</td><td></td></tr>
<tr><td rowspan="2">技能点</td><td>1. 能否正确分析三相异步电动机运行中的各种故障，并进行排除？
评分标准：列举三相异步电动机运行中可能存在的故障，并说明解决办法，6 分；在仿真软件中模拟故障并排除，6 分。</td><td>12</td><td></td></tr>
<tr><td>2. 能否正确应用兆欧表测量电气设备的绝缘电阻？
评分标准：用兆欧表测量电动机外壳对地的绝缘电阻。测量前的准备工作完整正确，5 分；测量过程中的接线正确无误，5 分；测量结束后对设备进行放电，并按要求存放，3 分。</td><td>13</td><td></td></tr>
</table>

续表

目标	考核题目	配分	得分
素养点	1. 是否遵守纪律及规程，不旷课、不迟到、不早退？ 评分标准：旷课扣5分/次；迟到、早退扣2分/次；上课做与任务无关的事情扣2分/次；不遵守安全操作规程扣5分/次。	5	
	2. 是否以严谨认真的态度对待学习及工作？ 评分标准：能认真积极参与任务，5分；能主动发现问题并积极解决，3分；能提出创新性建议，2分。	10	
	3. 是否能按时按质完成课前学习和课后作业？ 评分标准：网络课程前置学习完成率达90%以上，5分；课后作业完成度高，5分。	10	
总　　分		100	
教师评语			

巩固提升

一、填空题

1. 兆欧表必须水平放置于________的地方，以免在摇动时因抖动和倾斜产生测量误差。

2. 摇动兆欧表手柄的转速要均匀，一般规定为________ r/min，允许有±20%的变化。

3. 低压电动机的绝缘电阻最低不大于________ MΩ。

4. 电动机绕组上积有灰尘会________，会________。

5. 一台三相异步电动机，每相绕组的额定电压是220 V，当它接成星形时，应接到线电压为________伏的三相交流电源上，才能正常工作，当它接成三角形时，应接到线电压为________伏的三相交流电源上，才能正常工作。

二、判断题

1. 电动机的拆解可以随意进行。 (　　)

2. 使用工具只要能用就行，用质量好的成本高。 (　　)

3. 检修前必须做好电动机的各项记录。 (　　)

4. 拆解大型电动机若单人可以完成的则不需要增加人员。 (　　)

5. 起吊作业必须持证上岗，必须有监护人员。 (　　)

6. 电动机组装以先里后外、先下后上、先易后难原则组装。 (　　)

7. 电动机只要组装好就行了。 (　　)

8. 测量电动机的对地绝缘电阻和相间绝缘电阻，常使用兆欧表，而不能使用万用表。 (　　)

9. 使用兆欧表前不必切断被测设备的电源。 (　　)

10. 兆欧表使用完后，应进行放电。 (　　)

三、选择题

1. 高压电动机绝缘的绝缘电阻应大于（　　）MΩ。

A. 5　　B. 7　　C. 10　　D. 12

2. 电动机振动的原因是（　　）。

A. 缺油　　B. 未固定　　C. 电压过高　　D. 转子不平衡

3. 电动机风叶的作用是（　　）。

A. 吹灰　　B. 散热　　C. 导流　　D. 平衡

4. 兆欧表应根据被测电气设备的（　　）来选择。

A. 额定功率　　B. 额定电压　　C. 额定电阻　　D 额定电流

5. 兆欧表正常时，指针应指向（　　）。

A. 0　　B. 量程中心　　C. ∞　　D. 量程 1/3

6. 兆欧表输出的电压是（　　）。

A. 直流　　B. 正弦交流　　C. 脉动直流　　D. 非正弦交流

7. 运行中的 380 V 交流电动机绝缘电阻应大于（　　）MΩ 方可使用。

A. 3　　B. 2　　C. 1　　D. 0.5

8. 异步电动机产生不正常的振动和异声，主要是（　　）两个方面的原因。

A. 机械和电磁　　B. 热力和动力　　C. 应力和反作用力　　D. 摩擦和机械

9. 交流电动机三相电流不平衡的原因是（　　）。

A. 三相负载过重　　B. 定子绕组发生三相短路

C. 定子绕组发生匝间短路　　D. 转动机械被卡住

10. 电动机轴承新安装时，油脂应占轴承内容积的（　　）即可。

A. 1/8　　B. 1/6　　C. 1/4　　D. 1/3~2/3

11. 电力安全生产责任制的核心是（　　）。

A. 百年大计，质量第一　　B. 安全为了生产，生产必须安全

C. 安全生产，人人有责

12. 鼠笼式电动机应避免频繁启动，要尽量减少启动次数，在正常情况下，电动机空载连续启动次数不得超过（　　）。

A. 两次　　B. 三次　　C. 五次

13. 三相电动机接通电源后转子左右摆动，有强烈的“嗡嗡”声，这是因为（　　）。

A. 一相电源断开　　B. 电压低　　C. 电压过高

14. 三相异步电动机空载试验的时间应（　　），可测量铁芯是否过热或发热不均匀，并检查轴承的温升是否正常。

A. 不超过 1 min　　B. 不超过 30 min

C. 不少于 30 min　　D. 不少于 1 h

15. 测量 500~1 000 V 交流电动机应选用（　　）V 的摇表。

A. 2 500　　B. 1 000　　C. 500　　D. 5 000

16. 在套电动机轴承时，不允许用铁锤在轴承周围敲打，可采用特制的钢管套，钢套一端镶一个（　　）后，再敲打套装轴承。

A. 不锈钢圈　　B. 铜圈　　C. 木圈　　D. 胶圈

四、综合题

1. 如何用摇表测量电动机的电阻，判断电动机的好坏？

2. 拆出定子绕组对绝缘材料和引出线要做哪些记录？

3. 电动机轴承松动时对其运行有何影响？

同步发电机的基本知识

知识拓展

同步发电机的基本知识

一、同步发电机的类型

同步发电机按其原动机的不同，可分为汽轮发电机和水轮发电机两种，在火电厂中，用汽轮机作为发电机的原动机，转速高（通常为 1 500~3 000 r/min）；在水力发电站中，用水轮机作为发电机的原动机，转速低（通常在 1 000 r/min 以下）。

按发电机转子结构的不同，同步发电机可分隐极式和凸极式两种，如图 4-4-1 所示。隐极式转子呈圆形，转速高，转子直径小，但长度长，汽轮发电机通常为隐极式。凸极式转子具有突出的磁极，发电机的励磁绕组绕在磁极上，转速低，常用于水轮发电机。

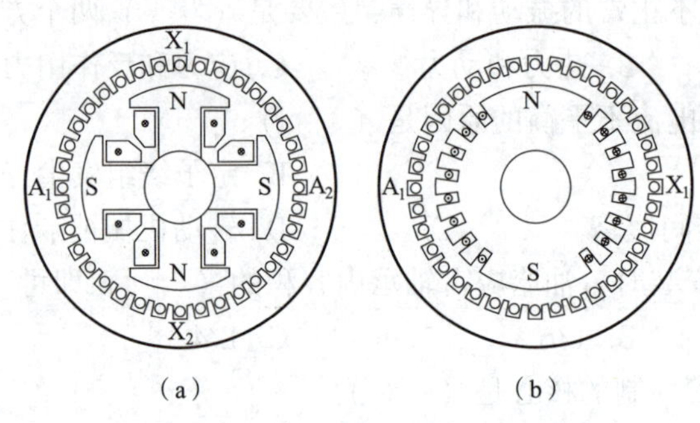

图 4-4-1 隐极式与凸极式发电机图

（a）隐极式；（b）凸极式

按发电机与原动机的连接方式不同，同步发电机有立式和卧式之分，汽轮发电机均为卧式的，水轮发电机则两种形式都有。

按冷却介质及冷却方式可分为空气冷却、氢气冷却、水冷却和混合冷却等方式。

按照发电机励磁方式来分，同步发电机可分为他励方式和自励方式发电机。

按发电机旋转部分划分，有旋转磁场式和旋转电枢式发电机，以旋转磁场式发电机居多，其电枢绕组是定子的一部分，又叫定子绕组。

二、同步发电机的基本结构

同步发电机由定子（固定部分）和转子（转动部分）两部分组成。

1. 定子

定子是同步发电机的电枢部分，用以产生三相交流电能，定子由定子铁芯、定子绕组、机座等组成。定子铁芯由内圆充有嵌线槽的硅钢片叠装而成，定子绕组用绝缘扁铜线或漆包线绕制而成，并三相对称地嵌放在定子铁芯槽内，如图 4-4-2 所示。定子三相绕组通常接成星形，机座是用来固定铁芯和承受荷重的。

2. 转子

同步发电机的转子有两种结构形式，即隐极式和凸极式。

水轮发电机的转子是凸极式的，凸极式转子由磁极铁芯、磁轭、励磁绕组、转子支架、转轴等主要部分组成。磁极是用 1~1.5 mm 厚的钢板冲成磁极冲片后铆装成一个整体。在磁极铁芯上套有励磁绕组。励磁绕组由扁铜线绕成，匝间垫有绝缘材料，励磁绕组与磁极本身之间隔有绝缘材料，各励磁绕组串联后接到滑环上。磁轭通常由整块钢板或用铸钢做成，用来固定磁极，是磁路的一部分。

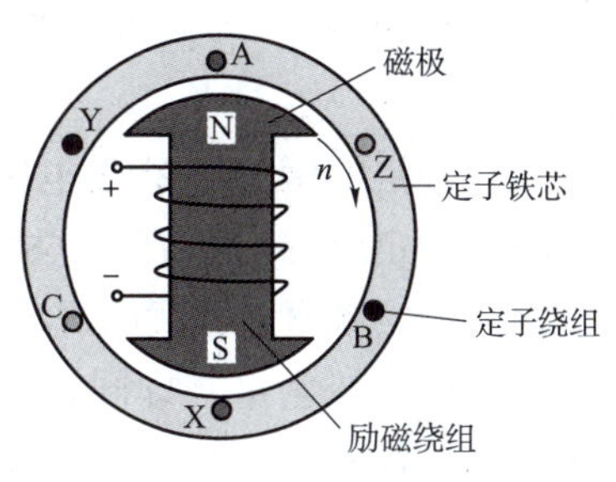

图 4-4-2　同步发电机结构原理图

三、同步发电机的工作原理

1. 电磁感应定律的应用

从图 4-4-2 所示的同步发电机结构原理图可知，其定子槽中对称放置着三相绕组（互差 120°电角度），将 X、Y、Z 连在一起，组成星形连接。转子和定子之间留有很小的空气隙，当励磁绕组通入直流电流后建立了磁场，由于转子磁极采用了特殊的结构，使磁场的磁感应强度沿空气隙近似于按正弦规律分布。当转子由原动机拖动旋转时，这个按正弦规律的旋转磁场就依次切割定子三相对称绕组，而在定子绕组中感应出对称的三相正弦交变电动势，即：

$$e_A = E_m \sin \omega t$$
$$e_B = E_m \sin(\omega t - 120°)$$
$$e_C = E_m \sin(\omega t + 120°)$$

当合上发电机出口开关，带上负载后，发电机即向负载输出电能。

2. 转子转速

感应电动势的频率 f 取决于发电机的极对数 p 和转子的转速 n，转子为一对磁极时，转子旋转一周，定子绕组的感应电动势正好交变一次（即一个周期），当转子有 p 对磁极时，转子旋转一周，感应电动势就交变 p 个周期，因此为保持一定的频率，发电机的转速需符合下列关系：

$$n = \frac{60f}{p}$$

前面已经知道，当定子三相对称绕组中有三相对称交流电通过时，则在空间产生一个旋转磁场，这个磁场的转速也由上述转速公式决定。由于同步发电机定子三相绕组是按转子磁极的对数来布置的，因此三相绕组所产生的旋转磁场的极对数和转子磁极对数一样，即定子旋转磁场的转速和转子转速相等，称为同步转速。同步发电机就是因此得名的。

四、同步发电机的铭牌数据

1. 同步发电机的型号

同步发电机的型号表示该台发电机的类型和特点。如 TSW85/31-8 表示的意义为：T—同步；S—水轮发电机；W—卧式（不带 W 为立式）；85—定子铁芯外径（cm）；31—定子铁芯长度（cm）；8—磁极数。

2. 同步发电机的铭牌数据

同步发电机的铭牌上所标的数据均为发电机的额定参数。同步发电机铭牌上的主要数据有：

（1）额定容量 P_N：指同步发电机长期安全运行时三相最大允许的输出功率，单位为 kW。

（2）额定电压 U_N：指发电机定子绕组长期安全工作的最高线电压，单位为 V 或 kV。

（3）额定电流 I_N：指发电机定子绕组正常连续运行的最大线电流，单位为 A 或 kA。

（4）额定频率 f_N：我国规定额定频率为 50 Hz。

（5）额定转速 n_N：即同步转速，是发电机为了维持交流电的频率为 50 Hz 时所需要的转速，单位为 r/min。

（6）额定功率因数 $\cos\varphi_N$：同步发电机的额定功率因数一般为 0.8，且为感性。

此外，还有相数、额定励磁电压、额定励磁电流、接法、允许温升（℃）、绝缘等级、重量等参数。

【大国工匠】

大国工匠——梅琳：吊装千吨一丝不差 巨型装置毫米“穿针”

项目5　电气运行与维护

<table>
<tr><td colspan="5">项目概述</td></tr>
<tr><td>项目名称</td><td colspan="2">电气运行与维护</td><td>参考学时</td><td>12 h</td></tr>
<tr><td>项目导读</td><td colspan="4">电力系统是由发电厂、电力网和电力客户组成的，是将电能生产、输送、分配、消费各环节的设备联系在一起的整体。电力系统中将各级电压线路及其联系的各级变、配电所组成的部分称为电力网。电力网按其在电力系统中的作用分为输电网和配电网。输电网是以高压甚至超高电压、特高压将发电厂、变电站或变电站之间连接起来的送电网络，所以又称为电力网中的主网架。配电网是从输电网接收电能，再分配给各客户的电网。
为了满足电能的生产、输送和分配的需要，发电厂和变电站中安装有各种电气设备，按所起的作用不同，电气设备可分为一次设备和二次设备。二次系统对于实现安全、优质和经济生产及电能的输配有着极为重要的作用，是电力系统安全、经济、稳定运行的重要保障。
而倒闸操作是运行维护工作的重要任务之一，是保证电力系统和电气设备安全运行的重要环节。</td></tr>
<tr><td>项目分解</td><td colspan="4">3个学习型任务：
5-1 电气一次设备运行与维护，通过学习一次设备的工作原理、分类、结构等，掌握巡视一次设备的要点，规范对一次设备的维护工作；
5-2 电气二次设备运行与维护，确定二次系统的定义及主要内容，掌握对二次设备进行巡视的要点，规范对二次回路的维护工作；
5-3 典型倒闸操作，通过学习电气主接线运行方式，掌握倒闸操作的概念以及不同倒闸操作的原则，学会规范填写倒闸操作票并进行倒闸操作。</td></tr>
<tr><td rowspan="2">学习目标</td><td>知识目标</td><td>技能目标</td><td colspan="2">素质目标</td></tr>
<tr><td>（1）掌握各一次设备的定义、结构及分类；
（2）掌握各一次设备的工作原理；
（3）掌握二次回路的定义；
（4）掌握电气主接线的定义及分类；
（5）掌握倒闸操作的概念。</td><td>（1）能依据要点对各一次设备进行巡视；
（2）能对各一次设备进行维护；
（3）能依据要点对各二次设备进行巡视；
（4）能对各二次回路进行维护；
（5）能正确填写倒闸操作票。</td><td colspan="2">（1）具有良好的团队协作能力并进行有效沟通；
（2）培养学生不畏艰难的思维方式，帮助学生训练独立思考的能力；
（3）有良好的职业道德修养和安全意识；
（4）能够准确分析问题的本质，运用合适的手段及时提出解决方案。</td></tr>
<tr><td>教学条件</td><td colspan="4">理实一体化教室，包含电脑、投影等多媒体设备，电气设备实训区，常用安全工器具及工作服等。</td></tr>
<tr><td rowspan="2">教学策略</td><td>组织形式</td><td colspan="3">采用班级授课、小组教学、合作学习、自主探索相结合的教学组织形式。</td></tr>
<tr><td>教学流程</td><td colspan="3">自主预习 → 项目分解 → 任务探索 → 知识铺垫 → 任务实施 → 任务考核 → 巩固提升
课前：自主预习；课中：项目分解、任务探索、知识铺垫、任务实施、任务考核；课后：巩固提升</td></tr>
</table>

任务 5-1 电气一次设备运行与维护

任务名称	电气一次设备运行与维护	参考学时	4 h
任务引入	要对电气一次设备进行运行与维护，首先要知道什么是一次设备？在电力系统生产运行过程中，电气设备种类非常多，各类电气设备的作用是什么？巡视过程针对不同结构的一般规定是什么？日常工作中维护的内容和要求又有哪些呢？		
任务要点	知识点：一次设备的定义、分类；电气主接线的定义及分类；倒闸操作的定义。		
	技能点：能正确巡视并维护一次设备；会正确填写倒闸操作票并进行规范操作。		
	素质点：具备自觉遵守安全规范的能力、发现问题并提出解决方案的能力、团队协作能力。		

知识链接一　一次设备简介

高压电气设备

一、一次设备的组成及作用

用于直接生产、转换和输配电能的设备，称为一次设备，主要有生产和转换电能的设备，如开关电器、限流电器、载流导体、补偿设备、互感器、保护电器等。

二、断路器

额定电压为 3 kV 及以上，能够关合、承载和开断运行状态的正常电流，并能在规定时间内关合、承载和开断规定的异常电流（如短路电流、过负荷电流）的开关电器称为高压断路器。高压断路器是电力系统中最重要的控制和保护设备。

低压断路器又称自动空气开关或自动开关，是低压配电网和电力拖动系统中常用的一种配电电器。低压断路器的作用是在正常情况下不频繁地接通或开断电路；在故障情况下，自动切除故障部分，保护线路和电气设备。低压断路器具有操作安全、安装使用方便、分断能力较高等优点，在各种低压电路中，作电能分配和线路不频繁转换之用。

1. 断路器的作用

它具有两方面的作用：一是控制作用，即根据电网运行要求，将一部分电气设备及线路投入或退出运行状态，转为备用或检修状态；二是保护作用，即在电气设备或线路发生故障时，通过继电保护装置及自动装置使断路器动作，将故障部分从电网中迅速切除，防止事故扩大，保证电网的无故障部分得以正常运行。

2. 断路器的分类

1）按灭弧介质的不同分类

可分为油断路器、压缩空气断路器、SF_6 断路器、真空断路器、磁吹断路器、固体产气断路器等类型。目前，应用较广泛的是 SF_6 断路器和真空断路器。

2）按装设地点的不同分类

（1）户外式断路器：指安装在露天使用的高压开关设备。

（2）户内式断路器：指安装在建筑物内使用的高压开关设备。

3）按成套配电装置的形式分类

（1）HGIS、GIS 断路器：它是将整个间隔的配电装置配套封装在 SF_6气体密封装置的内部而形成的一套组合电器装置，GIS 是将除主变压器外的配电装置封装在 SF_6气体的容器内，HGIS 封装的部分不包括母线。

（2）敞开式断路器：整个配电装置敞开布置形成的配电装置的断路器。

4）按操动机构分类

可分为手动机构断路器、电磁机构断路器、弹簧机构断路器、液压机构断路器、液压弹簧机构断路器、气动机构断路器、电动机构断路器。

不同类断路器实物如图 5-1-1 所示。

多油断路器

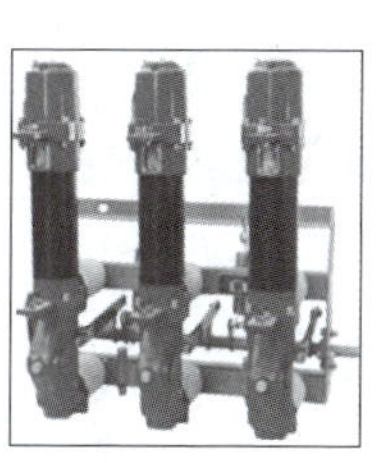

SN10-10系列户内高压少油断路器

35 kV户外真空断路器

S1-145F1型 SF_6断路器

500-SFM-63B型 SF_6断路器

500-SFMT-50B型 SF_6断路器

图 5-1-1　不同类断路器实物

三、隔离开关

高压隔离开关是目前我国电力系统中用量最大、使用范围最广的高压开关设备。它在分闸状态有明显的间隙，并具有可靠的绝缘，在合闸状态能可靠地通过正常工作电流和短路电流。由于隔离开关没有专门的灭弧装置，所以不能用来开断负荷电流和短路电流，通常与断路器配合使用。

1. 隔离开关的作用

（1）隔离电源。在电气设备检修时，用断路器开断电流以后，再用隔离开关将需要检修的电气设备与带电的电网隔离，形成明显可见的断开点，以保证检修人员和设备的安全。此时，隔离开关开断的是一个没有电流的电路。

（2）倒换线路或母线。利用等电位间没有电流通过的原理，用隔离开关将电气设备或线路从一组母线切换到另一组母线上。此时，隔离开关开断的是一个只有很小的不平衡电流的电路。

（3）关合与开断小电流电路。可以用隔离开关关合和开断正常工作的电压互感器、避雷器电路；关合和开断母线直接与母线相连接的电容电流；关合和开断电容电流不超过 5 A

的空载输电线路；关合和开断励磁电流不超过 2 A 的空载变压器等。

2. 隔离开关的分类

隔离开关种类很多，可根据装设地点、电压等级、极数和构造进行分类，主要有以下几种分类方式。

(1) 按装设地点可分为户内式和户外式隔离开关。

(2) 按极数可分为单极和三极隔离开关。

(3) 按支柱绝缘子数目可分为单柱式、双柱式和三柱式隔离开关。

(4) 按隔离开关的动作方式可分为闸刀式、旋转式、插入式隔离开关。

(5) 按有无接地开关（刀闸）可分为带接地开关和不带接地开关的隔离开关。

(6) 按所配操动机构可分为手动式、电动式、气动式、液压式隔离开关。

(7) 按用途可分为一般用、快分用和变压器中性点接地用隔离开关。

图 5-1-2 为部分隔离开关的实物图。

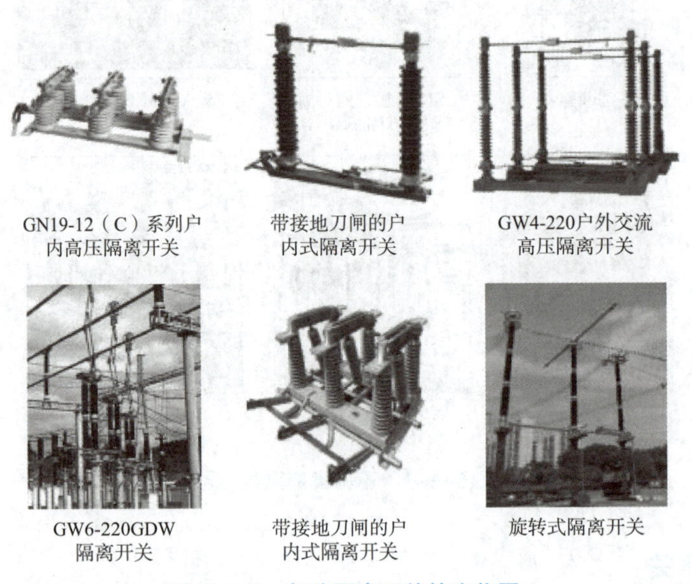

图 5-1-2　部分隔离开关的实物图

四、母线

在各级电压配电装置中，将发电机、变压器等大型电气设备与各种电气装置之间连接的导体称为母线。母线的作用是汇集、分配和传送电能。母线是构成电气主接线的主要设备，包括一次设备部分的主母线和设备连接线、站用电部分的交流母线、直流系统的直流母线、二次部分的小母线等，以下内容为母线的结构类型。

1. 敞露母线

敞露母线包括软母线和硬母线两大类。按其使用的材料和采用的形状有以下几种类型。

按母线的使用材料分类的类型有：铜母线、铝母线、铝合金母线、钢母线。

按母线的截面形状分类的类型有：矩形截面母线、圆形截面母线、槽形截面母线、管形截面母线、绞线圆形软母线。图 5-1-3 为各类敞露母线的实物图。

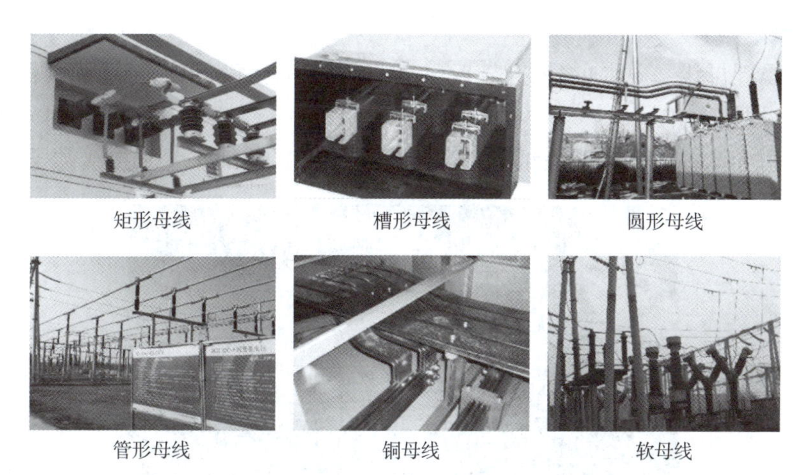

矩形母线　槽形母线　圆形母线

管形母线　铜母线　软母线

图 5-1-3　各类敞露母线的实物图

2. 封闭母线

随着电力技术的提高及电力网的发展，大容量机组被大量使用。这些大容量机组的输出电流值比较大，母线电动力和母线周围钢架的发热大幅增加。同时发电机与变压器连接母线采用敞露母线时，绝缘子表面容易被灰尘弄污秽，尤其是母线布置在屋外时，由于气候的剧烈变化及污秽更严重，很容易造成绝缘子闪络及由外物造成的母线短路故障。而且由于大容量机组的使用，电力系统对母线的运行可靠性提出了更高的要求，目前一般采用封闭母线，即用外壳将母线封闭起来，来满足这些要求。

封闭母线的结构类型有：

（1）按外壳材料分，可分为塑料外壳式和金属外壳式母线。

（2）按外壳与母线间的结构形式分，可分为不隔相式、隔相式和分相封闭式母线。

图 5-1-4 为各类封闭母线的实物图。

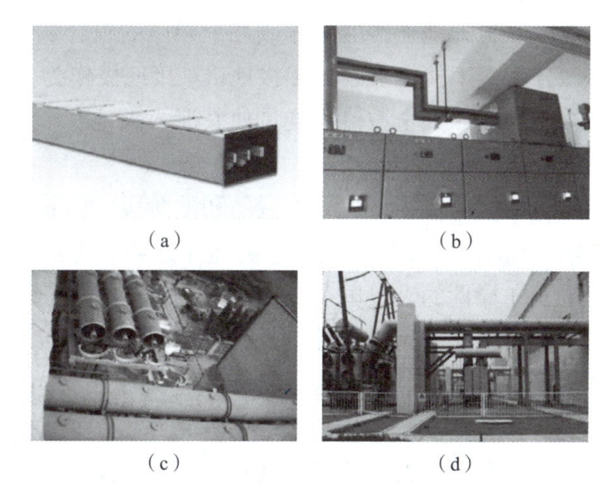

（a）　（b）

（c）　（d）

图 5-1-4　各类封闭母线的实物图

（a）不隔相式封闭母线；（b）安装于现场的不隔相式封闭母线；

（c）分相封闭式母线断面；（d）安装于现场的分相封闭式母线

3. 绝缘母线

绝缘母线是裸母线、电缆的最佳替代品，可减少占地面积、运行可靠，图 5-1-5 为现场安装的绝缘母线实物图。

绝缘母线由导体、环氧树脂渍纸绝缘、地屏、端屏、端部法兰和接线端子构成。

图 5-1-5　现实安装的绝缘母线实物图

五、防雷及接地装置

1. 防雷装置

防雷设备的主要功能是引雷、泄流、限幅和均压。防雷装置由接闪器、引下线和接地极三部分组成。

接闪器是防直击雷保护中接收雷电流的金属导体，其形式可为避雷针、避雷带（线）、避雷网。

引下线又称为引流器，它的作用是将接闪器承受的雷电流引到接地装置。

接地极是指埋入大地以便与大地连接的导体或几个导体的组合。接地极是与土壤直接接触的金属导体或导体群，分为人工接地极与自然接地极。接地极作为与大地土壤密切接触并提供与大地之间电气连接的导体，安全散流雷能量使其泄入大地。

1）避雷针

避雷针之所以能防雷，是因为在雷云先导发展的初始阶段，因其离地面较高，发展方向会受一些偶然因素的影响，而不“固定”。但当它离地面达到一定高度时，地面上高耸的避雷针因静电感应聚集了雷云先导性的大量电荷，使雷电场畸变，因而将雷云放电的通路由原来可能向其他物体发展的方向，吸引到避雷针本身，通过引下线和接地装置将雷电波放入大地，从而使被保护物体免受直接雷击。所以避雷针实质上是引雷针，它把雷电波引入大地，有效地防止了直击雷。

（1）避雷针的组成。避雷针由避雷针针头、引流体和接地体三部分组成。避雷针可保护设备免受直接雷击。图 5-1-6 为避雷针的结构图。

避雷针一般明显高于被保护物，当雷云先放电临近地面时首先击中避雷针，避雷针的引流体将雷电流安全引入地中，从而保护了某一范围内的设备。避雷针的接地装置的作用是减小泄流途径上的电阻值，降低雷电冲击电流在避雷针上的电压降。

（2）避雷针（线、带、网）的接地要求。避雷针（线、带、网）的接地除应符合接地有关规定外，还应遵守下列规定：

①避雷针（带）与引下线之间的连接应采用焊接。

②避雷针（带）的引下线及接地装置使用的紧固件均应使用镀锌制品。当采用没有镀锌的地脚螺栓时应采取防腐措施。

③建筑物上的防雷设施采用多根引下线时，宜在各引下线距地面的1.5~1.8 m处设置断接卡，断接卡应加保护措施。

④装有避雷针的金属筒体，当其厚度不小于4 mm时，可做避雷针的引下线，筒体底部应有两处与接地体对称连接。

⑤独立避雷针及其接地装置与道路或建筑物出入口等的距离应大于3 m。当小于3 m时，应采取均压措施或铺设卵石或沥青地面。

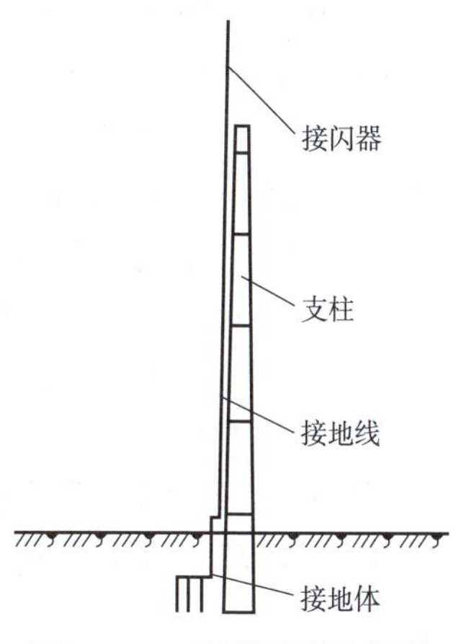

图5-1-6　避雷针的结构图

⑥独立避雷针（线）应设置独立的集中接地装置。当有困难时，该接地装置可与接地网连接，但避雷针与主接地网的地下连接点至35 kV及以下设备与主接地网的地下连接点，沿接地体的长度不得小于15 m。

⑦独立避雷针的接地装置与接地网的地中距离不应小于3 m。

⑧配电装置的架构或屋顶上的避雷针应与接地连接，并应在其附近设集中接地装置。

建筑物上的避雷针或防雷金属网应和建筑物顶部的其他金属物体连接成一个整体。

装有避雷针和避雷线的构架上的照明灯电源线，必须采用直埋于土壤中的带金属防层的电缆或穿入金属管的导线。电缆的金属护层或金属管必须接地，埋入土壤中的长度应在10 m以上，方可与配电装置的接地网相连或与电源线、低压配电装置相连接。

避雷线线挡内不应有接头。

避雷针（网、带）及其接地装置，应采取自下而上的施工程序。首先安装集中接地装置，然后安装引下线，最后安装接闪器。

2）避雷器

避雷器是一种能释放过电压能量限制过电压幅值的保护设备。使用时，将避雷器安装在被保护设备附近，与被保护设备并联。在正常情况下，避雷器不导通（最多只流过微安级的泄漏电流）。当作用在避雷器上的电压达到避雷器的动作电压时，避雷器导通，通过大电流，释放过电压能量并将过电压限制在一定水平，以保护设备的绝缘。在释放过电压能量后，避雷器恢复到原状态。

按发展的先后，电力系统使用的避雷器有五种，即保护间隙、管型避雷器（包括一般管型和新型）、阀型避雷器、磁吹阀式避雷器和氧化锌避雷器。其中保护间隙、管型避雷器和阀型避雷器只能限制雷过电压，而磁吹阀式避雷器和氧化锌避雷器既可限制雷过电压，也可限制电力系统内部过电压。

以氧化锌避雷器为例，金属氧化锌避雷器分类如下：

（1）按电力系统分，可分为交流避雷器、直流避雷器两类。

（2）按结构分，可分为无间隙避雷器、带串联间隙避雷器、带并联间隙避雷器三类。

（3）按外瓷套分，可分为瓷套式避雷器、罐式避雷器、复合外套式避雷器三类。

(4) 按使用场所分，可分为电站用、配电用、并联补偿电容器用、发电机用、发动机用、发电机中性点用、变压器中性点用、线路用等避雷器。

(5) 按其电压等级分，可分为66~800 kV罐式无间隙金属氧化物避雷器、35~1 000 kV瓷套式无间隙金属氧化物避雷器、3~550 kV复合外套金属氧化物避雷器。

氧化锌避雷器由以下几部分组成：

(1) 内部元件（电阻阀片）：由中间有孔的环形氧化锌电阻片组成，孔中穿有一根有机绝缘棒，两端用螺栓紧固而成。内部元件装入瓷套内，上下两端各有一个压紧弹簧压紧。

(2) 定向压力释放装置：瓷套两端法兰各有一压力释放出来，以防瓷套爆炸和损坏其他设备。当其在超负载动作或发生意外损坏时，内部压力剧增，使其压力释放装置动作，排出气体。

(3) 均压环：避雷器根据电压高低可用若干个元件组成，顶部装有均压环，以改善其电位分布。

(4) 泄漏电流表：用以在正常运行时监视避雷器的运行情况。在正常运行情况下，氧化锌避雷器内部电流主要是容性的，数量级为1 mA到几毫安。通过避雷器和计数器到接地点流入大地。

(5) 动作计数器：在避雷器动作后，自动记录动作情况。放电记录器的基本原理是当雷电流通过避雷器入地时，对记录器内部电容器进行充电。当雷电消失后，电容器对记录器的线圈放电，记录放电次数。

(6) 底部装有绝缘基础：用来安装避雷器的动作计数器和动作电流幅值记录装置。

氧化锌避雷器结构如图5-1-7所示。

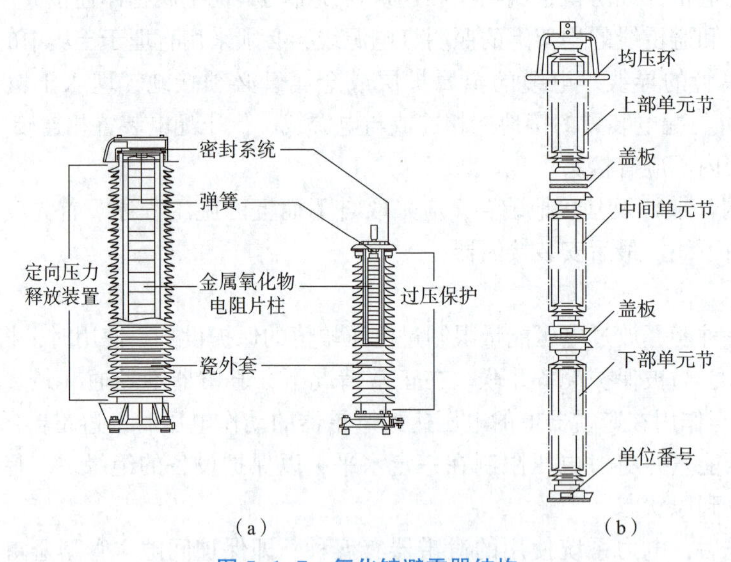

图5-1-7 氧化锌避雷器结构

(a) 内部结构；(b) 500 kV避雷器外部结构

2. 接地装置

1) 接地的种类

将电气装置的某些金属部分用导体（接地线）与埋设在土壤中的金属导体（接地体）相连接，并与大地做可靠的电气连接，称为电气装置的接地。

电气装置的接地按用途可分为工作接地、保护接地、雷电保护接地和防静电接地。

2）有关接地的基本概念

（1）地和对地电压。大地是一个电阻非常低、电容量非常大的物体，拥有吸收无限电荷的能力，而且在吸收大量电荷后仍能保持电位不变，因此适合作为电气系统中的参考电位体。这种“地”是“电气地”，并不等于“地理地”，但包含在“地理地”之中。“电气地”的范围随着大地结构的组成和大地与带电体接触的情况而定。

电气设备的接地部分，如接地的外壳和接地体等，与零电位的“大地”之间的电位差，就称为接地部分的对地电压。

（2）零线。在交流电路中，与发电机、变压器直接接地的中性点连接的导线，或直流回路中的接地中性线，称为零线。

在三相五线制系统中将零线又分为保护零线和工作零线，此时必须注意的是保护零线需要另外设置，不得借用工作零线。如接法错误，当熔断器熔断或中性线断线时，设备外壳直接带上相电压，对运行人员来说十分危险。

其中，低压系统中为防触电用来与线路或设备金属外壳及以外的金属部件、总接地线或总等电位连接端子板、接地极、电源接地点或人工中性点中任一部分作电气连接的导线称为保护线。

（3）接地装置。接地装置是电力保护系统中重要的组成部分，对电气设备安全和操作者的人身安全有重要作用。

接地体和接地线统称为接地装置，埋入地中并直接与大地接触的金属导体，称为接地体。电气设备接地部分与接地体相连接的金属导体（正常情况下不通过电流）称为接地线。

3）保护接地方式的选择

接地方式应根据电网的结构特点、运行方式、工作条件、安全要求等方面的情况，从安全、经济、可靠等要求出发，进行合理选择。

保护接地适用于高压电力系统和中性点不接地的低压电力系统。在中性点直接接地的低压电力系统中，宜采用保护接零，且应装设能迅速自动切除接地短路电流的保护装置；如果用电设备较少、分散，采用接零保护确有困难，且土壤电阻率较低，可采用保护接地，并装设漏电保护器来切除故障。

（1）必须接地或接零的部分。

电气设备的下列金属部分，除另有规定之外，均应接地或接零：

①电机、变压器、开关电器、耦合电容器、电抗器和照明器具以及工器具等的底座及外壳。

②金属封闭气体绝缘开关设备（GIS）的接地端子。

③发电机中性点柜外壳、发电机出线柜和大电流封闭母线外壳等。

④电气设备的传动装置。

⑤互感器的二次绕组。

⑥配电、控制、保护用的屏（箱、柜）及操作台等的金属柜架。

⑦屋内外配电装置的金属架构和钢筋混凝土架构以及靠近带电部分的金属围栏和金属门。

⑧交、直流电力电缆接线盒，终端盒的外壳和电缆的外皮，穿线的钢管等。

⑨装有避雷线的输电线路的杆塔。

⑩在非沥青地面的居民区内，无避雷线的小接地短路电流架空输电线路的金属杆塔和钢筋混凝土杆塔。

⑪装在配电线路上的开关设备、电容器等电气设备的底座及外壳。

⑫铠装控制电缆的外皮、非铠装或非金属护套电缆的1~2根屏蔽芯线。

(2) 不需接地或接零的部分。

电力设备的下列金属部分，除另有规定之外，不需接地、接中性线或接保护线：

①在木质、沥青等不良导体地面的干燥房间内，交流额定电压380 V及以下、直流额定电压440 V及以下的电气设备外壳，但当维护人员可能触及电气设备外壳和其他接地物体时除外、有爆炸危险的场所也除外。

②在干燥场所，交流额定电压127 V及以下、直流额定电压110 V及以下的电气设备外壳，但有爆炸危险的场所除外。

③安装在配电盘、控制台和配电装置间隔墙壁上的电气测量仪表、继电器和其他低压电器的外壳，以及当发生绝缘损坏时，在支持物上下会引起危险电压的绝缘子金属底座等。

④安装在已接地的金属架构上的设备（应保证电气接触良好），如套管等，但有爆炸危险的场所除外。

⑤额定电压220 V及以下的蓄电池室内支架。

⑥与已接地的机床底座之间有可靠电气接触的电动机和电器的外壳，但有爆炸危险的场所除外。

⑦由发电厂、变电站和工业企业区域内引出的铁路轨道，但运送易燃易爆物者除外。

【想一想　做一做】

(1) 断路器、隔离开关、母线的作用分别是什么？

(2) 封闭母线的结构类型有哪些？

(3) 电气装置的接地方式有哪些？

知识链接二　一次设备巡视

一次设备承担着直接转换电能和输送、分配电能的重要任务，对一次设备进行定期巡视，以预防一次系统发生异常及事故起着至关重要的作用。

巡视可分为例行巡视、全面巡视、专业巡视、熄灯巡视和特殊巡视。

1) 例行巡视

例行巡视是指对站内设备及设施的外观、异常声响、设备渗漏、监控系统、二次装置及辅助设施的异常告警、消防安防系统完好性、缺陷和隐患跟踪检查等方面进行的常规性巡查，具体巡视项目按照现场运行通用规程和专用规程执行。

2）全面巡视

全面巡视是指在例行巡视项目的基础上，对站内设备开启箱门检查，记录设备运行数据，检查设备的污秽情况，检查防火、防小动物、防误闭锁等有无漏洞，检查接地引下线是否完好等方面进行的详细巡查。全面巡视和例行巡视可一并进行。

3）专业巡视

专业巡视是指为深入掌握设备状态，由运维、检修及设备状态评价人员联合开展对设备的集中巡查和检测。

4）熄灯巡视

（1）熄灯巡视是指夜间熄灯开展的巡视，重点检查设备有无放电、电晕，接头有无过热现象。

（2）熄灯巡视每月不少于1次。

5）特殊巡视

（1）高温季节，重点检查充油设备油面是否过高，油温是否超过规定。检查变压器有无油温过高（允许油温85 ℃；允许温升55 ℃）及接头发热、蜡片熔化等现象。检查变压器冷却系统，检查母线室、开关室、蓄电池室排风机及事故用轴流风扇。检查导线是否过松。

（2）雷击后检查绝缘子、套管有无闪络痕迹，检查避雷器动作记录器并将动作情况填入专用记录簿中。平时要做好记录，做到现场数字与记录器、记录簿数据保持一致。

（3）雷雨季节，要注意检查绝缘子有无放电及闪络现象，以及避雷器放电计数器的动作情况。

（4）大雨时，检查门窗是否关好，屋顶及墙壁有无漏渗水现象。

（5）冬季重点检查防小动物进入室内的措施有无问题。修复破损门窗缝隙，地缆竖井室内出口封堵要严密，控制室、地缆层封墙、地缆出线孔封堵要严密。进入高压室应随手关门。应放好鼠药，做好冬季安全大检查。

（6）严寒季节应重点检查充油设备油面是否过低，导线是否过紧，接头有无开裂及发热等现象，绝缘子有无积雪结冰，管道有无冻裂等现象。

（7）大雾霜冻季节和污秽地区，检查瓷套管有无打火及放电现象，重点检查设备瓷质绝缘部分的污秽程度，检查设备的瓷质绝缘有无放电及电晕等异常情况，必要时关灯进行检查。

（8）下雪天气根据积雪融化情况，检查接头的发热部位，及时处理冰棒。

（9）大风时，重点检查户外设备底部附近有无草堆杂物、油毛毡等，检查导线有无搭挂杂物、导线振荡等情况，接头有无异常情况，安全措施是否松动。

（10）每年结合季节特点进行安全大检查，发动群众对设备进行全面彻底检查，清除隐患，不留死角。安全大检查要将查思想、查纪律、查规程制度结合起来。

（11）新设备投入运行后，应每半小时巡视1次，4 h后按正常巡视，对主设备投入后的正常巡视要延长到24 h以后，新设备投入后重点检查有无异声，接点是否发热，有无漏油、渗油现象等。主变压器投入后瓦斯下浮子改接信号，24 h以后方可投跳。

（12）高峰负荷期间重点检查主变压器、线路等回路的负荷是否超过额定值，检查主变压器油位、油温、接头等现象有无变化，冷却系统应正常运行，检查过负荷设备有无过热现象。主变压器严重过负荷时，应每小时检查1次油温，监视回路触点示温片是否熔化，根据主变压器规程监视主变压器，并汇报网调和有关调度，开启备用冷却器，转移负荷，监视发热点，用轴流风扇吹主变压器等。

(13) 事故后重点检查信号和继电保护动作情况、故障录波仪动作情况，检查事故范围内的导线及接头有无烧伤、断股等异常，设备的油位、油色、油压等是否正常，有无喷油异常情况，绝缘子有无烧闪、断裂等情况。

(14) 政治任务或重大节日，除按当时天气情况巡视以外，还应增加巡视次数。

一、断路器的巡视

断路器的巡视项目见表 5-1-1。

表 5-1-1　断路器的巡视项目

序号	巡视类型及部位		内容及要求
1	例行巡视	本体	(1) 外观清洁，无异物，无异常声响。 (2) 油断路器本体油位正常，油位计清洁，无渗漏油现象。 (3) 断路器套管电流互感器无异常声响、外壳无变形、密封条无脱落。 (4) 套管防雨帽无异物堵塞，无蜂窝、鸟巢等。 (5) 外绝缘无裂纹、破损及放电现象，增爬伞裙粘接牢固、无变形，防污涂料完好，无起皮、脱落现象。 (6) 分、合闸指示正确，与实际位置相符；SF_6密度继电器（压力表）指示正常、外观无破损或渗漏，防雨罩完好。 (7) 均压环安装牢固，无锈蚀、变形、破损。 (8) 引线弧垂满足要求，无散股、断股，两端线夹无松动、裂纹、变色现象。 (9) 金属法兰无裂痕，防水胶完好，连接螺栓无锈蚀、松动、脱落。 (10) 传动部分无明显变形、锈蚀，轴销齐全。
		操动机构	(1) 弹簧储能机构储能正常。 (2) 液压操动机构油位、油色正常。 (3) 液压、气动操动机构压力表指示正常。
		其他	(1) 名称、编号及铭牌齐全、清晰，相序标志明显。 (2) 基础构架无破损、开裂、下沉，支架无锈蚀、松动或变形，无鸟巢、蜂窝等异物。 (3) 机构箱、汇控柜箱门平整，无变形、锈蚀，机构箱锁具完好。 (4) 接地引下线标志无脱落，接地引下线可见部分连接完整可靠，接地螺栓紧固，无放电痕迹，无变形、锈蚀现象。 (5) 原存在的设备缺陷无发展。
2	全面巡视		全面巡视是在例行巡视基础上增加以下巡视项目，并抄录断路器油位、SF_6气体压力、液压（气动）操动机构压力、断路器动作次数、操动机构电机动作次数等运行数据。 (1) 断路器动作计数器指示正常。 (2) 电磁操动机构合闸保险完好。 (3) 操动机构弹簧无锈蚀、裂纹或断裂。 (4) 液压操动机构油位正常，无渗漏，油泵及各储压元件无锈蚀。 (5) 气动操动机构空压机运转正常、无异声，油位、油色正常；气水分离器工作正常，无渗漏油、无锈蚀。 (6) SF_6气体管道阀门及液压、气动操动机构管道阀门位置正确。 (7) 指示灯正常，压板投退、远方/就地切换把手位置正确。 (8) 空气开关位置正确，二次元件外观完好，标志、电缆标牌齐全清晰。 (9) 照明、加热驱潮装置工作正常；加热驱潮装置线缆的隔热护套完好，附近线缆无过热灼烧现象；加热驱潮装置投退正确。

续表

序号	巡视类型及部位		内容及要求
2	全面巡视		（10）端子排无锈蚀、裂纹、放电痕迹；二次接线无松动、脱落，绝缘无破损、老化现象；备用芯绝缘护套完备；电缆孔洞封堵完好。 （11）机构箱透气口滤网无破损，箱内清洁无异物，无凝露、积水现象。 （12）箱门开启灵活，关闭严密，密封条无脱落、老化现象。 （13）五防锁具无锈蚀、变形现象，锁具芯片无脱落损坏现象。 （14）高寒地区应检查罐式断路器罐体、气动机构及其连接管路加热带工作正常。
3	熄灯巡视		（1）检查瓷套管有无闪络、放电现象。 （2）检查接头、线夹、引线有无发热，外绝缘有无放电现象。
4	特殊巡视	新安装投运的巡视	新安装或 A、B 类检修后投运的断路器、长期停用的断路器投入运行 72 h 内应增加巡视次数（不少于 3 次），巡视项目按照全面巡视执行。
		异常天气时的巡视	（1）大风天气时，检查引线摆动情况，有无断股、散股，均压环及绝缘子是否倾斜、断裂，各部件上有无搭挂杂物。 （2）大雨后、连阴雨天气时，检查机构箱、端子箱、汇控柜等有无进水，加热驱潮装置工作是否正常。 （3）雷雨天气后，检查外绝缘有无放电现象或放电痕迹。 （4）冰雹天气后，检查引线有无断股、散股，绝缘子表面有无破损现象。 （5）冰雪天气时，检查导电部分是否有冰雪立即融化现象，大雪时还应检查设备积雪情况，及时处理过多的积雪和悬挂的冰柱。 （6）覆冰天气时，观察外绝缘的覆冰厚度及冰凌桥接程度，覆冰厚度不得超过 10 mm，冰凌桥接长度不宜超过干弧距离的 1/3，爬电不超过第二伞裙，不出现中部伞裙爬电现象。 （7）大雾、重度雾霾天气时，检查外绝缘有无异常电晕现象，重点检查污秽部分。 （8）温度骤变时，检查断路器油位、压力变化情况，有无渗漏现象；检查加热驱潮装置工作是否正常。 （9）高温天气时，检查引线、线夹有无过热现象。
		高峰负荷期间的巡视	增加巡视次数，检查引线、线夹有无过热现象。
		故障跳闸后的巡视	（1）断路器的位置是否正确。 （2）断路器外观是否完好。 （3）外绝缘、接地装置有无放电现象、放电痕迹。 （4）断路器内部有无异声。 （5）油断路器有无喷油，油色及油位是否正常。 （6）SF_6密度继电器（压力表）指示是否正常，操动机构压力是否正常，弹簧机构储能是否正常。 （7）各附件有无变形，引线、线夹有无过热、松动现象。 （8）保护动作情况及故障电流情况。

二、隔离开关的巡视

值班人员的任务之一是对隔离开关进行切换操作和监视。在正常运行时，应监视隔离开关的电流不得超过额定值，温度不超过允许温度 70 ℃，隔离开关的接头及触头温度在运行中可采用变色漆或示温蜡片进行监视，如接触部分的温度达 80 ℃时，应当立即设法减少隔离开关的负荷，并应尽可能将其停止使用。若由于电网负荷的需要，不允许停电时，应当采取降温措施，如临时用风扇吹风冷却等，并加强监视，待高峰负荷过后，再停用修理。对隔离开关应进行仔细检查，如发现缺陷，应及时消除，以保证隔离开关的安全运行，其巡视项目见表 5-1-2。

表 5-1-2　隔离开关的巡视项目

序号	巡视类型及部位		内容及要求
1	例行巡视	导电部分	(1) 合闸状态的隔离开关触头接触良好，合闸角度符合要求；分闸状态的隔离开关触头间的距离或打开角度符合要求，操动机构的分、合闸指示与本体实际分、合闸位置相符。 (2) 触头及触指（包括滑动触指）、压紧弹簧无损伤、变色、锈蚀及变形，导电臂（管）无损伤及变形现象。 (3) 引线弧垂满足要求，无散股、断股，两端线夹无松动、裂纹、变色等现象。 (4) 导电底座无变形、裂纹，连接螺栓无锈蚀、脱落现象。 (5) 均压环安装牢固，表面光滑，无锈蚀、损伤、变形现象。
		绝缘子	(1) 绝缘子外观清洁，无倾斜、破损、裂纹、电晕、放电痕迹或放电现象。 (2) 金属法兰无裂痕，连接螺栓无锈蚀、松动、脱落现象。 (3) 金属法兰与瓷件的胶装部位完好，防水胶无开裂、起皮、脱落现象。
		传动部分	(1) 传动连杆、拐臂、万向节无锈蚀、松动及变形现象。 (2) 轴销无锈蚀、脱落现象，开口销齐全，螺栓无松动、移位现象。 (3) 接地开关平衡弹簧无锈蚀、断裂现象，平衡锤牢固可靠；接地开关可动部件与其底座之间的软连接完好、牢固。
		基座、机械闭锁及限位部分	(1) 基座无裂纹、破损，连接螺栓无锈蚀、松动、脱落现象，其金属支架焊接牢固，无变形现象。 (2) 机械闭锁位置正确，机械闭锁盘、闭锁板、闭锁销无锈蚀、变形、开裂现象，闭锁间隙符合要求。 (3) 限位装置完好可靠。
		操动机构	(1) 隔离开关操动机构机械指示与隔离开关实际位置一致。 (2) 各部件无锈蚀、松动、脱落现象，连接轴销齐全。
		其他	(1) 名称、编号及铭牌齐全、清晰，相序标识明显。 (2) 超 B 类接地开关辅助灭弧装置分、合闸指示正确，外绝缘完好无裂纹，SF_6气体压力正常。 (3) 机构箱无锈蚀、变形现象，机构箱锁具完好，接地连接线完好。 (4) 接地引下线标志无脱落，接地引下线可见部分连接完整可靠，接地螺栓紧固，无放电痕迹，无锈蚀、变形现象。 (5) 基础无破损、开裂、倾斜、下沉，架构无锈蚀、松动、变形现象，无鸟巢、蜂窝等异物。 (6) 五防锁具无锈蚀、变形现象，锁具芯片无脱落损坏现象。 (7) 原存在的设备缺陷不应有发展。

续表

<table>
<tr><th>序号</th><th colspan="2">巡视类型及部位</th><th>内容及要求</th></tr>
<tr><td>2</td><td colspan="2">全面巡视</td><td>全面巡视在例行巡视的基础上增加以下项目：
（1）隔离开关“远方/就地”切换把手及“电动/手动”切换把手位置正确。
（2）辅助开关外观完好，与传动杆连接可靠。
（3）空气开关、电动机、继电器、接触器、限位开关等元件外观完好。二次元件标识、电缆标牌齐全清晰。
（4）照明及驱潮加热装置工作正常，加热器线缆的隔热护套完好，附近线缆无烧损现象。
（5）端子排无锈蚀、裂纹及放电痕迹；二次接线无松动、脱落，绝缘无破损、老化现象；备用芯绝缘护套完备；电缆孔洞封堵完好。
（6）机构箱透气口滤网无破损，箱内清洁无异物，无凝露、积水现象。
（7）箱门开启灵活，关闭严密，密封条无脱落及老化现象，接地连接线完好。
（8）五防锁具无锈蚀、变形现象，锁具芯片无脱落损坏现象。</td></tr>
<tr><td>3</td><td colspan="2">熄灯巡视</td><td>（1）检查绝缘子表面有无放电现象。
（2）检查隔离开关触头、引线、接头、线夹有无发热。</td></tr>
<tr><td rowspan="4">4</td><td rowspan="4">特殊巡视</td><td>新安装或检修后投运巡视</td><td>新安装或 A、B 类检修后投运的隔离开关应增加巡视次数，巡视项目按照全面巡视执行。</td></tr>
<tr><td>异常天气时的巡视</td><td>（1）大风天气时，检查引线摆动情况，有无断股、散股，均压环及绝缘子是否倾斜、断裂，各部件上有无搭挂杂物。
（2）大雨后、连阴雨天气时，检查机构箱、端子箱有无进水，驱潮加热装置工作是否正常。
（3）雷雨天气后，检查绝缘子表面有无放电现象或放电痕迹，检查接地装置有无放电痕迹。
（4）冰雹天气后，检查引线有无断股、散股，绝缘子表面有无破损现象。
（5）冰雪天气时，检查导电部分是否有冰雪立即融化现象，大雪时还应检查设备积雪情况，及时处理过多的积雪和悬挂的冰柱。
（6）覆冰天气时，观察外绝缘的覆冰厚度及冰凌桥接程度，覆冰厚度不得超过 10 mm，冰凌桥接长度不宜超过干弧距离的 1/3，爬电不超过第二伞裙，不出现中部伞裙爬电现象。
（7）大雾、重度雾霾天气时，检查绝缘子有无放电现象，重点检查污秽部分。
（8）高温天气时，检查触头、引线、线夹有无过热现象。</td></tr>
<tr><td>高峰负荷期间的巡视</td><td>增加巡视次数，重点检查触头、引线、线夹有无过热现象，注意检查合闸状态的隔离开关应接触严密，无弯曲、发热、变色等异常现象。</td></tr>
<tr><td>故障跳闸后的巡视</td><td>检查隔离开关各部件有无变形，触头、引线、线夹有无过热、松动，绝缘子有无裂纹或放电痕迹。</td></tr>
</table>

三、母线及绝缘子巡视

母线及绝缘子的巡视项目见表5-1-3。

表5-1-3 母线及绝缘子的巡视项目

<table>
<tr><th>序号</th><th colspan="2">巡视类型及部位</th><th>内容及要求</th></tr>
<tr><td rowspan="4">1</td><td rowspan="4">例行巡视</td><td>母线</td><td>（1）名称、电压等级、编号、相序等标识齐全、完好，清晰可辨。
（2）外观完好，表面清洁，连接牢固。
（3）无异常振动和声响。
（4）无异物悬挂。
（5）线夹、接头无过热、无异常。
（6）硬母线应平直、焊接面无开裂、脱焊，伸缩节应正常。
（7）软母线无断股、散股及腐蚀现象，表面光滑整洁。
（8）带电显示装置运行正常。
（9）绝缘母线表面绝缘包敷严密，无开裂、起层和变色现象。
（10）绝缘屏蔽母线屏蔽接地应接触良好。</td></tr>
<tr><td>引流线</td><td>（1）引线无断股或松股现象，连接螺栓无松动脱落，无腐蚀现象，无异物悬挂。
（2）无绷紧或松弛现象。
（3）线夹、接头无过热、无异常。</td></tr>
<tr><td>金具</td><td>（1）无锈蚀、变形、损伤。
（2）伸缩节无变形、散股及支撑螺杆脱出现象。
（3）线夹无松动，均压环平整牢固，无过热发红现象。</td></tr>
<tr><td>绝缘子</td><td>（1）绝缘子表面无裂纹、破损和电蚀，无异物附着。
（2）绝缘子各连接部位无松动现象、连接销子无脱落等，金具和螺栓无锈蚀。
（3）绝缘子防污闪涂料无大面积脱落、起皮现象。
（4）支柱瓷瓶及硅橡胶增爬伞裙表面清洁，无裂纹、放电声及放电痕迹。
（5）支柱绝缘子伞裙、基座及法兰无裂纹。
（6）支柱绝缘子无倾斜。</td></tr>
<tr><td>2</td><td colspan="2">全面巡视</td><td>全面巡视应在例行巡视基础上增加以下内容：
（1）检查绝缘子表面积污情况。
（2）支柱绝缘子结合处涂抹的防水胶无脱落现象，水泥胶装面完好。</td></tr>
<tr><td>3</td><td colspan="2">熄灯巡视</td><td>（1）绝缘子、金具应无电晕及放电现象。
（2）母线、引流线及各接头无发红现象。</td></tr>
<tr><td>4</td><td>特殊巡视</td><td>新投运及设备经过检修、改造或长期停运后重新投入运行后巡视</td><td>（1）观察支柱瓷绝缘子有无放电及各引线连接处是否有发热现象。
（2）使用红外热成像仪进行测温。
（3）双母线接线方式下，一组母线退出运行时，应加强另一组运行母线的巡视和红外测温。</td></tr>
</table>

续表

<table>
<tr><th>序号</th><th colspan="2">巡视类型及部位</th><th>内容及要求</th></tr>
<tr><td rowspan="2">4</td><td rowspan="2">特殊巡视</td><td>异常天气时的巡视</td><td>（1）冰雹、大风、沙尘暴天气，重点检查母线、绝缘子上有无悬挂异物，倾斜等异常现象，以及母线舞动情况。
（2）大雾霜冻季节和污秽地区，检查绝缘子表面有无爬电或异常放电，重点监视污秽瓷质部分。
（3）雨雪天气，检查绝缘子表面有无爬电或异常放电，母线及各接头不应有水蒸气上升或融化现象，如有，应用红外热像仪进一步检查。大雪时还应检查母线积雪情况，应无冰溜及融雪现象。
（4）雷雨后，重点检查绝缘子有无闪络痕迹。
（5）严重雾霾天气，重点检查绝缘子有无放电、闪络等情况发生。
（6）覆冰天气时，观察绝缘子的覆冰厚度及冰凌桥接程度，覆冰厚度不得超过 10 mm，冰凌桥接长度不宜超过于弧距离的 1/3，爬电不超过第二伞裙，不出现中部伞裙爬电现象。
（7）严寒季节时，重点检查母线抱箍有无过紧、有无开裂发热、母线接缝处伸缩节是否良好、绝缘子有无积雪、冰凌桥接等现象，软母线是否过紧造成绝缘子严重受力。
（8）高温季节时，重点检查接点、线夹、抱箍发热情况，母线连接处伸缩器是否良好。</td></tr>
<tr><td>故障跳闸后的巡视</td><td>（1）检查现场一次设备（特别是保护范围内设备）外观，导引线有无断股或放电痕迹等情况。
（2）检查断路器运行状态（位置、压力、油位）。
（3）检查绝缘子表面有无放电现象。
（4）检查保护装置的动作情况。
（5）检查各气室压力、接缝处伸缩器有无异常。</td></tr>
</table>

四、防雷及接地装置巡视

1. 避雷器巡视

避雷器的巡视项目见表 5-1-4。

表 5-1-4　避雷器的巡视项目

序号	巡视类型	内容及要求
1	例行巡视	（1）引流线无松股、断股和弛度过紧及过松现象；接头无松动、发热或变色等现象。 （2）均压环无位移、变形、锈蚀现象，无放电痕迹。 （3）瓷套部分无裂纹、破损及放电现象，防污闪涂层无破裂、起皱、鼓泡、脱落；硅橡胶复合绝缘外套伞裙无破损、变形，无电蚀痕迹。 （4）密封结构金属件和法兰盘无裂纹、锈蚀。 （5）压力释放装置封闭完好且无异物。 （6）设备基础完好、无塌陷；底座固定牢固、整体无倾斜；绝缘底座表面无破损、积污。 （7）接地引下线连接可靠，无锈蚀、断裂。 （8）引下线支持小套管清洁、无碎裂，螺栓紧固。 （9）运行时无异常声响。 （10）监测装置外观完整、清洁、密封良好、连接紧固，表计指示正常，数值无超标；放电计数器完好，内部无受潮、进水。 （11）接地标识、设备铭牌、设备标识牌、相序标识齐全、清晰。 （12）原存在的设备缺陷是否有发展趋势。

续表

序号	巡视类型		内容及要求
2	全面巡视		全面巡视在例行巡视的基础上记录避雷器泄漏电流的指示值及放电计数器的指示数，并与历史数据进行比较。
3	熄灯巡视		（1）外绝缘无闪络、放电现象。 （2）引线、接头无放电、发红、严重电晕迹象。
4	特殊巡视	异常天气时的巡视	（1）雾霾、大雾、毛毛雨天气时，检查避雷器有无电晕放电情况，重点监视污秽瓷质部分，必要时夜间熄灯检查。 （2）大风、沙尘、冰雹天气后，检查引线连接是否良好，有无异常声响，垂直安装的避雷器有无严重晃动，户外设备区域有无杂物、漂浮物等。 （3）大雪天气，检查引线积雪情况，为防止套管因过度受力引起套管破裂等现象，应及时处理引线积雪过多和冰柱问题。 （4）覆冰天气时，检查外绝缘覆冰情况及冰凌桥接程度，覆冰厚度不得超过 10 mm，冰凌桥接长度不宜超过干弧距离的 1/3，放电不超过第二伞裙，不出现中部伞裙放电现象。
		雷雨天气及系统发生过电压后的巡视	（1）检查外部是否完好，有无放电痕迹。 （2）检查监测装置外壳是否完好，有无进水。 （3）与避雷器连接的导线及接地引下线有无烧伤痕迹或断股现象，监测装置底座有无烧伤痕迹。 （4）记录放电计数器的放电次数，判断避雷器是否动作。 （5）记录泄漏电流的指示值，检查避雷器泄漏电流变化情况。

2. 避雷针巡视

避雷针运行中的规定见表 5-1-5。

表 5-1-5　避雷针运行中的规定

分类	序号	运行规定
一般规定	1	避雷针在投运前必须经验收合格，方可投运。
	2	站内独立避雷针统一编号且标识正确清晰。
	3	不准在避雷针上装设其他设备。
	4	在雷雨天气若需要巡视室外高压设备时，应穿绝缘靴，并不得靠近避雷针。
	5	以 6 年为基准周期或在接地网结构发生改变后进行独立避雷针接地网接地阻抗检测，当测试值大于 10 Ω 时应采取降阻措施，必要时进行开挖检查。
本体及基础规定	1	避雷针应保持垂直，无倾斜。
	2	独立避雷针构架上不应安装其他设备。
	3	避雷针基础完好，无破损、酥松、裂纹、露筋及下沉等现象。
	4	避雷针及接地引下线应无锈蚀，必要时开挖检查，并进行防腐处理。
	5	钢管避雷针应在下部有排水孔。

续表

分类	序号	运行规定
接地规定	1	避雷针与接地极应可靠连接，避雷针应采用双接地引下线，接地牢固，黄绿相间的接地标识清晰。
	2	独立避雷针应设置独立的集中接地装置。不满足要求时，该接地装置可与接地网连接，但避雷针与主接地网的地下连接点至 35 kV 及以下设备与接地网的地下连接点，沿接地体的长度不得小于 15 m。
	3	独立避雷针及其接地装置与道路或建筑物的出入口等的距离应大于 3 m。当小于 3 m 时，应采取均压措施或铺设卵石或沥青地面。

避雷针的巡视项目见表 5-1-6。

表 5-1-6　避雷针的巡视项目

序号	巡视类型	内容及要求
1	例行巡视	（1）运行编号标识清晰。 （2）避雷针本体塔材无缺失、脱落，无摆动、倾斜、裂纹、锈蚀。
2	全面巡视	全面巡视在例行巡视的基础上增加以下项目： （1）避雷针接地引下线焊接处无开裂，压接螺栓无松动，连接处无锈蚀；黄绿相间的接地标识清晰，无脱落、变色。 （2）避雷针连接部件螺栓无松动，脱落；连接部件本体无裂纹；镀锌层表面应光滑、连续、完整，呈灰色或暗灰色，无黄色、铁红色、鼓泡及起皮等异常现象。 （3）避雷针基础完好，无沉降、破损、酥松、裂纹及露筋等现象。 （4）焊接接头无裂纹、锈蚀、镀锌层脱落现象。 （5）钢管避雷针排水孔无堵塞，无锈蚀。
3	特殊巡视 异常天气时	（1）气温骤变后，避雷针本体无裂纹，连接接头处无开裂。 （2）大风前后，避雷针无晃动、倾斜，设备上无飘落积存杂物。 （3）大雨后，基础无沉降，钢管避雷针排水孔无堵塞。 （4）雷雨、冰雹、冰雪等异常天气后，设备上无飘落积存杂物，避雷针本体与引下线连接处无脱焊断裂。

3. 接地装置巡视

接地装置是电力系统安全技术中的主要组成部分。接地装置在日常运行中容易受自然界及外力的影响而遭到破坏，导致出现接地线锈蚀中断、接地电阻变化等现象，这将影响电气设备和人身的安全。因此，在正常运行中的接地装置，应当有正常的管理、维护和周期性的检查、测试以及维修，以确保其安全。

接地装置的巡视项目见表 5-1-7。

表 5-1-7　接地装置的巡视项目

序号	巡视类型	内容及要求
1	例行巡视	(1) 黄绿相间的色漆或色带标识清晰、完好。 (2) 接地引下线无松脱、锈蚀、伤痕和断裂，与设备、接地网接触良好，防腐处理完好。 (3) 引向建筑物的入口处、设备检修用临时接地点的接地黑色标识清晰可识别。 (4) 运行中的接地网无开挖及露出土层，地面无塌陷下沉。 (5) 原存在的缺陷应无发展趋势。
2	特殊巡视	(1) 对中性点直接接地变压器，发生不对称短路故障后，应检查变压器中性点成套装置、接地开关及接地引下线有无烧蚀、伤痕、断股。 (2) 雷雨过后，重点检查避雷器、避雷针等设备接地引下线有无烧蚀、伤痕、断股，接地端子是否牢固。 (3) 洪水后，地网不得露出地面、发生破坏，接地引下线无变形、破损。

【想一想　做一做】

1. 断路器、隔离开关、母线巡视的项目有哪些？
2. 避雷器巡视的项目有哪些？
3. 接地装置的运行规定有哪些？

知识链接三　一次设备维护

一、断路器的维护

端子箱、机构箱、汇控柜的维护项目见表 5-1-8。

表 5-1-8　端子箱、机构箱、汇控柜的维护项目

序号	维护类型及部位	内容及要求
1	箱体维护	(1) 每半年进行一次箱体的检查维护。 (2) 处理箱体锈蚀部分，喷涂防腐材料，喷涂需均匀、光滑。 (3) 密封条老化或破损造成密封不严时，及时更换箱体密封条，更换后检查箱门关闭密封是否良好。 (4) 箱门铰链或把手损坏造成箱门关不严时，及时维修或更换铰链和把手，维护完毕后检查箱门关闭是否良好、严密，有无卡涩现象。 (5) 箱体、箱门、二次接地松动或脱落时，应紧固螺栓或更换。 (6) 黄绿相间的接地标识起皮、脱色或损坏时，应去除起皮部分，重新涂刷或粘贴。

续表

序号	维护类型及部位	内容及要求
2	封堵维护	（1）每月进行一次封堵的检查维护。 （2）封堵时应防止电缆损伤、松动造成设备异常。 （3）封堵时，应用防火堵料封堵，必要时用防火板等绝缘材料封堵后再用防火堵料封堵严密，以防止发生堵料塌陷。 （4）封堵完毕后，检查孔洞封堵是否完好。
3	驱潮加热装置维护	（1）每季度进行一次驱潮加热装置的检查维护。 （2）维护时做好与运行回路的隔离措施，断开驱潮加热回路电源。 （3）根据环境变化查看驱潮加热装置是否自动投切，判断装置工作是否正常。 （4）检查加热器工作状况时，工作人员不宜用皮肤直接接触加热器表面，以免造成烫伤。 （5）更换损坏的加热器、感应器、控制器等元件。 （6）工作结束后逐一紧固驱潮加热回路内二次线接头，防止松动断线。
4	照明装置维护	（1）每季度进行一次照明装置的检查维护。 （2）维护时做好与运行回路的隔离措施，断开照明回路电源。 （3）箱内照明装置不亮时，检查照明装置及回路，如接触开关是否卡涩，回路接线有无松动。 （4）更换灯泡，应安装牢固可靠，更换后，检查照明装置是否正常点亮。
5	熔断器、空气开关、接触器、插座的维护	（1）每半年进行一次熔断器、空气开关、接触器、插座的检查维护。 （2）插座配置应满足设计、规范和负荷的要求，通电后插座电压测量正常。 （3）熔断器、空气开关及接触器等损坏后，应先查找回路有无短路，如仅是元件损坏，应立即更换。 （4）更换配件应使用同容量备品设备，熔断器、空气开关更换应满足级差配置要求。 （5）更换后，若熔断器再次熔断或空气开关再次跳闸，应查明具体故障原因。
6	红外检测	（1）精确测温周期为每半年至少1次；新设备投运后1周内（但应超过24 h）。 （2）检测范围为端子箱及检修电源箱内所有设备。 （3）重点检测接线端子、二次电缆、空气开关、熔断器、接触器。 （4）测试设备温度是否在正常范围，若有疑问，应汇报并进行复测。

二、隔离开关的维护

1. 端子箱、机构箱维护

箱体、箱内驱潮加热元件及回路、照明回路、电缆孔洞封堵维护周期及要求参照本书断路器维护中的端子箱、机构箱、汇控柜维护部分相关内容。

2. 红外检测

（1）精确测温周期：1 000 kV：1周，省评价中心3月；330~750 kV：1月；220 kV：3月；110（66）kV：半年；35 kV及以下：1年。新投运后1周内（但应超过24 h）。

（2）检测范围：线夹、触头、导电臂（管）、引线、绝缘子、二次回路。检测重点：线夹、触头、导电臂（管）。

（3）检测方法及缺陷定性参照DL/T 664《带电设备红外诊断应用规范》。

三、防雷及接地装置维护

1. 避雷针维护

1）本体防腐

（1）避雷针本体及连接部件应进行防腐处理，防止锈蚀。

（2）防腐处理前应清理锈蚀部分表面，使其露出明显的金属光泽，无锈斑、起皮现象。

（3）应采用热喷涂锌或涂富锌涂层进行修复，涂层表面应光滑、连续、完整，厚度满足设计要求。

2）设备接地引下线导通检查

（1）测试周期：独立避雷针每年一次；应在雷雨季节前开展接地导通测试。

（2）设备接地导通性检测时，测试点和参考点的位置应和以往测试保持不变，以便进行历史数据的比较。

（3）设备接地引下线导通电阻值应小于或等于 200 mΩ，且导通电阻初值差≤50%。

（4）独立避雷针的接地电阻测试值应在 500 mΩ 以上，当独立避雷针导通电阻值低于 500 mΩ 时，需进行校核测试。

2. 接地装置维护

1）接地网开挖抽检

（1）若接地网接地阻抗或接触电压和跨步电压测量不符合设计要求，怀疑接地网被严重腐蚀时，应进行开挖检查。

（2）检查接地体、接地引下线的腐蚀及连接情况，并留下完整的影像资料。

2）接地引下线维护

（1）接地引下线锈蚀，色标脱落、变色，应及时进行处理。

（2）检查接地引下线连接螺栓、压接件，有松动、锈蚀时应进行紧固、防腐处理。

3）接地导通测试

（1）测试周期：独立避雷针每年一次；应在雷雨季节前开展接地导通测试。

（2）测试范围：各个电压等级的场区之间，各高压和低压设备（包括构架、端子箱、汇控箱、电源箱等），主控楼及内部各接地干线，场区内和附近的通信及内部各接地干线，独立避雷针及微波塔与主接地网之间，其他必要部分与主接地网之间。

（3）测试前应对基准点及被测点表面的氧化层进行处理。

任务实施

任务名称：某站一次设备巡视
操作时限：30 min
操作标准：

1. 依据《电力安全工作规程》执行；
2. 按照安全规程完成一次设备的全面巡视。

操作要求：

1. 完成巡视前的准备工作；
2. 依据巡视内容/巡视标准进行正确巡视；
3. 完成对缺陷及异常设备的记录；
4. 完成巡视结束阶段的相关工作；
5. 正确填写巡视记录表。

任务考核

目标	考核题目	配分	得分
知识点	1. 能否正确辨识巡视类别。	10	
	2. 能否正确辨识需要巡视的一次设备。	10	
	3. 能否正确辨识巡视所需的工器具、备品备件。	10	
	4. 能否正确说出各一次设备巡视的项目。	10	
技能点	1. 能否正确完成巡视准备阶段工作，包括劳动组织及人员要求、工器具与材料的准备、危险点分析与预控、熟悉站内现存缺陷。 评分标准：90%以上内容准确、专业，描述清楚、有条理，12 分；80%以上内容准确、专业，描述清楚、有条理，10 分；70%以上内容准确、专业，描述清楚、有条理，8 分；60%以上内容准确、专业，描述清楚、有条理，7 分；不到 50%内容准确的不超过 6 分，酌情打分。	12	
	2. 能否规范巡视母线、断路器、隔离开关，包括外观无异常、无异常声响、无渗漏油、位置指示正确、表计读数在正常范围。 评分标准：巡视过程完整无误，6 分；巡视内容不漏项，6 分。视描写情况酌情扣分。	12	
	3. 能否规范巡视避雷针及接地引下线，包括无锈蚀，焊点、螺栓接点等连接牢固。 评分标准：巡视过程完整无误，6 分；巡视内容不漏项，5 分。视描写情况酌情扣分。	11	
素养点	1. 是否遵守纪律及规程，不旷课、不迟到、不早退？ 评分标准：旷课扣 5 分/次；迟到、早退扣 2 分/次；上课做与任务无关的事情扣 2 分/次；不遵守安全操作规程扣 5 分/次。	5	
	2. 是否以严谨认真的态度对待理论学习及实操考核？ 评分标准：能认真积极参与任务，5 分；能主动发现问题并积极解决，3 分；能提出创新性建议，2 分。	10	
	3. 是否能按时按质完成课前学习和课后作业？ 评分标准：网络课程前置学习完成率达 90%以上，5 分；课后作业完成度高，5 分。	10	
总　分		100	
教师评语			

巩固提升

一、单选题

1. 在线路上或配电设备上工作时，(　　) 应对本作业班组装拆的接地线地点和数量的正确性负责。

A. 运维人员　　B. 现场人员　　C. 工作负责人　　D. 检修人员

2. 以下说法正确的是（　　）。

A. 断路器从接到合闸命令（合闸回路通电）起到断路器触头刚接触时所经过的时间间隔，称为分闸时间

B. 固有分闸时间 t_1 是指触头分离到各相电弧完全熄灭所经过的时间

C. 灭弧时间 t_2 是指断路器接到分闸命令起到灭弧触头刚分离时所经过的时间

D. 全分闸时间 t_t 是指断路器从接到分闸命令（分闸回路通电）起到断路器触头开断至三相电弧完全熄灭时所经过的时间间隔，它等于断路器固有分闸时间与灭弧时间之和

3. 隔离开关种类很多，可根据装设地点、电压等级、极数和构造进行分类，以下说法正确的是（　　）。

A. 按装设地点可分为手动式、电动式、气动式、液压式

B. 按极数可分为带接地开关和不带接地开关

C. 按支柱绝缘子数目可分为一般用、快分用和变压器中性点接地用

D. 按隔离开关的动作方式可分为闸刀式、旋转式、插入式。

4. 按母线的使用材料分类的类型有（　　）。

A. 铜母线　　B. 矩形截面母线

C. 绞线圆形软母线　　D. 封闭母线

二、多选题

1. 巡视检查的类型有（　　）。

A. 定期巡视　　B. 特殊巡视　　C. 夜间巡视　　D. 白天巡视

2. 用于直接生产、转化和输配电能的设备，称为一次设备，主要有生产和转化电能的设备，如（　　）、（　　）、载流导体、（　　）、（　　）、保护电器等。

A. 开关电器　　B. 限流电器　　C. 补偿设备　　D. 互感器

3. 按灭弧介质的不同进行分类，可分为（　　）。

A. 油断路器　　B. 压缩空气断路器

C. SF_6 断路器　　D. 户外式断路器

4. 按操动机构分类，可分为（　　）。

A. 手动机构断路器　　B. 电磁机构断路器

C. 户内式断路器　　D. 敞开式断路器

5. 我国规定的高压断路器的额定开断电流为（　　）。

A. 1.6 kA　　B. 63 kA　　C. 3.15 kA　　D. 100 kA

三、判断题

1. 接闪器是防直击雷保护中接收雷电流的金属导体，可分为避雷针、避雷带（线）、避雷网。（　　）

2. 避雷针实质上是引雷针，它把雷电波引入大地，有效地防止了直击雷。（　　）

3. 独立避雷针及其接地装置与道路或建筑物出入口等的距离应大于 10 m。（　　）

4. 独立避雷针的接地装置与接地网的地中距离不应小于 15 m。（　　）

5. 磁吹阀式避雷器和氧化锌避雷器只能限制雷过电压。（　　）

6. 电气设备接地部分与接地体相连接的金属导体（正常情况下不通过电流）称为接地线。（　）

7. 电动机、变压器、开关电器、耦合电容器、电抗器和照明器具以及工器具等的底座及外壳，均应接地或接零。（　）

8. 在干燥场所，交流额定电压127 V及以下、直流额定电压110 V及以下的电气设备外壳，不需接地、接中性线或接保护线，但有爆炸危险的场所除外。（　）

9. 额定电压220 V及以下的蓄电池室内支架，均应接地或接零。（　）

10. 全面巡视是指在例行巡视项目的基础上，对站内设备开启箱门检查，记录设备运行数据，检查设备的污秽情况，检查防火、防小动物、防误闭锁等有无漏洞，检查接地引下线是否完好等方面进行的详细巡查。全面巡视和例行巡视可一并进行。（　）

【科技成就】

电力标准化工作助力电力科技创新实践

任务5-2 电气二次设备运行与维护

任务名称	电气二次设备运行与维护	参考学时	4 h
任务引入	二次系统的主要作用是反映一次设备的工作状态，控制一次设备，在一次设备发生故障或处于不正常运行状态时，做出相应的处理，使电力系统处于良好的运行状况。它对于实现安全、优质和经济生产及电能的输配有着极为重要的作用，是电力系统安全、经济、稳定运行的重要保障。本任务主要是学习各类二次设备，对各类二次设备进行巡视，并对各类二次设备进行维护。		
任务要点	知识点：二次系统的主要内容；母线保护配置；断路器保护。		
	技能点：能对二次设备进行巡视；能对二次设备进行维护。		
	素质点：具备自觉遵守安全规范的能力、自主获取信息并能应用于实践的能力、团队内部相互配合的能力。		

知识链接一 二次系统

一、二次系统的主要内容

为确保一次系统安全稳定、经济运行和操作管理的需要而配置的辅助电气设备，如各类测控装置、继电保护装置、安全自动装置、故障录波装置等统称为二次设备。所谓的二次回路即把这些设备按一定功能要求连接起来所形成的电气回路，以实现对一次系统设备运行工况的监视、测量、控制、保护、调节等功能。

交流回路是由电流互感器和电压互感器供电的全部回路，其作用是为二次设备采集相关一次设备的运行参数（电流、电压等交流信号），以实现对一次系统设备运行工况进行监视、测量、控制、保护、调节等功能。

直流回路指的是直流电源正极到负极之间连接的全部回路，其主要作用是：

（1）对断路器及隔离开关等设备的操作进行控制。断路器一般采用 220 V 的直流电源，隔离开关操作回路多采用交流 380 V 供电，也有采用直流供电的方式。

（2）指示一、二次设备运行状态、异常及故障情况。

（3）提供二次装置工作的电源，一般为±220 V（或±110 V）。

随着以微机为核心，控制测量信号、保护、远动和管理功能集成、信息采集共享的综合自动化系统在变配电站的广泛应用，二次回路间的分界已日趋模糊，范围也更加宽泛，彻底改变了常规二次系统功能独立、设备庞杂、接线复杂的局面。

二、保护配置

继电保护和自动装置是保障电力系统安全运行不可或缺的设备，其配置要考虑电气主接线的要求和运行的灵活性。电力系统中的电力设备和线路，应装设短路故障和异常运行的保护装置，电力设备和线路短路故障的保护应有主保护和后备保护，必要时可增设辅助保护。

主保护是满足系统稳定和设备安全要求，能以最快速度有选择地切除被保护设备和线路故障的保护。

后备保护是主保护或断路器拒动时用以切除故障的保护。后备保护可分为远后备保护和近后备保护两种方式。远后备保护是指当主保护或断路器拒动时，由相邻电力设备或线路的保护实现后备。近后备保护是指当主保护拒动时，由该电力设备或线路的另一套保护实现后备的保护；当断路器拒动时，由断路器失灵保护来实现的后备保护。

辅助保护是为补充主保护和后备保护的性能或当主保护和后备保护退出运行时而增设的简单保护。

（一）母线保护配置

母线起着汇集和分配电流的作用，母线故障将会造成非常严重的后果，使故障母线上的所有元件被迫停运，甚至影响系统的稳定。

220 kV 系统一般采用双母线（含单分段、双分段）接线方式，母线上各个元件可通过隔离开关进行切换，从而运行在不同的母线上。一般将双母线（含双母单分段）作为一个整体，配置两套母差保护。对于双母双分段接线方式，一般以两个分段开关为界，左侧两条母线和右侧两条母线分别配置两套母差保护。

35 KV 及以下线路保护

（二）35 kV 及以下线路保护

《继电保护和安全自动装置技术规程》规定：3～10 kV 中性点非有效接地电力网的线路，对相间短路和单相接地应按本条规定装设相应的保护。

1. 相间短路保护配置原则

相间短路保护应按下列原则配置：

（1）保护装置如由电流继电器构成，应接于两相电流互感器上，并在同一网路的所有线路上，均接于相同两相的电流互感器上。

（2）保护应采用远后备保护方式。

（3）如线路短路使发电厂厂用母线或重要用户母线电压低于额定电压的 60% 以及线路导线截面过小，不允许带时限切除短路时，应快速切除故障。

（4）没有配合上要求时，可不装设瞬动的电流速断保护。

2. 装设相间短路保护

（1）单侧电源线路。

可装设两段过电流保护，第一段为不带时限的电流速断保护；第二段为带时限的过电流保护，保护可采用定时限或反时限特性。

带电抗器的线路，如其断路器不能切断电抗器前的短路，则不应装设电流速断保护。此时，应由母线保护或其他保护切除电抗器前的故障。

自发电厂母线引出的不带电抗器的线路，应装设无时限电流速断保护，其保护范围应保证切除所有使该母线残余电压低于额定电压 60% 的短路。为满足这一要求，必要时，保护可无选择性动作，并以自动重合闸或备用电源自动投入来补救。

保护装置仅装在线路的电源侧。

线路不应多级串联，以一级为宜，不应超过二级。

必要时，可配置光纤电流差动保护作为主保护，带时限的过电流保护为后备保护。

（2）双侧电源线路。

①可装设带方向或不带方向的电流速断保护和过电流保护。

②短线路、电缆线路、并联连接的电缆线路宜采用光纤电流差动保护作为主保护，带方向或不带方向的电流保护作为后备保护。

③并列运行的平行线路。

尽可能不并列运行，当必须并列运行时，应配以光纤电流差动保护，带方向或不带方向的电流保护作后备保护。

（3）环形网络的线路。

3~10 kV 不宜出现环形网络的运行方式，应开环运行。当必须以环形方式运行时，为简化保护，可采用故障时将环网自动解列而后恢复的方法，对于不宜解列的线路，可参照双侧电源线路的规定。

3. 装设单相接地短路保护

对单相接地短路，应按下列规定装设保护：

（1）在发电厂和变电所母线上，应装设单相接地监视装置。监视装置反映于零序电压，动作于信号。

（2）有条件安装零序电流互感器的线路，如电缆线路或经电缆引出的架空线路，当单相接地电流能满足保护的选择性和灵敏性要求时，应装设动作于信号的单相接地保护。如不能安装零序电流互感器，而单相接地保护能够躲过电流回路中的不平衡电流的影响。例如，单相接地电流较大，或保护反映接地电流的暂态值等时，也可将保护装置接于三相电流互感器构成的零序回路中。

（3）在出线回路数不多，或难以装设选择性单相接地保护时，可用依次断开线路的方法，寻找故障线路。

（4）根据人身和设备安全的要求，必要时，应装设动作于跳闸的单相接地保护。

可能时常出现过负荷的电缆线路，应装设过负荷保护。保护宜带时限动作于信号，必要时可动作于跳闸。

3~10 kV 经低电阻接地单侧电源单回线路，除配置相间故障保护外，还应配置零序电流保护。

（三）断路器保护配置

1. 断路器保护配置

断路器保护主要包括失灵保护、死区保护、三相不一致保护、充电保护以及自动重合闸功能。

2. 保护范围

（1）断路器失灵保护。失灵保护是断路器拒动的后备保护，在保护动作跳断路器的同时启动它的失灵保护，若判断断路器拒动，则跳开相邻的所有断路器。

（2）死区保护。在 3/2 接线方式下，TA 与断路器之间发生故障时，虽然故障线路保护能快速动作，但在本断路器跳开后，故障并不能切除。因此设置死区保护动作跳开有关断路器。

（3）三相不一致保护。220 kV 及以上系统断路器正常时不允许非全相运行，因此配置三相不一致保护，在断路器出现非全相时动作跳开断路器三相。

（4）充电保护。在新设备（如新线路投运）送电时，或设备失去保护时投入的过电流保护，作为临时主保护。

（5）自动重合闸功能。自动重合闸用于线路故障时，使断路器重合一次，以提高线路运行的可靠性。220 kV 及以上断路器一般设置单相重合闸功能，单相故障单相跳闸再重合，永久性故障转跳三相，相间故障则直接三跳不重合。

【想一想　做一做】

（1）二次设备的定义是什么？

（2）主保护、后备保护、辅助保护分别是什么？

（3）母线、断路器保护配置分别有哪些？

知识链接二　二次设备巡视

一、仪表的巡视

电气测量仪表连续不断地对电能质量进行严密监视是保证电力系统安全运行的基本因素，掌握电气测量仪表正确的测量方法和使用也是对电气工作者的基本要求。

1. 电气测量仪表的分类

(1) 按工作原理分：有电磁式、磁电式、电动式、电子式、感应式、整流式、静电式等。

(2) 按准确度等级分：有0.1、0.2、0.5、1.0、1.5、2.5、5.0等级。

(3) 按被测量的性质分：有电流表、电压表、功率表、电能表、频率表、功率因数表、相位表、万用表、欧姆表、兆欧表（绝缘摇表或接地摇表）等。

(4) 按工作电流分：有交流仪表、直流仪表、交直流两用仪表。

(5) 按使用方式分：有开关板式和携带式。开关板式仪表通常固定在开关板或是配电盘上，一般误差较大。携带式仪表（或实验室用仪表）一般误差较小，准确度高。

2. 对电气测量仪表的基本要求

为了保证测量结果的准确、可靠，对仪表的要求有以下几点：

(1) 具有良好的读数装置，被测量的数值应能直接阅读。

(2) 准确度高，误差小，准确度应符合要求。

(3) 为防止在测最小的电功率时引起较大的误差，仪表本身消耗的功率应越小越好。

(4) 误差不应随时间、温度、湿度和外磁场等外界环境条件的影响而变化。

(5) 为保证使用安全，仪表应具有足够高的绝缘强度和耐压能力，还应具有承受短时间过载的能力。

(6) 构造坚固，使用简单，维护方便。

二、直流电流、电压表的巡视

直流电流、电压表的巡视项目见表5-2-1。

表5-2-1　直流电流、电压表的巡视项目

<table>
<tr><th>序号</th><th colspan="2">巡视类型及部位</th><th>内容及要求</th></tr>
<tr><td rowspan="3">1</td><td rowspan="3">外观检查</td><td>外部结构零件</td><td>(1) 外壳、接线柱、表盖玻璃及仪表应完好。
(2) 轻摇仪表、内部零件时应无松动脱落或杂物掉入。
(3) 附加电阻、分流器等应齐全完好。</td></tr>
<tr><td>仪表刻度盘</td><td>(1) 表面应平整洁净，无局部凸起或卡针，漆面无皲裂脱落。
(2) 刻度线条及标记符号应清晰，用来消除示差的镜面应清晰完好。</td></tr>
<tr><td>可动机械部分</td><td>(1) 指针应平直，轴间距离应合适，无较大的倾斜误差。
(2) 可动部分的平衡应良好，转动应当灵活。
(3) 止动装置和外调整器应无失灵或松动现象。</td></tr>
<tr><td>2</td><td colspan="2">通电检查</td><td>(1) 接通电源后，应无断路和短路，然后增加被测量值至额定值，并缓慢平衡地减少被测量值至零值，观察可动部分的转动灵活情况。应无卡针，回零应符合要求。
(2) 再从零值至上限和由上限降至零位，确定误差和变差不超过允许值。
(3) 调节电源使指针停在某一刻度点，用手轻敲外壳，应无显著移位。</td></tr>
</table>

三、继电保护装置及自动装置的巡视

应定期对继电保护装置及自动装置进行巡视检查，内容如下：

（1）有无异常声响、发热冒烟以及烧焦等异常气味。

（2）柜体名称、编号应清晰明了，安装牢固；保护装置标识清晰完好。

（3）柜内整洁无杂物，柜门密封好，孔洞封堵良好，接地良好。

（4）二次空气开关标识完好，位置正确。

（5）各类继电保护装置外壳有无破损，整定值的位置是否变动。

（6）显示屏电源及显示正常，内容正确、各种信号指示正常，无报警及异常信号。线路闭锁式高频保护按时交换通道信号，按下通道检测后分别记录 0~5 s、5~10 s、10~15 s 时的电压数值正确，并无异常告警信号。

（7）压板标识完好，双重名称正确，接触良好，压板的投退情况与运行要求一致。

（8）打印机良好，纸张充足。

（9）照明良好，端子排完好，无损坏，无锈蚀。接线无卡住、变位倾斜、烧伤、松动脱落等情况。

四、二次回路的巡视

二次回路又称为二次接线，是指由变电所对一次系统及设备进行测量的仪表、监察装置、信号装置、控制装置、同期装置、继电保护及自动装置等所组成的回路。二次回路的任务是反映一次系统的工作状态，手动控制一次系统并在一次系统发生事故时能自动控制断路器跳闸，使事故部分迅速退出工作。二次回路的日常巡视检查很重要，二次回路的正常工作是保障一次系统正常运行的坚实后盾。运行经验表明，所有二次回路在系统运行中都必须处于完好状态，应能随时对系统中发生的异常运行及事故做出正确的反应，否则若产生误动作或拒动将产生严重的后果。

二次回路的巡视项目见表 5-2-2。

表 5-2-2　二次回路的巡视项目

序号	巡视类型	内容及要求
1	例行巡视	（1）二次设备应绝缘良好，无灰尘。应定期对端子排、二次接线、控制仪表盘和继电器的外壳等进行清扫。 （2）表针指示应正确，无异常。 （3）监视灯、指示灯应正确，光字牌应完好，保护连接片在要求的投、停位置。 （4）信号继电器应无掉牌。 （5）警铃、蜂鸣器应良好。 （6）继电器的接点、线圈外观应正常，继电器运行应无异常现象。 （7）各类保护的工作电源应正常可靠。 （8）检查保护的操作部件，如电源小闸刀、熔断器、保护方式切换开关、保护连接片、电流和电压回路的试验部件应处在正确位置，并接触良好。 （9）断路器跳闸后，应检查保护动作情况，并查明原因。送电时必须将所有保护装置的信号复归。

续表

<table>
<tr><th>序号</th><th colspan="2">巡视类型</th><th>内容及要求</th></tr>
<tr><td>2</td><td colspan="2">全面巡视</td><td>（1）各断路器控制开关手柄的位置与断路器位置及灯光信号应相对应。
（2）检查各同步回路的同步开关上，应无开关手柄。主控制室供同步开关操作的开关手柄应只有一个，并且同步转换开关应在“断开”位置，同步闭锁转移开关应在“投入”位置，电压表、频率表及同步表的指示应在返回状态。
（3）各信号的声响、灯光及光字牌显示应正常。
（4）控制屏和继电保护屏应清洁，屏上所有元件标示应齐全。
（5）检查并核对整定值，继电保护屏上的压板和转换开关的位置应符合要求，组合开关的接入位置应与一次设备的运行位置相对应，信号灯显示应正常。
（6）继电器、表计外壳应完整并盖好。
（7）观察各继电器触点状态应正常。
（8）信号继电器掉牌或动作灯，应在恢复位置。
（9）端子箱、操作箱、端子盒的门，应关好，且无损坏。
（10）故障录波器应正常。
（11）直流电源监视灯应正常。
（12）用直流绝缘监察装置检查直流绝缘应正常。
（13）二次设备屏应清洁，屏上标示齐全，接线无脱落和放电现象，各继电器的工作状态与实际应相符，无异常响声，各继电器铅封完好。
（14）检查表计指示应正常，无过负荷。
（15）当装置发出异常或过负荷信号时，要适当增加对该设备的巡视检查次数。</td></tr>
<tr><td rowspan="3">3</td><td rowspan="3">特殊巡视</td><td>新设备投入运行后的巡视</td><td>新设备或大修后投入运行72 h内应开展不少于3次特巡，重点检查设备有无异声、压力变化，红外检测罐体及引线接头等有无异常发热。</td></tr>
<tr><td>异常天气时的巡视</td><td>（1）严寒季节时，检查设备SF_6气体压力是否过低，管道有无冻裂，加热保温装置是否正确投入。
（2）浓雾、重度雾霾、毛毛雨天气时，检查套管有无表面闪络和放电，各接头部位在小雨中出现水蒸气上升现象时，应进行红外测温。
（3）大风、雷雨、冰雹天气过后，检查导引线位移、金具固定情况及有无断股迹象，设备上有无杂物，套管有无放电痕迹及破裂现象。
（4）冰雪天气时，检查设备积雪、覆冰厚度情况，及时清除外绝缘上形成的冰柱。
（5）气温骤变时，检查加热器投运情况，压力表计变化、液压机构设备有无渗漏油等情况；检查本体有无异常位移、伸缩节有无异常。
（6）高温天气时，增加巡视次数，监视设备温度，检查引线接头有无过热现象，设备有无异常声音。</td></tr>
<tr><td>故障跳闸后的巡视</td><td>（1）检查现场一次设备（特别是保护范围内设备）外观，导引线有无断股等情况。
（2）检查断路器运行状态（位置、压力、油位）。
（3）应对保护及自动装置进行重点巡视检查，并详细记录各保护及自动装置的动作情况。
（4）检查各气室压力。</td></tr>
</table>

五、站用电交流系统的巡视

站用电交流系统的巡视项目见表 5-2-3。

表 5-2-3　站用电交流系统的巡视项目

序号	巡视类型	内容及要求
1	例行巡视	（1）站用电运行方式正确，三相负荷平衡，各段母线电压正常。 （2）低压母线进线断路器、分段断路器位置指示与监控机显示一致，储能指示正常。 （3）站用交流电源柜元件标志正确，操作把手位置正确。 （4）站用交流电源柜电源指示灯、仪表显示正常，无异常声响。 （5）站用交流电源柜支路低压断路器位置指示正确，低压熔断器无熔断。 （6）站用交流不间断电源系统（UPS）面板、指示灯、仪表显示正常，风扇运行正常，无异常告警、无异常声响振动。 （7）站用交流不间断电源系统（UPS）低压断路器位置指示正确，各部件无烧伤、损坏。 （8）备自投装置充电状态指示正确，无异常告警。 （9）自动转换开关（ATS）正常运行在自动状态。 （10）原存在的设备缺陷是否有发展趋势。
2	全面巡视	全面巡视在例行巡视的基础上增加以下项目： （1）各引线接头无松动、无锈蚀，导线无破损，接头线夹无变色、过热迹象。 （2）配电室温度、湿度、通风正常，照明及消防设备完好，防小动物措施完善。 （3）屏柜内电缆孔洞封堵完好。 （4）环路电源开环正常，断开点警示标志正确。 （5）门窗关闭严密，房屋无渗、漏水现象。
3	特殊巡视	（1）雨、雪天气，检查配电室应无漏雨，户外电源箱无进水受潮情况。 （2）雷电活动及系统过电压后，检查交流负荷、断路器动作情况，UPS 不间断电源主从机柜浪涌保护器、所用电屏（柜）避雷器动作情况。

六、站用电直流系统的巡视

蓄电池的巡视项目见表 5-2-4。

表 5-2-4　蓄电池的巡视项目

序号	巡视类型及部位		内容及要求
1	例行巡视	蓄电池本体	（1）进入蓄电池室后先打开风扇抽风，蓄电池编号应完整。 （2）蓄电池组外观清洁，无短路、接地。 （3）蓄电池壳体无变形、渗漏，连接条无腐蚀、松动，构架、护管接地良好。 （4）蓄电池电压在合格范围内。 （5）蓄电池组总熔断器运行正常。 （6）蓄电池巡检采集单元运行正常。 （7）蓄电池室温度、湿度、通风正常，照明及消防设备完好，无易燃、易爆物品。 （8）蓄电池室门窗严密，房屋无渗、漏水。

续表

序号	巡视类型及部位		内容及要求
1	例行巡视	充电装置	(1) 各元件标志正确，断路器、操作把手位置正确。 (2) 充电装置交流输入电压、直流输出电压、电流正常。 (3) 监控装置运行正常，无其他异常及告警信号。 (4) 充电模块运行正常，无报警信号，风扇正常运转，无明显噪声或异常发热。 (5) 直流控制母线、动力（合闸）母线电压和蓄电池组浮充电压值在规定范围内，浮充电流值符合规定。
		馈电屏	(1) 各元件标志正确，直流断路器、操作把手位置正确。 (2) 各支路直流断路器位置正确、指示正常，监视信号完好。 (3) 绝缘监测装置运行正常，直流系统的绝缘状况良好。
		事故照明屏	(1) 交、直流断路器及接触器位置正确。 (2) 交、直流电压正常，表计指示正确。 (3) 屏柜（前、后）门接地可靠，柜体上各元件标志正确可靠。
2	全面巡视		全面巡视在例行巡视的基础上增加以下项目： (1) 仪表在检验周期内。 (2) 抄录蓄电池检测数据。 (3) 屏内清洁，屏体外观完好，屏门开、合自如。 (4) 直流屏内通风散热系统完好。 (5) 防火、防小动物及封堵措施完善。
3	特殊巡视	站所用电停电巡视检查	站所用电停电或全站交流电源失电，直流电源蓄电池带全站直流电源负载期间特殊巡视检查： (1) 蓄电池带负载时间严格控制在规程要求的时间范围内。 (2) 直流控制母线、动力母线电压及蓄电池组电压值在规定范围内。 (3) 各支路的运行监视信号完好、指示正常。 (4) 各支路直流断路器位置正确。 (5) 交流电源恢复后，应检查直流电源运行工况，直到直流电源恢复到浮充方式运行，方可结束特巡工作。
		异常现象后	直流断路器脱扣、熔断器熔断等出现异常现象后，巡视保护范围内各直流回路元件有无过热、损坏和明显故障现象。

【想一想　做一做】

(1) 按被测量的性质，电气测量仪表的分类有哪些？

(2) 直流电流、电压表的巡视项目有哪些？

(3) 对继电保护装置及自动装置的巡视检查有哪些？

知识链接三 二次设备维护

一、二次回路的维护

1. 在值班中应做的维护工作

（1）每天应清洁控制屏和继电保护屏正面的仪表及继电器一次元件一次。

（2）每月至少做一次控制屏、继电保护屏、开关柜、端子箱、操作箱的端子排等二次元件的清洁工作，最好用毛刷（金属部分用绝缘胶布包好）或吸尘器来清扫，并定期对户外端子箱和操作箱进行烘潮。

（3）注意监视灯光显示和声响信号的动作情况。

（4）注意监视仪表的指示是否超过允许值。

（5）高温天气时，二次设备室、保护装置在就地安装的高压开关室应保证室温不超过30 ℃。当开动空调降温时，应经常注意空调电机的运转是否正常。

（6）配合设备停电，用短路继电器触点方法对35 kV及以下设备的电流电压保护及自动重合闸做整组动作试验（一个月内多次停电的只做一次），其余保护及安全自动装置的整组动作试验由继电保护专业人员在定期检查时会同值班员进行。

2. 带电清扫二次线时的注意事项

（1）禁止用水和湿布擦洗二次线，清扫工具应干燥，金属部分应包好绝缘，防止触电或短路。

（2）清扫标有明显标志的出口继电器时，应小心谨慎，不许振动或误碰继电器外壳，不许打开保护装置外罩。

（3）清扫人员应摘下手表（特别是金属表带的手表），应穿长袖工作服，戴线手套。

（4）不许用压缩空气吹尘的方法，以免灰尘吹进仪器仪表或其他设备内部。

（5）清扫高于人头的设备时，必须站在坚固的凳子上，防止跌倒触动保护装置。

二、继电保护及自动装置的维护

1. 现场运行人员对微机继电保护的管理

（1）了解微机继电保护装置的原理及二次回路。

（2）负责与调度人员核对微机继电保护装置的整定值，负责进行微机继电保护装置的投入、停用等操作。

（3）负责记录并向主管调度汇报微机继电保护装置（包括投入试运行的微机继电保护装置）的信号指示（显示）及打印报告等情况。

（4）执行上级颁发的有关微机继电保护装置规程和规定。

（5）掌握微机继电保护装置打印（显示）出的各种信息的含义。

（6）根据主管调度命令，对已输入微机继电保护装置内的各套定值，允许现场运行人员用规定的方法来改变定值。

（7）现场运行人员应掌握微机继电保护装置的时钟核对、采样值打印（显示）、定值清单打印（显示）、报告复制、按规定的三方法改变定值、保护的停投和使用打印机等操作。

（8）在改变微机继电保护装置的定值、程序或接线时，要有电主管调度的定值、程序及回路变更通知单（或有批准的图样）后方可允许工作。

（9）对微机继电保护装置和二次回路进行巡视。

2. 继电保护装置的运行维护

（1）在继电保护装置的运行过程中，发现异常现象时，应加强监视并立即向主管部门报告。

（2）继电保护动作开关跳闸后，应检查保护动作情况并查明原因。恢复送电前，应将所有的掉牌信号全部复归，并记入值班记录及继电保护动作记录中。

（3）检修工作中，如涉及供电部门定期校验的进线保护装置时，应与供电部门进行联系。

（4）值班人员对保护装置的操作，一般只允许接通或断开压板、切换转换开关及卸装熔断器等工作。

（5）在二次回路上的一切工作，均应遵守《电气安全工作规程》的有关规定，并有与现场设备符合的图纸做依据。

3. 站用电交流系统的维护

1）低压熔断器更换

（1）若熔断器损坏，应查明原因并处理后方可更换。

（2）应更换为同型号的熔断器，再次熔断情况下不得试送，需联系检修人员处理。

2）消缺（故障）维护

（1）屏柜体维护要求及屏柜内照明回路维护要求参照断路器维护中的端子箱、机构箱、汇控柜维护部分相关内容。

（2）指示灯更换应尽量保持型号相同。

3）站用交流不间断电源装置（UPS）除尘

（1）定期清洁 UPS 装置柜的表面、散热风口、风扇及过滤网等。

（2）维护中做好防止低压触电的安全措施。

4）红外检测

（1）必要时应对交流电源屏、交流不间断电源屏（UPS）等装置内部件进行检测。

（2）重点检测屏内各进线开关、联络开关、馈线支路低压断路器、熔断器、引线接头及电缆终端。

4. 站用电直流系统的维护

1）蓄电池核对性充放电

蓄电池的核对性充放电见表 5-2-5，阀控蓄电池在运行中电压偏差值及放电终止电压值的规定见表 5-2-6。

表 5-2-5　蓄电池的核对性充放电

类型	序号	内容
一组阀控蓄电池组	1	全站仅有一组蓄电池时，不应退出运行，也不应进行全核对性放电，只允许用 I_{10} 电流放出其额定容量的 50%
	2	在放电过程中，蓄电池组的端电压不应低于 2 V×N
	3	放电后，应立即用 I_{10} 电流进行限压充电—恒压充电—浮充电。反复放充 2~3 次，蓄电池容量可以得到恢复
	4	若有备用蓄电池组替换时，该组蓄电池可进行全核对性放电
两组阀控蓄电池组	1	全站若具有两组蓄电池时，则一组运行，另一组退出运行进行全核对性放电
	2	放电用 I_{10} 恒流，当蓄电池组电压下降到 1.8 V×N 或单体蓄电池电压出现低于 1.8 V 时，停止放电
	3	隔 1~2 h 后，再用 I_{10} 电流进行恒流限压充电—恒压充电—浮充电。反复放充 2~3 次，蓄电池容量可以得到恢复
	4	若经过 3 次全核对性放充电，蓄电池组容量均达不到其额定容量的 80% 以上时，则应安排更换

表 5-2-6　阀控蓄电池在运行中电压偏差值及放电终止电压值的规定　V

阀控密封铅酸蓄电池	标称电压		
	2	6	12
运行中的电压偏差值	±0.05	±0.15	±0.3
开路电压最大最小电压差值	0.03	0.04	0.06
放电终止电压值	1.80	5.25（1.75×3）	10.5（1.75×6）

2）蓄电池组内阻测试

（1）测试工作至少需要两人进行，防止直流短路、接地、断路。

（2）蓄电池内阻在生产厂家规定的范围内。

（3）蓄电池内阻无明显异常变化，单只蓄电池内阻偏离值应不大于出厂值的 10%。

（4）测试时连接测试电缆应正确，按顺序逐一进行蓄电池内阻测试。

（5）单体蓄电池电压测量应每月至少 1 次，蓄电池内阻测试应每年至少 1 次。

3）电缆封堵

（1）应使用有机防火材料封堵。

（2）孔洞较大时，应用阻燃绝缘材料封堵后，再用有机防火材料封堵严密。

4）指示灯更换

（1）应检查设备电源是否已断开，用万用表测量接线柱（对地）是否已确无电压。

（2）拆除二次线时要用绝缘胶布粘好并做好标记，防止误搭或临近带电设备，防止恢复时错接线。

（3）应更换为同型号的指示灯。

（4）更换完毕后应检查接线是否牢固、正确。

5）蓄电池熔断器更换

（1）若蓄电池熔断器损坏，应查明原因并处理后方可更换。

（2）检查熔断器是否完好、有无灼烧痕迹，使用万用表测量蓄电池熔断器两端电压，若电压不一致，表明熔断器损坏。

（3）应更换为同型号的熔断器，再次熔断情况下不得试送，需要联系检修人员处理。

6）采集单元熔丝更换

（1）应使用绝缘工具，工作中防止人身触电，直流短路、接地，蓄电池开路。

（2）更换熔丝前，应使用万用表对更换熔丝的蓄电池单体电压进行测试，确认蓄电池电压正常。

（3）更换的熔丝应与原熔丝的型号、参数一致。

（4）旋开熔丝管时不得过度旋转。

（5）熔丝取出后，应测试熔丝是否良好，判断是否由于连接弹簧或垫片接触不良造成电压无法采集。

7）红外检测

（1）检测范围包括蓄电池组、充电装置、馈电屏及事故照明屏。

（2）重点检测蓄电池及连接片、充电模块、各屏引线接头，以及各负载断路器上、下两级的连接处。

【想一想 做一做】

（1）带电清扫二次线时的注意事项有哪些？

（2）继电保护装置的运行维护项目有哪些？

（3）蓄电池核对性充放电项目有哪些？

任务实施

任务名称：某站二次设备巡视
操作时限：30 min
操作标准：
1. 依据《电力安全工作规程》执行；
2. 按照安全规程完成二次设备的例行巡视。
操作要求：
1. 完成巡视前的准备工作；
2. 依据巡视内容/巡视标准进行正确巡视；
3. 完成对指示数据及异常设备的记录；
4. 完成巡视结束阶段的相关工作；
5. 正确填写巡视记录表。

任务考核

目标	考核题目	配分	得分
知识点	1. 能否正确辨识巡视类别。	10	
	2. 能否正确辨识需要巡视的二次设备的位置和名称。	10	
	3. 能否正确辨识巡视所需的工器具、备品备件。	10	
	4. 能否正确说出各二次设备巡视的项目。	10	
技能点	1. 能否正确完成巡视准备阶段工作，包括劳动组织及人员要求、工器具与材料的准备、危险点分析与预控、熟悉站内现存缺陷。 评分标准：90%以上内容准确、专业，描述清楚、有条理，12 分；80%以上内容准确、专业，描述清楚、有条理，10 分；70%以上内容准确、专业，描述清楚、有条理，8 分；60%以上内容准确、专业，描述清楚、有条理，7 分；不到 50%内容准确的不超过 6 分，酌情打分。	12	
	2. 能否规范巡视仪表和直流电流、电压表等，包括是否有异味、是否有异常声响、外观是否正常、面板指示是否正常、是否有异常告警、状态是否正常、通电检查各项是否符合要求。 评分标准：巡视过程完整无误，6 分；巡视内容不漏项，6 分。视描写情况酌情扣分。	12	
	3. 能否规范巡视继电保护装置及自动装置、二次回路、站用电交流系统、站用电直流系统，包括是否有异味、是否有异常声响、外观是否正常、面板指示是否正常、是否有异常告警、状态是否正常、通电检查各项是否符合要求。 评分标准：巡视过程完整无误，6 分；巡视内容不漏项，5 分。视描写情况酌情扣分。	11	
素养点	1. 是否遵守纪律及规程，不旷课、不迟到、不早退？ 评分标准：旷课扣 5 分/次；迟到、早退扣 2 分/次；上课做与任务无关的事情扣 2 分/次；不遵守安全操作规程扣 5 分/次。	5	
	2. 是否以严谨认真的态度对待理论学习及实操考核？ 评分标准：能认真积极参与任务，5 分；能主动发现问题并积极解决，3 分；能提出创新性建议 2 分。	10	
	3. 是否能按时按质完成课前学习和课后作业？ 评分标准：网络课程前置学习完成率达 90%以上，5 分；课后作业完成度高，5 分。	10	
总　分		100	
教师评语			

巩固提升

一、单选题

1. 二次设备操作的一般原则描述错误的是（　　）。

A. 经运维值长同意，可以改变继电保护和安全自动装置的运行状态

B. 保护装置整屏退出时，应退出保护屏上所有压板，并将有关功能把手置于退出位置

C. 一次系统运行方式发生变化如涉及二次设备配合时，二次设备应进行相应的操作

D. 一次设备配置的多套主保护不允许同时停运

2. 变压器在额定电压下，二次开路时在铁芯中消耗的功率为（　　）。

A. 铜损　　B. 无功损耗　　C. 铁损　　D. 热损

3. 以下说法不正确的是（　　）。

A. 二次回路又称为二次接线，是指由变电所对一次系统及设备进行测量的仪表、监察装置、信号装置、控制装置、同期装置、继电保护及自动装置等所组成的回路

B. 二次回路的任务是反映一次系统的工作状态，手动控制一次系统并在一次系统发生事故时能自动控制断路器跳闸，使事故部分迅速退出工作

C. 二次回路的日常巡视检查很重要，二次回路的正常工作是保障一次系统正常运行的坚实后盾

D. 所有二次回路在系统运行中不一定都处于完好状态，应能随时对系统中发生的异常运行及事故做出正确的反应，否则若产生误动作或拒动将产生严重的后果

4. 以下说法正确的是（　　）。

A. 交流电源相间电压值应不超过 420 V、不低于 380 V，三相不平衡值应小于 1 000 V

B. 两路不同站用变电源供电的负荷回路不得并列运行，站用交流环网可以合环运行

C. 交流回路中的各级保险、快分开关容量的配合每年进行一次核对，并对快分开关、熔断器（熔片）逐一进行检查，不良者予以更换

D. 站用交流电源系统涉及拆动接线工作后，恢复时不需要进行核相

5. 以下说法正确的是（　　）。

A. 清除电池表面的灰尘时要用湿布，也可以使用干布（尤其是鸡毛掸或化纤织物）擦拭，防止静电引起爆鸣

B. 不允许在电池上放置金属工具或器具，不允许用金属工具撞击电池；为避免电池短路烧伤，拧紧螺母时，不允许将工具同时接触电池的正、负极

C. 充电时，不需要保持良好通风

D. 根据对电源的要求，可选用容量相近的电池串联组合使用，也可以并联组合使用

二、多选题

1. 为确保一次系统安全稳定、经济运行和操作管理的需要而配置的辅助电气设备，如（　　）等统称为二次设备。

A. 各类测控装置　　B. 继电保护装置

C. 安全自动装置　　D. 故障录波装置

2. 二次回路即把这些设备按一定功能要求连接起来所形成的电气回路，以实现对一次系统设备运行工况的（　　）调节等功能。

A. 监视　　B. 测量　　C. 控制　　D. 保护

3. 交流回路是由电流互感器和电压互感器供电的全部回路，其作用是为二次设备采集相关一次设备的运行参数（电流、电压等交流信号），以实现对一次系统设备运行工况进行监视、（　　）等功能。

A. 测量　　B. 控制　　C. 保护　　D. 调节

4. 下列关于继电保护的说法正确的是（　　）。

A. 主保护是满足系统稳定和设备安全要求，能以最快速度有选择地切除被保护设备和线路故障的保护

B. 后备保护是主保护或断路器拒动时用以切除故障的保护，可分为远后备保护和近后备保护两种方式

C. 远后备保护是当主保护拒动时，由该电力设备或线路的另一套保护实现后备的保护；当断路器拒动时，由断路器失灵保护来实现的后备保护

D. 近后备保护是为补充主保护和后备保护的性能或当主保护和后备保护退出运行而增设的简单保护

5. 电气测量仪表按照工作原理可分为（　　）。

A. 电磁式　　B. 磁电式　　C. 电子式　　D. 开关板式

三、判断题

1. 电磁式电流互感器的二次开路不会对设备产生不良影响。（　　）

2. 重大缺陷是指线路、设备有明显损坏、变形，近期内不影响线路、设备和人身安全。（　　）

3. 值班中，每天应清洁控制屏和继电保护屏正面的仪表及继电器一次、元件一次。（　　）

4. 禁止用水和湿布擦洗二次线路，清扫工具应干燥，金属部分应包好绝缘，防止触电或短路。（　　）

5. 清扫标有明显标志的出口继电器时，应小心谨慎，不许振动或误碰继电器外壳，但是可以打开保护装置外罩。（　　）

6. 不许用压缩空气吹尘的方法，以免灰尘吹进仪器仪表或其他设备内部。（　　）

7. 在继电保护装置的运行过程中，发现异常现象时，应加强监视并立即向主管部门报告。（　　）

8. 熔断器损坏后，直接更换即可。（　　）

9. 低压熔断器更换时，应更换为同型号的熔断器，再次熔断情况下不得试送，需要联系检修人员处理。（　　）

10. 值班人员对保护装置的操作，一般只允许接通或断开压板、切换转换开关及卸装熔断器等工作。（　　）

【职业精神】

以工匠精神攀登世界技能高峰

任务 5-3　典型倒闸操作

任务名称	典型倒闸操作	参考学时	4 h
任务引入	倒闸操作是运维工作的重要任务之一，是保证电力系统安全运行的重要环节，是运维人员贯彻调度意图、调整系统运行方式、执行调度指令的具体行为。现需要对某站东二线 220 kV 线路由运行转检修，操作过程中要严格遵守倒闸操作的规定和操作流程，明确各设备的运行方式，正确填写操作票。		
任务要点	知识点：电气主接线的基本形式、一次设备的图形符号和文字符号、电气设备的运行状态、倒闸操作。		
	技能点：能运用线路停送电一般原则进行操作；能运用母线停送电一般原则进行操作；能运用主变压器停送电一般原则进行操作。		
	素质点：具备自觉遵守规章制度的能力、自主获取信息并合理应用的能力、团队协作能力。		

知识链接一　倒闸操作基本知识

一、电气主接线运行方式

电气主接线指在电力系统中，为满足预定的功率传送和运行等要求而设计的、表明高压电气设备之间相互连接关系的传送电能的电路，是以电源进线和引出线为基本环节，以母线为中间环节构成的电能输配电路。

电路中的高压电气设备包括发电机、变压器、母线、断路器、隔离开关、线路出线等。它们的连接方式对供电可靠性、运行灵活性及经济合理性等起着决定性作用。一般在研究主接线方案和运行方式时，为了清晰和方便，通常将三相电路图描绘成单线图。在绘制主接线全图时，将互感器、避雷器、电容器、中性点设备以及载波通信用的通道加工元件（也称为高频阻波器）等也表示出来。

电气主接线又称为电气一次接线图。它是用规定的各种电气设备的文字和图形符号（见表 5-3-1）按实际运行原理排列和连接，详细地表示电气设备的基本组成和连接关系的接线图。它不仅表示出各种电气设备的规格、数量、连接方式和作用，而且反映了各电力回路的相互关系和运行条件，构成了电气部分的主体。绘制电气主接线图时，一般断路器、隔离开关画为不带电、不受外力的状态，但在分析主接线运行方式时，通常按断路器、隔离开关的实际开合状态绘制。

表 5-3-1 常用一次设备的图形符号和文字符号

名称	图形符号	文字符号	名称	图形符号	文字符号
交流发电机		G	电容器		C
双绕组变压器		T	三绕组自耦变压器		T
三绕组变压器		T	电动机		M
隔离开关		QS	断路器		QF
熔断器		FU	调相机		G
普通电抗器		L	消弧线圈		L
分裂电抗器		L	双绕组、三绕组电压互感器		TV
负荷开关		QL	具有两个铁芯和两个二次绕组、一个铁芯两个二次绕组的电流互感器		TA
接触器的主动合、主动断触头		KM	避雷器		F
母线、导线和电缆		W	火花间隙		F
电缆终端头		—	接地		E

1. 电气主接线的基本要求

电气主接线应满足以下几点要求：

（1）安全性。必须保证在任何可能的运行方式和检修状态下人员及设备的安全。

（2）可靠性。主接线系统应保证对用户供电的可靠性，特别是保证对重要负荷的供电。

（3）灵活性。主接线系统应能灵活地适应各种工作情况，特别是当一部分设备检修或工作情况发生变化时，能够通过倒闸操作，做到调度灵活，不中断向用户供电。在扩建时应能很方便地从初期建设到最终接线。

（4）经济性。主接线系统还应保证运行操作的便利以及在保证满足技术条件的要求下，做到经济合理，尽量减少占地面积，节省投资。例如，简化接线，减少电压层级等。

2. 电气主接线的基本形式

电气主接线

母线是电气主接线和配电装置的重要环节，当同一电压等级配电装置中的进出线数目较多时，常需设置母线，将配电装置中的各个载流分支回路连接在一起，起着汇集、分配和传送电能的作用。所以，电气主接线一般按母线分类，可分为有母线类和无母线类接线。

有母线类的电气主接线形式包括单母线类接线和双母线类接线。单母线类接线包括单母线接线、单母线分段接线、单母线分段带旁路母线接线等形式；双母线类接线包括双母线接线、双母线分段接线及双母线带旁路母线接线、3/2 接线等多种形式。无母线类的电气主接线主要有单元接线、桥式接线、多角形接线等。目前实际以有母线接线为主，以下介绍几种主要接线方式。

（1）单母线接线。

单母线接线方式如图 5-3-1 所示，单母线接线每一回路均装有一台断路器 QF 和隔离开关 QS。断路器用于在正常或故障情况下接通与断开电路，断路器两侧装有隔离开关，用于停电检修断路器时作为明显断开点隔离电压。

该接线方式一般只适用于不重要负荷和中、小容量的水电站和出线回路少的变电站中，主要用于站内安装一台变压器的情况，并与不同电压等级的出线回路数有关，6~10 kV 配电装置的出线回路数不超过 5 回，35~66 kV 不超过 3 回，110~220 kV 不超过 2 回。

为了改善单母线接线的工作性能，可以利用分段断路器将母线适当分段，如图 5-3-2 所示，母线分为Ⅰ母线和Ⅱ母线，电源 1 和线路 1WL、2WL 工作在Ⅰ母线，电源 2 和线路 3WL、4WL 工作在Ⅱ母线，Ⅰ母线、Ⅱ母线通过分段断路器 QFd 及两侧隔离开关相连。当对可靠性要求不高时，也可以用隔离开关进行分段。

6~10 kV 配电装置的出线回路数为 6 回及以上；当站内有两台主变压器时，6~10 kV 宜采用单母线分段接线；35~66 kV 配电装置出线回路数为 4~8 回时，宜采用单母线分段接线；110~220 kV 出线回路数为 3~4 回时，宜采用单母线分段接线。

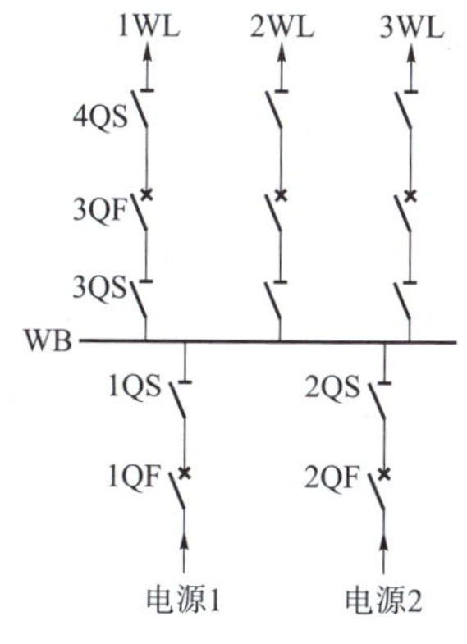

图 5-3-1 单母线接线

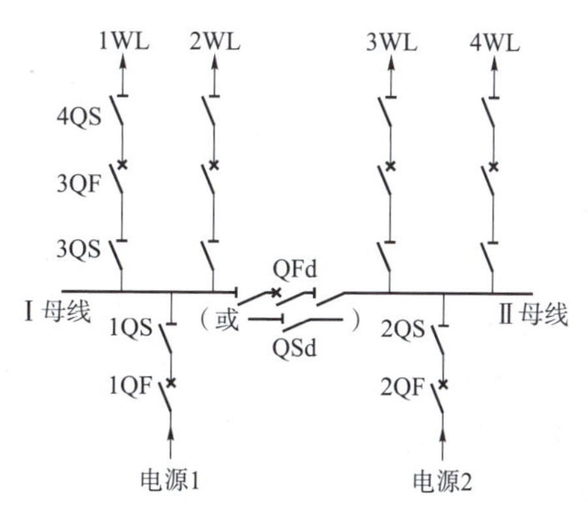

图 5-3-2 单母线分段接线

（2）双母线接线。

双母线接线在我国具有丰富而成熟的运用经验。当出线回路数或母线上电源较多、输送和穿越功率较大、母线故障后要求迅速恢复供电、母线或母线设备检修时不允许影响对用户的供电、系统运行调度对接线的灵活性有一定要求时采用双母线接线，如图 5-3-3 所示，这种接线设置有两组母线，即Ⅰ母线、Ⅱ母线，其间通过母线联络断路器 QFc 相连，每回进出线均经一台断路器和两组母线隔离开关可分别接至两组母线，正是由于各回路设置了两组母线隔离开关，可以根据运行的需要，切换至任一组母线工作，从而大幅改善了运行的灵活性。

双母线同时运行的正常运行方式，母联断路器在合位，电源和负荷均匀分配在两组母线上。由于母线继电保护的要求，一般某一回路固定在某一组母线上，以固定连接的方式运行。双母线中一组母线运行，一组母线备用。正常运行时，母联断路器在分位，电源和负荷都接于运行母线上。

对于 6~10 kV 配电装置，当短路电流较大、出线需要带电抗器时采用双母线接线；35~66 kV配电装置，当出线回路数超过 8 回及以上或连接的电源较多、负荷较大时采用双母线接线；适用于对一、二类负荷的供电。

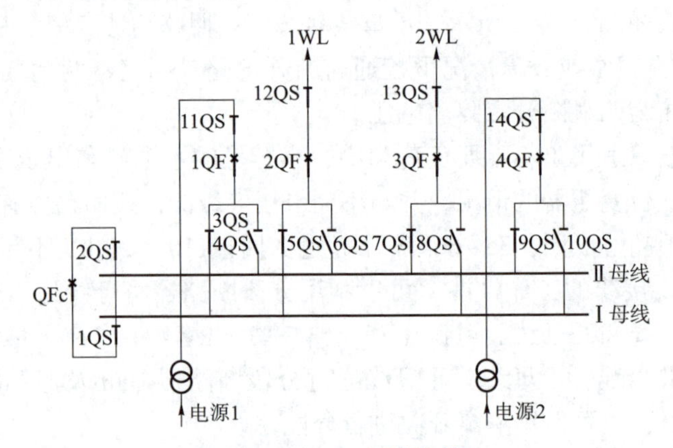

图 5-3-3　双母线接线

（3）3/2 接线。

3/2 接线有两组母线，每一回路经一组断路器接至一组母线，两个回路间有一组断路器联络，形成一串，每回进出线都与两组断路器相连，而同一串的两个回路共用三组断路器，故而得名一个半断路器接线或 3/2 接线。正常运行时，两组母线同时工作，所有断路器均在合位，如图 5-3-4 所示。

对于带出线隔离开关的线路停电时，考虑到供电的可靠性，可将检修线路的出线隔离开关拉开后，再合上检修线路的断路器。断路器检修时的运行方式：任何一台断路器检修时，可将断路器两侧隔离开关拉开，线路正常运行。母线检修时的运行方式：断开该母线侧所有断路器及其两侧隔离开关。这种方式相当于单母线接线，运行可靠性低，所以应尽量缩短单母线运行时间。

（4）单元接线。

发电机与变压器直接连接，没有或很少有横向联系的接线方式，称为单元接线。

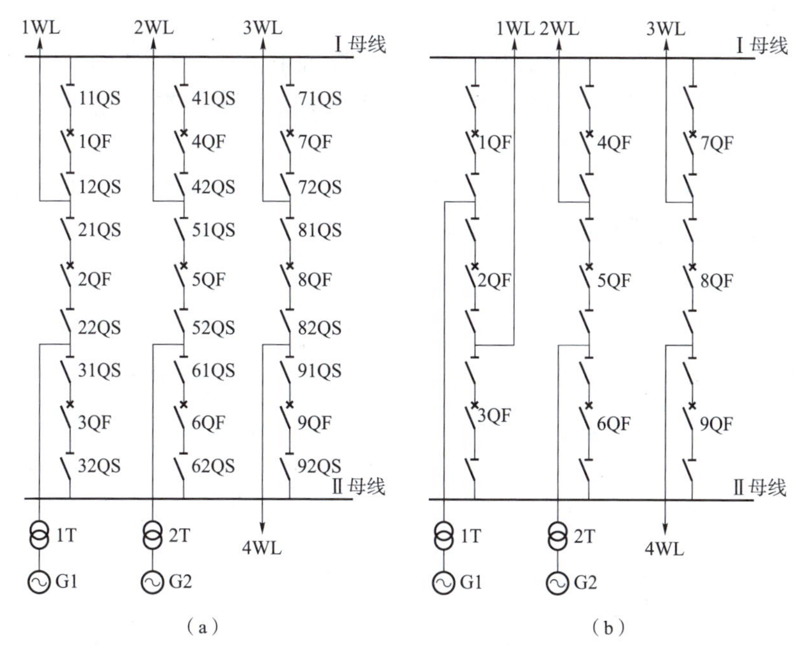

图5-3-4 3/2接线（一个半断路器接线）

发电机-双绕组变压器单元接线（简称发变组单元接线，如图5-3-5所示），发电机出口不设置母线，输出电能均经过主变压器送至高压电网。因发电机不会单独空载运行，故不需装设出口断路器，有的装一组隔离开关，以便单独对发电机进行试验。

发电机-三绕组变压器单元接线如图5-3-6所示，发电机出口应装设出口断路器及隔离开关，以便在变压器高、中压绕组联合运行情况下进行发电机的投、切操作。

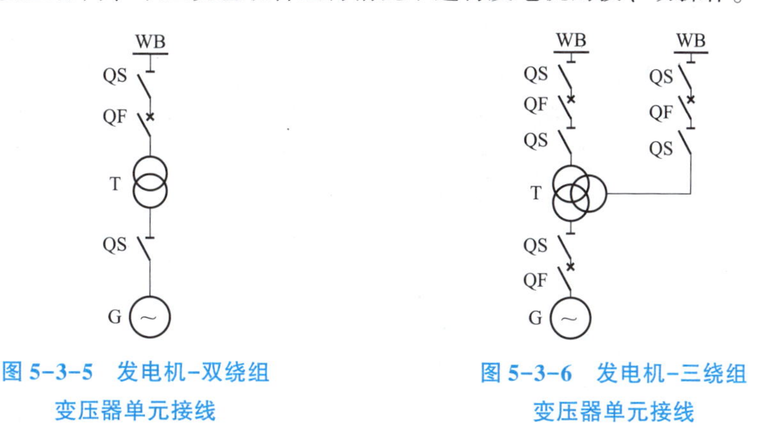

图5-3-5 发电机-双绕组变压器单元接线

图5-3-6 发电机-三绕组变压器单元接线

发电机-变压器-线路单元接线如图5-3-7所示，发电机发出的电能升压后，直接经线路送到系统中，发电机、变压器、线路任何一个出现故障都将使全部单元停电。采用发电机-变压器-线路单元接线时，不需要在发电厂建设复杂的开关站，节省了投资。

单元接线适用于机组台数不多的大、中型不带近区负荷的区域发电厂以及分期投产或装机容量不等的无机压负荷的中、小型水电站。

（5）桥式接线。

桥式接线适用于仅有两台变压器和两回出线的装置中，桥式接线仅用三台断路器，根据桥回路（3QF）的位置不同，可分为内桥和外桥两种接线。桥式接线正常运行时，三台断路器均在合位。

内桥接线如图 5-3-8 所示，桥回路置于线路断路器内侧（靠变压器侧），此时线路经断路器和隔离开关接至桥接点，构成独立单元；而变压器支路只经隔离开关与桥接点相连，是非独立单元。

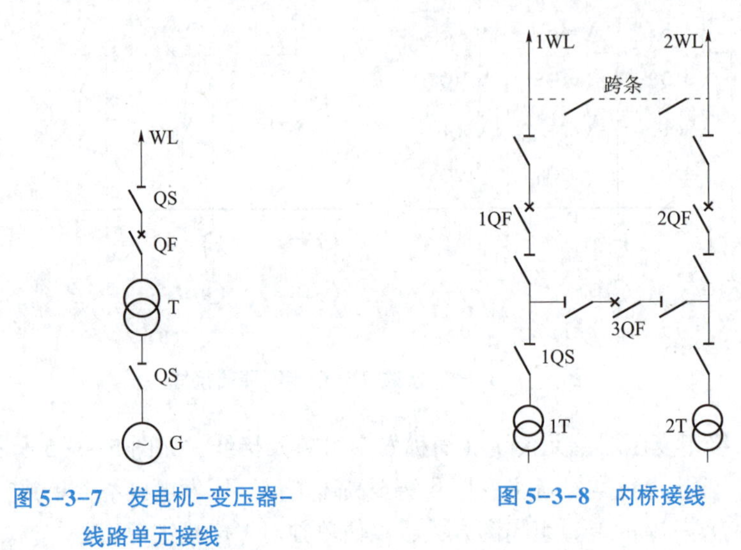

图 5-3-7　发电机-变压器-线路单元接线

图 5-3-8　内桥接线

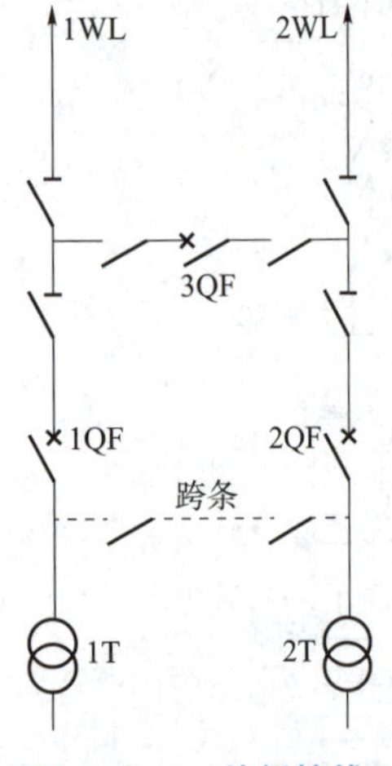

图 5-3-9　外桥接线

外桥接线如图 5-3-9 所示，桥回路置于线路断路器外侧（靠线路侧），变压器经断路器和隔离开关接至桥接点，而线路支路只经隔离开关与桥接点相连。变压器发生故障时，仅故障变压器回路的断路器自动跳闸，其余三回路可继续工作，并保持相互的联系。线路检修或故障时，需断开两台断路器，并使该侧变压器停止运行，需经倒闸操作恢复变压器工作，造成变压器短时停电。桥回路故障或检修时两个单元之间会失去联系，出线侧断路器故障或检修时，会造成该侧变压器停电，在实际接线中可采用设内跨条来解决这个问题。

3. 电气设备的运行状态

电气设备有四种运行状态，即运行、热备用、冷备用、检修。

（1）运行，指设备的断路器和隔离开关都在合闸位置，将电源与负载端间的电路接通（包括辅助设备，如电压互感器、二次回路等），以图 5-3-1 中出线 1WL 为例，当 3QF、3QS、4QS 都处于合闸位置时，该出线处于运行状态。

（2）热备用，指断路器在断开位置，而隔离开关仍在合闸位置，其特点是断路器一经操作即成为运行状态。以图 5-3-1 中出线 1WL 为例，当 3QF 处于断开位置，3QS、4QS 处于合闸位置时，该出线处于热备用状态。

（3）冷备用，指设备的断路器和隔离开关均在断开位置，其特点是该设备与其他带电设备之间有明显断开点，以图 5-3-1 中出线 1WL 为例，当 3QF、3QS、4QS 都处于断开位置时，该出线处于冷备用状态。

（4）检修，指设备的断路器和隔离开关均已断开，检修设备两侧装设了临时接地线或推上接地刀闸，包括悬挂了工作标识牌、安装了临时遮栏等。

二、倒闸操作概述

倒闸操作是指电气设备或电力系统由一种运行状态变换到另一种运行状态，由一种运行方式转变为另一种运行方式时所进行的一系列有序的操作。如断开或合上某些断路器和隔离开关、断开或合上某些直流操作回路、切除或投入某些继电保护装置和自动装置或改变其整定值、拆除或装设临时地线等。

倒闸操作是一项重要而复杂的工作，关系着电力系统的安全运行，也关系着在电气设备上的工作人员及操作人员本身的安全。要特别防止误分、误合断路器，带负荷拉、合隔离开关或手车触头，带电装设（合）接地线（接地刀闸），带接地线（接地刀闸）合断路器（隔离开关），误入带电间隔，非同期并列，误投退（插拔）压板（插把）、连接片、短路片，误切错定值区，误投退自动装置，误分合二次电源开关。误操作可能造成全站停电，甚至扩大到整个电力系统，使系统瓦解。

倒闸操作程序如图 5-3-10 所示。

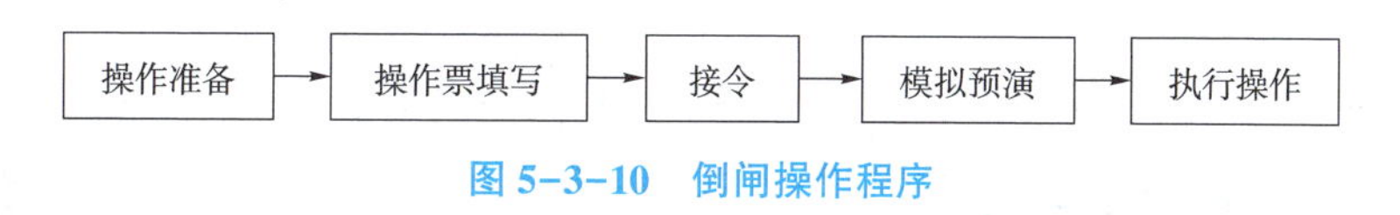

图 5-3-10　倒闸操作程序

1. 操作准备

（1）根据调控人员的预令或操作预告等明确操作任务和停电范围，并做好分工。

（2）拟定操作顺序，确定装设地线部位、组数、编号及应设的遮拦、标示牌。明确工作现场临近带电部位，并制定相应措施。

（3）考虑保护和自动装置相应变化及应断开的交、直流电源和防止电压互感器、站用变压器二次反送电的措施。

（4）分析操作过程中可能出现的危险点并采取相应的措施。

（5）检查操作所用安全工器具、操作工具是否正确，包括防误装置电脑钥匙、录音设备、绝缘手套、绝缘靴、验电器、绝缘拉杆、接地线、对讲机、照明设备等。检查工器具是否在试验周期内且外观完好。检查绝缘靴外观是否合格，是否在试验期内。检查绝缘手套是否漏气。检查绝缘杆是否完好，接地线外观、电压等级是否满足现场要求。检查验电器，检查电压等级、外观及声光功能是否正常。

（6）五防闭锁装置处于良好状态，当前运行方式与模拟图板对应。

2. 操作票填写

（1）倒闸操作由操作人员根据值班调控人员或运维负责人安排填写操作票。拟票时，分析操作任务、步骤及注意事项，复杂操作应填写危险点分析预控卡。每张操作票只能填写一个操作任务，严禁直接套用典型票。

（2）操作顺序应根据操作任务、现场运行方式参照本站典型操作票内容进行填写。

（3）操作票填写后，由操作人和监护人共同审核，复杂的倒闸操作经班组专业工程师或班长审核执行。操作人对照调度令和主接线图进行自审。审核正确后在对应栏签字。

3. 接令

（1）应由上级批准的人员接受调控指令，接令时发令人和受令人应先互报单位和姓名。

（2）接令时应随听随记（可开启录音并使用规范调度术语，明确操作任务、操作目的及操作时间），并记录在“变电运维工作日志”中，接令完毕，应将记录的全部内容向发令人复诵一遍，并得到发令人认可。

（3）对调控指令有疑问时，应向发令人询问清楚无误后执行。

（4）运维人员接受调控指令应全程录音。

【想一想　做一做】

（1）电气主接线的基本要求有哪些？

（2）电气设备的运行状态有哪些？

（3）倒闸操作的基本要求有哪些？

知识链接二　典型倒闸操作

线路的停送电操作

一、线路停送电操作

1. 线路停送电的一般原则

（1）当线路停电转检修时，应在线路可能受电的各侧都停止运行，相关刀闸均已拉开后，方可在线路上布置安全措施；反之在未全部拆除线路上安全措施之前，不允许线路任一侧恢复热备用。

（2）线路送电时，应先拆除线路上的安全措施，核实线路保护按要求投入后，再合上母线侧刀闸，然后合上线路侧刀闸，最后合上线路开关。

（3）新建、改建或检修后相位可能变动的线路首次送电前应校对相位。

（4）任何情况下严禁“约时”停电和送电。

（5）线路高抗（无专用开关）投停操作必须在线路冷备用或检修状态下进行。

（6）正常停运带串补装置的线路时，先停串补，后停线路。带串补装置的线路恢复运行时，先投线路，后投串补。

（7）断路器用于在正常或故障情况下接通与断开电路，断路器两侧装有隔离开关，隔离开关主要用于停电检修断路器时为明显断开点隔离电压；靠近母线侧的隔离开关称为母线侧隔离开关，靠近引出线侧的隔离开关称为线路侧隔离开关，以图 5-3-1 中出线 1WL 为例，3QS 靠近母线侧，称为母线侧隔离开关，4QS 靠近出线侧，称为线路侧隔离开关。

在电源回路中，若断路器断开之后，电源不可能向外送电能时，断路器与电源之间可以不装设隔离开关，如发电机出口。若线路对侧无电源，则线路侧也可不装设隔离开关。

拉、合隔离开关及小车开关送电之前，必须检查并确认断路器在断开位置（倒母线例外，此时母联断路器必须合上）。

（8）在操作过程中，发现误合隔离开关时，不准把误合的隔离开关再拉开，发现误拉隔离开关时，不准把已拉开的隔离开关重新合上。只有用手动蜗姆轮传动的隔离开关，在动触头未离开静触头刀刃之前，允许将误拉的隔离开关重新合上，不再操作。

（9）输电线路装设纵联保护时，线路两端保护必须同时投退。

（10）线路停电前要先停用重合闸装置，送电后再投入。在任何情况下通过断路器向线路恢复送电时，如线路的保护为退出状态，应先将保护投入，再对线路进行送电操作。超高压线路送电时，必须先投入并联电抗器后再合线路断路器，防止线路由于分布电容的充电功率过大，导致线路末端过电压损坏设备。

（11）严禁带负荷拉、合隔离开关，所装电气和机械防误闭锁装置不能随意退出。

（12）线路转检修操作时，应将线路单相电压互感器二次熔断器取下，以防止电压互感器二次反充电。

2. 线路停电的一般操作顺序

线路停电时：断开线路断路器→拉开线路侧隔离开关→拉开母线侧隔离开关，在线路侧验明三相确无电压后挂接地线（或合上接地刀闸），并悬挂“禁止合闸，线路有人工作!”标示牌。以图 5-3-1 中出线 1WL 为例，操作顺序为：断开断路器 3QF→拉开线路侧隔离开关 4QS→拉开母线侧隔离开关 3QS。

线路送电时：合上母线侧隔离开关→合上线路侧隔离开关→合上断路器。以图 5-3-1 中出线 1WL 为例，操作顺序为合上母线侧隔离开关 3QS→合上线路侧隔离开关 4QS→合上断路器 3QF。

上述断路器与隔离开关的操作顺序必须严格遵守，严防带负荷拉合隔离开关等误操作事故发生。停电时先断开线路断路器后拉开隔离开关，是因为断路器有灭弧能力而隔离开关没有灭弧能力，必须用断路器来切断负荷电流，若直接用隔离开关来切断电路，则会产生电弧，造成弧光短路、损坏设备等事故。然后拉开隔离开关，两个隔离开关的操作顺序为：先拉开负荷侧隔离开关，后拉开母线侧隔离开关。这样操作的原因是：如果在断路器未断开的情况下，拉隔离开关，将发生带负荷拉隔离开关的事故，此时故障点在线路侧，线路保护将跳开线路断路器，切除故障，这样事故的影响范围为本线路，对其他回路设备（特别是母线）运行影响甚少；若先拉开母线侧隔离开关，后拉开负荷侧隔离开关，则带负荷拉隔离开关的故障点在母线侧，母线保护将动作，将母线切除，导致母线上回路全部停电（220 kV 及以下），从而扩大了事故影响范围。

3. 断路器、隔离开关的操作原则

断路器操作一般规定：

（1）断路器合闸前应确认相关设备的继电保护已按规定投入。断路器合闸后，应确认三相均已合上，三相电流基本平衡。

（2）用旁路断路器代替其他断路器运行时，应先将旁路断路器保护按所带设备保护定值整定并投入。确认旁路断路器三相均已合上后，方可拉开被代替的断路器，最后拉开被代替断路器两侧的隔离开关。

（3）断路器操作时，若远方操作失灵，厂站规定允许进行就地操作时，应同时进行三相操作，不应进行分相操作。

（4）为断路器接线方式的设备送电时，应先合母线侧断路器，后合中间断路器。停电时应先拉开中间断路器，后拉开母线侧断路器。

（5）220 kV 断路器检修时，应拉开该断路器的控制电源小开关、信号电源小开关，拉开机构储能电源小开关，拉开液压机构打压电源小开关。送电时应先恢复上述控制等二次设备，保护先行投入。

可用隔离开关进行下列操作：

（1）拉、合电压互感器和避雷器（无雷雨、无故障时）。

（2）拉、合变压器中性接地点。

（3）拉、合经断路器或隔离开关闭合的旁路电流（在拉、合经隔离开关闭合的旁路电流时，应先断开断路器操作电源）。

（4）拉、合 3/2 接线方式的母线环流。

（5）拉、合 3/2 接线方式的站内短线。用隔离开关进行拉、合 3/2 接线方式的母线环流或站内 T 接短线操作时应经过试验。

4. 220 kV 线路由运行转检修实例

某 220 kV 侧为双母线接线，有 4 回出线，如图 5-3-11 所示。下面以东一线为例，介绍线路运行转检修的注意事项。

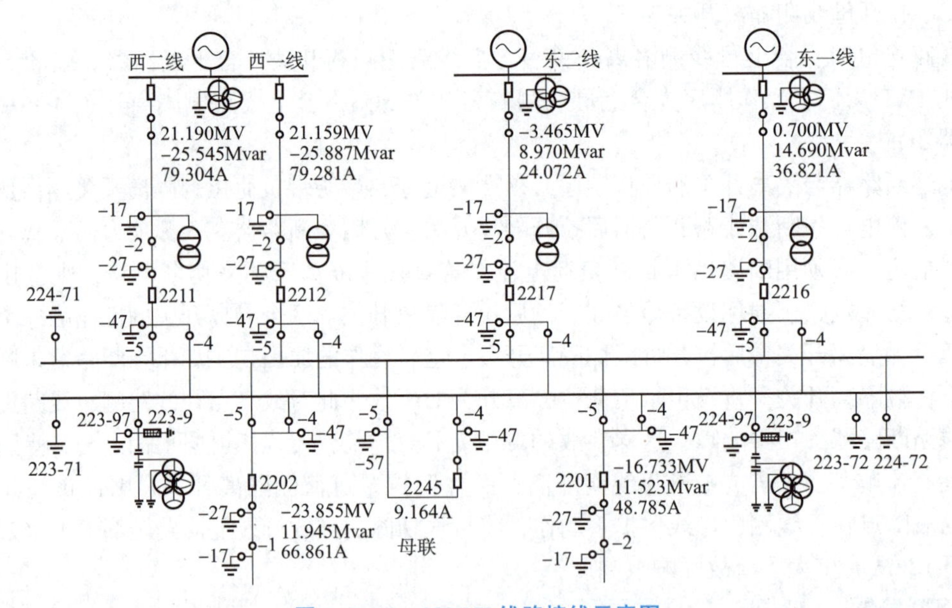

图 5-3-11　220 kV 线路接线示意图

在图 5-3-11 中，2216 为线路断路器（也可简称开关），2216-4 为东一线连接 4#母线侧隔离开关（也可简称刀闸），2216-5 为东一线连接 5#母线侧隔离开关，2216-2 为线路侧隔离开关，2216-17 为线路侧接地隔离开关（也称接地刀闸，也可简称地刀），2216-27 和 2216-47 为断路器两侧接地隔离开关。220 kV 东一线线路停电由运行转检修操作过程为：

（1）核对设备的运行方式；

(2) 拉开 220 kV 东一线 2216 开关;
(3) 将 220 kV 东一线 2216 开关远方/就地选控开关切换至“就地”位置;
(4) 检查 220 kV 东一线 2216 开关三相在分闸位置;
(5) 合上 220 kV 东一线 2216 间隔刀闸控制电源空气开关;
(6) 合上 220 kV 东一线 2216 间隔刀闸电机电源空气开关;
(7) 拉开 220 kV 东一线 2216-2 刀闸;
(8) 检查 220 kV 东一线 2216-2 刀闸在拉开位置;
(9) 拉开 220 kV 东一线 2216-5 刀闸;
(10) 检查 220 kV 东一线 2216-5 刀闸在拉开位置;
(11) 检查 220 kV 东一线 2216-4 刀闸在拉开位置;
(12) 断开 220 kV 东一线 2216 间隔刀闸控制电源空气开关;
(13) 断开 220 kV 东一线 2216 间隔刀闸电机电源空气开关;
(14) 退出 220 kV 东一线主一保护屏第一组和第二组 A 相、B 相、C 相失灵保护压板;
(15) 退出 220 kV 东一线主二保护屏第一组和第二组 A 相、B 相、C 相失灵保护压板;
(16) 退出 220 kV 东一线主二保护屏第一组和第二组三相失灵保护压板;
(17) 退出 220 kV 东一线重合闸;
(18)【汇报调度××: 220 kV 东一线线路已由运行转冷备用】;
(19)【调度××令: 220 kV 东一线线路由冷备用转检修】;
(20) 取下线路 TV 的二次熔断器;
(21) 在 220 kV 东一线 2216-2 刀闸靠线路侧验明三相确无电压;
(22) 合上 220 kV 东一线 2216-17 地刀;
(23) 检查 220 kV 东一线 2216-17 地刀在合上位置;
(24) 在 220 kV 东一线 2216-2 刀闸操作把手处悬挂“禁止合闸，线路有人工作!”标示牌;
(25) 在 220 kV 东一线 2216 开关操作把手处悬挂“禁止合闸，线路有人工作!”标示牌;
(26) 退出 220 kV 东一线线路出口压板;
(27) 投入 220 kV 东一线线路保护检修压板。

二、母线操作

在电力系统的各级电压配电装置中，能够将发电机、变压器等大型的电气设备与各种电气元件（如断路器、隔离开关、负荷开关等）之间连接起来的导线就是母线。母线的作用是汇集、分配和传输电能。母线是构成电气主接线的主要元件，常见的主接线方式有单母线接线、单母线分段接线、双母线接线、双母线分段接线、单母线或双母线带旁路母线接线、3/2 接线方式等，根据母线接线方式的不同，其操作方式也各有不同。母线的操作是指母线的送电、停电操作以及母线上的电气元件在两条母线间的倒换等。

母线倒闸操作又称倒母线，是指接线方式为双母线时，将一组母线上的部分或全部开关倒换到另一组母线上运行或热备用的操作。

倒母线操作的情况:

(1) 一条母线需要停电检修。
(2) 该母线所连接的刀闸及附属设备等需要检修。

倒母线的两种方式：

（1）热倒母线操作（热倒），是指母联断路器在运行状态下，采用等电位操作原则，先合一组母线侧隔离开关，再拉另一组母线侧隔离开关，即通过先合后拉隔离开关的方法保证在不停电的情况下实现倒母线。正常倒闸操作一般采用热倒母线方法。

（2）冷倒母线操作（冷倒），是指要操作出线断路器在热备用情况下，先拉一组母线侧隔离开关，再合另一组母线侧隔离开关，即采用先拉后合隔离开关的方法进行倒母线的操作。当母联断路器在分位时，常使用此种方法，一般用于事故处理中。

1. 母线停电操作流程

母线倒闸操作顺序和要求按调度指令和现场规程执行。

双母线倒闸操作分析（以 220 kV 4#母线负荷倒由 5#母线运行，4#母线由运行转检修为例）：

（1）检查 220 kV 母联开关和隔离开关确在合闸位置。

（2）投入母差保护屏互联压板或单母线方式压板连接片，也就是将母差保护改为非选择方式。

（3）断开母联开关控制电源空气开关。必须先投互联，再断开母联开关控制电源。

（4）倒母线操作。

（5）检查 4#母线负荷确已全部倒至 5#母线（对一次设备进行进一步的确认）。

目的：防止 4#母线所带线路遗漏，造成线路失压，对外停电。

（6）断开 4#母线电压互感器二次空气开关，拉开 4#母线电压互感器隔离开关。

（7）合上母联开关控制电源空气开关。

（8）退出母差保护屏互联压板或单母线方式压板连接片，也就是将母差保护改为有选择方式。

（9）检查母联断路器的电流指示为零。

（10）断开母联断路器及两侧隔离开关。

（11）验电合母线接地刀闸或挂地线。

（12）按下母差保护屏信号复归按钮。

2. 母线送电操作流程

母线倒闸操作顺序和要求按调度指令和现场规程执行。

双母线倒闸操作分析（以 220 kV 5#母线运行、4#母线检修转双母线并列运行，4#母线由检修转运行为例）：

（1）拉开母线接地刀闸或拆接地线。

（2）投入充电保护。

（3）合上母联开关控制电源空气开关。

（4）合上母联断路器及两侧隔离开关。

（5）投入母差保护屏互联压板或单母线方式压板连接片。

（6）断开母联开关控制电源空气开关。

（7）倒母线操作。

（8）退出母差保护屏互联压板或单母线方式压板连接片。

三、主变压器操作

1. 主变压器操作的注意事项

（1）主变压器由检修转为运行前，检查其各侧中性点接地开关，应在合闸位置。

（2）两台主变压器并列运行前，检查两台主变压器有载调压电压分接头，指示应一致；若是有载调压主变压器与无励磁调压主变压器并列运行时，其分接电压应尽量靠近无励磁调压主变压器的分接位置。并列运行的主变压器，其调压操作应轮流逐级或同步进行，不得在单台主变压器上连续进行两个及以上分接头变换操作。

（3）主变压器投运前检查冷却电源确已投入。

（4）两台主变压器并列运行时，如果一台主变压器需要停电，在未拉开停运主变压器断路器之前应检查总负荷情况，确保一台主变压器停电后不会导致另一台主变压器过负荷。

（5）投入备用的主变压器后，应根据表计指示来确认备用变压器已带负荷后，方可停下运行的主变压器。

（6）对已停电的主变压器，其保护功能若有联跳的，应退出其联跳的保护压板。

2. 主变压器停电操作流程及分析

结合主变压器的操作原则和注意事项，主变压器的停电操作流程为：

（1）检查不停电主变压器满足带停电主变压器负荷的条件。保证一台主变压器停电后，另一台主变压器在其工作范围内可以带动所有负荷。

（2）检查并切换中性点接地开关。保证操作的主变压器中性点接地开关在合位，并且保证主变压器停运后系统仍有中性点接地。

（3）投入各种保护。

（4）按顺序依次断开主变压器各侧断路器，主变压器由运行状态转为热备用状态。此时，主变压器已停运。

（5）检查不停电主变压器所带负荷确在其允许范围内，保证运行变压器没有过负荷。

（6）按顺序依次断开主变压器各侧隔离开关，主变压器由热备用状态转为冷备用状态。

（7）断开已转冷备用状态主变压器的中性点接地开关。

（8）对主变压器及三侧开关验电、接地，由冷备用状态转为检修状态。

（9）断开主变压器各侧断路器控制电源空气开关，防止各侧断路器人为或自动误动作（取下保险，拉开信号刀闸，挂牌）。

（10）退出相关保护。

【想一想　做一做】

（1）线路停送电的原则有哪些？

（2）简述母线停电操作流程。

（3）主变压器操作的注意事项有哪些？

任务实施

任务名称：220 kV 线路停电
操作时限：30 min
操作标准：

1. 依据《电力安全工作规程》执行；
2. 按照安全规程完成操作票填写。

操作要求：

1. 说出各种相关规程中对倒闸操作的规定；
2. 说出各设备的运行方式；
3. 说出一次、二次设备的操作流程；
4. 正确拟令填写操作票。

任务考核

目标	考核题目	配分	得分
填写操作票	按照 220 kV 仿真变压器实际设备及运行方式进行操作票填写。 1. 漏填单位名称或单位名称不全扣 2 分； 2. 未填写操作票编号或格式编号错误扣 2 分； 3. 漏填发令人、受令人姓名扣 2 分； 4. 漏填或填错发令时间扣 2 分； 5. 未填写设备双重编号扣 2 分； 6. 修改个别错字、漏字时，字迹模糊，不易分辨扣 2 分； 7. 未按规定填写操作项目或操作项目不全或未使用操作术语扣 3 分； 8. 顺序错误 N 项扣 N×3 分； 9. 漏填 N 项扣 N×3 分； 以上扣分扣完 30 分为止。	30	
执行操作技能点	1. 是否按正确操作票顺序填写，错误扣 10 分； 2. 是否检查断路器位置，漏查一项扣 5 分； 3. 是否拉合隔离开关检查相关隔离开关位置，漏查一项扣 5 分； 4. 是否按顺序拉合隔离开关，错误扣 5 分； 5. 合断路器前是否检查电流表，漏查扣 3 分； 6. 是否验电后挂地线，错误扣 10 分； 7. 拆地线时是否进行检查，漏查扣 3 分； 8. 接地隔离开关拉开后是否检查隔离开关位置，漏查扣 3 分； 9. 是否发生带负荷拉合隔离开关及带电合接地隔离开关、带接地隔离开关送电，错误扣 10 分； 10. 是否复查设备，检查操作后的设备，仪表指示、信号指示、联锁装置等是否正常，漏查扣 3 分。 以上扣分扣完 45 分为止。	45	

续表

目标	考核题目	配分	得分
素养点	1. 是否遵守纪律及规程，不旷课、不迟到、不早退？ 旷课扣5分/次；迟到、早退扣2分/次；上课做与任务无关的事情扣2分/次；不遵守安全操作规程扣5分/次。	5	
	2. 是否以严谨认真的态度对待理论学习及实操考核？ 能认真积极参与任务，5分；能主动发现问题并积极解决，3分；能提出创新性建议，2分。	10	
	3. 是否能按时按质完成课前学习和课后作业？ 网络课程前置学习完成率达90%以上，5分；课后作业完成度高，5分。	10	
总　　分		100	
教师评语			

巩固提升

一、单选题

1. 在线路上或配电设备上工作时，（　　）应对本作业班组装拆的接地线地点和数量的正确性负责。

A. 运维人员　　B. 现场人员　　C. 工作负责人　　D. 检修人员

2. 倒闸操作时，操作行为错误的是（　　）。

A. 监护人高声唱票，操作人手指需操作的设备名称及编号，高声复诵

B. 二人一致明确无误后，监护人发出“操作”命令，操作人方可操作

C. 每项操作完毕，操作人员应仔细检查一次设备是否操作到位，并检查相关二次部分是否正确

D. 确认无误后，监护人在操作票对应项上打钩

3. 运维班交接班的主要内容不包括（　　）。

A. 所辖变电站运行方式

B. 缺陷、异常、故障处理情况

C. 两票的执行情况，现场保留安全措施及接地线情况

D. 安排巡视计划

4. 运行操作是指将（　　）从一种状态改变到另一种状态或变更运行方式所需要进行的一系列倒闸操作。

A. 断路器　　B. 刀闸　　C. 设备　　D. 变压器

5. 倒母线应检查（　　）动作或返回情况。

A. 气体继电器　　B. 重动继电器

C. 时间继电器　　D. 合闸位置继电器

二、多选题

1. 在电气设备上工作时，保证安全的技术措施包括（　　）。

A. 停电　　B. 验电

C. 接地　　D. 接收调度操作指令

2. 接受操作任务，填操作票时的工作要点包括（　　）。

A. 结合现场实际运行方式　　B. 结合设备运行状态和性能

C. 参照典型操作票　　D. 拟定操作方案

3. 倒母线后，为防止甩负荷，拉母联开关之前，应（　　）。

A. 仔细检查母线上所有进出线刀闸三相确已全部拉开

B. 检查母联开关电流显示为零

C. 检查停电母线电压为零

D. 检查母线带电显示器指示无电

4. 工作票由（　　）填写。

A. 工作负责人　　B. 工作许可人　　C. 工作班成员　　D. 工作票签发人

5. 倒闸操作结束后，监护人应（　　）并汇报值班负责人及调度员。

A. 检查票面上所有项目均已正确打钩，无遗漏项

B. 在操作票上填写操作终了时间

C. 加盖“已执行”章

D. 加盖“以下空白”章

三、判断题

1. 变压器停电操作时，按照先停负荷侧、后停电源侧的操作顺序进行；变压器送电时操作顺序相反。对于三绕组降压变压器停电操作时，按照低压侧、中压侧、高压侧的操作顺序进行；变压器送电时操作顺序相反。有特殊规定者除外。（　　）

2. 操作人员应明确操作任务和顺序，分析操作过程中可能出现的危险点并采取相应的措施。（　　）

3. 在进行倒负荷或解、并列操作前后，检查相关电源运行及负荷分配情况，不必填入操作票内。（　　）

4. 作业时，作业人员的双手应始终握持绝缘杆保护环以下部位，并保持带电清扫有关绝缘部件的清洁和干燥。（　　）

5. 运行人员在平时应了解全站保护的相互配合和保护范围，充分利用保护和自动装置提供的信息，以便准确分析和判断事故的范围和性质。（　　）

6. 在倒闸操作过程中，严禁擅自更改操作票，严禁解除闭锁装置。（　　）

7. 倒闸操作的基本条件之一：操作设备应具有明显的标志，包括命名、编号、分合指

示，旋转方向、切换位置的指示及设备相色等。（　　）

8. 在同一电气连接部分用同一张工作票依次在几个工作地点转移工作时，全部安全措施由运维人员在开工前一次做完，不需再办理转移手续。（　　）

9. 监护操作时，其中一人对设备较为熟悉者作监护。特别重要和复杂的倒闸操作，由熟练的运维负责人操作，工区领导监护。（　　）

10. 只有在同一停电系统的所有工作票都已终结，并得到值班调控人员或运维负责人的许可指令后，方可合闸送电。（　　）

【行业咨询】

国家能源局组织发布《新型电力系统发展蓝皮书》

项目6 认知职业健康和安全用电

<table>
<tr><td colspan="5">项目概述</td></tr>
<tr><td>项目名称</td><td colspan="2">认知职业健康和安全用电</td><td>参考学时</td><td>10 h</td></tr>
<tr><td>项目导读</td><td colspan="4">从事任何职业活动，都有其潜在的风险，尤其是电力行业，它属于高风险行业。从事电力生产和相关工作的人员必须认识和掌握本行业的职业风险，尤其要掌握电的规律。电作为一种物质存在，具有无色、无味、看不见、摸不着的特性，人们几乎无法用肉眼观察出电气设备或导线是否带电。但是一旦人接触到带电体，电流就有可能流经人体，从而对人体造成触电伤害。
人的生命是宝贵的。掌握职业安全与健康知识，了解相关电力安全工作要求和规程，认识触电、触电方式，掌握防止发生触电事故的措施，实施触电急救，不仅可以在保证安全生产的同时帮助我们保障自身的安全和健康，也可以救助他人。</td></tr>
<tr><td>项目分解</td><td colspan="4">3个学习型任务：
6-1 学习职业健康与安全知识，理解我国的安全生产方针，了解职业活动中危害的内容，掌握职业病危害因素，能对常见职业病做出预防和应对措施；
6-2 认识触电，了解触电的类型，理解电流对人体伤害的影响因素，掌握感知电流、摆脱电流、致命电流和安全电压的概念，能说出防止触电的安全措施；
6-3 实施触电急救，理解触电急救的原则，掌握触电急救的程序，能针对具体情况实施触电急救。</td></tr>
<tr><td rowspan="2">学习目标</td><td>知识目标</td><td colspan="2">技能目标</td><td>素质目标</td></tr>
<tr><td>（1）理解我国的安全生产方针；
（2）了解职业活动中危害的内容；
（3）掌握职业病危害因素；
（4）了解触电的类型；
（5）理解电流对人体伤害的影响因素；
（6）掌握感知电流、摆脱电流、致命电流和安全电压的概念。</td><td colspan="2">（1）对常见职业病做出预防和应对措施；
（2）能初步判断现场人的不安全行为、机物的不安全状态、作业环境的不安全条件和管理缺陷；
（3）能说出防止触电的安全措施；
（4）能针对具体情况实施触电急救。</td><td>（1）具有良好的团队协作精神和沟通交流能力；
（2）高度重视职业安全与健康；
（3）认识触电的危害性，树立安全第一的思想；
（4）认识到救人就是救自己的道理，培养学生的社会责任感。</td></tr>
<tr><td>教学条件</td><td colspan="4">理实一体化教室，包含电脑、投影等多媒体设备，安全体感设备，触电急救模拟装置等。</td></tr>
<tr><td rowspan="2">教学策略</td><td>组织形式</td><td colspan="3">采用班级授课、小组教学、合作学习、自主探索相结合的教学组织形式。</td></tr>
<tr><td>教学流程</td><td colspan="3">自主预习 → 项目分解 → 任务探索 → 知识铺垫 → 任务实施 → 任务考核 → 巩固提升
课前（自主预习）；课中（项目分解—任务考核）；课后（巩固提升）</td></tr>
</table>

任务 6-1 学习职业健康与安全知识

任务名称	学习职业健康与安全知识	参考学时	4 h
任务引入	什么是职业健康？在我们的生活中有哪些需要知道的安全知识？你进入施工现场会有戴安全帽的意识吗？你在打扫灰尘时会有戴口罩的习惯吗？		
任务要点	知识点：职业安全、职业病和职业健康。		
	技能点：能初步判断现场人的不安全行为、机物的不安全状态、作业环境的不安全条件和管理缺陷。		
	素质点：高度重视职业安全与健康；树立时刻严格执行规程的观念。		

知识链接一　职业安全

电力工业作为国民经济的基础产业，为各行各业及人民的日常生活提供电能。如果供电中断，会使企业的生产停顿或瘫痪，有的还会产生次生事故，带来一系列次生灾害。另外，由于电力行业的公用性特点，事故影响面大、速度快、后果严重，供电中断或电网事故造成大面积停电时，不仅会给社会和人民生活秩序带来混乱，甚至会造成政治经济混乱、危及国防安全。因此，电力安全生产关系到国家安定，关系到人民生命财产的安全，关系到人民群众的切身利益，关系到国民经济健康发展，关系到人心和社会的稳定。

从事任何职业活动，都有其潜在的风险，尤其是电力行业，因为它属于高风险行业。从事电力生产和相关工作的人员必须认识和掌握本行业的职业风险，尤其要掌握电的规律。电作为一种物质存在，具有无色、无味、看不见、摸不着的特性，人们几乎无法用肉眼观察出电气设备或导线是否带电。但是一旦人接触到带电体，电流就有可能流经人体，从而对人体造成触电伤害。

人的生命是宝贵的。掌握职业安全与健康知识，可以在保证安全生产的同时帮助我们保障自身的安全和健康。

1. 职业安全

什么是安全？无危则安，无损则全。具体来说，安全应该满足三个条件，即多年来一直没有发生事故、不可接受风险得到有效控制、基本达到法律法规要求。

安全生产具有重大的现实意义，第一，安全生产能确保广大员工的生命安全和身体健康；第二，安全生产是企业可持续发展的前提；第三，安全生产可以维护社会的安定；第四，良好的安全环境，可以为企业创造更好的经济效率；第五，安全生产是我国经济发展的迫切需要，也是参与世界竞争的需要。

2. 我国的安全生产方针

我国的安全生产方针是：安全第一、预防为主、综合治理。

安全生产最大的敌人是各种危害的存在。所谓危害是指可能造成人员伤害、疾病、财产损失、作业环境破坏的根源或状态。职业活动中的危害主要包括以下几方面的内容：人的不安全行为、机物的不安全状态、作业环境的不安全条件和管理缺陷。

人的不安全行为是指违反安全规则和安全操作规程，使事故有可能或有机会发生的行为。人的不安全行为可以归纳为 13 类，如表 6-1-1 所示。

表 6-1-1　人的不安全行为分类表

分类号		内容
1		操作错误、忽视安全、忽视警告
	1.1	未经许可开动、关停、移动机器
	1.2	开动、关停机器时未给信号
	1.3	开关未锁紧，造成意外转动、通电或泄漏等
	1.4	忘记关闭设备
	1.5	忽视警告标志、警告信号
	1.6	操作错误（指按钮、阀门、把柄等的操作）
	1.7	奔跑作业
	1.8	供料或送料速度过快
	1.9	机器超速度运转
	1.10	违章驾驶机动车
	1.11	酒后作业
	1.12	客货混载
	1.13	冲压机作业时，手伸进冲压模
	1.14	工件坚固不牢
	1.15	用压缩空气吹铁屑
	1.16	其他
2		造成安全装置失效
	2.1	拆除了安全装置
	2.2	安全装置堵塞、失掉了作用
	2.3	调整的错误造成安全装置失效
	2.4	其他
3		使用不安全设备
	3.1	临时使用不牢固的设施
	3.2	使用无安全装置的设备
	3.3	其他
4		手代替工具操作
	4.1	用手代替手动工具
	4.2	用手清除切屑
	4.3	不用夹具固定、用手拿工件进行机加工
5		物体（指成品、半成品、材料、工具、切屑和生产用品等）存放不当
6		冒险进入危险场所
	6.1	冒险进入涵洞
	6.2	接近漏料处（无安全设施）
	6.3	采伐、集料、装车时，未离开危险区
	6.4	未经安全监察员允许进入油罐或井坑中
	6.5	未"敲帮问顶"就开始作业
	6.6	冒险进出信号出现时
	6.7	调车场超速上下车
	6.8	易燃易爆场合使用明火
	6.9	私自搭乘矿车
	6.10	在绞车道行走
	6.11	未及时瞭望
7		攀、坐不安全位置（如平台护栏、汽车挡板、吊车吊钩）
8		在起吊物下作业、停留
9		机器运转时进行加油、修理、检查、调整、焊接、清扫等工作
10		有分散注意力行为
11		在必须使用个人防护用具的作业或场所中，忽视其使用
	11.1	未戴护目镜或面罩
	11.2	未戴防护手套
	11.3	未穿安全鞋
	11.4	未戴安全帽
	11.5	未佩戴呼吸护具
	11.6	未佩戴安全带
	11.7	未戴工作帽
	11.8	其他
12		不安全装束
	12.1	在有旋转零部件的设备旁作业、穿过肥过大服装
	12.2	操纵带有旋转零部件的设备时戴手套
13		对易燃、易爆等危险品处理错误

机物的不安全状态是指一切不符合安全规范、标准的可能导致事故的各种状态，可以归纳为4类，如表6-1-2所示。

表6-1-2　机物的不安全状态分类表

分类号		内容
1		防护、保险、信号等装置缺乏或有缺陷
	1.1	无防护
		1.1.1 无防护罩
		1.1.2 无安全保险装置
		1.1.3 无报警装置
		1.1.4 无安全标志
		1.1.5 无护栏或护栏损坏
		1.1.6（电气）未接地
		1.1.7 绝缘不良或带电部分裸露
		1.1.8 局扇无消音系统、噪声大
		1.1.9 危房内作业
		1.1.10 未安装防止“跑车”的挡车器或挡车栏
		1.1.11 其他
	1.2	防护不当
		1.2.1 防护罩未在适当位置
		1.2.2 防护装置调整不当
2		设备、设施、工具、附件有缺陷
	2.1	设计不当，结构不符合安全要求
		2.1.1 通道门遮挡视线
		2.1.2 制动装置有缺陷
		2.1.3 安全间距不够
		2.1.4 拦车网有缺陷
		2.1.5 工件有锋利倒棱、毛刺毛边
		2.1.6 其他
	2.2	强度不够
		2.2.1 机械强度不够
		2.2.2 绝缘强度不够
		2.2.3 起吊重物的绳索不符合安全要求
		2.2.4 其他
	2.3	设备在非正常状态下运行
		2.3.1 设备带“病”运转
		2.3.2 超负荷运转
		2.3.3 其他
	2.4	维修、调正不良
		2.4.1 设备失修
		2.4.2 地面不平
		2.4.3 保养不当、设备失灵
		2.4.4 其他
3		个人防护用品用具——防护鞋、手套、护目镜及面罩、呼吸器官护具、听力护具、安全带、安全帽、安全鞋等缺少或有缺陷
	3.1	无个人防护用品，用具不符合要求
	3.2	所用防护用品、用具不符合安全要求
4		生产（施工）场地环境不良
	4.1	照明光线不良
		4.1.1 照度不足
		4.1.2 作业场地烟雾弥漫视物不清
		4.1.3 光线过强
	4.2	通风不良
		4.2.1 无通风
		4.2.2 通风系统效率低
		4.2.3 风流短路
		4.2.4 停电停风时放炮作业
		4.2.5 瓦斯排放未达到安全浓度放炮作业
		4.2.6 瓦斯超限
		4.2.7 其他
	4.3	作业场所狭窄
	4.4	作业场所杂乱
		4.4.1 工具、制品、材料堆放不安全
		4.4.2 采伐时未开“安全道”
		4.4.3 迎门树、坐殿树、搭挂树未做处理
		4.4.4 其他
	4.5	交通线路的配置不当
	4.6	操作工序设计或配置不安全
	4.7	地面滑
		4.7.1 地面有油或其他液体
		4.7.2 冰雪覆盖
		4.7.3 地面有其他易滑物
	4.8	贮存方法不安全
	4.9	环境温度、湿度不当

作业环境的不安全条件主要表现为作业场所的缺陷和环境因素的缺陷，如表 6-1-3 所示。

表 6-1-3　作业环境缺陷分类表

类型	内容	类型	内容
作业场所的缺陷	没有确保通路	环境因素的缺陷	采光不良或有害光照
	工作场所间隔不足		通风不良或缺氧
	机械、装置、用具配置缺陷		温度过高或过低
	物体放置的位置不当		压力过高或过低
	物体堆积方式不当		湿度不当
	对意外的摆动防范不够		给排水不良
	信号缺陷		外部噪声
	标志缺陷		

管理缺陷的表现分类，如表 6-1-4 所示。

表 6-1-4　管理缺陷分类表

类　型	内　容
对物（含作业环境）性能控制的缺陷	设计、监测和不符合处置方面的缺陷
对人失误控制的缺陷	教育、培训、指示、雇用选择、行为监测方面的缺陷
工艺过程、作业程序的缺陷	工艺、技术错误或不当，无作业程序或作业程序有错误
用人单位的缺陷	人事安排不合理、负荷超限、无必要的监督和联络、禁忌作业等
对来自相关方（供应商、承包商等）风险管理的缺陷	合同签订、采购等活动中忽略了安全健康方面的要求
违反工效学原理	使用的机器不适合人的生理或心理特点

电力行业属于高风险行业，电力行业工作环境中有电力、转动机械、高温、高压、高空作业、化学有毒物质、锅炉压力容器、易燃易爆物品等危险源的大量存在，容易发生火灾、爆炸、触电、高处坠落、机械伤害、物体打击、泄漏、灼伤、电网故障、设备损害等危害事故。

俗话说：安全两天敌，违章和麻痹。造成事故发生的主要原因通常都是违章操作，而造成事故发生的常见心态有：侥幸心理、惰性心理、骄傲自大争强好胜、情绪波动思想反常、技术不熟遇险惊慌、盲目自信思想麻痹、盲目从众逆反心理。只要克服侥幸心理、遵照操作规程执行，安全事故是完全可以避免的。

知识链接二　职业病和职业健康

职业病是指劳动者在职业活动中，因接触有毒有害物质、放射性物质、不良气候条件、生物因素、不合理的劳动组织以及其他毒害而引起的疾病。可能导致职业病的各种危害称为职业病危害。职业病危害因素包括职业活动中存在的各种有害的物理性、化学性、生物性、人体功效心理性、劳动组织和作息制度以及在作业过程中产生的其他职业有害因素，如表 6-1-5 所示。

表 6-1-5　职业病危害因素分类表

分类		内　　容
物理性	噪声和振动	长期接触噪声又不佩戴有效的听觉保护器会导致耳聋；长期使用振动工具会令手部疼痛、麻痛，甚至影响工作能力
	振动光线	过亮、过暗、炫光及强烈光线对比，可引起眼睛疲劳、眼痛、头痛及头晕，甚至发生职业性眼病
	温度	高温下工作可能导致中暑；而在冻房内工作的人士，身体容易产生冻疮
	气压	加压隧道的工作人员及潜水员，当返回正常气压而无适当的减压时，可能会产生减压病。患者会关节疼痛，甚至头晕及呕吐等
	非电离辐射	电焊时产生的紫外线能损害眼睛，导致电光性眼炎。高温熔化的金属放出的红外线可引起热内障
	电离辐射	当身体接触过量电离辐射而无适当的防护措施时，便有可能患上白血病或皮肤癌等疾病
化学性	气体	例如沙井内的硫化氢、使用石油气的铲车放出的废气、影印机放出的臭氧有机溶剂、一氧化碳
	液体	例如使用的酸性清洁剂、印刷工人使用的白电油、实验室内使用的有毒试剂
	粉尘、烟雾	例如输煤产生的矽尘、烧焊产生的金属烟雾、电镀过程放出的酸雾
生物性	接触微生物	例如维修不当的通风系统冷却水塔，可能滋生及散播细菌，引起军团病
人体功效因素	不良的人体功效	例如工作台椅太高或太低、工具的设计令使用者采取不良的姿势、使用不适当的姿势做重复动作
心理因素	压力过大	致身心受损，例如焦虑、头痛、抑郁、胃溃疡及心脏病等

根据 2013 年新的《职业病防治法》，职业病共包括 10 类、130 项。这十类职业病包括尘肺、职业性放射性疾病、职业中毒、物理因素所致职业病、生物因素所致职业病、职业性皮肤病、职业性眼病、职业性耳鼻喉口腔疾病、职业性肿瘤和其他职业病。常见职业病及其预防措施如表 6-1-6 所示。

表 6-1-6　常见职业病及其预防措施

职业病名称	病因病症	预防方法
噪声性耳聋	耳聋是由于耳蜗内感受声音的毛细胞及微循环被过量噪声损害而导致的。听力损害程度与噪声强度和暴露时间有关。一般而言，长期暴露于超过 85 dB 的噪声，会对听力造成潜在的损害。 症状是耳鸣，听力衰退，甚至永久性耳聋。	佩戴合适的听觉保护器如耳塞、耳罩等； 学习有关预防噪声危害的方法； 定期体检。

续表

职业病名称	病因病症	预防方法
矽肺病	由于吸入矽尘多年后，肺部出现纤维化。 症状是呼吸紧促、胸闷、咳嗽以及肺部功能日渐衰退等。病情严重时，甚至轻微活动或休息时均可出现呼吸困难。	隔离和封闭工序，使用局部抽风、湿式作业等方法控制矽尘量及保持工作环境整洁； 减少接触暴露矽尘的机会； 定期健康检查； 采用呼吸防护设备。
职业性皮肤病	职业性皮肤病是由接触化学、物理或生物等危害因素而引起的皮肤病。 皮肤炎常局限于与致病物接触的部位，所有接触部位如手部及前臂等可能出现红斑、红疹、水泡、脱皮或因角化而爆裂。接触性皮肤炎通常在医治及停止接触刺激物后便会痊愈，一旦再接触时又会复发。	认识日常接触的化学品及其他刺激性物料的安全资料表； 减少直接接触刺激物，例如以刺激性较低的物料取代刺激性较高的物料； 避免再次接触曾经引起过敏的化学品； 保持工作场所整洁，尽快清理溢出的化学品或物料； 处理化学品或其他刺激物时必须先戴上适当的防护用品，包括手套、围裙、眼罩等； 工作后应立刻以中性清洁剂洗手或涂护肤霜； “定期健康检查”。
周围性多发神经炎	从工作环境中吸入过量正己烷的蒸气或皮肤接触含有正己烷的溶剂而导致。 症状是四肢肌肉可能会出现衰弱及麻痹的情况，从而引起行动困难或肌内萎缩、失去感觉、腱反射或反射减弱。正己烷亦可能影响中枢神经系统，令视觉及记忆力受损，周围性多发神经炎的康复期很长，而患者不一定能完全康复。	尽量使用不含正己烷或低正己烷成分的溶剂。 装置通风系统来控制工作环境的空气污染物。 接触化学品及溶剂的员工应使用正确的个人防护用品，如口罩、手套及呼吸器等。
中暑	人体不能适应高温而产生的一些病变。 因在热工作下暴露过度，人体之热负荷增加，或散热功能失效，产生热疲劳、热适应、热衰竭、热射病、热痉挛等病变。	使用隔热材料隔离发热源，以减少热量放出； 在热源的上方或适当部位，设置抽气系统； 加强通风设施； 设置舒适的休息区，并提供充足的食水； 某些特殊高温工作，员工须佩戴个人防护用具，如隔热手套、红外线反射面罩及加铝的反射衣等。

职业健康关系到劳动者的基本人权和根本利益，工伤事故和职业病对人民群众生命与健康的威胁长期得不到解决，累积到一定程度和突发震动性事件时，可能成为影响社会安全、稳定的因素，因此，预防职业病具有非常重要的意义。预防职业病要做到以下几点：第一，坚持以预防为主、防治结合的方针，实行分类、综合管理；第二，正确使用合格的职业病防护用品；第三，设置公告栏，公布职业病防治的规章制度、操作规程以及职业病危害的种类、后果、预防以及应急救治措施等内容；第四，有毒有害物质浓度较大的工作场所应设置报警装置，配置现场急救用品、冲洗设备、应急撤离通道和泄险区；第五，定期对职业病防护设备、应急救援设施和防护用品进行检查、维护、检测，确保其处于正常状态，不得擅自拆除或停止使用；第六，采用新工艺、新材料、新技术逐步替代职业病危害严重的技术、工艺、材料；第七，定期检查身体，进行员工技能培训和教育宣传。

个人防护是避免职业危害的最后一道防线。当工程或行政控制措施不可行时，或未能将风险降至可接受水平，或在装设及维修工程设备时，便需要使用个人防护用具。个人防护用具必须选择适当，要合乎标准及适用于当时的工作环境及针对的危害。劳动者应能正确地使用及保养用具，做到“我不伤害自己、我不伤害别人、我不被环境伤害”。

任务实施

建立学习小组，观看电力安全生产教育片，小组针对片中涉及的案例加以讨论，最后写出学习总结和心得。

【一体化学习任务书】

任务名称：__学习职业安全与健康知识__

姓名________　　　　所属活动小组________　　　　得分________

说明：请按照任务书的指令和步骤完成各项内容，课后交回任务书以便评价。

（1）观看电力安全生产教育片，小组针对片中涉及的案例加以讨论，找出不安全因素，并完成表 6-1-7。

表 6-1-7　“安全第一，生命无价”案例讨论之一

分类	不安全因素描述
人的不安全行为	
机物的不安全状态	
作业环境的不安全条件	
管理缺陷	

（2）观看电力安全生产教育片，小组针对片中涉及的案例加以讨论，找出潜在的职业病危险，说明判断理由，并完成表 6-1-8。

表 6-1-8　“安全第一，生命无价”案例讨论之二

职业病危险	判断理由

（3）学习后的心得体会。

通过本任务的学习，我知道了____

____

____

____。

(4) 对任务完成的过程进行自评，并写出今后的打算，完成表6-1-9。

表 6-1-9　评价表

自评标准	参与完成所有活动，自评为优秀；缺一个，为良好；缺两个为中等；其余为加油。
自评结果	
今后打算	

任务考核

目标	考核题目	配分	得分
知识点	1. 我国的安全生产方针是什么？安全生产的意义有哪些？	10	
	2. 什么是职业病？职业病的危害因素有哪些？什么是职业安全、职业病和职业健康？	20	
	3. 如何预防职业病？	15	
技能点	能初步判断现场人的不安全行为、机物的不安全状态、作业环境的不安全条件和管理缺陷。 能对教室、实训室、宿舍等生活和学习、工作场所进行不安全因素的判断，并进行隐患排除和缺陷管理。酌情打分。	30	
素养点	1. 是否遵守纪律及规程，不旷课、不迟到、不早退？ 旷课扣5分/次；迟到、早退扣2分/次；上课做与任务无关的事情扣2分/次；不遵守安全操作规程扣5分/次。	5	
	2. 是否以严谨认真的态度对待学习及工作？ 能认真积极参与任务，5分；能主动发现问题并积极解决，3分；能提出创新性建议，2分。	10	
	3. 是否能按时按质完成课前学习和课后作业？ 网络课程前置学习完成率达90%以上，5分；课后作业完成度高，5分。	10	
总　分		100	
教师评语			

巩固提升

一、多选题

1. 我国的安全生产方针是（　　）。

A. 安全第一　　B. 预防为主　　C. 多措并举　　D. 综合治理

2. 职业活动中的危害主要包括（　　）。

A. 人的不安全行为　　　　B. 机物的不安全状态

C. 作业环境的不安全条件　　　　D. 管理缺陷

二、判断题

1. 车间的灯光很强烈，有点刺眼，这属于管理缺陷。（　　）
2. 非紧急情况，安排连续工作 12 h，这属于管理缺陷。（　　）
3. 人休息时，坐在安全帽上，这属于机物的不安全状态。（　　）
4. 接触有微毒气体的工作，工厂未给工作人员配备防毒面具，这属于管理缺陷。（　　）
5. 非紧急情况，长期安排工作人员连续工作 10 h，这属于管理缺陷。（　　）
6. 安全帽上有划痕，这属于机物的不安全状态。（　　）
7. 物的不安全状态多数是由于人的不安全行为造成的。（　　）
8. 进入现场不戴安全帽，这属于人的不安全行为。（　　）

【案例警示】

不戴安全帽，人字梯上摔下死亡

一、事故经过

2000 年 8 月 3 日上午，某贸易公司进行室内装饰。装饰临时工李某对二楼平顶架板面的一只照明灯座进行移位，未戴安全帽，使用人字梯登高，因操作不慎坠落地面。当时李某起身并自认为没有受到伤害，便自己走上三楼洗脸后上床休息，中午 11 时 30 分，大家见他正在入睡，并有呼噜声，就没有叫醒他。但是，到下午 3 时再次去观望他时，任大家呼其名，也未见反应，这才拨打 120，送医院抢救，最终抢救无效死亡。

二、事故分析

李某本人违章操作，自认为室内高度不高，未采取任何防护措施，就登上人字梯作业，不慎从人字梯上坠落，造成事故。

作业现场未设看护人，认为平顶架板面上的照明灯座移位工作简单，忽视安全生产，也违反了禁止一人爬高作业的安全制度。

现场安全检查监督不力，李某登高作业未戴安全帽，没有及时制止，摔下后又未及时去医院诊断救治，造成死亡事故。

任务 6-2　认识触电

任务名称	认识触电	参考学时	4 h
任务引入	三月的一个大风天，某供电所工作班的 5 名工作人员正在执行线路检修任务。突然，电杆上的电线被风吹断掉在地上，正在进行准备工作的小李未发现此情况，扛着工具箱朝电杆走去，突然倒地。工作负责人王师傅发现此情景，大声喊道：“大家都别动，小李可能发生跨步电压触电了。”如果你是工作负责人，你会如何处理此种情况呢？		

续表

任务名称	认识触电	参考学时	4 h
任务要点	知识点：触电的定义、电流对人体的伤害类型、电击伤害的影响因素、人体的触电方式、发生触电事故的主要原因及规律、防止发生触电事故的措施。		
	技能点：能针对不同情况设计合理的防触电措施。		
	素质点：培养安全意识；树立安全第一、预防为主、综合治理的观念。		

知识链接一　触电及触电方式

常见的触电方式

在电能的生产、传输和使用过程中，如果人们不懂得电的安全知识、不采取可靠的防护措施或者违反有关的安全规程或规定，就可能发生人身触电事故。触电事故是较为常见的电气事故，其特征是突发性大、死亡率高，因此，触电事故是各个行业、人们生活乃至整个社会都应重视和预防的，也是电气安全技术工作的重点。各行各业要严格重视"安全第一、预防为主、综合治理"。

一、触电

人体触及带电体并形成电流通路，造成对人体的伤害称为触电。

电作用于人体的机理是一个很复杂的问题，其影响因素很多。对于同样的情况，不同的人产生的生理效应不尽相同，即使是同一个人，在不同的环境、不同的生理状态下，生理效应也不相同。通过大量的研究表明，电对人体的伤害主要来自电流。

电流流过人体时，电流的热效应会引起肌体烧伤、炭化，或在某些器官上产生损坏其正常功能的高温；肌体内的体液或其他组织会发生分解作用，从而使各种组织的结构和成分遭到严重的破坏；肌体的神经组织或其他组织因受到刺激而兴奋，内分泌失调，使人体内部的生物电遭到破坏；产生一定的机械外力引起肌体的机械性损伤。因此，电流流过人体时，人体会产生不同程度的刺麻、酸疼、打击感，并伴随不自主的肌肉收缩、心慌、惊恐等症状，伤害严重时会出现心律不齐、昏迷、心跳呼吸停止直至死亡的严重后果。

电流对人体的伤害可以分为两种类型，即电伤和电击。

1. 电伤

电伤是指由于电流的热效应、化学效应和机械效应对人体的外表造成的局部伤害，如电灼伤、电烙印、皮肤金属化等。

（1）电灼伤。电灼伤一般分为接触灼伤和电弧灼伤两种。接触灼伤发生在高压触电事故时，电流流过人体皮肤的进、出口处。一般进口处比出口处灼伤严重，接触灼伤的面积较小，但深度大，大多为三度灼伤，灼伤处呈现黄色或褐黑色，并可累及皮下组织、肌腱、肌肉及血管，甚至使骨骼呈现炭化状态，一般需要治疗的时间较长。

当发生带负荷误拉、合隔离开关及带地线合隔离开关时，所产生的强烈电弧都可能引起电弧灼伤，其情况与火焰烧伤相似，会使皮肤发红、起泡，组织烧焦、坏死。

（2）电烙印。电烙印发生在人体与带电体之间有良好接触的部位处。在人体不被电击的情况下，在皮肤表面留下与带电体接触时形状相似的肿块痕迹。电烙印边缘明显，颜色呈灰黄色，有时在触电后，电烙印并不立即出现，而在相隔一段时间后才出现。电烙印一般不发臭或化脓，但往往造成局部的麻木和失去知觉。

（3）皮肤金属化。皮肤金属化是由于高温电弧使周围金属熔化、蒸发并飞溅渗透到皮肤表面形成的伤害。皮肤金属化以后，表面粗糙、坚硬，金属化后的皮肤经过一段时间后方能自行脱离，对身体机能不会造成不良的后果。

电伤在不是很严重的情况下，一般无致命危险。

2. 电击

电击是指电流流过人体内部造成人体内部器官的伤害。当电流流过人体时会造成人体内部器官（如呼吸系统、血液循环系统、中枢神经系统等）发生生理或病理变化，工作机能紊乱，严重时会导致人体休克乃至死亡。

电击使人致死的原因有三个方面：①因流过心脏的电流过大、持续时间过长，引起“心室纤维性颤动”而致死；②因电流作用使人产生窒息而死亡；③因电流作用使心脏停止跳动而死亡。其中“心室纤维性颤动”致死所占比例最大。

电击是触电事故中后果最严重的一种，绝大部分触电死亡事故都是电击造成的。通常所说的触电事故，主要是指电击。

电击伤害的影响因素主要有以下几方面：

（1）电流强度及电流持续时间。当不同大小的电流流经人体时，往往有各种不同的感觉，通过的电流越大，人体的生理反应越明显，感觉也越强烈。按电流通过人体时的生理机能反应和对人体的伤害程度，可将电流分成以下三级。

①感知电流，是指人体能够感觉，但不遭受伤害的电流。感知电流通过人体时，人体有麻酥、灼热感。通过对人体直接进行的大量试验表明，对于不同的人、不同的性别，感知电流是不相同的。如取其平均值，成年男性的平均感知电流约为 1.1 mA，成年女性的平均感知电流约为 0.7 mA。

感知电流还和电流的频率有关，随着频率的增加，感知电流的数值将相应地增大。例如，对于男性来说，当频率从 50 Hz 增加到 5 000 Hz 时，感知电流将从 1.1 mA 增加到 7 mA。直流电对人体的伤害较轻，此时男性的感知电流为 5.2 mA，女性的感知电流约为 3.5 mA。

②摆脱电流，是指人体触电后，不需要任何外来帮助的情况下，能够自主摆脱的最大电流。摆脱电流通过人体时，人体除有麻酥、灼热感外，主要是疼痛、心律障碍感。摆脱电流是一项十分重要的安全指标，正常人在规定的时间内，反复经受摆脱电流，不会有严重的后果。

试验研究表明，成年男性的平均摆脱电流约为 16 mA，女性的为 10.5 mA。为安全起见，考虑多方面的因素，规定正常成年男性的允许摆脱电流为 9 mA，女性的为 6 mA。

③致命电流，是指人体触电后危及生命的电流。电击使人致死的主要原因是“心室纤维性颤动”，所以致命电流也称为心室颤动电流或致颤电流。

心室颤动电流与电流流过人体的路径和持续时间有着密切的关系。电流持续时间越长，电流对人体的危害越严重。这是因为时间越长，人体内积累的外能量越多，人体电阻因出汗及电流对人体组织的电解作用而变小，使伤害程度进一步增加；另外，人的心脏每收缩、舒张一次，中间约有 0.1 s 的间隙，在这 0.1 s 的时间内，心脏对电流最敏感，若电流在这一瞬间通过心脏，即使电流很小（几十毫安），也会引起心室颤动。显然，电流的持续时间越长，重合这段危险期的概率越大，危险性也越大。一般认为，工频电流 15~20 mA 以下及直流 50 mA 以下，对人体是安全的，但如果持续时间很长，即使电流小到 8~10 mA，也可能使人致命。表 6-2-1 列举了不同数值电流下人体的生理反应。

表 6-2-1　不同数值电流下人体的生理反应

电流数值	人体的生理反应	电流数值	人体的生理反应
小于 2 mA	仅仅可感知	20~50 mA	如通过胸部，呼吸有可能停止
2~8 mA	有麻木、刺痛及不适感，甚至发生疼痛性休克	50~100 mA	如接近心脏，易致心室纤维性颤动或心脏停搏
8~12 mA	肌肉痉挛并剧烈疼痛	100~200 mA	心脏停止跳动
12~20 mA	肌肉产生剧烈收缩，不能自主摆脱电源	大于 200 mA	严重烧伤

（2）人体电阻。人体触电时，流过人体的电流大小在接触电压一定时由人体的电阻决定，人体电阻越小，流过的电流则越大，人体所遭受的伤害也越大。

人体的不同部分（如皮肤、血液、肌肉及关节等）对电流呈现出一定的阻抗，即人体电阻。其大小不是固定不变的，它取决于许多因素，如接触电压、电流途径、持续时间、接触面积、温度、压力、皮肤厚薄及完好程度、潮湿、脏污程度等。总的来讲，人体电阻由体内电阻和表皮电阻组成。

①体内电阻，是指电流流过人体时，人体内部器官呈现的电阻。它的数值主要取决于电流的通路。当电流流过人体内的不同部位时，体内电阻呈现的数值不同。电阻最大的通路是从一只手到另一只手，或从一只手到另一只脚或双脚，这两种电阻基本相同；电流流过人体其他部位时，呈现的体内电阻都小于这两种电阻。一般认为，人体的体内电阻为 500 Ω 左右。

②表皮电阻，是指电流流过人体时，两个不同触电部位皮肤上的电阻和皮下导电细胞之间的电阻之和。表皮电阻随外界条件的不同而在较大范围内变化。当电流、电压、电流频率及持续时间、接触压力、接触面积、温度增加时，表皮电阻会下降；当皮肤受伤甚至破裂时，表皮电阻会随之下降，甚至降为零。可见，人体电阻是一个变化范围较大，且取决于许多因素的变量，只有在特定条件下才能测定。不同条件下的人体电阻见表 6-2-2，一般情况下，人体电阻可按 1 000~2 000 Ω 考虑，在安全程度要求较高的场合，人体电阻可按不受外界因素影响的体内电阻（500 Ω）来考虑。

表 6-2-2　不同条件下的人体电阻

作用于人体的电压/V	人体电阻/Ω			
	皮肤干燥	皮肤潮湿	皮肤湿润	皮肤浸入水中
10	7 000	3 500	1 200	600
25	5 000	2 500	1 000	500
50	4 000	2 000	875	440

续表

作用于人体的电压/V	人体电阻/Ω			
	皮肤干燥	皮肤潮湿	皮肤湿润	皮肤浸入水中
100	3 000	1 500	770	375
250	2 000	1 000	650	325

注：1. 表内数值的前提：电路为基本通路，接触面积较大；2. 皮肤潮湿相当于有水或汗痕；3. 皮肤湿润相当于有水蒸气或特别潮湿的场合；4. 皮肤浸入水中相当于游泳池内或浴池中，基本上是体内电阻；5. 此表数值为大多数人的平均值。

（3）作用于人体的电压。作用于人体的电压对流过人体电流的大小有直接的影响。当人体电阻一定时，作用于人体的电压越高，则流过人体的电流越大，其危险性也越大。实际上，流过人体电流的大小，也并不与作用于人体的电压成正比。由表6-2-2可知，随着作用于人体电压的升高，人体电阻下降，导致流过人体的电流迅速增大，对人体的伤害也就更加严重。

（4）电流路径。电流流过人体的路径不同，使人体出现的生理反应及对人体的伤害程度是不同的。电流流过心脏、脊椎和中枢神经系统等要害部位时，伤害程度严重，特别是心脏，是人体最软弱的器官，其危害性最大。试验表明，同样大小的电流流过人体的路径不同时，流过心脏的电流大小不相同，由此造成的电击危险性也不相同。人体内不同电流路径对心脏电流的影响，可由心脏电流系数表示。心脏电流系数是指从左手到双脚的心室颤动电流与任一电流路径的心室颤动电流的比值。不同电流路径的心脏电流系数见表6-2-3。

表6-2-3 不同电流路径的心脏电流系数

电流路径	心脏电流系数	电流路径	心脏电流系数
左手至左脚、右脚或双脚；双手至双脚	1.0	背部至左手	0.7
左手至右手	0.4	胸部至右手	1.3
右手至左脚、右脚或双脚	0.8	胸部至左手	1.5
背部至右手	0.3	臂部至左手、右手或双手	0.7

由表6-2-3可以看出，胸部至左手是最危险的电流路径；其次是胸部至右手。对经常发生触电的四肢来说，左手至左脚、右脚或双脚是最危险的电流路径；脚至脚的电流路径偏离心脏较远，从心脏流过的电流小，但也不能忽视，不能说没有危险。例如，由跨步电压而造成的触电，开始也是经过两脚，但由于痉挛而摔倒，电流就会流过其他重要部位，同样会造成严重的后果。

（5）电流种类及频率的影响。电流种类不同，对人体的伤害程度则不一样。当电压在250~300 V以内时，触及频率为50 Hz的交流电，比触及相同电压的直流电的危险性大3~4倍。不同频率的交流电对人体的影响也不相同。通常，50~60 Hz的交流电，对人体危险性最大。低于或高于此频率的电流对人体的伤害程度要显著减轻。但高频率的电流通常以电弧的形式出现，因此有灼伤人体的危险。

（6）人体状态的影响。电流对人体的作用与人的年龄、性别、身体及精神状态有很大的关系。一般情况下，女性比男性对电流敏感，小孩比成人敏感。在同等的触电情况下，妇女和小孩更容易受到伤害。此外，患有心脏病、精神病、结核病、内分泌器官疾病或酒醉的人，因触电造成的伤害都将比正常人严重；相反，一个身体健康、经常从事体力劳动和体育锻炼的人，由触电引起的后果相对会轻一些。

二、人体的触电方式

人体的触电方式有直接触电和间接触电及与带电体的距离小于安全距离的触电。

1. 直接触电

人体与带电体的直接接触触电可分为单相触电和两相触电。

（1）单相触电。人体接触三相电网中带电体中的某一相时，电流通过人体流入大地，这种触电方式称为单相触电。

电网可分为大接地短路电流系统和小接地短路电流系统。由于这两种系统中性点的运行方式不同，发生单相触电时，电流经过人体的路径及大小就不一样，触电危险性也不相同。

①中性点直接接地系统的单相触电。以 380 V/220 V 的低压配电系统为例，当人体触及某一相导体时，相电压作用于人体，电流经过人体、大地、系统中性点接地装置、中性线形成闭合回路，如图 6-2-1（a）所示。由于中性点接地装置的电阻 R_0 比人体电阻小得多，则相电压几乎全部加在人体上。设人体电阻 R_r 为 1 000 Ω，电源相电压 U_{ph} 为 220 V 时，则通过人体的电流 I_r 约为 220 mA，足以使人致命。一般情况下，人脚上穿有鞋子，有一定的限流作用；人体与带电体之间以及站立点与地之间也有接触电阻，所以实际电流较 220 mA 要小，因此人体触电后，有时可以摆脱。但人体触电后由于遭受电击的突然袭击，慌乱中易造成二次伤害事故（例如空中作业触电时摔到地面等）。所以电气工作人员工作时应穿合格的绝缘鞋，在配电室的地面上应垫有绝缘橡胶垫，以防止触电事故的发生。

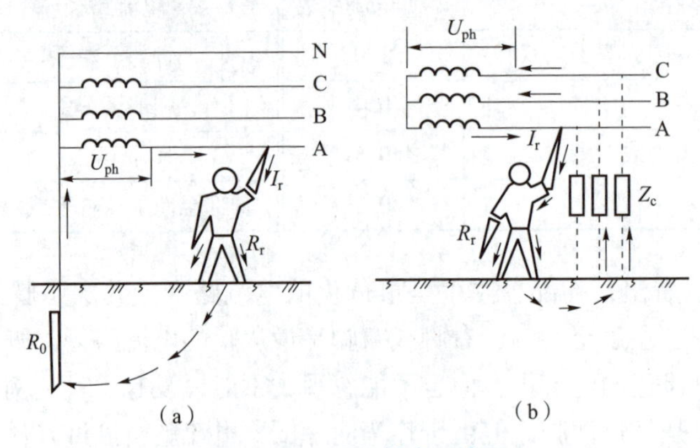

图 6-2-1　单相触电示意图

（a）中性点直接接地系统的单相触电；（b）中性点不接地系统的单相触电

②中性点不接地系统的单相触电。如图 6-2-1（b）所示，当人站立在地面上，接触到该系统的某一相导体时，由于导线与地之间存在对地阻抗 Z_c（由线路的绝缘电阻 R 和对地电容 C 组成），则电流以人体接触的导体、人体、大地、另外两相导线对地阻抗 Z_c 构成回路，通过人体的电流与线路的绝缘电阻及对地电容的数值有关。在低压系统中，对地电容 C 很小，通过人体的电流主要取决于线路的绝缘电阻 R。正常情况下，R 相当大，通过人体的电流很小，一般不致造成对人体的伤害；但当线路绝缘下降，R 减小时，单相触电对人体的

危害仍然存在。而在高压系统中，线路对地电容较大，则通过人体的电容电流较大，将危及触电者的生命。

（2）两相触电。当人体同时接触带电设备或线路中的两相导体时，电流从一相导体经人体流入另一相导体，构成闭合回路，这种触电方式称为两相触电，如图 6-2-2 所示。此时，加在人体上的电压为线电压，它是相电压的$\sqrt{3}$倍。通过人体的电流与系统中性点的运行方式无关，其大小只取决于人体电阻和人体与相接触的两相导体的接触电阻之和。因此，它比单相触电的危险性更大，例如，380 V/220 V 低压系统线电压为 380 V，设人体电阻 R_r 为1 000 Ω，则通过人体的电流 I_r 可达 380 mA，足以致人死亡。电气工作中两相触电多在带电作业时发生，由于相间距离小，安全措施不周全，使人体直接或通过作业工具同时触及两相导体，造成两相触电。

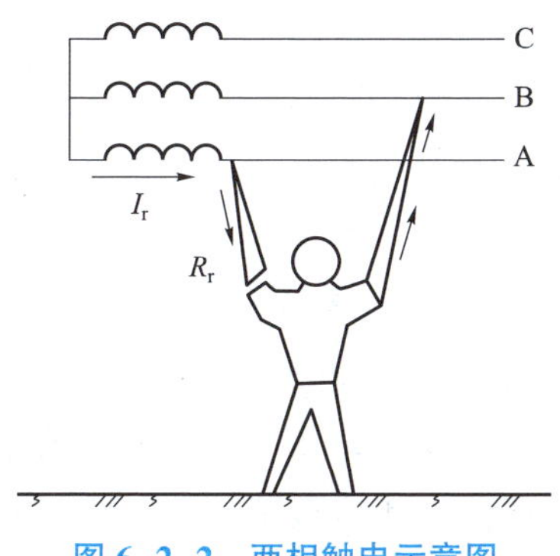

图 6-2-2　两相触电示意图

2. 间接触电

间接触电是由于电气设备绝缘损坏发生接地故障，设备金属外壳及接地点周围出现对地电压引起的。它包括跨步电压触电和接触电压触电。

（1）跨步电压触电。当电气设备或载流导体发生接地故障时，接地电流将通过接地体流向大地，并在大地中的接地体周围作半球形的散流，如图 6-2-3 所示。

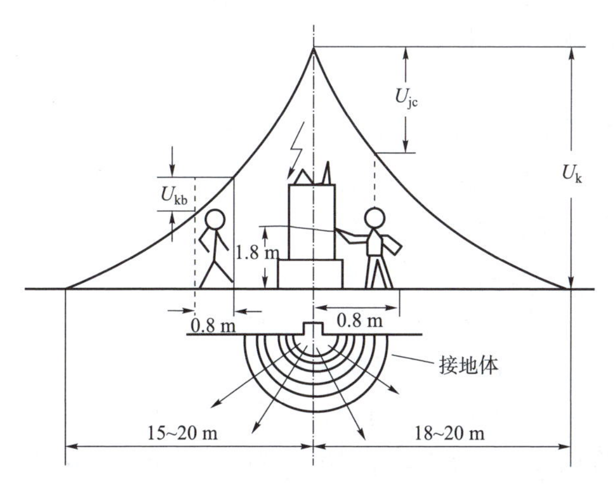

图 6-2-3　接地电流的散流场、地面电位分布示意图

U_k—接地短路电压；U_{jc}—接触电压；U_{kb}—跨步电压

在以接地故障点为球心的半球形散流场中，靠近接地点处的半球面上，电流密度线密，离开接地点的半球面上的电流密度线疏，且越远越疏；另外，靠近接地点处的半球面的截面积较小，电阻大；离开接地点处的半球面面积大，电阻减小，且越远电阻越小。因此，在靠近接地点处沿电流散流方向取两点，其电位差比远离接地点处同样距离的两点间的电位差大，当离开接地故障点 20 m 以外时，这两点间的电位差即趋于零。

将两点之间的电位差为零的地方称为电位的零点，即电气上的“地”。显然，该接地体周围，对“地”而言，接地点处的电位最高为 U_k，离开接地点处，电位逐步降低，其电位分布呈伞形下降，此时，人在有电位分布的故障区域内行走时，其两脚之间（一般为 0.8 m 的距离）呈现出电位差，此电位差称为跨步电压 U_{kb}，如图 6-2-3 所示。

由跨步电压引起的触电叫跨步电压触电。由图 6-2-3 可见，在距离接地故障点 8~10 m 以内，电位分布的变化率较大，人在此区域内行走，跨步电压高，就有触电的危险；在离接地故障点 8~10 m 以外，电位分布的变化率较小，人的一步之间的电位差较小，跨步电压触电的危险性明显降低。人在受到跨步电压的作用时，电流将从一只脚经腿、胯部、另一只脚与大地构成回路，虽然电流没有通过人体的全部重要器官，但当跨步电压较高时，触电者脚发麻、抽筋，跌倒在地，跌倒后，电流可能会改变路径（如从手至脚）而流经人体的重要器官，使人致命。因此，发生高压设备、导线接地故障时，在室内人不得接近接地故障点 4 m 以内（因室内狭窄，地面较为干燥，离开 4 m 之外一般不会遭到跨步电压的伤害），室外不得接近距故障点 8 m 以内。如果要进入此范围内工作，为防止跨步电压触电，进入人员应穿绝缘鞋。

当电流流过避雷针或者避雷器而动作时，其接地体周围的地面也会出现伞形电位分布，同样会发生跨步电压触电。

（2）接触电压触电。在正常情况下，电气设备的金属外壳是不带电的，由于绝缘损坏，设备漏电，使设备的金属外壳带电。接触电压是指人触及漏电设备的外壳，加于人手与脚之间的电位差 U_{jc}（脚距漏电设备 0.8 m，手触及设备处距地面垂直距离 1.8 m），如图 6-2-3 所示由接触电压引起的触电称为接触电压触电。

若设备的外壳不接地，在此接触电压下的触电情况与单相触电情况相同；若设备外壳接地，则接触电压为设备外壳对地电位与人站立点的对地电位之差，如图 6-2-3 所示。当人需要接近漏电设备时，为防止接触电压触电，应戴绝缘手套、穿绝缘鞋。

3. 与带电体的距离小于安全距离的触电

当人体与带电体（特别是高压带电体）的空气间隙小于一定的距离时，虽然人体没有接触带电体，也可能发生触电事故。这是因为空气间隙的绝缘强度是有限度的，当人体与带电体的距离足够近时，人体与带电体间的电场强度将大于空气的击穿场强，空气将被击穿，带电体对人体放电，并在人体与带电体间产生电弧，此时人体将受到电弧灼伤及电击的双重伤害。这种与带电体的距离小于安全距离的弧光放电触电事故多发生在高压系统中。此类事故的发生，大多是工作人员误入带电间隔，误接近高压带电设备所造成。因此，为防止这类事故的发生，国家有关标准规定了不同电压等级的最小安全距离，工作人员距带电体的距离不允许小于此距离值。设备不停电时的安全距离见表 6-2-4。

表 6-2-4 设备不停电时的安全距离

电压等级/kV	安全距离/m	电压等级/kV	安全距离/m
10 及以下（13.8）	0.70	750	7.20*
20、35	1.00	1 000	8.70
63(66)、110	1.50	±50 及以下	1.50
220	3.00	±500	6.00
330	4.00	±660	8.40
500	5.00	±800	9.30

注：未列电压等级的安全距离可按高一档电压等级安全距离选用。

* 该数据是按海拔 2 000 m 校正的，其他等级数据按海拔 1 000 m 校正。

知识链接二 防止发生触电事故的措施

一、发生触电事故的主要原因及规律

1. 触电原因

造成人身触电事故的原因很多，但归纳起来大致有以下几方面。

（1）缺乏电气安全知识。攀爬高压线杆及高压设备；在架空线附近放风筝；用手错抓误碰不明导线；低压架空线路断线后不停电时，用手接触；在安全措施不完善时带电作业；中性线作地线使用；带电体任意裸露，随意摆弄电器；没有经过电工专业培训，进行电器的安装、接线、私拉乱接等造成本人和他人的触电事故。

（2）违反操作规程。带电拉合隔离开关或跌落式熔断器；在高压线路下违章建筑施工；带电进行线路或电气设备的操作而又未采取必要的安全措施；误入带电间隔，误登带电设备；带电修理电动工具；带电移动电气设备；不遵守安全规章规程，违章操作或约时停、送电；抢救触电者时，用手直接拉伤员，从而使救护人员触电等。

（3）设备不合格。高低压线路安全距离不够；电力线路与通信线路同杆近距离架设；用电设备进出线绝缘破坏或没有进行绝缘处理，导致设备外壳带电；设备超期使用绝缘老化等。

（4）维修管理不善。架空线断线未及时处理；设备损坏没有及时更换；临时线路不按规定装设或不装设保护装置等。

2. 触电事故的规律

通过对触电死亡事故统计材料的分析，可以大致总结出以下几方面的规律性。

（1）触电事故的发生与季节有关。人身触电事故大多发生在 6 月、7 月、8 月，这三个月发生的触电死亡事故，一般占全年的 65%～70%。这是因为夏季天气潮湿多雨，使电气设备的绝缘性能下降，而且人体也因天热多汗，绝缘电阻下降，特别是在人们赤足或只穿布鞋，在地面较为潮湿的情况下，由于地面导电性好，从而增加了人身触电的可能性。

（2）触电事故多发生在低压电气设备上。统计数字表明，在 380 V 及以下供用电系统中发生的触电事故约占全部事故的 80%以上，可见低压触电事故占绝大多数。主要原因是

由于低压电气设备分布很广，人们与其接触机会较多而造成的，所以对低压电气设备要经常进行维修和检查，以防止事故的发生。

(3) 触电事故多发生在缺乏电气基本知识的人员身上。某地区的统计资料表明，两年内发生的20次触电事故中，由于缺乏电气基本知识而造成触电死亡的共17次，占全部事故的80%以上。

(4) 触电事故与工作环境和生产性质有一定的关系。按生产行业分类，冶金、矿业、建筑施工、机械等部门的触电事故较多。统计资料表明，这些行业的触电事故约占全部触电事故的50%以上。

此外，从触电方式上看，单相触电事故和人体的某一部位触及一相带电导体所造成的触电事故占绝大多数。

由于发生触电时，电流大部分或全部从人体内部通过，故触电受伤者的外观烧伤情况一般并不严重，大多只留下几处放电斑点，这也是触电的另一个特点。

二、防止人身触电的技术措施

防止触电的措施

防止人身触电最根本的是对电气工作人员或用电人员进行安全教育和管理，做到思想重视、措施落实和组织保证，严格执行有关安全用电和安全工作规程，防患于未然。同时，对设备本身或工作环境采取一定的技术措施也是行之有效的办法。

防止人身触电的技术措施包括绝缘和屏护措施，在容易触电的场合采用安全电压，电气设备进行安全接地，采用剩余电流保护装置等。

(一) 绝缘和屏护

将带电体进行绝缘，以防止与带电部分有任何接触的可能，是防止人身直接触电的基本措施之一。任何电气设备和装置，都应根据其使用环境和条件，对带电部分进行绝缘防护。绝缘性能都必须满足该设备国家现行的绝缘标准，并能耐受运行中容易受到的电、热、化学及机械力等的作用。为保证人身安全，一方面要选用合格的电气设备或导线；另一方面要加强设备检查，掌握设备绝缘性能，发现问题及时处理，防止发生触电事故。

电气工作人员在工作中应尽可能停电操作，操作前要验电，防止突然来电，并与附近没停电的设备保持安全距离。如确实需要在低压情况下带电工作，要遵守带电作业的相关规定。在绝缘站台、绝缘垫上工作时，穿绝缘鞋、戴绝缘手套，使用有绝缘手柄的工具等都是防止人体接入电流回路、电流流过人体发生触电的绝缘措施。

屏护就是用遮栏、护罩、护盖等将带电体隔离，防止工作人员无意识地触及或过分接近带电体。在屏护上应有醒目的带电标识，使人认识到越过屏护会有触电危险而不故意触及。屏护应牢固地固定在应有的位置上，有足够的稳定性和持久性，与带电体之间保持足够的安全距离。需要移动或打开屏护时，必须使用钥匙等专用工具，还应有可靠的闭锁，保证在供电确已切断、设备无电的情况下才能打开屏护，屏护恢复后方可恢复供电。这些都能防止人体直接接触带电体而造成直接触电。

(二) 采用安全电压

在人们容易触及带电体的场所，动力、照明电源采用安全电压，是防止人体触电的重要措施之一。

安全电压是为防止触电事故而采用的由特定电源供电的电压系列。通过人体的电流取决于加于人体的电压和人体电阻，安全电压就是根据人体允许通过的电流（30 mA）与人体电阻（1 700 Ω）的乘积为依据确定的。我国规定的安全电压额定值是交流 42 V、36 V、24 V、12 V、6 V，空载交流电压的最大值是 50 V，直流安全电压的上限是 72 V。

采用安全电压可有效地防止触电事故的发生，但由于工作电压降低，要传输一定的功率，工作电流就必须增大，这就要求增加低压回路导线的截面积，从而又使投资费用增加。一般安全电压只适用于小容量的设备，如行灯、机床局部照明灯及危险度较高的场所中使用的电动工具等。采用安全电压的电气设备、用电电器应根据使用场所的环境、使用方式和人员因素等，选用国家标准规定的不同等级的安全电压额定值。如手提式照明灯、安全灯、危险环境的携带式电动工具，在无特殊的安全结构和安全措施情况下，应采用 36V 安全电压；在金属容器内、隧道内、矿井内等工作地点，以及较狭窄、有金属导体管板或金属壳体、粉尘多或潮湿环境使用的手提式照明灯，应采用 24 V 或 12 V 安全电压。安全电压等级系列不适用于水下等特殊场所，也不适用于插入人体内部的带电医疗设备。

采用降压变压器（即行灯变压器）取得安全电压时，必须采用双绕组变压器而不能采用自耦变压器，以使一、二次绕组之间只有电磁耦合而不直接发生电的联系。此外，安全电压的供电网络必须有一点接地（中性线或某一相线），以防止电源电压偏移引起触电危险。

采用安全电压并不意味着绝对安全。如人体在汗湿、皮肤破裂等情况下长时间触及电源，也可能发生电击伤害。当电气设备电压超过 24 V 安全电压等级时，还要采取防止直接接触带电体的保护措施。另外，由于电流刺激，要采取措施预防可能引起的高空坠落、摔倒等二次性伤害事故。

（三）安全接地

安全接地包括电气设备外壳（或构架）保护接地、保护接中性线或中性线重复接地，是防止接触电压触电和跨步电压触电的根本方法。

1. 保护接地

保护接地是将一切正常时不带电而在绝缘损坏时可能带电的金属部分（如各种电气设备的金属外壳、配电装置的金属构架等）与独立的接地装置相连，从而防止工作人员触及时发生触电事故。它是防止接触电压触电的一种技术措施。

保护接地是利用接地装置足够小的接地电阻值，降低故障设备外壳可导电部分对地电压，减小人体触及时流过人体的电流，达到防止接触电压触电的目的。

保护接地分中性点不接地系统的保护接地和中性点直接接地系统的保护接地。

（1）中性点不接地系统的保护接地。在中性点不接地系统中，如果用电设备一相绝缘损坏，那么外壳将会带电。如果设备外壳没有接地，如图 6-2-4（a）所示，则设备外壳上将长期存在着电压（接近于相电压），当人体触及电气设备外壳时，就有电流流过人体，其值为：

$$I_r = \frac{3U_{ph}}{|3R_r + Z_c|} \tag{6-2-1}$$

接触电压为：

$$U_{jc} = \frac{3U_{ph}R_r}{|3R_r + Z_c|} \tag{6-2-2}$$

式中 I_r——流过人体的电流（A）；

U_{jc}——作用于人体的接触电压（V）；

R_r——人体电阻（Ω）；

Z_c——电网对地绝缘阻抗（Ω）；

U_{ph}——系统运行相电压（V）。

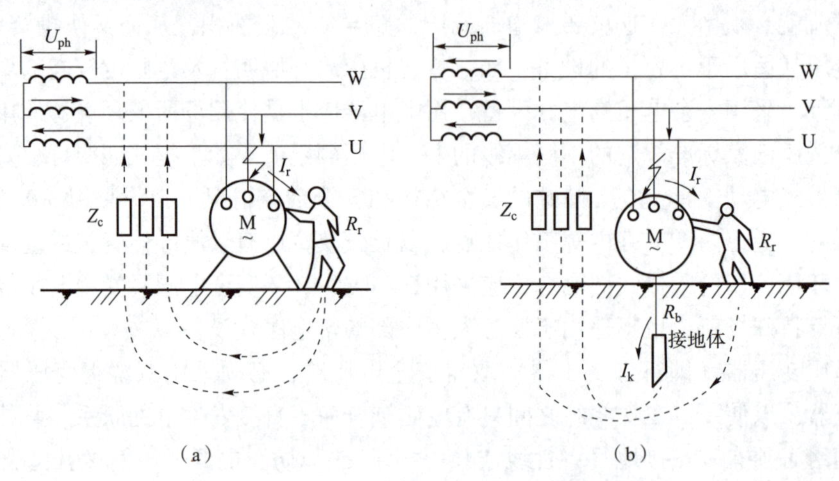

图 6-2-4　中性点不接地系统的保护接地原理

（a）没采用保护接地时；（b）采用保护接地时

但若采用保护接地，如图 6-2-4（b）所示，保护接地电阻 R_b 与人体电阻 R_r 并联，由于 $R_b \ll R_r$，设备对地电压及流过人体的电流可近似为：

$$U_{jc}=\frac{3U_{ph}R_b}{|3R_b//R_r+Z_c|}\approx\frac{3U_{ph}R_b}{|3R_b+Z_c|} \tag{6-2-3}$$

$$I_r=\frac{U_{jc}}{R_r}=\frac{3U_{ph}R_b}{|3R_b+Z_c|R_r} \tag{6-2-4}$$

式中，R_b 为保护接地电阻（Ω）。

比较式（6-2-1）与式（6-2-2），由于 Z_c 远大于式（6-2-3）中 R_r、R_b，所以其分母近似相等；而分子 R_b 因远小于 R_r，使得接地后对地电压大幅降低。同样由式（6-2-1）与式（6-2-4）得知，保护接地后，人体触及设备外壳时流过的电流也大幅降低。由此可见，只要适当地选择即可避免人体触电。

例如，220 V/380 V 中性点不接地系统，对地阻抗 Z_c 取绝缘电阻 7 000 Ω，有设备发生单相碰壳。若没有保护接地，有人触及该设备外壳，人体电阻 R_r 为 1 000 Ω，则流过人体的电流约为 66 mA；但如果该设备有保护接地，接地电阻 $R_b=4$ Ω，则流过人体的电流约为 0. 26 mA，显然，该电流不会危及人身安全。

同样，即使在 6~10 kV 中性点不接地系统中，若采用保护接地，尽管其电压等级较高，也能减小设备发生碰壳而人体触及设备时流过人体的电流，减小触电的危险性，如果进一步采取相应的防范措施，增大人体回路的电阻，例如人脚穿胶鞋，也能将人体电流限制在 50 mA 之内，保证人身安全。

（2）中性点直接接地系统的保护接地。在中性点直接接地系统中，若不采用保护接地，当人体接触一相碰壳的电气设备时，人体相当于发生单相触电，如图 6-2-5（a）所示，流过人体的电流及接触电压为：

$$I_r = \frac{U_{ph}}{R_r + R_0} \tag{6-2-5}$$

$$U_{jc} = \frac{U_{ph}}{R_r + R_0} R_r \tag{6-2-6}$$

式中 R_0——中性点接地电阻（Ω）；

U_{ph}——电源相电压（V）。

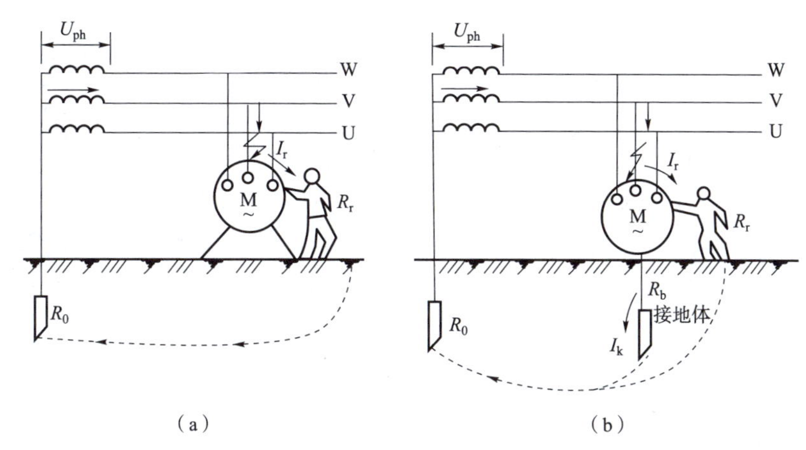

图 6-2-5 中性点直接接地系统保护接地原理

（a）无保护接地时；（b）有保护接地时

以 380 V/220 V 低压系统为例，若人体电阻 $R_r = 1\ 000\ \Omega$，$R_0 = 4\ \Omega$，则流过人体的电流 $I_r \approx 220$ mA，作用于人体的电压 $U_{jc} \approx 220$ V，足以使人致命。

若采用保护接地，如图 6-2-5（b）所示，电流将经人体电阻 R_r 和设备接地电阻 R_b 的并联支路、电源中性点接地电阻、电源形成回路，设保护接地电阻 $R_b = 4\ \Omega$，流过人体的电流及接触电压为：

$$I_r = \frac{U_{jc}}{R_r} = \frac{U_{ph}}{R_r} \frac{R_b}{R_b + R_0} \approx 110\ (\text{mA}) \tag{6-2-7}$$

$$U_{jc} = I_k R_b = U_{ph} \frac{R_b}{R_0 + R_b // R_r} \approx U_{ph} \frac{R_b}{R_0 + R_b} = 110\ (\text{V}) \tag{6-2-8}$$

110 mA 的电流虽比未装保护接地时的小，但对人身安全仍有致命的危险。所以，在中性点直接接地的低压系统中，电气设备的外壳采用保护接地，仅能减轻触电的危险程度，并不能保证人身安全；在高压系统中，其作用就更小。

2. 保护接中性线及中性线重复接地

（1）保护接中性线。在中性点直接接地的低压供电网络中，一般采用的是三相四线制的供电方式。将电气设备的金属外壳与电源（发电机或变压器）接地中性线做金属性连接，这种方式称为保护接中性线，如图 6-2-6 所示。

采用保护接中性线时，当电气设备某相绝缘损坏碰壳，接地短路电流流经短路线和接地中性线构成回路。由于接地中性线阻抗很小，接地短路电流 I_k 较大，足以使线路上（或电源处）的自动断路器或熔断器以很短的时限将设备从电网中切除，使故障设备停电。另外，人体电阻远大于接中性线回路中的电阻，即使在故障未切除前，人体接触到故障设备外壳时，接地短路电流几乎全部通过接中性线回路，也使流过人体的电流接近于零，确保人身的安全。

（2）中性线的重复接地。运行经验表明，在保护接中性线的系统中，只在电源的中性点处接地还是不够安全的，为了防止接地中性线的断线而失去保护接中性线的作用，还应在中性线的一处或多处通过接地装置与大地连接，即中性线的重复接地，如图 6-2-7 所示。

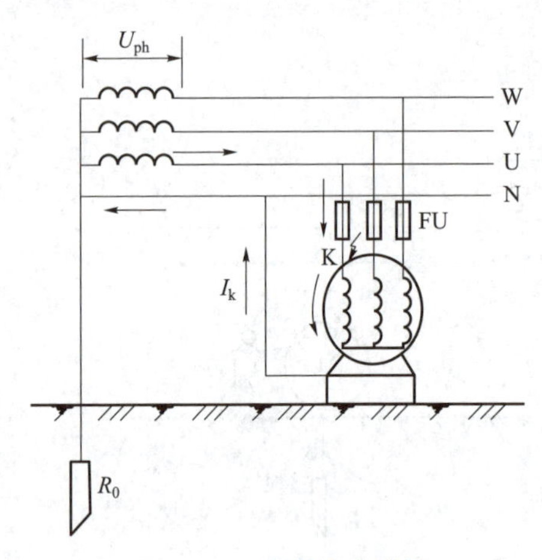

图 6-2-6 保护接中性线

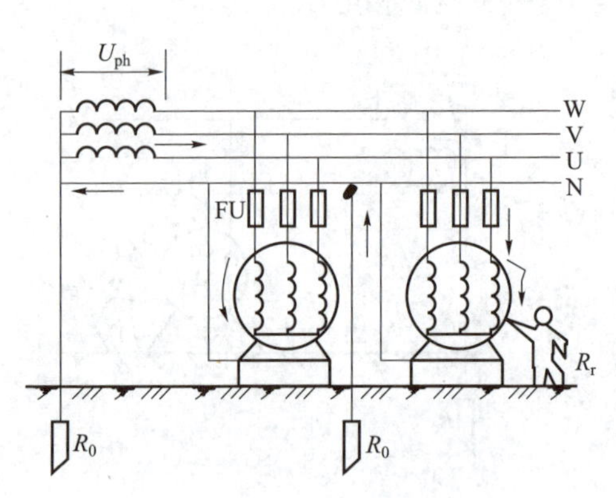

图 6-2-7 中性线的重复接地

在保护接中性线的系统中，若中性线不重复接地，当中性线断线时，只有断线处之前的电气设备的保护接中性线才有作用，人身安全得以保护；在断线处之后，当设备某相绝缘损坏碰壳时，设备外壳带有相电压，仍有触电的危险。即使相线不碰壳，在断线处之后的负载群中，如果出现三相负载不平衡（如一相或两相断开），也会使设备外壳出现危险的对地电压，危及人身安全。

采用了中性线重复接地后，若中性线断线，断线处之后的电气设备相当于进行了保护接地，其危险性相对减小。

3. 安全接地的注意事项

电气设备的保护接地、保护接中性线及中性线重复接地都是为了保证人身安全，所以统称为安全接地。为了使安全接地切实发挥作用，应注意以下问题。

（1）在同一系统（同一台变压器或同一台发电机供电的系统）中，只能采用一种安全接地的保护方式，即不可一部分设备采用保护接地，一部分设备采用保护接中性线，否则当保护接地的设备一相漏电碰壳时，接地电流经保护接地体、电流中性点接地体构成回路，使中性线带上危险电压，危及人身安全。

（2）将接地电阻控制在允许范围之内。例如：低压电气设备及变压器的接地电阻不大于4 Ω；当变压器总容量不大于 100 kV · A 时，接地电阻不大于 10 Ω；重复接地的接地电阻每处不大于 10 Ω；对变压器总容量不大于 100 kV · A 的电网，每处重复接地的电阻不大于 30 Ω，且重复接地不应少于三处；高压和低压电气设备共用同一接地装置时，接地电阻不大于 4 Ω 等。

（3）中性线的主干线不允许装设开关或熔断器。

（4）各设备的保护接中性线不允许串接，应各自与中性线的干线直接相连。

（5）在低压配电系统中，不准将三孔插座上接电源中性线的孔与接地线的孔串接，否则中性线松掉或折断后，就会使设备金属外壳带电；若中性线和相线接反，也会使外壳带上危险电压。

4. 保护接地和接中性线的应用范围

供配电系统中的下列设备和部件需要采用接地或接中性线来保护。

（1）电机、变压器、断路器和其他电气设备的金属外壳或基础。

（2）电气设备的传动装置。

（3）互感器的二次绕组。

（4）屋内外配电装置的金属或钢筋混凝土构架。

（5）配电盘、保护盘和控制盘的金属框架。

（6）交、直流电力和控制电缆的金属外皮，电力电缆接头的金属外壳和穿线钢管等。

（7）居民区中性点非直接接地架空电力线路的金属杆塔和钢筋混凝土杆塔或构架。

（8）带电设备的金属护网。

（9）配电线路杆塔上的配电装置、断路器和电容器等的金属外壳。

（四）采用剩余电流保护装置

剩余电流保护装置是指电路中带电导体对地故障所产生的剩余电流超过规定值时，能够自动切断电源或报警的保护装置，包括各类剩余电流动作保护功能的断路器、移动式剩余电流动作保护装置和剩余电流动作电气火灾监控系统、剩余电流继电器及其组合电器等。在低压电网中安装剩余电流保护装置是防止人身触电、电气火灾及电气设备损坏的一种有效的防护措施。国际电工委员会通过制定相应的规程，在低压电网中大力推广使用剩余电流保护装置。

对于触电的保护装置，我国经历了由电压动作型到电流动作型的发展过程，目前我国使用的保护装置都是电流动作型的，即剩余电流保护装置。

1. 剩余电流保护装置的工作原理

剩余电流保护装置的工作原理如图 6-2-8 所示。在电路中没有发生人身触电、设备漏电、接地故障时，通过剩余电流保护装置电流互感器一次绕组电流的相量和等于零，即：

$$\dot{I}_{L1}+\dot{I}_{L2}+\dot{I}_{L3}+\dot{I}_{N}=0$$

则电流 $\dot{I}_{L1}$、$\dot{I}_{L2}$、$\dot{I}_{L3}$ 和 $\dot{I}_{N}$ 在电流互感器中产生磁通的相量和等于零，即：

$$\dot{\Phi}_{L1}+\dot{\Phi}_{L2}+\dot{\Phi}_{L3}+\dot{\Phi}_{N}=0$$

这样在电流互感器的二次绕组中不会产生感应电动势，剩余电流保护装置不动作。

当电路中发生人身触电、设备漏电、接地故障时，接地电流 I_N 通过故障设备、设备的接地电阻、大地及直接接地的电源中性点构成回路，通过互感器一次绕组电流的相量和不等于零，即：

$$\dot{I}_{L1}+\dot{I}_{L2}+\dot{I}_{L3}+\dot{I}_{N}\neq 0$$

剩余电流互感器中二次绕组产生磁通的相量和不等于零，即：

$$\dot{\Phi}_{L1}+\dot{\Phi}_{L2}+\dot{\Phi}_{L3}+\dot{\Phi}_{N}\neq 0$$

在电流互感器的二次绕组中产生感应电动势，此电动势直接或通过电子信号放大器加在脱扣绕组上形成电流。二次绕组中产生的感应电动势的大小随着故障电流的增加而增加，当接地故障电流增加到一定值时，脱扣绕组中的电流驱使脱扣机构动作，使主开关断开电路，或使报警装置发出报警信号。

2. 剩余电流保护装置的结构

剩余电流保护装置的主要元器件的结构如图 6-2-8 所示。

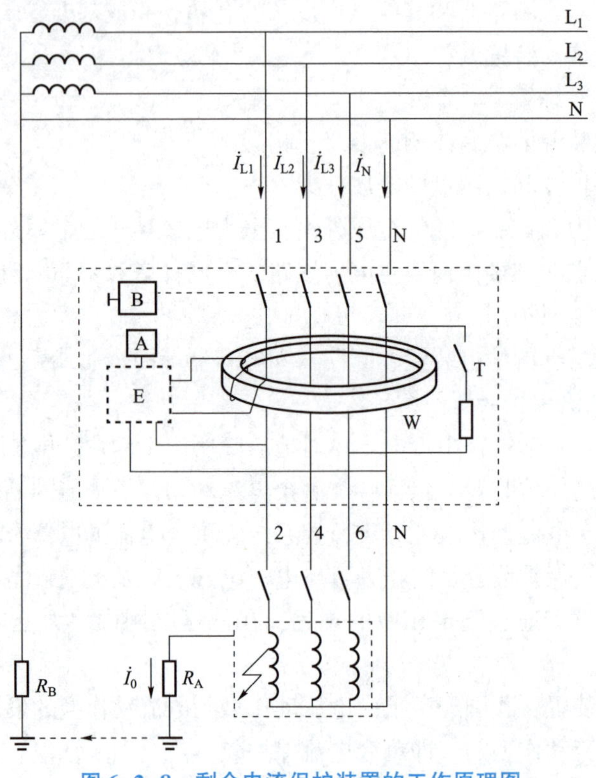

图 6-2-8　剩余电流保护装置的工作原理图

A—判别元件（剩余电流脱扣器）；B—执行元件（机械开关电器或报警装置）；E—电子信号放大器；R_A—设备接地的接地电阻；R_B—电源接地的接地电阻；T—试验装置；W—检测元件（剩余电流互感器）

注：电磁式剩余电流保护装置没有电子信号放大器。

（1）剩余电流互感器。剩余电流互感器是一个检测元件，工作原理图如图 6-2-9 所示，其主要功能是把一次回路检测到的剩余电流 I_1 变换成二次回路的输出电压 U_2，I_1 施加到剩余电流脱扣器的脱扣绕组上，推动脱扣器动作；或通过信号放大装置，将信号放大以后施加到脱扣绕组上，使脱扣器动作。

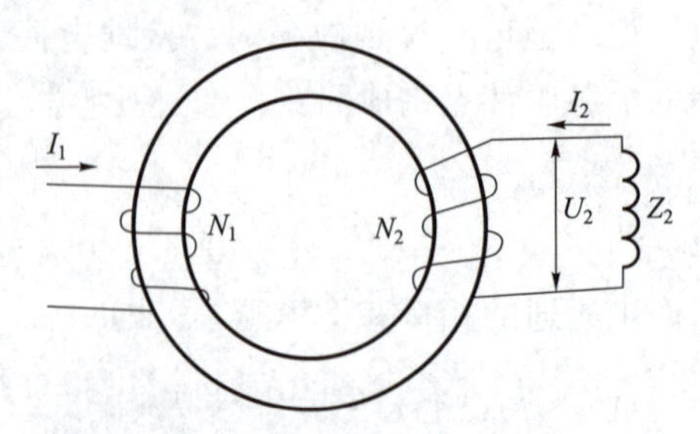

图 6-2-9　剩余电流互感器的工作原理图

剩余电流互感器是剩余电流保护装置的一个重要元件，其工作性能的优劣将直接影响剩余电流保护装置的性能和工作可靠性。剩余电流保护装置的电流互感器一般采用空心式的环形互感器，即主电路的导线（一次回路导线 N_1）从互感器中间穿过，二次回路导线（N_2）缠绕在环形铁芯上，通过互感器的铁芯实现一次回路和二次回路之间的电磁耦合。

（2）脱扣器。剩余电流保护装置的脱扣器是一个判别元件，用来判别剩余电流是否达到预定值，从而确定剩余电流保护装置是否应该动作。动作功能与电源电压无关的剩余电流保护装置采用灵敏度较高的释放式脱扣器，动作功能与电源电压有关的剩余电流保护装置采用拍合式脱扣器或螺管电磁铁。

（3）信号放大装置。剩余电流互感器二次回路的输出功率很小，一般仅达到微伏安的等级。在剩余电流互感器和脱扣器之间增加一个信号放大装置，不仅可以降低对脱扣器灵敏度的要求，而且可以减少对剩余电流互感器输出信号的要求，减轻互感器的负担，从而可以大幅缩小互感器的质量和体积。信号放大装置一般采用电子式放大器。早期的电子放大器由分立电子元件构成，目前多采用集成电路。随着电子技术和计算机技术的发展，有的剩余电流保护装置开始采用微处理器进行放大、运算、处理和控制，不仅进一步提高了装置的保护性能和可靠性，还极大扩展了其功能，使剩余电流保护装置具有剩余电流测量、显示、报警及通信等多种功能。

（4）执行元件。根据剩余电流保护装置的功能不同，执行元件也不同。对于剩余电流断路器，其执行元件是一个可开断主电路的机构开关电器。对于剩余电流继电器，其执行元件一般是一对或几对控制触头，输出机械开闭信号。

剩余电流断路器有整体式和组合式两种。整体式装置的检测、判别和执行元件在一个壳体内，或由剩余电流元件模块与断路器接装而成；组合式剩余电流断路器常采用剩余电流继电器与交流接触器或断路器组装而成，剩余电流继电器的输出触头控制绕组或断路器分离脱扣器，从而控制主电路的接通和分断。

剩余电流继电器的输出触头执行元件，通过控制可视报警或声音报警装置和电路，可以组成剩余电流报警装置。

3. 剩余电流保护装置的应用

（1）剩余电流保护的方式。低压电网进行剩余电流保护的方式有两种：一是在电路末端或小分支回路中普遍安装动作电流在 30 mA 及以下的高灵敏度剩余电流保护装置；二是在低压电网的出线端、主干线、分支回路和线路末端，按照线路和负载的重要性以及不同的要求，全面安装各种额定电流、各种剩余电流动作时间特性的保护装置，实行分级保护。对较大的低压电网分级保护可进行如下配置：第一级保护为全网总保护或主干线保护；第二级为分支回路的保护；第三级为线路末端保护。末端保护即是将剩余电流保护装置根据用电设备的需要装在电气设备的电源端、住宅的进线或室内电源插座上。

（2）必须安装剩余电流保护装置的设备和场所。必须安装剩余电流保护装置的设备和场所有：①属于 I 类的移动式电气设备及手持式电动工具；②生产用的电气设备；③施工工地的电气机械设备；④安装在户外的电气装置；⑤临时用电的电气设备；⑥机关、学校、宾馆、饭店、企事业单位和住宅等除壁挂式空调电源插座外的其他电源插座或插座回路；⑦游泳池、喷水池、浴池的电气设备；⑧安装在水中的供电线路和设备；⑨医院中可能直接接触人体的电气医用设备；⑩其他需要安装剩余电流保护装置的场所。

低压配电线路根据具体情况采用二级或三级保护时，在总电源端、分支线首端或线路末端（农村集中安装电表箱、农业生产设备的电源配电箱）安装剩余电流保护装置。

对切断电源会造成事故或重大经济损失的电气装置或场所，应安装报警式剩余电流保护装置，如公共场所的通道照明和应急照明、消防和防盗报警电源、确保公共场所安全的设备以及其他不允许停电的特殊设备和场所。

（3）剩余电流保护装置的选用。剩余电流保护装置的选用应根据系统的保护方式、使用目的、安装场所、电压等级、被控制回路的泄漏电流以及用电设备的接地电阻值等因素来决定。

对于全网总保护或主干线保护，剩余电流保护装置动作电流一般在 100~500 mA，动作时间为 0.1~0.2 s；对于分支回路和末端保护，安装在前述需要进行保护的场所和用电设备的供电回路中，剩余电流保护装置动作电流一般在 30 mA 及以下，动作时间为 0.1 s。

对于额定电压为 220 V 或 380 V 的固定式用电设备，如水泵、磨粉机等，以及其他容易和人接触的电气设备，当这些设备的金属外壳接地电阻在 500 Ω 以下时，单机配用可选择动作电流为 30~50 mA 的剩余电流保护装置；对于额定电流在 100 A 以上的大型电气设备，或者带有多台电气设备的供电线路，可以选用 50~100 mA 动作的剩余电流保护装置；当用电设备的接地电阻在 100 Ω 以下时，也可以选用动作电流为 200~500 mA 的剩余电流保护装置。一般可以选用动作时间小于 0.1 s 的快速动作型产品，有些较重要的电气设备，为了减少偶然停电事故，也可以选用动作时间为 0.2 s 的延时性保护装置。

对于额定电压为 220 V 的家用电器，由于经常要和没有经过安全用电专业训练的居民接触，发生触电的危险性更大，因此应在家庭进户线的电能表后面安装动作电流为 30 mA 和 0.1 s 以内动作的小容量漏电开关或剩余电流保护插座。

在潮湿或环境恶劣的用电场所以及 I 类移动式电动工具和设备等，可安装动作电流为 15 mA 和 0.1 s 以内动作的剩余电流保护装置，或动作电流为 6~10 mA 的反时限特性剩余电流保护装置。一般建筑施工工地的用电设备，可选择动作电流为 15~30 mA 和 0.1 s 以内动作的剩余电流保护装置。

在医院中使用的医疗电气设备，可在供电回路中选用动作电流为 6 mA 和 0.1 s 以内动作的剩余电流保护装置。

4. 剩余电流保护装置的运行与维护

由于剩余电流保护装置是涉及人身安全的重要装置，因此日常工作中要按照国家有关剩余电流保护装置运行的规定，做好运行维护工作，发现问题及时处理。

（1）剩余电流保护装置不允许在 TN-C 系统中使用，只允许在中性线和保护线分开的 TN-C-S、TN-S 系统中使用，或在 TT 系统中使用。使用时负载侧的 N 线，只能作为中性线，不得与其他回路共用，且不能重复接地。

（2）根据电气线路的正常剩余电流，选择剩余电流保护装置的额定剩余动作电流。

选择剩余电流保护装置的额定剩余动作电流值时，应充分考虑到被保护线路和设备可能发生的正常剩余电流值。必要时可通过实际测量取得被保护线路或设备的剩余电流值。选用的剩余电流保护装置的额定剩余不动作电流，应不小于电气线路和设备的正常剩余电流最大值的 2 倍。

（3）剩余电流保护装置投入运行后，应每年对保护系统进行一次普查。普查重点项目有：测试剩余电流动作电流值；测量电网和电气设备的绝缘电阻；测量中性点泄漏电流，消除电网中的各种漏电隐患；检查变压器和电机接地装置有无松动现象。

（4）每月至少对保护装置用试跳装置试验一次，雷雨季节应增加试验次数。每当雷击或其他原因使保护动作后，应做一次试验。

（5）退出运行的剩余电流保护装置再次使用前，应按规定的项目进行动作特性试验。剩余电流保护装置进行动作特性试验时，应使用经国家有关部门检测合格的专用测试仪器，严禁利用相线直接触碰接地装置的试验方法。

（6）剩余电流保护装置动作后，经检查未发现事故原因时，允许试送电一次，如果再次动作，应查明原因找出故障，必要时对其进行动作特性试验，不得连续强行送电；除经检查确认为剩余电流保护装置本身发生故障外，严禁私自撤除剩余电流保护装置强行送电。

（7）定期分析剩余电流保护装置的运行情况，及时更换有故障的剩余电流保护装置。

（8）若在保护范围内发生人身触电伤亡事故，应检查保护装置动作情况，分析未能起到保护作用的原因，在未调查清楚之前，不得改动保护装置。

任务实施

创设触电体验实操项目，让学生体验触电并能采取正确的防触电措施。（注：该项目必须在安全的专业体感设备上进行。）

（1）体验跨步电压触电，掌握正确逃离跨步电压触电危险区的方法。

（2）体验安全距离不足触电，掌握安全距离的规定和要求，增强安全意识。

（3）体验不同人体状态的触电情况，掌握电击伤害的影响因素。

（4）设计不同情况，掌握防止人身触电的技术措施。

任务考核

目标	考核题目	配分	得分
知识点	1. 触电的定义是什么？电对人体的伤害主要来自电压还是电流？	10	
	2. 电流对人体的伤害可以分为哪些？通常所说的触电事故，是电击还是电伤？	10	
	3. 电击伤害的影响因素有哪些？	10	
	4. 人体的触电方式有哪些？	10	
	5. 防止人身触电的技术措施有哪些？	10	
	6. 剩余电流保护装置的工作原理是什么？	10	
技能点	1. 如果误入跨步电压危险区，正确的应对措施是什么？ 能根据跨步电压产生的原理，说出小步挪出、单脚跳出或者双脚并拢跳出的应对方法。酌情打分。	10	
	2. 为供配电系统中设备和部件选择合适的安全保护措施。	10	

续表

目标	考核题目	配分	得分
素养点	1. 是否遵守纪律及规程，不旷课、不迟到、不早退？ 旷课扣3分/次；迟到、早退扣1分/次；上课做与任务无关的事情扣1分/次；不遵守安全操作规程扣5分/次。	5	
	2. 是否以严谨认真的态度对待学习及工作？ 能认真积极参与任务，3分；能主动发现问题并积极解决，1分；能提出创新性建议，1分。	5	
	3. 是否能按时按质完成课前学习和课后作业？ 网络课程前置学习完成率达90%以上，5分；课后作业完成度高，5分。	10	
总　分		100	
教师评语			

巩固提升

1. 什么叫跨步电压触电？
2. 什么叫接触电压触电？
3. 发生触电事故的原因有哪些？
4. 防止发生触电事故的技术措施有哪些？
5. 什么叫保护接地、保护接中性线？其原理分别是什么？
6. 什么叫中性线重复接地？有什么作用？
7. 对同一电源供电系统保护接地和接中性线有什么规定？
8. 什么是安全电压？我国安全电压等级有哪些？
9. 低压电网进行剩余电流保护的方式有哪些？

【案例警示】

安全距离不够导致人身伤亡

一、事故简介

2000年8月3日，某商住楼在施工作业中钢筋距高压线过近而产生电弧，致使11名民工触电被击倒在地，造成3人死亡，3人受伤。

二、事故发生经过

某商住楼基础采用人工挖孔桩共106根。该工程的土方开挖、安放孔桩钢筋笼及浇筑混凝土工程，由某建筑公司以包工不包料形式转包给何某个人之后，何某又转包给民工温某施工。

在该工地的上部距地面7 m左右处，有一条10 kV架空线路东西方向穿过。2000年5月17日开始土方回填，至5月底完成土方回填时，高压架空线路距离地面净空只剩5~6 m。

期间施工单位曾多次要求建设单位尽快迁移该高压架空线路，但始终未得以解决，而施工单位就一直违章在高压架空线下方不采取任何措施冒险作业。当 2000 年 8 月 3 日承包人正违章指挥 12 名民工，将 6 m 长的钢筋笼放入桩孔时，由于顶部钢筋距高压线过近而产生电弧，11 名民工触电被击倒在地，造成 3 人死亡、3 人受伤的重大事故。

三、事故原因分析

(1) 技术方面。

由于高压线路的周围空间存在强电场，导致附近的导体成为带电体，因此电气规范规定禁止在高压架空线路下方作业。作业时应保持一定安全距离，防止发生触电事故。

该施工现场桩孔钢筋笼长 6 m，上面高压线路距地面仅剩 5~6 m，在无任何防护措施下又不能保证安全距离，因此必然发生触电事故。

(2) 管理方面。

①建筑市场管理失控，私自转包，无资质承包，从而造成管理混乱，违章指挥导致发生事故。

②建设单位不重视施工环境的安全条件，高压架空线路下方本不允许施工，然而建设单位未办理线路迁移，从而发生触电事故也是重要原因。

任务 6-3　实施触电急救

任务名称	实施触电急救	参考学时	2 h
任务引入	一名工人在施工过程中，不慎触电倒地！如果你是目击者，你将如何对触电者实施抢救？你会判断触电者是否需要急救吗？触电急救可以让触电者“起死回生”吗？		
任务要点	知识点：紧急救护的根本原则；触电急救的关键；脱离电源的正确方法；心肺复苏的要点。		
	技能点：能正确实施触电急救。		
	素质点：培养保证自身安全的前提下，对触电者实施触电急救的安全意识。		

知识链接一　触电急救

人身触电事故时有发生，但触电并不等于死亡。用正确的方法快速对触电者施救，多数触电者是可以“起死回生”的。

触电往往是在意外中发生的，对触电者施救属于紧急救护，根据《国家电网公司电力安全工作规程（变电部分）》的规定，紧急救护通则如下：

(1) 紧急救护的根本原则是在现场采取积极措施保护伤员的生命，减轻伤情，减少痛苦，并根据伤情需要，迅速联系医疗部门救治。急救成功的条件是动作快、操作正确，任何拖延和操作错误都会导致伤员的伤情加重或死亡。

(2) 要认真观察伤员全身的情况，防止伤情恶化。发现伤员意识不清、瞳孔扩大无反应、呼吸和心跳停止时，应立即在现场就地抢救，用心肺复苏法支持呼吸和循环，对脑、心等重要器官供氧。心脏停止跳动后，只有分秒必争地迅速抢救，救活的可能性才较大。

（3）现场工作人员都应定期进行培训，掌握紧急救护法，会正确脱离电源、会心肺复苏法、会止血、会包扎、会转移搬运伤员、会处理急救外伤或中毒等。

（4）生产现场和经常有人工作的场所应配备急救箱，存放急救用品，并指定专人经常检查、补充或更换。

触电急救应分秒必争，一经明确心跳、呼吸停止的，立即就地迅速用心肺复苏法进行抢救，并坚持不断地进行，同时及早与医疗急救中心（医疗部门）联系，争取医务人员接替救治。在医务人员未接替救治前，不应放弃现场抢救，更不能只根据没有呼吸或脉搏的表现，擅自判定伤员死亡，放弃抢救。只有医生有权做出伤员死亡的诊断。与医务人员接替时，应提醒医务人员在触电者转移到医院的过程中不得间断抢救。

触电急救的关键是迅速脱离电源及正确的现场救护。经验证明，在触电后 1 min 内急救，有 60%~90%救活的可能；在 1~2 min 内急救，有 45%救活的可能；如果经过 6 min 才进行急救，那么只有 10%~20%救活的可能；超过 6 min，救活的可能性就更小了，但是仍有救活的可能。

知识链接二　脱离电源

脱离电源，就是要把触电者接触的那一部分带电设备的所有断路器（开关）、隔离开关（刀闸）或其他断路设备断开；或设法将触电者与带电设备脱离开。在脱离电源过程中，救护人员也要注意保护自身的安全。如触电者处于高处，应采取相应措施，防止该伤员脱离电源后自高处坠落形成复合伤。

1. 低压触电可采用下列方法使触电者脱离电源

（1）如果触电地点附近有电源开关或电源插座，可立即拉开开关或拔出插头，断开电源。但应注意到拉线开关或墙壁开关等只控制一根线的开关，有可能因安装问题只能切断中性线而没有断开电源的相线。

（2）如果触电地点附近没有电源开关或电源插座（头），可用有绝缘柄的电工钳或有干燥木柄的斧头切断电线，断开电源。

（3）当电线搭落在触电者身上或压在身下时，可用干燥的衣服、手套、绳索、皮带、木板、木棒等绝缘物作为工具，拉开触电者或挑开电线，使触电者脱离电源。

（4）如果触电者的衣服是干燥的，又没有紧缠在身上，可以用一只手抓住他的衣服，拉离电源。但因触电者的身体是带电的，其鞋的绝缘也可能遭到破坏，因此救护者不得接触触电者的皮肤，也不能抓他的鞋。

（5）若触电发生在低压带电的架空线路上或配电台架、进户线上，对可立即切断电源的，则应迅速断开电源，救护者迅速登杆或登至可靠地方，并做好自身防触电、防坠落安全措施，用带有绝缘胶柄的钢丝钳、绝缘物体或干燥不导电物体等工具将触电者脱离电源。

2. 高压触电可采用下列方法之一使触电者脱离电源

（1）立即通知有关供电单位或客户停电。

（2）戴上绝缘手套，穿上绝缘靴，用相应电压等级的绝缘工具按顺序拉开电源开关或熔断器。

（3）抛掷裸金属线使线路短路接地，迫使保护装置动作，断开电源。注意抛掷金属线之前，应先将金属线的一端固定可靠接地，然后将另一端系上重物抛掷，注意抛掷的一端不可触及触电者和其他人。另外，抛掷者抛出线后，要迅速离开接地的金属线 8 m 以外或双腿并拢站立，防止跨步电压伤人。在抛掷短路线时，应注意防止电弧伤人或断线危及人员安全。

3. 脱离电源后救护者应注意的事项

（1）救护者不可直接用手、其他金属及潮湿的物体作为救护工具，而应使用适当的绝缘工具。救护者最好用一只手操作，以防自己触电。

（2）防止触电者脱离电源后可能的摔伤，特别是当触电者在高处的情况下，应考虑防止坠落的措施。即使触电者在平地，也要注意触电者倒下的方向，注意防摔。救护者在救护中也应注意自身的防坠落、摔伤措施。

（3）救护者在救护过程中特别是在杆上或高处抢救伤者时，要注意自身和被救者与附近带电体之间的安全距离，防止再次触及带电设备。电气设备、线路的电源即使已断开，对未做安全措施挂上接地线的设备也应视作有电设备。救护者登高时应随身携带必要的绝缘工具和牢固的绳索等。

（4）如事故发生在夜间，应设置临时照明灯，以便于抢救，避免意外事故，但不能因此延误切除电源和进行急救的时间。

知识链接三　现场就地急救

触电者脱离电源以后，现场救护人员应迅速对触电者的伤情进行判断，对症抢救。同时设法联系医疗急救中心（医疗部门）的医生到现场接替救治。要根据触电伤员的不同情况，采用不同的急救方法。

1. 触电者伤情的判断

（1）触电者神志清醒、有意识，心脏跳动，但呼吸急促、面色苍白，或曾一度休克、但未失去知觉，此时不能用心肺复苏法抢救，应将触电者抬到空气新鲜、通风良好的地方躺下，安静休息 1~2 h，让他慢慢恢复正常。天凉时要注意保温，并随时观察呼吸、脉搏变化。若条件允许，应送医院进一步检查。

（2）触电者神志不清，无意识，有心跳，但呼吸停止或极微弱时，应立即用仰头抬颌法，使气道开放，并进行口对口人工呼吸。此时切记不能对触电者施行心脏按压。如此时不及时用人工呼吸法抢救，触电者将会因缺氧过久而引起心跳停止。

（3）触电者神志丧失，无意识，心跳停止，但有极微弱的呼吸时，应立即施行心肺复苏法抢救。不能认为尚有微弱呼吸，只需做胸外按压，因为这种微弱呼吸已起不到人体需要的氧交换作用，如不及时施行人工呼吸即会发生死亡，若能立即施行口对口人工呼吸法和胸外按压，就能抢救成功。

（4）触电者心跳、呼吸停止时，应立即进行心肺复苏法抢救，不得延误或中断。

（5）触电者和雷击伤者心跳、呼吸停止，并伴有其他外伤时，应先迅速进行心肺复苏急救，然后再处理外伤。

（6）发现杆塔上或高处有人触电时，要争取时间及早在杆塔上或高处开始抢救。触电者脱离电源后，应迅速将伤员扶卧在救护人的安全带上（或在适当地方躺平），然后根据伤者的意识、呼吸及颈动脉搏动情况来进行前(1)~(5)项不同方式的急救。应提醒的是高处抢救触电者，迅速判断其意识和呼吸是否存在是十分重要的。若呼吸已停止，开放气道后立即口对口（鼻）吹气2次，再测试颈动脉，如有搏动，则每5 s继续吹气1次；若颈动脉无搏动，可用空心拳头叩击心前区2次，促使心脏复跳。为使抢救更为有效，应立即设法将伤员营救至地面，并继续按心肺复苏法坚持抢救。

2. 心肺复苏法

触电伤员呼吸和心跳均停止时，应立即按心肺复苏支持生命的三项基本措施，正确地进行就地抢救。

(1) 畅通气道。若触电者呼吸停止，重要的是始终确保气道畅通。如发现伤员口内有异物，可将其身体及头部同时侧转，迅速用一根手指或用两手指交叉从口角处插入，取出异物。操作中要防止将异物推到咽喉深部。

畅通气道可以采用仰头抬颌法，如图6-3-1所示。用一只手放在触电者前额，另一只手的手指将其下颌骨向上抬起，两手协同将头部推向后仰，舌根随之抬起。严禁用枕头或其他物品垫在触电者头下，头部抬高前倾，会更加重气道阻塞，且使胸外按压时流向脑部的血流减少，甚至消失。

(2) 口对口（鼻）人工呼吸。在保持触电者气道通畅的同时，救护人员在触电者头部的右边或左边，用一只手捏住触电者的鼻翼，深吸气，与伤员口对口紧合，在不漏气的情况下，连续大口吹气两次，每次1~1.5 s，如图6-3-2所示。如两次吹气后试测颈动脉仍无搏动，可判断心跳已经停止，要立即同时进行胸外按压。

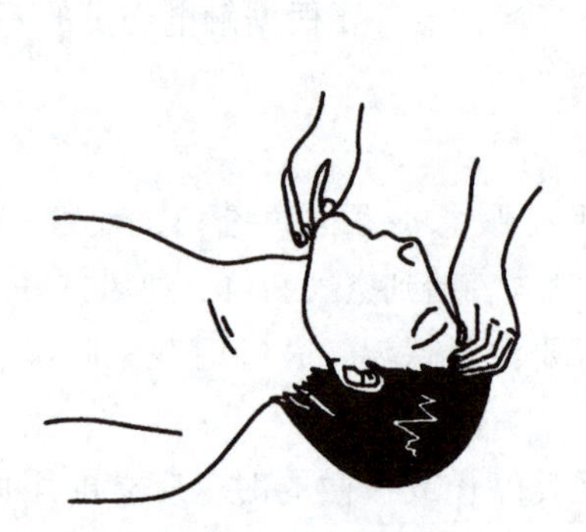

图6-3-1　仰头抬颌法

图6-3-2　口对口人工呼吸

除开始大口吹气两次外，正常口对口（鼻）人工呼吸的吹气量不需过大，但要使触电者的胸部膨胀，每5 s吹一次（吹2 s，放松3 s）。对触电的小孩，只能小口吹气。

救护者换气时，放松触电者的嘴和鼻，使其自动呼气，吹气时如有较大阻力，可能是头部后仰不够，应及时纠正。

触电者如牙关紧闭，可口对鼻人工呼吸。口对鼻人工呼吸时，要将伤员嘴唇紧闭，防止漏气。

(3) 胸外按压。胸外按压是现场急救中使触电者恢复心跳的唯一手段。

首先，要确定正确的按压位置，正确的按压位置是保证胸外按压效果的重要前提。确定正确按压位置的步骤如下：

①右手的食指和中指沿触电者的右侧肋弓下缘向上，找到肋骨和胸骨接合点的中点。

②两手指并齐，中指放在切迹中点（剑突底部），食指放在胸骨下部。

③另一只手的掌根紧挨食指上缘，置于胸骨上，即为正确的按压位置，如图 6-3-3 所示。

另外，正确的按压姿势是达到胸外按压效果的基本保证。正确的按压姿势如下：

①使触电者仰面躺在平硬的地方，救护人员立或跪在伤员一侧肩旁，救护人员的两肩位于伤员胸骨正上方，两臂伸直，肘关节固定不屈，两手掌根相叠，手指翘起，不接触触电者的胸壁。

②以髋关节为支点，利用上身的重力，垂直将正常成人胸骨压陷 3~5 cm（儿童和瘦弱者酌减）。

③压至要求程度后，立即全部放松，但放松时救护者的掌根不得离开胸壁。胸外心脏按压的姿势如图 6-3-4 所示。

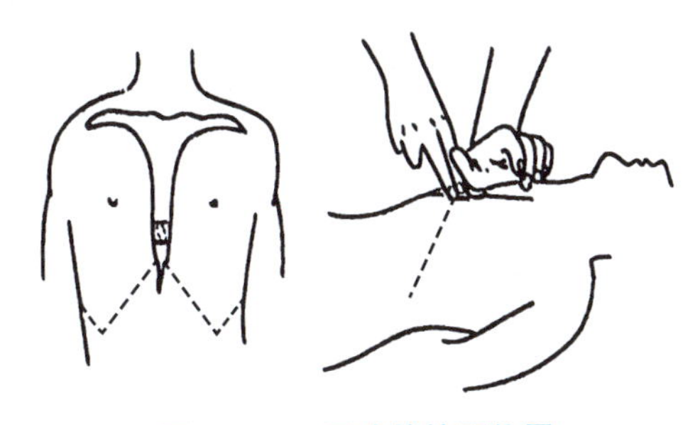

图 6-3-3　正确的按压位置

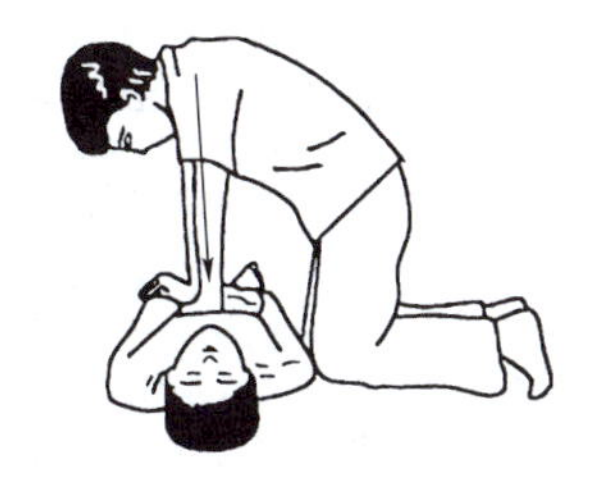

图 6-3-4　胸外心脏按压的姿势

按压必须有效，有效的标志是按压过程中可以触及颈动脉搏动。操作频率介绍如下：

①胸外按压要以均匀速度进行，每分钟 100 次左右，每次按压和放松的时间相等。

②胸外按压与口对口（鼻）人工呼吸同时进行，其节奏为：单人抢救时，每按压 30 次后吹气 2 次，反复进行；双人抢救时，每按压 10 次后由另一个人吹气 1 次，反复进行。

③按压吹气 5 个循环后，应用看、听、试的方法在 5~7 s 时间内完成对伤员呼吸和心跳是否恢复的再判定。若判定颈动脉已有搏动但无呼吸，则暂停胸外按压，再进行 2 次口对口人工呼吸，接着每 5 s 吹气 1 次。如果脉搏和呼吸均未恢复，则继续坚持心肺复苏法抢救。

3. 现场急救的注意事项

（1）现场急救贵在坚持，在医务人员来接替抢救前，现场人员不得放弃现场急救。

（2）心肺复苏应在现场就地进行，不要为方便而随意移动伤员，如确需移动时，抢救中断时间不应超过 30 s。

（3）现场触电急救，对采用肾上腺素等药物应持慎重态度，如果没有必要的诊断设备条件和足够的把握，不得乱用。

（4）对触电过程中的外伤特别是致命外伤（如动脉出血等）也要采取有效的方法处理。

任务实施

创设低压触电和高压触电场景，在模拟场景中完成以下三个任务：

（1）采用正确方法使低压触电者脱离电源。
（2）采用正确方法使高压触电者脱离电源。
（3）在心肺复苏模拟人上正确实施心肺复苏法。

任务考核

目标	考核题目	配分	得分
知识点	1. 紧急救护的根本原则是什么？触电急救的关键是什么？	10	
	2. 触电急救的黄金时间是什么？	10	
	3. 脱离电源的方法有哪些？	10	
	4. 心肺复苏的三项基本措施分别是什么？	10	
技能点	1. 能根据具体情况，实施正确脱离电源的方法。	10	
	2. 能准确判断触电者伤情，采取应对措施。	5	
	3. 实施心肺复苏法时，能快速准确地找到按压位置，采用正确的按压姿势和操作频率，对触电者实施心肺复苏。	15	
素养点	1. 是否遵守纪律及规程，不旷课、不迟到、不早退？ 旷课扣5分/次；迟到、早退扣2分/次；上课做与任务无关的事情扣2分/次；不遵守安全操作规程扣5分/次。	5	
	2. 是否以严谨认真的态度对待学习及工作？ 能认真积极参与任务，5分；能主动发现问题并积极解决，3分；能提出创新性建议，2分。	5	
	3. 是否能按时按质完成课前学习和课后作业？ 网络课程前置学习完成率达90%以上，5分；课后作业完成度高，5分。	10	
	4. 能否在触电急救实操结束后，体现良好的职业素养？ 能恢复实操场地，整理实操工器具者，10分。	10	
总　分		100	
教师评语			

巩固提升

1. 使触电者脱离高压电源的方法有哪些？
2. 使触电者脱离低压电源的方法有哪些？
3. 触电急救应遵循哪些安全措施？
4. 胸外按压与口对口（鼻）人工呼吸的比例是什么？
5. 现场急救的注意事项有哪些？

【案例警示】

案例1　缺乏安全用电常识导致人身伤亡

2011年9月14日晚9时许，某电力安装公司工作人员在一工地内紧急修理大吊车。当时正下雨，一位电工在工地临时安装了一盏碘钨灯照明，电线接在工地移动配电箱上，照明灯靠在大吊车上。两个工人当时均穿着胶鞋站在车旁，并顺势将手搭在车身上。突然，随着两声惨叫，两人全身不停颤抖，随后倒地不省人事。最终一人当场死亡，另一人在送往医院后因抢救无效死亡。

专家点评：导致惨剧发生的最主要原因在于参与抢修的工作人员缺乏相应的用电安全常识。因为当时正在下雨，碘钨灯就靠在大吊车车身上，此时碘钨灯外壳发生漏电，再加上雨水导电，虽然两名死者当晚都穿着绝缘胶鞋，但胶鞋却因为浸湿而失去了绝缘作用，因而造成了事故的发生。

案例2　触电后抢救成功

某轧钢厂工人小王接班后焊轧槽，施焊时触电倒在地上，工人小李发现后，马上拉下开关断电。现场工艺技术员小谢刚好赶到，见小王休克，马上进行人工胸外按压，几分钟后小王缓过气来，工人们见小王没啥问题，就用木板把小王抬到车间门口，放到地上，此时小王又休克了。

电工班班长听说有人触电，马上从值班室赶到现场，看到有人准备把小王送去医院，马上制止，叫人打120急救电话的同时，马上进行人工呼吸，经过几分钟的人工呼吸，小王又恢复了呼吸，此时急救车也已赶到，经过医院的救治，小王保住了生命。

专家点评：触电后，拉闸断电及时，行动快；现场工人具有触电急救的知识，并进行了正确的救护。